国家出版基金项目
NATIONAL PUBLICATION FOUNDATION

"十二五"国家重点出版规划

先进燃气轮机设计制造基础专著系列

U0302256

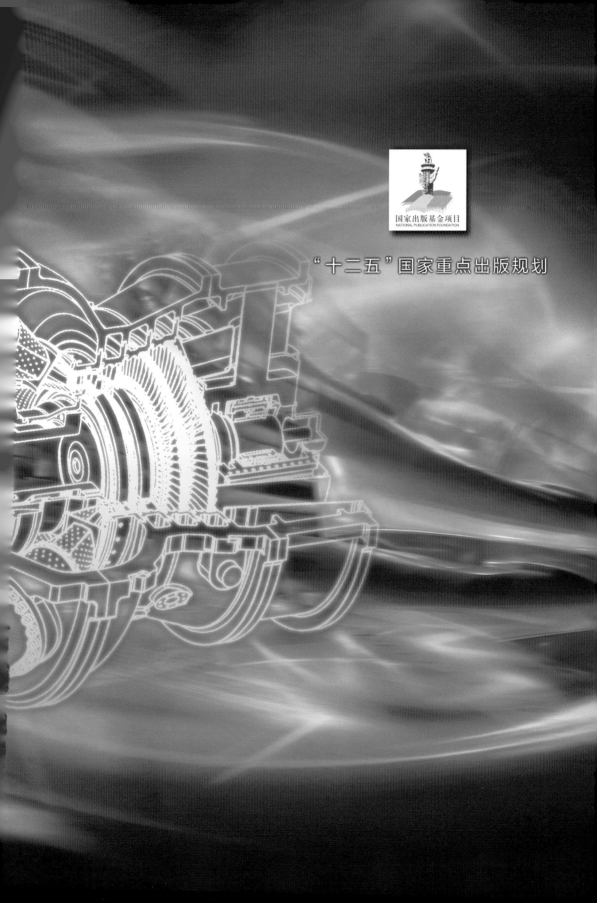

国家出版基金项目
NATIONAL PUBLICATION FOUNDATION

"十二五"国家重点出版规划

先进燃气轮机设计制造基础专著系列

丛书主编 王铁军

热障涂层强度理论与检测技术

王铁军 范学领 等著

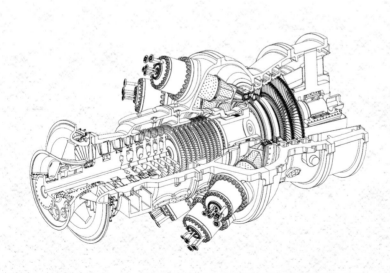

西安交通大学出版社
XI'AN JIAOTONG UNIVERSITY PRESS

内容简介

热障涂层技术是重型燃气轮机研发中的六大核心技术之一。本书详细介绍了近年来在热障涂层强度理论与检测技术方面的理论、数值和实验研究成果。主要内容包括热障涂层的高温氧化行为,热障涂层制备过程中的热应力,热障涂层系统中的热生长氧化应力,热障涂层系统中的表面、界面裂纹及其相互竞争,层级热障涂层系统中的应力和裂纹问题,热障涂层的烧结和冲蚀损伤,涂层系统的强度评价与无损检测方法。相关研究对未来先进热障涂层的设计、制备及强度评价具有借鉴意义。

本书可为从事重型燃气轮机、航空发动机等领域热障涂层技术的工程技术人员和科研人员提供参考。

图书在版编目(CIP)数据

热障涂层强度理论与检测技术/王铁军,范学领著. —西安:西安交通大学出版社,2016.12
(先进燃气轮机设计制造基础专著系列/王铁军主编)
ISBN 978-7-5605-9472-9

Ⅰ.①热… Ⅱ.①王… ②范… Ⅲ.①燃气轮机-热障-涂层
Ⅳ.①TK47

中国版本图书馆 CIP 数据核字(2017)第 048321 号

书　　名	热障涂层强度理论与检测技术
著　　者	王铁军　范学领　等
责任编辑	任振国　吴　浩　宋小平
出版发行	西安交通大学出版社
	(西安市兴庆南路 10 号　邮政编码 710049)
网　　址	http://www.xjtupress.com
电　　话	(029)82668357　82667874(发行中心)
	(029)82668315(总编办)
传　　真	(029)82668280
印　　刷	中煤地西安地图制印有限公司
开　　本	787mm×1092mm　1/16　**印张** 32　**彩页** 4 页　**字数** 598 千字
版次印次	2016 年 12 月第 1 版　　2016 年 12 月第 1 次印刷
书　　号	ISBN 978-7-5605-9472-9
定　　价	268.00 元

读者购书、书店添货,如发现印装质量问题,请与本社发行中心联系、调换。
订购热线:(029)82665248　(029)82665249
投稿热线:(029)82664954　QQ:8377981
读者信箱:lg_book@163.com

国家出版基金项目
NATIONAL PUBLICATION FOUNDATION

"十二五"国家重点出版规划

先进燃气轮机设计制造基础专著系列

编 委 会

顾 问

钟　掘　中南大学教授、中国工程院院士

程耿东　大连理工大学教授、中国科学院院士

熊有伦　华中科技大学教授、中国科学院院士

卢秉恒　西安交通大学教授、中国工程院院士

方岱宁　北京理工大学教授、中国科学院院士

雒建斌　清华大学教授、中国科学院院士

温熙森　国防科技大学教授

雷源忠　国家自然科学基金委员会研究员

姜澄宇　西北工业大学教授

虞　烈　西安交通大学教授

魏悦广　北京大学教授

王为民　东方电气集团中央研究院研究员

主 编

王铁军　西安交通大学教授

编 委

虞　烈　西安交通大学教授

朱惠人　西北工业大学教授

李涤尘　西安交通大学教授

王建录　东方电气集团东方汽轮机有限公司高级工程师

徐自力　西安交通大学教授

李　军　西安交通大学教授

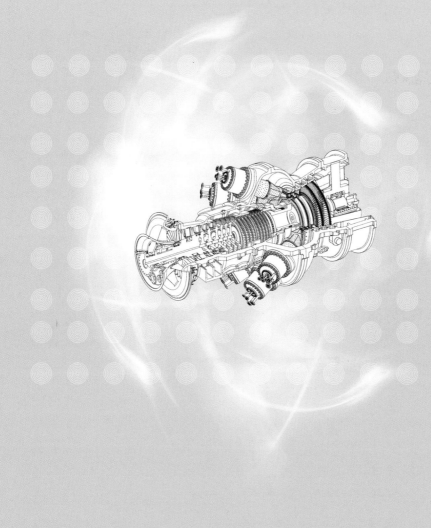

总　序

20世纪中叶以来，燃气轮机为现代航空动力奠定了基础。随后，燃气轮机也被世界发达国家广泛用于舰船、坦克等运载工具的先进动力装置。燃气轮机在石油、化工、冶金等领域也得到了重要应用，并逐步进入发电领域，现已成为清洁高效火电能源系统的核心动力装备之一。

发电用燃气轮机占世界燃气轮机市场的绝大部分。燃气轮机电站的特点是，供电效率远远超过传统燃煤电站，清洁、占地少、用水少，启动迅速，比投资小，建设周期短，是未来火电系统的重要发展方向之一，是国家电力系统安全的重要保证。对远海油气开发、分布式供电等，燃气轮机发电可大有作为。

燃气轮机是需要多学科推动的国家战略高技术，是国家重大装备制造水平的标志，被誉为制造业王冠上的明珠。长期以来，世界发达国家均投巨资，在国家层面设立各类计划，研究燃气轮机基础理论，发展燃气轮机新技术，不断提高燃气轮机的性能和效率。目前，世界重型燃气轮机技术已发展到很高水平，其先进性主要体现在以下三个方面：一是单机功率达到30万千瓦至45万千瓦，二是透平前燃气温度达到1600～1700 ℃，三是联合循环效率超过60%。

从燃气轮机的发展历程来看，透平前燃气温度代表了燃气轮机的技术水平，人们一直在不断追求燃气温度的提高，这对高温透平叶片的强度、设计和制造提出了严峻挑战。目前，有以下几个途径：一是开发更高承温能力的高温合金叶片材料，但成本高、周期长；二是发展先进热障涂层技术,相比较而言,成本低,效果好;三是制备单晶或定向晶叶片,但难度大,成品率低;四是发展先进冷却技术,这会增加叶片结构的复杂性,从而大大提高制造成本。

整体而言,重型燃气轮机研发需要着重解决以下几个核心技术问题:先进冷却技术、先进热障涂层技术、定(单)向晶高温叶片精密制造技术、高温高负荷高效透平技术、高温低 NO_x 排放燃烧室技术、高压高效先进压气机技术。前四个核心技术属于高温透平部分,占了先进重型燃气轮机设计制造核心技术的三分之二,其中高温叶片的高效冷却与热障是先进重型燃气轮机研发所必须解决的瓶颈问题,大型复杂高温叶片的精确成型制造属于世界难题,这三个核心技术是先进重型燃气轮机自主研发的基础。高温燃烧室技术主要包括燃烧室冷却与设计、低 NOx 排放与高效燃烧理论、燃烧室自激热声振荡及控制等。高压高效先进压气机技术的突破点在于大流量、高压比、宽工况运行条件的压气机设计。重型燃气轮机制造之所以被誉为制造业皇冠上的明珠,不仅仅由于其高新技术密集,而且在于其每一项技术的突破与创新都必须经历"基础理论→单元技术→零部件试验→系统集成→样机综合验证→产品应用"全过程,可见试验验证能力也是重型燃气轮机自主能力的重要标志。

我国燃气轮机研发始于上世纪 50 年代,与国际先进水平相比尚有较大差距。改革开放以来,我国重型燃气轮机研发有了长足发展,逐步走上了自主创新之路。"十五"期间,通过国家高技术研究发展计划,支持了 E 级燃气轮机重大专项,并形成了 F 级重型燃气轮机制造能力。"十一五"以来,国家中长期科学和技术发展规划纲要(2006～2020 年),将重型燃气轮机等清洁高效能源装备的研发列入优先主题,并通过国家重点基础研究发展计划,支持了重型燃气轮机制造基础和热功转换研究。

2006 年以来,我们承担了"大型动力装备制造基础研究",这是我国重型燃气轮机制造基础研究的第一个国家重点基础研究发展计划项目,本人有幸担任了项目首席科学家。以 F 级重型燃气轮机制造为背景,重点研究高温透平叶片的气膜冷却机理、热障涂层技术、定向晶叶片成型技术、叶片冷却孔及榫头的精密加工技术、大型盘式拉杆转子系统动力学与实验系统等问题,2011 年项目结题优秀。2012 年,"先进重型燃气轮机制造基础研究"项目得到了国家重点基础研究发展计划的持续支持,以国际先进的 J 级重型燃气轮机制造为背景,研究面向更严酷服役环境的大型高温叶片设计制造基础和实验系统、大型拉杆组合转子的设计与性能退化规律。

这两个国家重点基础研究发展计划项目实施十年来,得到了二十多位国家重点基础研究发展计划顾问专家组专家、领域咨询专家组专家和项目专家组专家的大力支持、指导和无私帮助。项目组共同努力,校企协同创新,将基础理论研究融入企业实践,在重型燃气轮机高温透平叶片的冷却机理与冷却结构设计、热障涂层制备与强度理论、大型复杂高温叶片精确成型与精密加工、透平密封技术、大型盘式拉杆转子系统动力学、重型燃气轮机实验系统建设等方面取得了可喜进展。我们拟通过本套专著来总结十余年来的研究成果。

第 1 卷:高温透平叶片的传热与冷却。主要内容包括:高温透平叶片的传热及冷却原理,内部冷却结构与流动换热,表面流动传热与气膜冷却,叶片冷却结构设计与热分析,相关的计算方法与实验技术等。

第 2 卷:热障涂层强度理论与检测技术。主要内容包括:热障涂层中的热应力和生长应力,表面与界面裂纹及其竞争,层级热障涂层系统中的裂纹,外来物和陶瓷层烧结诱发的热障涂层失效,涂层强度评价与无损检测方法。

第 3 卷:高温透平叶片增材制造技术。重点介绍高温透平叶片制造的 3D 打印方法,主要内容包括:基于光固化原型的空心叶片内外结构一体化铸型制造方法和激光直接成型方法。

第 4 卷:高温透平叶片精密加工与检测技术。主要内容包括:空心透平叶片多工序精密加工的精确定位原理及夹具设计,冷却孔激光复合加工方法,切削液与加工质量,叶片型面与装配精度检测方法等。

第5卷:热力透平密封技术。主要内容包括:热力透平非接触式迷宫密封和蜂窝/孔形/袋形阻尼密封技术,接触式刷式密封技术相关的流动,传热和转子动力特性理论分析,数值模拟和实验方法。

第6卷:轴承转子系统动力学(上、下册)。上册为基础篇,主要内容包括经典转子动力学及一些新进展。下册为应用篇,主要内容包括大型发电机组轴系动力学,重型燃气轮机组合转子中的接触界面,预紧饱和状态下的基本解系和动力学分析方法,结构强度与设计准则等。

第7卷:叶片结构强度与振动。主要内容包括:重型燃气轮机压气机叶片和高温透平叶片的强度与振动分析方法及实例,减振技术,静动频测量方法及试验模态分析。

希望本套专著能为我国燃气轮机的发展提供借鉴,能为从事重型燃气轮机和航空发动机领域的技术人员、专家学者等提供参考。本套专著也可供相关专业人员及高等院校研究生参考。

本套专著得到了国家出版基金和国家重点基础研究发展计划的支持,在撰写、编辑及出版过程中,得到许多专家学者的无私帮助,在此表示感谢。特别感谢西安交通大学出版社给予的重视和支持,以及相关人员付出的辛勤劳动。

鉴于作者水平有限,缺点和错误在所难免。敬请广大读者不吝赐教。

《先进燃气轮机设计制造基础》专著系列主编

机械结构强度与振动国家重点实验室主任　　王铁军

2016 年 9 月 6 日于西安交通大学

前　言

　　燃气轮机是清洁高效火电能源系统的核心动力装备之一。从燃气轮机的发展历程来看,透平前燃气温度代表了燃气轮机的技术水平,人们在不断追求燃气温度的提高。目前,F级重型燃气轮机的燃气温度为 1400 ℃,G/H/J 级已达 1500～1600 ℃,未来将高达 1700 ℃及以上。这种极端高温服役环境对透平叶片的强度、设计和制造提出了严峻挑战。要进一步提高透平前燃气温度,有以下几个途径可供选择:①开发能够承受更高温度的高温合金叶片材料,但成本高,周期长;②制备单晶或定向晶叶片,但难度大,成品率低;③采用高效的叶片内部冷却结构与气膜冷却技术,这会大大增加叶片的制造成本;④采用先进的热障涂层(Thermal barrier coating,TBC)技术。相比而言,TBC 技术成本较低,效果明显,是发展先进重型燃气轮机的核心技术之一。

　　TBC 技术的主要思想是将高温环境下具有较低热导率和较高稳定性的材料覆盖于基材表面形成热障层。TBC 不仅具有热障效果,而且还能防止氧化、腐蚀、外来物冲蚀等对叶片造成的损伤。20 世纪 50 年代以来,TBC 技术就受到了广泛关注并得到迅速发展,在燃气轮机发展进程中发挥了重要作用。随着先进重型燃气轮机的研发,对 TBC 技术提出了更高要求。因此,深入研究 TBC 的强度理论和检测技术,对其设计、制备及强度评价具有重要意义,对燃气轮机的安全服役具有重要作用。

　　2006 年本项目组承担了我国重型燃气轮机制造基础研究的第一

1

个国家973计划项目,2012年得到持续支持,分别以F级重型燃气轮机(透平前燃气温度1400℃)和J级重型燃气轮机(透平前燃气温度1600℃)为背景,研究了稳定高效热障系统的制备方法、强度理论及检测技术。我们拟通过本专著来总结十余年来的研究成果。

全书共分为九章和一个附录。第1章是TBC系统结构、制备方法与典型失效模式,由王铁军、范学领撰写。第2章是TBC系统的高温氧化,由丁秉钧、梁工英、白宇、唐健江撰写。第3章是TBC制备过程中的热应力,由王铁军、宋岩撰写。第4章是TBC系统中的热生长应力,由王铁军、孙永乐撰写。第5章是TBC系统中的裂纹问题,由王铁军、范学领撰写。第6章是梯度TBC系统中的应力和裂纹问题,由王铁军、范学领、宋岩撰写。第7章是TBC系统的烧结与外来物损伤,由王铁军、范学领、吕伯文撰写。第8章是TBC强度评价,由王铁军、范学领撰写。第9章是TBC定量无损检测技术,由陈振茂、李勇撰写。附录部分介绍了涂层断裂分析中的相关数值计算方法,由范学领、侯成撰写。全书由王铁军统稿。

本专著得到了国家出版基金和国家重点基础研究发展计划的支持,在撰写、编辑及出版过程中,得到许多专家学者的无私帮助,在此表示感谢。在本书撰写过程中,张伟旭、李彪、苏罗川、李群、江鹏、李定骏、裴翠祥等提供了相关资料帮助,刘鹏飞、王销彬、王晓康等在修改相关图的格式方面提供了帮助,在此一并致谢。特别感谢西安交通大学出版社给予的重视和支持,以及相关人员付出的辛勤劳动。

希望本书能为我国燃气轮机的热障涂层技术提供借鉴,能为从事重型燃气轮机、航空发动机及其他相关领域的技术人员、专家学者等提供参考。本书也可供相关专业人员及高等院校研究生参考。

鉴于作者水平有限,缺点和错误在所难免,恳请读者批评指正。

著 者

2016年10月5日

目 录

第1章　热障涂层系统

燃气轮机是清洁高效火电能源系统的核心动力装备之一。透平前燃气温度是重型燃气轮机技术水平的主要标志之一，人们一直在不断地追求透平前燃气温度的提高。目前，世界上最先进的重型燃气轮机的燃气温度已达 1500～1600℃，未来重型燃气轮机的燃气温度将达 1700℃及以上。这种极端高温服役环境对高温透平叶片的强度、设计和制造提出了严峻挑战。研究表明，当透平叶片在这种极端环境下工作时，温度每提高 10～15℃，其屈服寿命将会减半[1]。随着燃气轮机性能的进一步提高，透平叶片耐高温能力的极限羁绊着燃气效率的提升，如何有效地提高透平叶片的耐高温能力就成为燃气轮机的核心技术之一。

解决这一问题的主要手段有以下几个，一是开发更高等级的高温材料，二是开发高效的叶片冷却结构设计，三是制备定向晶或单晶叶片，四是开发先进热障涂层技术（Thermal barrier coating，TBC）。当前，重型燃气轮机的透平叶片材料主要采用镍基和钴基高温合金，可承受的长期工作温度一般为 800～900℃。根据制造工艺的不同，叶片可制成等轴晶、定向晶和单晶三种。然而，即便是最先进的单晶高温合金叶片，其耐温能力还是远低于现代燃气轮机的要求。图 1-1 是不同年代燃气轮机透平前燃气温度的变化曲线[2]，可见通过开发高温合金来提升燃气轮机燃气进口温度的空间有限且成本很高，先进气膜冷却技术很有效，但会使叶片结构更为复杂，从而增加制造成本。相对而言，TBC 技术成本较低，是提升燃气轮机进口燃气温度的有效手段之一。

自 20 世纪 50 年代问世以来，TBC 技术就受到了广泛重视并得到迅速发展，目前已被广泛应用于燃气轮机和航空发动机热端部件（透平静片和动叶、燃烧室等）。除热障外，TBC 还具有对叶片的防护作用，比如防腐蚀、抗磨损等。目前，TBC 可实现 50～150℃ 的热障效果。未来先进燃气轮机及航空发动机的发展，对 TBC 技术提出了更高要求，包括高效热障、长寿命、高可靠性等，这就需要开发先进 TBC 技术，包括新的涂层材料体系、结构设计、制备工

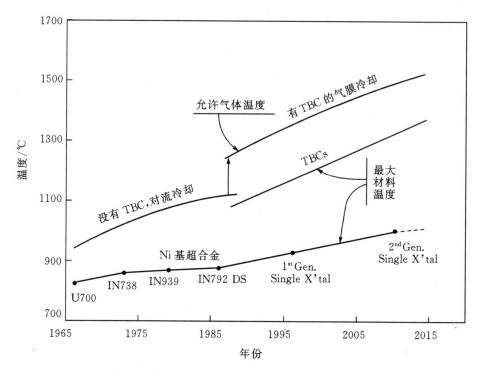

图 1-1　燃气轮机透平前燃气温度随年代的变化曲线[2]

艺、强度评价等。

　　本章拟简要介绍 TBC 系统的基本结构、制备方法及失效模式。

1.1　热障涂层系统的基本结构

　　TBC 系统是典型的多层结构,主要包括四种材料组元,即陶瓷层、粘结层、超合金基体、热生长氧化层(Thermally grown oxide,TGO),如图 1-2 所示。在服役环境下,各材料组元间的相互作用与变化共同决定了 TBC 系统的热障效果、强度、失效机制及服役寿命。

　　陶瓷层(Top coat,TC)位于 TBC 系统的最表面,其厚度大约为 $100 \sim 400~\mu m$,主要作用是热障及延缓氧化等。陶瓷层的基本设计思想是利用陶瓷的高耐热性、抗腐蚀性和低导热性,实现对合金叶片的保护。因此,陶瓷层具有高熔点、低密度、低热导率、良好的抗性能、较好的抗高温氧化及腐蚀能力等特点[4]。经过几十年的发展,目前氧化钇部分稳定氧化锆(Y_2O_3-stabilized ZrO_2,YSZ)陶瓷得到了广泛应用[3]。相比之下,YSZ 在具有低热导率的同

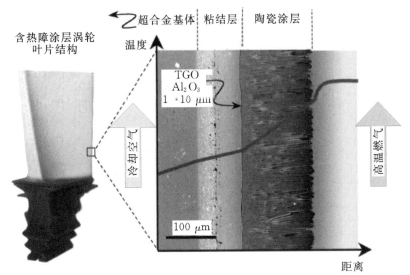

图 1-2 典型透平叶片热障涂层系统结构示意图[3]

时,还具有与合金基底更接近的热膨胀系数,可避免热循环过程中产生较大的热失配应力。需要指出,随着先进重型燃气轮机的发展,透平进口燃气温度在不断提高,一些新的替代材料,如镧系氧化物 $La_2Zr_2O_7$ 等也被考虑用作隔热陶瓷层[5,6]。

粘结层(Bond coat,BC)是介于陶瓷层与金属基底之间、厚度一般在 50～100 μm 左右的金属间化合物,具有提高陶瓷层和金属基底的粘合性和相容性的作用,同时,在一定程度和范围内保护基底不被氧化。因此,粘结层一般具有与基底比较相近的物理性质。目前,MCrAlY(M 代表 Ni 或 Co 或 Ni+Co)被广泛选作粘结层材料。MCrAlY 合金粘结层成分的选择对于 TBC 的使用寿命非常重要[7]。合金组元中 Ni、Co 或 Ni+Co 是涂层的基体元素。Co 的抗热腐蚀性能优于 Ni,但抗氧化性能不如 Ni,Ni+Co 的组合有利于涂层的综合抗腐蚀(氧化)性能;并且 Co 的百分比在 20%～26%时,Ni+Co 组合的涂层具有最佳的韧性。在 Ni 基高温合金中,Cr 和 Al 都是固溶强化元素,Al 还是强化相的生成元素。Cr 主要保证涂层的抗热腐蚀性,Al 提供涂层的抗氧化性。通常使用的 MCrAlY 抗氧化涂层中 Al 质量百分比在 8%～12%。Al 和 Cr 的存在会使涂层的韧性降低。因此,为了保证涂层的抗疲劳性能,应在保证抗氧化及抗热腐蚀性能的情况下,尽可能降低涂层中 Al 和 Cr 的含量。加入微量元素 Y(通常质量小于 1%)是为了提高抗腐蚀能力,并可提高 Al_2O_3 膜层与基体结合力,还可以改善涂层的抗热震性能。涂层中还可添加其他合金化元素,如 Si、Ta、Ha 等,用以改善涂层的力学及抗氧化性能。

热生长氧化层(TGO)是高温服役过程中粘结层内的活性物质与穿过陶瓷层的氧之间发生化学反应的产物,其厚度一般低于 $10\ \mu m$,是影响 TBC 力学性能和可靠性的关键因素[8]。在热循环过程中,TGO 的成分以及形态均会发生变化。随着高温服役时间的持续,TGO 层逐渐由 Al_2O_3 转变成以 Ni、Cr 为主的尖晶石氧化物,容易引起涂层剥落。研究表明:对 MCrAlY 粘结层进行适当的预氧化处理,容易在 MCrAlY 粘结层与陶瓷表层间形成保护性 Al_2O_3 氧化物,可进一步降低粘结层的氧化,提高陶瓷层与粘结层的结合力,从而提高 TBC 的热循环寿命[7]。

高温合金叶片基体本身具有良好的耐高温能力,主要承受外部机械载荷。通过叶片的内部冷却结构设计和表面气膜冷却技术,可大幅度提升燃气轮机高温透平进口燃气温度。

1.2　热障涂层制备方法

陶瓷层的制备方法主要分为喷涂法和沉积法两类。喷涂法主要包括:大气等离子喷涂(APS)、低压等离子喷涂(LPPS)、真空等离子喷涂(VPS)、超音速等离子喷涂(SAPS)、超音速火焰喷涂(HVOF)以及冷喷涂(CS)等。沉积法主要为物理气相沉积,如电子束物理气相沉积(EB-PVD)等。对重型燃气轮机而言,透平叶片尺寸大,考虑到 EB-PVD 技术效益低,故较多地采用 APS 技术。近些年来发展起来的等离子喷涂与物理气相沉积混合技术(PS-PVD)集成了 APS 和 EB-PVD 两种方法的优点,是极具发展潜力的高性能 TBC 制备方法。

对于粘结层而言,适用于 Pt 改性 NiAl 基粘结层的制备方法主要包括化学气相沉积(CVD)、粉末包覆法、料浆法、电镀法等;适用于 MCrAlY 粘结层的制备方法主要有 APS、EB-PVD 和 HVOF 等。本节主要介绍陶瓷层制备方法的特点及结构特征等。

1.2.1　等离子喷涂技术

等离子喷涂是热喷涂技术中最典型的方法之一(图 1-3),以火焰、等离子射流、电弧等为热源,将粉末状(或丝状、棒状)金属或陶瓷材料迅速加热到熔融或半熔融状态,再通过高温、高速等离子体射流将这些颗粒加速,以高速撞击基体,经过扁平化、快速冷却凝固沉积在基体表面形成层状组织结构[9]。等离子喷涂形成的涂层是由无数变形粒子相互交错,呈波浪形堆叠在一起的层状组织结构,颗粒与颗粒间存在空隙或孔洞,涂层中伴有氧化物和夹杂。等离子喷涂的喷涂温度高,可喷涂材料范围广,射流速度大,所喷涂的涂层力学性能较好,是一种低成本喷涂工艺,使用最为广泛,常用于重型燃气轮机高温叶片陶瓷涂层制备。但是,受到制备方法限制,等离子喷涂层间结合非常有限(一般结合率低于40%),容易出现界面开裂而导致涂层的早期失效。等离子喷涂工艺主要分为 APS、LPPS、VPS、SAPS 以及溶液前驱等离子喷涂(SPPS)等。

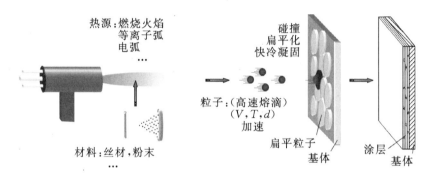

图 1-3 热喷涂原理示意图

1. 大气等离子喷涂(APS)技术

APS 是在大气氛围下以等离子弧为热源,经过外送粉或内送粉的方式将粉末送入等离子焰流中进行加热加速的喷涂方法,其原理如图 1-4 所示[10]。在冷却变形及交错堆叠过程中形成的孔隙多平行于基底,且孔隙尺寸较大、分布不规则,因而采用 APS 工艺沉积的陶瓷涂层具有币状多层重叠式微结构特征(如图 1-5 所示),片层厚度为熔融粒子与沉积表面接触撞击扁平化铺展后的厚度,典型片层直径为 $100\sim200~\mu m$,厚度约为 $2\sim8~\mu m$。币状孔隙间存在孔洞和裂纹状的孔网,使得相对于 YSZ 块体材料 220 GPa 的面内刚度和 2.5 $Wm^{-1}K^{-1}$ 热导率而言,涂层具有较低的面内刚度($10\sim70$ GPa)和热导率($1~Wm^{-1}K^{-1}$)。低的面内刚度意味着涂层具有较高的应变韧性。熔融颗粒凝固冷却速度极高,金属粒子一般为 $10^6\sim10^8$℃/s,陶瓷粒子一般为 $10^4\sim10^6$℃/s。一般而言,熔滴撞击到沉积表面形成扁平粒子的过程一般为几十毫秒,熔滴撞击表面的相隔时间为 100 ms 数量级。因此,当后一颗熔滴到达时,前一颗熔滴的碰撞、变形、凝固和冷却过程均已完成,可以认为每个喷涂

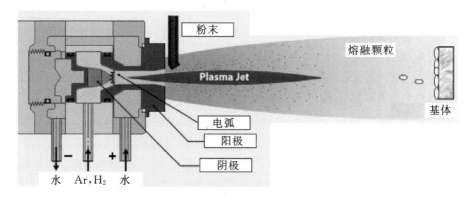

图 1-4　大气等离子喷涂原理示意图

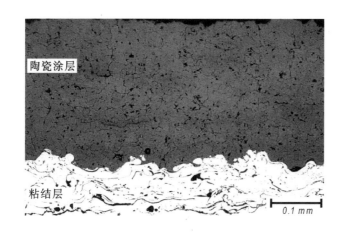

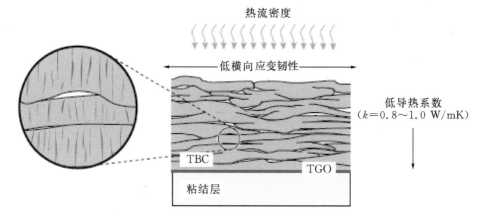

图 1-5　大气等离子喷涂热障涂层扫描电镜及微结构示意图[11]

粒子的沉积行为都是相互独立的。所以,涂层本质上是由单个熔滴撞击,扁平变形,然后冷却凝固堆积而成。

APS 制备工艺的优点是射流热焓值高,可喷涂的材料范围广泛,喷涂效率高,工艺相对简单;微结构呈片层状,孔洞较多,隔热性能好。所制备涂层的结合强度与基体的制备条件、预热温度、基体表面氧化膜形态和成分等有很大关系。其缺点是涂层致密性差、孔隙率高,同时,合金元素在喷涂过程中易氧化,得到的合金粘结层的片层结构中有部分氧化物夹杂存在,形成了一层合金元素的扩散阻挡层,阻碍了 Al 离子向 TGO 层的扩散,致使过早的在 TGO 层下方形成贫铝区。APS 喷涂粘结层在高温氧化过程中,TGO 和片层结构中 Al_2O_3 容易被快速消耗,形成 Cr_2O_3、NiO 及尖晶石等混合氧化物,导致涂层应力增加,脆性增大,引起裂纹的萌生并扩展,进而导致涂层剥落失效。

2. 低压等离子喷涂(LPPS)技术

传统大气条件下的等离子射流焓值和温度在喷枪出口 15~30 mm 后急速下降,加上粉体颗粒在等离子射流中滞留时间非常短,喷涂过程中大多数颗粒仅处于表面融化状态。因此 APS 涂层内存在大量离子间界面和气孔等缺陷。LPPS 是 20 世纪 80 年代在 APS 基础上发展起来的在低于大气压的密闭空间里进行的等离子喷涂技术,它是指在低压氩气或其他惰性气体保护下进行的喷涂方式[12]。

在 LPPS 喷涂过程中,喷枪、工件及其运转机械被置于低真空密闭室内,在室外进行喷涂控制。在低压环境下等离子射流的形态和特性均发生变化,粉末在高温区滞留时间增加,粉粒束受热更加均匀,熔粒的飞行速度也显著提高,加之是在密闭的惰性气氛里喷涂,含氧量很低,避免了喷涂粒子以及工件表面的氧化,工件温度也较大气气氛高,所以可以提供较致密、低氧化物含量的 TBC。因此,相对于普通的常压 APS 涂层,LPPS 涂层组织均匀致密,纯净度高,结合强度大幅度提高,孔隙率大幅度降低,涂层残余应力亦降低,抗氧化性能明显提高。特别是在喷涂 MCrAlY 粘结层材料时,LPPS 能够防止喷涂中金属粒子的氧化。

LPPS 时,高速粒子对获得致密涂层至关重要,但须确保粒子在火焰中停留时间足够长,以使粒子达到熔融。LPPS 喷涂时粒子在焰流中的速度可以达到 300 m/s 以上,但如果粒子运动速度太快,氧化物陶瓷没有熔融,则涂层性能较差。因此涂层的致密性取决于粉末的运动速度和熔融状态二者的平衡。

3. 真空等离子喷涂(VPS)技术

与 APS 相比而言,VPS 是在真空容器内、较低压强(约 0.1 大气压数量级)的惰性保护气氛下进行喷涂,即把喷枪、工件及运转机械放入密闭的真空系统中进行喷涂的方法[13]。VPS 不仅具有 APS 的优点,同时由于是在低真空或真空的环境中进行喷涂,其等离子体束流延长、速度增加,粉末粒子在高温区域加热时间增加,受热更加充分均匀,而且飞行速度增加;此外,因制备环境中的氧分压较低,粒子仅发生微量氧化,制备的涂层氧含量较低。VPS 的缺点是工件尺寸受到真空室体积的限制,另外,由于喷涂过程中要不断维持低气压条件,涉及到低压或真空腔室中的操作,其制造成本和时间成本较高。

在重型燃气轮机 TBC 的 MCrAlY 粘结层制备方面,VPS 方法是目前商业化应用中的最先进技术,主要用于高性能燃机的前几级透平叶片,所形成的 TBC 具有较高的寿命。然而,VPS 合金粘结层在高温氧化过程中,会快速产生不稳定的 γ/θ-Al_2O_3 相。θ-Al_2O_3 相体积比 α-Al_2O_3 相体积大 15%,使得合金层内应力增加,易与 Cr_2O_3 和 NiO 形成尖晶石相,增大了 TGO 层的脆性,导致氧离子直接进入合金粘结层内部加剧合金层的内氧化,进而引起涂层的快速失效。

4. 超音速等离子喷涂(SAPS)技术

SAPS 是指在传统非转移型等离子弧基础上,通过对高压、高速等离子气体进一步强力压缩和加速获得高能量密度、加长的扩展等离子弧,进而获得数倍于音速的超音速等离子体射流来进行喷涂的方法。SAPS 的原理是:由喷枪后枪体输入主气和次级气,从钨极与一次喷嘴之间通过的主气流量较小,大流量的次级气经气体旋流环作用,通过二次喷嘴喷出。与普通等离子喷涂(喷涂粒子速度约 180~300 m/s)相比,超音速等离子射流可加速粒子至 380~900 m/s[14],同时以更大的动量撞击基体材料表面。由于在等离子弧中驻留时间极短和撞击到基体上极快的能量转换过程,SAPS 可以获得比传统等离子喷涂层扁平度更大、孔隙率更低、致密坚硬、结合强度更高的高性能涂层。在制备纳米涂层和各种高熔点的陶瓷、难熔金属和金属陶瓷等涂层领域有优势。

喷涂枪是喷涂过程中的离子发生器,其性能直接关系到涂层质量、喷涂成本、喷涂效率以及整台设备的性能,是 SAPS 设备中最为关键的部件。而超音速等离子喷枪设计的难点主要体现在超音速等离子射流的实现、送粉方式及整体结构、水路、气路结构设计。我国 SAPS 技术起步于 20 世纪 90 年代初，现已成功开发出高效能 SAPS 系统，采用"机械压缩为主、气动力为辅"的设计思路，从而获得小气体流量下的超音速等离子体射流。直接作为发生器阳极的拉瓦尔喷管可对等离子气体形成强烈的型面压缩、旋气压缩、冷压缩以及电磁压缩，可提高气动效应，使阳极斑点前移，以拉长弧柱，提高弧压；此外，采用单阳极结构可减少进气量，缩短压缩孔道，减轻弧柱分流现象，充分利用射流高温区能量，有效提高发生器热效率。图 1-6 是该系统中的喷枪（等离子体发生器）外观形貌和等离子体射流，从射流中可以看到 3～6 个马赫节[15]。

图 1-6　超音速等离子喷涂系统中的喷枪外观形貌和等离子体射流[15]

SAPS 可以通过调节喷涂功率（35～80 kW）实现对 MCrAlY 合金粉末粒子熔化状态的控制，进而得到不同结构的合金涂层。此外，粒子飞行速度的极大提高，减少了金属材料与周围大气的作用时间，使金属材料的氧化程度大为降低。

5. 液料注入等离子喷涂(SPPS)技术

由于等离子喷涂过程中存在高温和骤冷，原料在等离子火焰中驻留时间短，所生成的大量晶核来不及长大。改变喂料方式是解决喷涂过程中晶粒易长大这一问题的一个较好的途径。

与传统等离子喷涂采用固体粉末材料不同，SPPS 所采用的原料为含有喷涂粉末材料的悬浮液或者含有涂层材料先驱体的溶液或溶胶。SPPS 原理如图 1-7 所示[16]，采用液体作为载体，制备成悬浮液、溶液或者溶胶直接送入热喷涂热源，将液料雾化为小液滴后送入到等离子焰流中，形成的微细颗粒或熔滴高速撞击基体表面沉积形成涂层。所制备的涂层中既含有较大尺寸熔滴扁平化形成的扁平粒子(晶粒尺寸大小为 10～30 nm),也含有从液料中演化而来但在等离子焰流中未完全熔化的小颗粒构成的微细颗粒粉末团,这种微结构特征有助于降低涂层热导率。此外,通过合理控制喷涂工艺,还可制备得到含纵向裂纹的微结构,在 TBC 服役过程中,陶瓷涂层内所产生的应力可以通过这些纵向裂纹得到部分释放,从而减轻应力在 YSZ/TGO 界面累积,有利于提高涂层的热循环寿命。此外,所制备的涂层具有均匀的纳米级和微米级孔隙,不存在层状颗粒和片层晶界,具有良好的抗热震性能(热循环寿命可达到由粉末注入法制备的常规涂层的三倍以上)。

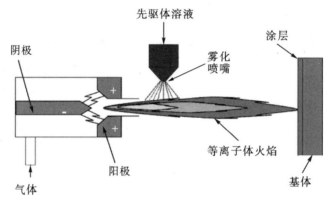

图 1-7 液料等离子喷涂原理图[16]

1.2.2 超音速火焰喷涂(HVOF)技术

HVOF 是在普通火焰喷涂的基础上发展起来的以高速火焰流(速度可超过 2000 m/s)为热源进行喷涂的方法,如图 1-8 所示。HVOF 借助丙烷、丙烯等碳氢系燃气或氢气,与高压氧气等燃烧气体在燃烧室或在特殊的喷嘴中连续燃烧而产生高温(一般小于 3000 ℃)、高压及高速膨胀气流,通过膨胀喷嘴形成高速焰流,送入高速焰流中的喷涂粉末被加热成熔融或半熔融颗粒,并高速沉积到基体表面上形成一定组织形貌和厚度的涂层[17]。超音速焰流是指焰流流动速度达到或超过当地音速,即马赫数大于或等于 1。实现超音速的途经主要是采用直通管燃烧爆震(或爆轰)或采用拉伐尔喷管。与普通火焰喷涂、电弧喷涂、等离子喷涂等相比,HVOF 粉末颗粒沉积速度高(为一般等离子喷涂的数倍),所制备的涂层组织更加致密、孔隙率较小、涂层的结合强度高。

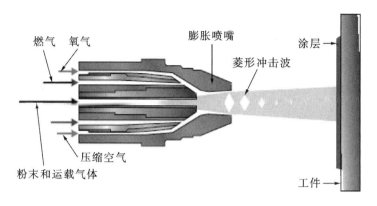

图 1-8　超音速火焰喷涂原理图

　　HVOF 喷涂的缺点是火焰温度低,而射流速度快,喷涂粉末在火焰中停留时间短,高熔点材料很难完全融化,涂层的抗冲击性能较差,可喷涂的材料范围比等离子喷涂小很多。此外,喷涂过程是在高氧环境气氛中进行,合金粉末颗粒容易被氧化,涂层中有部分内氧化存在。如何提高燃料的燃烧效率、燃烧温度和射流速度是研究的焦点。

　　在高温氧化过程中,在陶瓷层与合金层之间形成的 TGO 以致密的 α-Al_2O_3 膜为主,能减缓和阻挡氧离子的进一步扩散;合金层的内氧化物主要为弥散分布的细小 α-Al_2O_3 相,能促进非稳定的 γ/θ-Al_2O_3 相向稳定的 α-Al_2O_3 相转变,同时还能减缓各合金粒子在合金层内的扩散速率。因此,HVOF 合金层表现出低的 TGO 生长速率和良好的高温抗氧化性能的特点。

1.2.3　冷喷涂(CS)技术

　　CS 是 20 世纪 90 年代初发展起来的一种新的涂层制备技术,通过低温、高速的固态粒子与基体发生碰撞产生剧烈的塑性变形而实现涂层沉积的过程,原理如图 1-9 所示。喷涂中将高压气体导入收缩-扩张结构的拉伐尔喷嘴,经过喷嘴喉部后产生超音速流动,将喷涂粒子沿轴向从喷嘴上游送入,经过喷嘴喉部后粒子被具有一定温度的高速气流加热并加速到较高的速度(300~900 m/s),粒子的温度远远低于材料的熔点,高速粒子到达基体表面后与基体高速碰撞,粒子与基体均发生剧烈塑性变形而沉积形成涂层。粒子的温度、尺寸分布、速度以及喷涂材料本身的变形能力均为粒子在 CS 过程中能否沉积形成涂层的关键影响因素[18,19]。

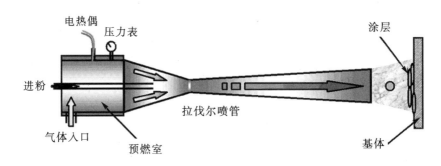

图 1-9　冷喷涂技术原理示意图

CS 过程中,高速气流一般采用高压压缩空气、N_2、He 或其混合气体,压力一般为 1.0～3.5 MPa,加速气体入口温度根据喷涂材料一般为室温至 900 ℃。根据粒子需要加速到较高的速度的特点,粉末粒度一般要求小于 50 μm。CS 喷涂过程的特点就是粒子速度高而温度低,因此,与其他热喷涂方法相比,CS 涂层可避免喷涂粉末粒子因热过程产生明显氧化等现象,涂层组织致密且结合强度高。此外,由于 CS 过程中喷涂粉末材料的温度显著低于熔点,因此适合于制备具有纳米晶、非晶等亚稳结构的涂层。CS 方法在较低温度下依靠固体粉末材料的塑性变形实现沉积,可有效抑制喷涂材料的氧化,因此可望被用来制备高性能 NiAl 涂层。然而,由于 NiAl 具有较高的室温脆性,难以直接通过 NiAl 粉末 CS 获得致密的粘结层。

1.2.4　电子束物理气相沉积(EB-PVD)技术

EB-PVD 最早出现于 20 世纪 80 年代。电子枪内的金属丝在真空室中被加热,其自由电子会发生热激发,激发后的电子在电磁场的作用下形成高能量的电子束。电子束将原料加热并使其快速熔化和蒸发,最终原料蒸气以原子态沉积到预热工件表面上而形成涂层[11,20],如图 1-10 所示。为了获得较高的粘结强度,通常将基底预加热到约 0.5 T_m,T_m 为沉积材料的熔点。

通过控制工艺参数和沉积条件可获得具有多尺度孔洞柱状晶微结构的陶瓷涂层(如图 1-11 所示[11,21]),在涂层的沉积过程中,最初形成的是细小的等轴晶,进而转变为细小的柱状结构,随着涂层的增厚,柱状结构逐渐长大并逐渐达到稳定的尺寸。达到稳定之后的柱状尺寸取决于工艺条件,调控范围可从几微米到几十微米。

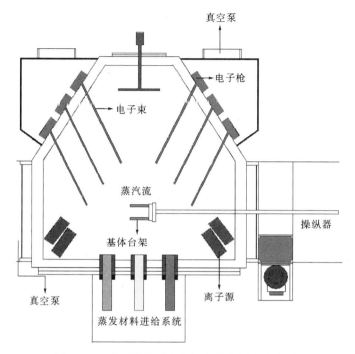

图 1-10　电子束物理气相沉积技术原理示意图

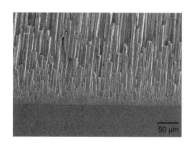

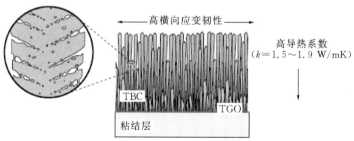

图 1-11　电子束物理气相沉积热障涂层微结构[11,21]

　　EB-PVD TBC 的柱状晶结构相互平行,并垂直于基底、分布规则且相互结合较弱,显著提高了涂层的应变容限和涂层抗热冲击性能;涂层界面从机械结合变为化学结合为主,提高了涂层的结合强度;涂层组织更致密,抗氧化和抗热腐蚀性能更好;可在复杂结构件上沉积,还可精确控制薄膜厚度和均匀性,制备不同层间距及层厚比的多层材料;涂层表面更光洁,EB-PVD 沉积涂层的表面形貌约 1~5 μm,远小于等离子喷涂涂层表面形貌约 10~20 μm。相对较光滑的表面使得所制备的涂层具有较好的空气动力学特性,也降低了后期表面后处理的要求。

　　图 1-12 为 EB-PVD 沉积 YSZ 涂层的高倍显微组织,可以发现每个陶瓷柱并非致密的单个晶粒,而是呈现羽毛状的结构[22]。实际上,涂层内部呈现多孔结构,孔主要形成于气相沉积过程中的遮挡效应。陶瓷柱与陶瓷柱之间呈现较大尺寸的孔隙,称为柱间孔隙或 I 型孔隙,其取向基本垂直于涂层表面方向,使得陶瓷柱之间的连接减弱,因而对陶瓷涂层的高应变应力容限具有决定性意义,即陶瓷内部的应力可以通过这些柱间孔隙得到较好的释放,从而显著降低了累积和传递到 YSZ/TGO 界面的热应力和力学载荷等应力。陶瓷柱周边部位呈现典型的"羽枝"结构,羽枝的方向一般与羽轴呈 40°~50°,羽枝之间呈现较为明显的孔隙,称为 II 型孔隙;陶瓷柱中心部位的"羽轴"区域内含有纳米尺寸的孔隙,称为 III 型孔隙,其基本封闭在材料内部。一般而言,EB-PVD 沉积的 YSZ 涂层构成的 TBCs 具有较好的热循环性能,这很大程度上归功于柱间孔隙即 I 型孔隙的存在。

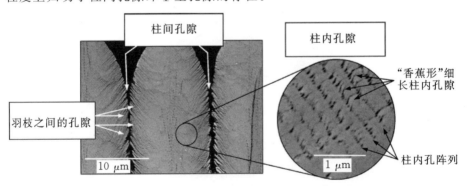

图 1-12　EB-PVD 沉积 YSZ 涂层的高倍显微组织[22]

　　EB-PVD 涂层的缺点是:可喷涂的涂层最大厚度要比等离子喷涂的最大厚度小一半,而且相同厚度下其隔热效果不如等离子涂层;沉积速率低,不容易沉积大面积试样,且工作效率较低,成本高;针对制备合金层,涂层成分严重地受各元素蒸气压的影响而不易控制。此外,与等离子喷涂陶瓷涂层相比而言,EB-PVD 涂层的典型特征为热导率较高(1.5～2.0 Wm⁻¹K⁻¹)。二者热导率差异的根本原因在于孔隙结构尤其是孔隙在空间上的分布特征的差异,尽管柱状晶间有许多平行于热流方向、尺度较大的孔洞,但是其抵挡热流的效果却远不如垂直于热流方向的孔洞。等离子喷涂陶瓷涂层内的一部分孔隙体现为层间未结合界面之间的裂纹,主要平行于涂层表面方向即垂直于表观热流方向,因此具有优越的隔热性能。而 EB-PVD 涂层的三种典型孔隙结构中,Ⅱ型孔隙与涂层表面方向或表观热流方向均呈约 45°角,因此具有一定的隔热效果;Ⅲ型孔隙主要体现为近球形均匀分布的封闭孔隙,因此对热导率的影响主要受孔隙率的限制,隔热效果并不显著;Ⅰ型孔隙垂直于涂层表面方向即平行于表观热流方向,因而对于热导率基本没有贡献。为了降低热导率,有报道通过改变蒸气方向与工件表面之间的夹角来获得羽轴呈现弯曲结构的 Zig-zag 型涂层,计算结果表明热导率的降低效果最高可达 20%～40%[23]。此外,国内外学者为了克服 EB-PVD 在制备时的不足,在其基础上,加入了离子束辅助沉积技术(Ion beam assisted deposition,IBAD),细化涂层的柱状晶粒,改善涂层组织,有效降低了涂层的热导率,提高了涂层的抗氧化性能和力学性能,被认为具有很好的发展前景。

1.2.5　等离子喷涂物理气相沉积(PS-PVD)技术

APS TBC 由融化或半融化的层片堆积而成,隔热性能好,但由于涂层界面结合较弱,抗热震寿命远低于 EB-PVD;而 EB-PVD 涂层为气相快速凝固生长而成,涂层与基体界面为化学结合,所形成的柱状晶结构使得其具有优异的热震性能(通常为 APS TBC 的 5～8 倍),但隔热性能相对较差。等离子喷涂层状结构与物理气相沉积柱状结构,由于其独特的结构特征而具有不同的性能,若能将二者的优势相结合,则可能开发出集二者特征于一体的新结构涂层。等离子喷涂物理气相沉积方法(PS-PVD)通过在等离子蒸发过程中的气相、液相和固相的共沉积,实现了不同组织结构的复合,是近年来新兴的一种先进涂层制备技术,可通过气相、液相与固相的共沉积,实现不同组织结构的复合设计,兼具了 PS 和 EB-PVD 两种喷涂技术的优点[24]。图 1-13 为两种典型涂层的断面组织,其中图 1-13(a)为沉积单元既有液滴又有气相时形成的组织[25],液滴碰撞沉积表面后扁平化形成图中水平方向的粒子,类似于传统等离子喷涂中的扁平粒子;图 1-13(b)为全部喷涂材料均良好气化以

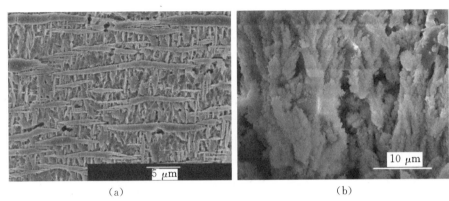

（a）　　　　　　　　　　　　　　　（b）

图 1-13　等离子喷涂-物理气相沉积复合沉积 YSZ 涂层

（a）层状与柱状的复合结构[25]；（b）羽毛状或树枝状结构[26]

后形成的涂层组织[26]，呈现羽毛类或树枝状。实验结果表明，采用 PS-PVD 制备的 TBC 的热循环寿命较传统 APS 涂层有显著增加，甚至可以达到与 EB-PVD 涂层相当的热循环寿命。同时，热导率与等离子喷涂涂层比较接近，相对传统 EB-PVD 而言沉积效率也得到了明显提高。目前关于 PS-PVD 涂层形成机理等基本问题尚不清楚，需要深入研究。

1.3　热障涂层系统失效模式

相对于其他涂层而言，TBC 具有结构更复杂、服役环境更恶劣和性能要求更苛刻等特点。TBC 复杂的自身结构、微组织成分、服役环境和性能要求等因素决定了其破坏机制及寿命影响因素的多样性，包括机械载荷、热力耦合及力化耦合等。王铁军等[27]详细介绍了重型燃气轮机高温透平叶片 TBC 系统中应力和裂纹问题的最新研究进展，归纳了 TBC 系统的主要失效模式及其影响因素，如图 1-14 所示。王铁军等[27]还介绍了 TBC 制备和服役过程中的热应力，传统二元结构及梯度 TBC 系统中的表面、界面裂纹及其竞争，外来物诱发的涂层剥离等。

　　TBC 失效的主要表现形式是涂层自金属基底上剥落下来，引起涂层剥离的主要因素包括[28,29]：

　　（1）复杂的自身结构。TBC 属于典型的多界面、多组元结构系统，存在金属/金属、金属/陶瓷以及陶瓷/陶瓷等多个界面，在高温服役过程中，各组元以及各界面又存在扩散、氧化、烧结和相变等复杂的物理和化学变化，导致各

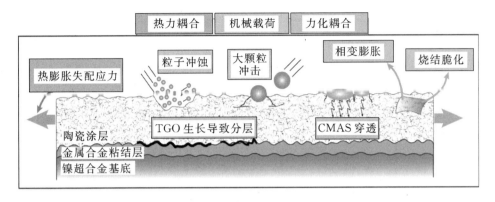

图 1-14 热障涂层的主要失效模式及其影响因素[27]

组元微结构、成分以及材料物理性能等发生变化。

(2)复杂的服役环境。极端服役环境中受到力学、热学和化学等方面的影响,经受着高温、热力疲劳、化学腐蚀、冲蚀等多种复杂载荷作用。在多场耦合服役环境下,各层材料力学参数(热膨胀系数、热导率、弹性模量、泊松比等)的不匹配会使得 TBC 系统内产生较大的热失配应力。

(3)高温氧化。高温氧化作用下,TGO 的生长一方面带来了氧化应力的增大,同时诱发了界面附近更多微缺陷的产生,降低了界面强度,是影响材料性能的一个关键因素。

(4)烧结及相变。烧结过程伴随着孔隙率降低、热导率增加、杨氏模量增大与 TGO 加速生长等现象,显著降低涂层的应变韧性和抗热震性能,导致涂层早期失效。YSZ 中的非平衡四方相稳定性较差,易分解生成四方相和立方相。此晶型转变过程所伴随的体积变化将随着热循环数的增加而不断累积,在陶瓷层内积聚相当高的应变能密度,最终导致涂层开裂。

(5)冲蚀和外来物撞击损伤。在服役环境下,燃气中的沙粒、油气杂质及氧化物颗粒被加速到音速级别,由于惯性力而偏离气流中心撞击涂层表面,形成冲蚀。高速固体颗粒冲蚀会导致 TBC 出现薄化、开裂、脱落及界面分离等失效模式,因而成为诱发 TBC 破坏的重要因素之一。

TBC 剥落失效过程是微缺陷通过微裂纹形核、扩展和贯通,并引起涂层大尺度屈曲、边缘层离和剥落,最终导致材料破坏的过程,如图 1-15 所示。

涂层的喷涂工艺不同,系统的破坏机制亦有着显著差别。下面分别针对 APS 和 EB-PVD 涂层对其典型失效模式进行介绍。

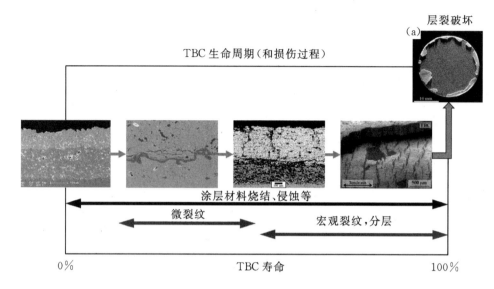

图 1-15　热障涂层失效过程示意图

1.3.1　等离子喷涂热障涂层的典型失效模式

等离子喷涂 TBC 失效主要发生在粘结层和 TGO 层界面、TGO 层和陶瓷层界面以及陶瓷层内部等位置,如图 1-16 所示[3,29]:

Ⅰ:粘结层与 TGO 层间曲界面波峰处。粘结层与 TGO 层间曲界面波峰处受到拉应力作用,而波谷处则主要承受压应力。随着 TGO 的增厚,拉应力增加,导致该处脱粘。

Ⅱ:陶瓷层与 TGO 层间曲界面波峰处。TGO 层粗糙度较大,热膨胀失配导致陶瓷层与 TGO 层波峰处出现拉应力,并形成裂纹。

Ⅲ:陶瓷层内靠近 TGO 波峰处。当陶瓷层内拉应力超过其破坏强度极限时,陶瓷层内形成内聚裂纹。而靠近 TGO 波峰处的拉应力往往最先达到其破坏强度。

Ⅳ:TGO 与粘结层间界面裂纹贯穿 TGO,并扩展进入陶瓷层。随着 TGO 的增厚,粘结层与 TGO 复合物的热膨胀系数将低于粘结层和陶瓷层,导致 TGO 附近应力状态改变,使得粘结层与 TGO 界面裂纹发生偏折,贯穿 TGO 层并进入陶瓷层。

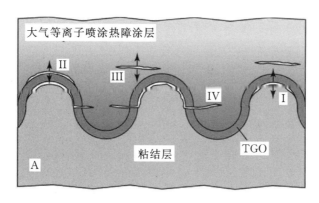

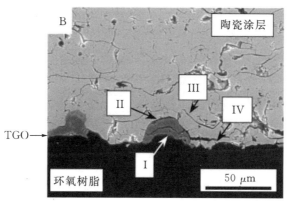

图 1－16　大气等离子喷涂热障涂层典型失效模式[3]

1.3.2　电子束物理气相沉积热障涂层的典型失效模式

EB-PVD 制备的陶瓷层具有柱状晶结构特征,有着较大的应变容限,其失效主要位于粘结层与 TGO 及 TGO 与陶瓷层的界面上,如图 1－17 所示:

Ⅰ:粘结层与 TGO 界面。该失效形式与等离子喷涂涂层失效模式Ⅰ类似。不同之处是等离子喷涂 TBC 中的曲界面是热循环过程中随着 TGO 的增厚而形成的;而 EB-PVD TBC 中的曲界面则主要是沉积陶瓷层前粘结层的粗糙表面所引起的。

Ⅱ:陶瓷层与粘结层界面。主要诱因有:(1)粘结层循环蠕变所导致的 TGO 起伏不平;(2)氧化物急剧长大引起的局部开裂;(3)粘结层中孔洞、空隙等的形成。

Ⅲ:涂层整体屈曲、剥落。由于 EB-PVD 涂层各组元间界面相对平整,且界面缺陷亦相对较少,因此热循环过程中 TGO 层内压应力会导致涂层的整体屈曲和剥离。

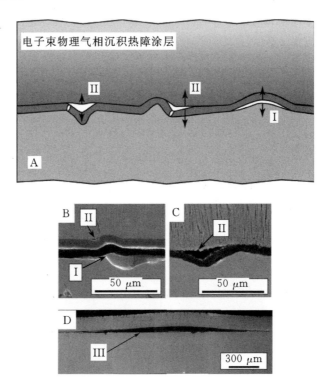

图 1-17　电子束物理气相沉积热障涂层典型失效模式[3]

TBC 的剥落失效会降低其隔热性能,甚至使得基体直接暴露在高温环境中,其危害将是灾难性的。揭示 TBC 的破坏机理有助于改进 TBC 制备工艺和结构设计,同时对提高燃气轮机高温叶片 TBC 系统的使用寿命和效率也有着重要的指导意义。TBC 的失效是各种因素相互作用的结果,裂纹的萌生与扩展是研究重点,包括裂纹萌生源,长短、密度及裂纹类型等对系统失效的影响。TGO 生长应力及 Al 元素大量扩散产生微缺陷、陶瓷层烧结和相变产生的应力,尖晶石类脆性氧化物的形成等都会在涂层中造成应力集中,导致裂纹的萌生。表面裂纹在一定程度上可以延缓陶瓷涂层的剥离失效。热循环下,热生长氧化层的应变能密度是时间的函数,裂纹驱动力随时间交变,微裂纹形核、扩展和贯通等过程最终导致涂层失效。

参考文献

[1] Schulz U, Leyens C, Fritscher K, Peters M, Saruhan B, Lavigne O, Donvaus J M, Poulain M, Mevrel R. Some recent trends in research and technology of advanced thermal barrier coatings [J]. Aerospace Science and Technology, 2003, 7(1): 73 – 80.

[2] Clarke D R, Oechsner M, Padture N P. Thermal-barrier coatings for more efficient gas-turbine engines [J]. MRS Bulletin, 2012, 37(10): 891 – 898.

[3] Padture N P, Gell M, Jordan E H. Thermal barrier coatings for gas-turbine engine applications [J]. Science, 2002, 296(5566): 280 – 284.

[4] Muktinutalapati N R. Materials for gas turbines-An overview [J]. IN-TECH Open Access Publisher, 2011.

[5] Xu Z, He S, He L, Mu R, Huang G. Novel thermal barrier coatings based on $La_2(Zr_{0.7}Ce_{0.3})_2O_7/8YSZ$ double-ceramic-layer systems deposited by electron beam physical vapor deposition [J]. Journal of Alloys and Compounds, 2011, 509(11): 4273 – 4283.

[6] Cao X Q, Vassen R, Stoever D. Ceramic materials for thermal barrier coatings [J]. Journal of the European Ceramic Society, 2004, 24(1): 1 – 10.

[7] 曹学强. 热障涂层新材料和新结构 [M]. 北京: 科学出版社, 2016.

[8] Evans H E. Oxidation failure of TBC systems: An assessment of mechanisms [J]. Surface and Coatings Technology, 2011, 206(7): 1512 – 1521.

[9] Shinozaki M. The effect of sintering and CMAS on the stability of plasma-sprayed zirconia TBCs [D]. St John's College, 2013.

[10] Fauchais P. Understanding plasma spraying [J]. Journal of Physics D: Applied Physics, 2004, 37(9): 86 – 108.

[11] Koolloos M F J. Behaviour of low porosity microcracked thermal coating under thermal loading [D]. Technische Universiteit Eindhoven, 2001.

[12] Muehlberger E. Method of forming uniform thin coatings on large sub-

strates [P]. Google Patents，1998.

[13] Ingo G M，Caro T D. Chemical aspects of plasma spraying of zirconia-based thermal barrier coatings [J]. Acta Materialia，2008，56(18)：5177 - 5187.

[14] 杨洪伟，栾伟玲，涂善东. 等离子喷涂技术的新进展 [J]. 表面技术，2005，34(6)：7 - 10.

[15] Bai Y，Hana Z H，Li H Q，Xu C，Xu Y L，Wang Z，Ding C H，Yang J F. High performance nanostructured ZrO_2 based thermal barrier coatings deposited by high efficiency supersonic plasma spraying [J]. Applied Surface Science，2011，257(16)：7210 - 7216.

[16] Xie L D，Jordan E H，Padture N P，Gell M. Phase and microstructural stability of solution precursor plasma sprayed thermal barrier coatings [J]. Materials Science and Engineering A. 2004，381(1/2)：189 - 195.

[17] Choi Y S，Lee K H. Investigation of blade failure in a gas turbine [J]. Journal of Mechanical Science and Technology，2010，24(10)：1969 - 1974.

[18] Dykhuizen R C，Smith M F，Gilmore D L. Impact of high velocity cold spray particles [J]. Journal of Thermal Spray Technology，1999，8(4)：559 - 564.

[19] Assadi H，Gärtner F，Stoltenhoff T，Kreye H. Bonding mechanism in cold gas spraying [J]. Acta Materialia，2003，51(15)：4379 - 4394.

[20] Reinhold E，Botzler P，Deus C. EB-PVD process management for highly productive zirconia thermal barrier coating of turbine blades [J]. Surface and Coatings Technology，1999，120：77 - 83.

[21] Kim S S，Liu Y F，Kagawa Y. Evaluation of interfacial mechanical properties under shear loading in EB-PVD TBCs by the pushout method [J]. Acta Materialia，2007，55(11)：3771 - 3781.

[22] Renteria A F，Saruhana B，Schulza U，Raetzer-Scheibea H J，Haugb J，Wiedenmannb A. Effect of morphology on thermal conductivity of EB-PVD PYSZ TBCs [J]. Surface and Coatings Technology，2006，201(6)：2611 - 2620.

[23] Gu S，Lu T J，Hass D D. Wadley H N G. Thermal conductivity of zirconia coatings with zig-zag pore microstructures [J]. Acta Materialia，

2001，49(13)：2539 - 2547.

[24] Niessen K V，Gindrat M. Vapor phase deposition using a plasma spray process [J]. Journal of Engineering for Gas Turbines and Power，2011，133(6)：061301.

[25] Huang H，Eguchi K，Kambara M. Ultrafast thermal plasma physical vapor deposition of yttria-stabilized zirconia for novel thermal barrier coatings [J]. Journal of Thermal Spray Technology，2006，15(1)：83 - 91.

[26] Shinozawa A，Eguchi K，Kambara M，Yoshida T. Feather-like structured YSZ coatings at fast rates by plasma spray physical vapor deposition [J]. Journal of Thermal Spray Technology，2010，19(1/2)：190 - 197.

[27] 王铁军，范学领，孙永乐，苏罗川，宋岩，吕伯文. 重型燃气轮机高温透平叶片热障涂层系统中的应力和裂纹问题研究进展 [J]. 固体力学学报，2016，37(6)：477 - 517.

[28] Wellman R，Nicholls J. Erosion，corrosion and erosion-corrosion of EB PVD thermal barrier coatings [J]. Tribology International，2008，41(7)：657 - 662.

[29] 周益春，刘奇星，杨丽，吴多锦，毛卫国. 热障涂层的破坏机理与寿命预测 [J]. 固体力学学报，2010，31(5)：504 - 531.

第 2 章 热障涂层系统的高温氧化行为

在 TBC 系统中,陶瓷层与基体之间有一层抗氧化过渡层,即粘结层。它有两个作用,一是改善基体与陶瓷层物理相容性,比如:改善基体与陶瓷层的热膨胀系数失配问题等,二是抗氧腐蚀,比如保护基体不被氧侵蚀等。粘结层的厚度通常为 100 μm 左右,其成分为 MCrAlY 合金(M 为过渡族金属 Ni、Co 或 Ni 与 Co),或 Ni、Pt 的铝化物。热障涂层系统在高温条件下使用时,合金粘结层会发生氧化,在陶瓷层与粘结层之间形成一层热生长氧化物(Thermally grown oxides,TGO)。TGO 在生长初期以氧化铝(Al_2O_3)为主,符合 Volmer-Weber 岛状生长模型,即先形成"岛状"氧化铝,再由"岛"连接成膜。致密的 α-Al_2O_3 薄膜一方面抑制氧离子向基底高温合金扩散,另一方面也阻碍金属离子向外表面扩散,抑制了 TGO 的生长。在 Al_2O_3 薄膜形成时,一些其他的氧化物,如:氧化铬(Cr_2O_3)、氧化镍(NiO)等也在形成和生长。特别是在较高的温度下,这些氧化物能与氧化铝反应形成尖晶石($NiAl_2O_4$、$NiCr_2O_4$、$CoAl_2O_4$、$CoCr_2O_4$)及混合氧化物,如:CS(Cr_2O_3+尖晶石)、CSN(Cr_2O_3+尖晶石+NiO)。图 2-1 为超音速火焰喷涂(HVOF)预处理的粘结层分别经过 100 次和 430 次热循环后,在陶瓷层和粘结层之间形成的 TGO 的形貌,图中黑色的连续膜为氧化铝,CSN 为由氧化铬、尖晶石以及氧化镍组成的混合氧化物[1]。

致密的 α-Al_2O_3 薄膜是扩散阻挡层,当其稳定存在时,TGO 的生长缓慢。随着氧化时间的增长,尖晶石的形成不断地消耗 Al_2O_3 薄膜,TGO 的结构将会逐渐演变。当粘结层中的 Al 含量因氧化物的生长而消耗到低于某一临界值时,致密的 α-Al_2O_3 薄膜因得不到补充而消耗殆尽。致密的 α-Al_2O_3 扩散阻挡层的耗尽,将导致 TGO 的快速生长。当 TGO 的厚度超过某一临界厚度时,最终导致陶瓷表层的剥落,即 TBC 的失效。文献中通常将 TGO 的快速生长而引起的 TBC 的失效称为 Al 耗尽失效或 Al_2O_3 薄膜耗尽失效。因此,研究粘结层的高温氧化行为及 TGO 的形成与生长规律对于理解和防止 TBC 的失效具有重要的意义。

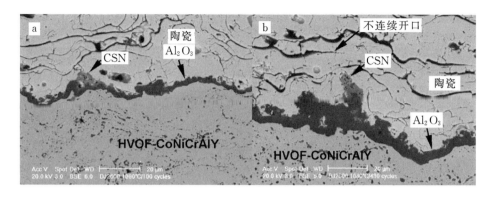

图 2-1　TGO 的 SEM 图片,图中黑色的连续相为氧化铝膜,CSN 为由氧化铬、尖晶石以及氧化镍组成的混合氧化物[1]

本章内容共分为 5 节,第 1 节介绍粘结层的氧化热力学,第 2 节介绍自由粘结层表面 TGO 的形成与生长,第 3 节介绍不同方法制备的 MCrAlY 粘结层的高温氧化及 TGO 生长行为,第 4 节介绍超音速等离子喷涂 MCrAlY 粘结层的 TGO 生长,第 5 节介绍 TBC 系统的 Al 耗尽失效模型和 Al_2O_3 薄膜耗尽失效模型,最后是总结与展望。

2.1　金属氧化热力学

2.1.1　金属氧化热力学判据

高温下金属氧化速度快,在氧化物/气体界面和金属/氧化物界面的局部范围内反应可能达到平衡。恒温氧化过程中常常伴随着氧化膜的增厚,即体积 V 在不断的变化,而温度 T 与压力 P 保持不变。也就是说,高温氧化过程,T 和 P 保持不变,而 V 变化。由热力学第二定律可知,在 T 和 P 不变的情况下,吉布斯自由能的变化 ΔG 能够确定其反应发生的可能性[2]。

对于恒温与恒压条件下的化学反应,根据热力学第二定律,自由能变化 ΔG、焓变化 ΔH 和熵变化 ΔS 之间关系为:

$$\Delta G = \Delta H - T\Delta S \qquad (2-1)$$

当 $\Delta G=0$ 时,反应达到平衡状态,反应可逆进行;当 $\Delta G<0$ 时,反应可以自发进行,且 $|\Delta G|$ 越大,反应越容易进行;当 $\Delta G>0$ 时,不发生反应。

反应物质的化学稳定性可以由化学反应平衡常数 K_a 来判断。平衡常数 K_a 非常小时,表明反应只需要生成极少量产物就达到可逆平衡状态,即反应物质接近于原始量,可以认为反应物是稳定的[3]。平衡常数 K_a 可由反应标准自由能变化求得。

对任意化学反应而言,可能包括多组分金属合金与多种氧化剂的混合气体之间的氧化反应,可以表达为:

$$aA + bB \Leftrightarrow cC + dD \tag{2-2}$$

给定温度(T)时的反应自由能(ΔG)与独立组分活度(a)之间的关系为:

$$\Delta G_T = \Delta G^0 + RT\ln\left(\frac{a_C^c \cdot a_D^d}{a_A^a \cdot a_B^b}\right) \tag{2-3}$$

令 $Ka = \dfrac{a_C^c \cdot a_D^d}{a_A^a \cdot a_B^b}$,并代入式(2-3)得:

$$\Delta G_T = \Delta G^0 + RT\ln Ka \tag{2-4}$$

式中,ΔG^0 为标准状态($T = 298.15$ K,$p = 1$ atm $= 101.3$ kPa)下,所有参加反应物质的自由能变化;R 为摩尔气体常数(8.314 J·mol^{-1}·K^{-1});T 为开氏温度;K_a 即为各独立组元为活度时的反应平衡常数。

可用化学热力学活度 a 来描述偏离理想标准状态的程度,如气态物质 i 的活度可表示为:

$$a_i = \frac{p_i}{p_i^0}$$

式中,p_i 为物质的凝聚态的蒸气压或气态的分压,p_i^0 为该物质标准状态的相应量值。在 M-i 的二元合金溶液中,溶质 i 的活度系数 f_i 随其浓度而变化。气态物质的活度为:

$$a_i = f_i[\mathrm{wt.\%}i] \tag{2-5}$$

在多元系溶液中,i 的活度系数除了与本身的浓度有关外,还会受到其他溶质的影响。如果令 f_i^i 为 M-i 的二元合金溶液中的活度系数,由于第三元素 j 加入后,元素 i 的活度系数应该被修正,即 f_i^i 应该乘上一个修正系数 f_i^j,即:

$$f_i = f_i^j f_i^i$$

两边取对数得:

$$\ln f_i = \ln f_i^j + \ln f_i^i \tag{2-6}$$

在多元体系中,当元素 i 的重量分数不变时,每增加 1% 的第三元素 j 引起 i 元素活度系数对数的变化量,叫做活度的相互作用系数,用 e_i^j 表示:

$$e_i^j = \left(\frac{\partial \ln f_i^j}{\partial \ln[\mathrm{w\,t.\,\%}\,j]}\right) \tag{2-7}$$

利用活度相互作用系数 e_i^j，可求出 i 元素的活度系数，就可以通过式（2-5）来计算出该元素的活度。

化学反应标准自由能变化 ΔG^0 为参与反应物质的生成标准自由能与反应产物的标准生成自由能的代数和，即：

$$\Delta G^0 = \sum \Delta G_{\text{产物}}^0 - \sum \Delta G_{\text{反应物}}^0 \tag{2-8}$$

对于式（2-2）化学反应标准自由能变化 ΔG^0 为：

$$\Delta G^0 = c\Delta G_C^0 + d\Delta G_D^0 - a\Delta G_A^0 - b\Delta G_B^0 \tag{2-9}$$

当式（2-2）达到平衡时，$\Delta G_T = 0$，由式（2-3）有：

$$\Delta G^0 = -RT\ln\left(\frac{a_C^c \cdot a_D^d}{a_A^a \cdot a_B^b}\right)_{\text{平衡}} \tag{2-10}$$

此时，平衡时的反应平衡常数：

$$K = \left(\frac{a_C^c \cdot a_D^d}{a_A^a \cdot a_B^b}\right)_{\text{平衡}}$$

则

$$\Delta G^0 = -RT\ln K \tag{2-11}$$

如果化学反应中有气态物质参与，例如两价金属与双原子气体（X_2）反应：

$$2M + X_2 \Leftrightarrow 2MX \tag{2-12}$$

反应平衡时：

$$\Delta G^0 = -RT\ln\left(\frac{a_{MX}^2}{a_M^2 \cdot a_{X_2}}\right)_{\text{平衡}} \tag{2-13}$$

金属 M 与反应产物 MX 为固体，其活度 $a_M = a_{MX} = 1$，则式（2-13）可写为：

$$\Delta G^0 = -RT\ln\left(\frac{1}{p_{X_2}^0}\right) \tag{2-14}$$

代入到式（2-4）得：

$$\Delta G_T = \Delta G^0 + RT\ln K_a = -RT\ln\left(\frac{1}{p_{X_2}^0}\right) + RT\ln\left(\frac{1}{p_{X_2}}\right) = RT\ln\left(\frac{p_{X_2}^0}{p_{X_2}}\right) \tag{2-15}$$

反应平衡时，环境中气体（X_2）分压 p_{X_2} 与平衡压力 $p_{X_2}^0$ 相等，$\Delta G_T = 0$。当环境中气体（X_2）分压 $p_{X_2} > p_{X_2}^0$，即 $\Delta G_T < 0$，反应可以自发进行；当 $p_{X_2} < p_{X_2}^0$，即 $\Delta G_T > 0$，反应产物 MX_2 分解为 M 和 X_2。

2.1.2　表面氧化物自由能

目前,热障涂层系统多用合金粘结层,大体可以分为两类,一类为 Ni 含量高的高温合金,例如 Ni-16.6Cr-6.1Co-10Al-0.5Y(wt.%)合金,另一类为 Ni-Co 含量较高的基底高温合金,例如 38.5Co-32Ni-21Cr-8Al-0.5Y(wt.%)合金。根据这些合金的元素可以得知,在合金表面将有可能形成 Al_2O_3、Cr_2O_3、Y_2O_3、NiO、CoO、Co_3O_4、$AlCr_2O_4$、$NiCr_2O_4$、$CoAl_2O_3$ 和 $CoCr_2O_3$ 等氧化物。

几种单质金属形成 1 mol 氧化物的生成自由能如下[4]:

$$2Al+1.5O_2=Al_2O_3 \quad \Delta G_{Al_2O_3}=-1675100+313.20T \quad (J/mol) \quad (2-16)$$

$$2Cr+1.5O_2=Cr_2O_3 \quad \Delta G_{Cr_2O_3}=-1110140+247.32T \quad (J/mol) \quad (2-17)$$

$$2Y+1.5O_2=Y_2O_3 \quad \Delta G_{Y_2O_3}=-1897900+281.96T \quad (J/mol) \quad (2-18)$$

$$Ni+0.5O_2=NiO \quad \Delta G_{NiO}=-232450+83.59T \quad (J/mol) \quad (2-19)$$

$$Co+0.5O_2=CoO \quad \Delta G_{CoO}=-245600+78.66T \quad (J/mol) \quad (2-20)$$

$$3Co+2O_2=Co_3O_4 \quad \Delta G_{CoO}=-957300+456.93T \quad (J/mol) \quad (2-21)$$

依据与粘结层合金相关的组元,单质元素生成 1 mol 氧化物时吉布斯自由能随温度的变化关系如图 2-2 所示。可见,所有这些氧化物的形成自由能

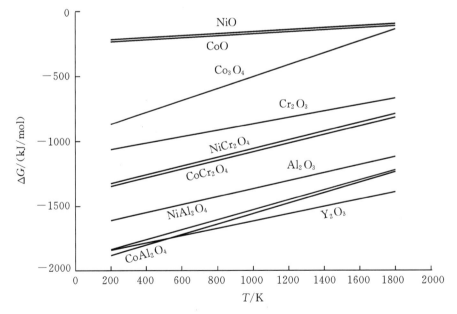

图 2-2　生成 1 mol 氧化物时吉布斯自由能随温度的变化关系

都是负值,即其反应均为自发进行。Y_2O_3 虽然有最低的形成自由能,但是因为其含量很低,仅能在氧化初期形成[5]。而 Al_2O_3 同样具有很低的形成自由能,其次为 Cr_2O_3。这也就是为什么在合金层表面最先容易形成这两种氧化物的热力学原因。

当单质金属氧化物形成后,随着氧化时间的延长,几种氧化物会形成更稳定的复合氧化物,通常为尖晶石结构,这些尖晶石性的氧化物往往具有更低的自由能。NiO、CoO 和 Al_2O_3、Cr_2O_3 分别形成 Al、Cr 尖晶石时的反应自由能如下[6]:

$$NiO + Al_2O_3 = NiAl_2O_4 \quad \Delta G_{NiAl_2O_4} = -1480 - 12.55T \quad (J/mol) \quad (2-22)$$
$$NiO + Cr_2O_3 = NiCr_2O_4 \quad \Delta G_{NiCr_2O_4} = -53600 + 8.4T \quad (J/mol) \quad (2-23)$$
$$CoO + Cr_2O_3 = CoCr_2O_4 \quad \Delta G_{CoCr_2O_4} = -59400 + 8.37T \quad (J/mol) \quad (2-24)$$
$$CoO + Al_2O_3 = CoAl_2O_4 \quad \Delta G_{CoAl_2O_4} = -37700 + 5.9T \quad (J/mol) \quad (2-25)$$

根据式(2-22)到式(2-25),可得出几种不同的尖晶石结构的复合氧化物的形成自由能与温度的相互关系,如图 2-3 所示。从图 2-3 中可以看出,无论哪种氧化物的形成自由能 ΔG 都是负值,即 $\Delta G < 0$,说明这些反应都是可以自发进行的。与此同时,在几种尖晶石型的复合氧化物中,$NiCr_2O_4$ 具有较

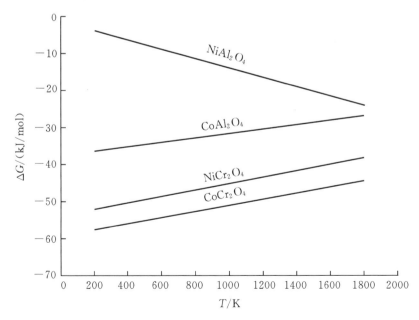

图 2-3　几种尖晶石氧化物的形成自由能

低的形成自由能，因此该氧化物是优先形成的。这也说明了 Cr_2O_3 要比 Al_2O_3 更容易与 NiO 形成尖晶石结构的氧化物。在几种尖晶石型氧化物中，$NiAl_2O_4$ 的形成自由能虽然在低温下较高，但是，随着温度的升高，其形成自由能是逐渐降低的。

　　图 2-4 表示了一个 Ni-16.6Cr-6.1Co-10Al-0.5Y(wt.%)合金在大气环境下，1200 ℃氧化 200 小时过程中的 XRD 衍射谱，它反映了该合金表层所形成的主要氧化物种类及其演变的过程。图中所标 Substrate 主要是 Ni、Al 的固溶体，为合金的基底相。图中表示出，当合金氧化 8 小时，表面的氧化物相主要有 Al_2O_3 和 Cr_2O_3，随着氧化时间加长 Al_2O_3 和 Cr_2O_3 衍射强度增加，基底相的衍射峰强减弱。氧化 16 小时，Al_2O_3 和 Cr_2O_3 相的衍射峰强度达到最大，然后开始减小，同时表面存在 NiO 和 $NiCr_2O_4$ 相，并随着时间增多。氧化 100 小时，基底峰消失，$NiCr_2O_4$ 峰达到最强。100 小时以后，表面的 $NiCr_2O_4$

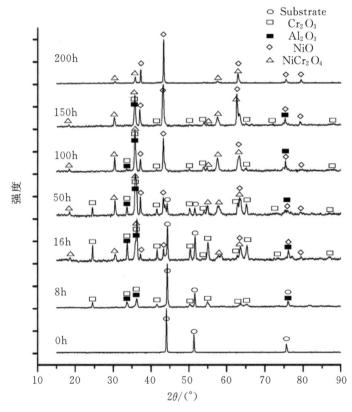

图 2-4　Ni17Cr6Co10Al0.5Y 合金 1200 ℃空气环境不同氧化时间的表面 XRD 衍射谱[7]

峰逐渐减弱,NiO 峰逐渐增强,到 200 小时几乎只剩 NiO 和 $NiCr_2O_4$ 的衍射峰。

图 2-5 所示为氧化从 200 小时到 300 小时期间,合金表面脱落的氧化物粉末 XRD 衍射谱。从 XRD 分析可以得出,合金经过 200~300 小时的氧化,脱落粉末几乎全部为 $NiCr_2O_4$,而很少发现 $NiAl_2O_4$ 结构的氧化物。

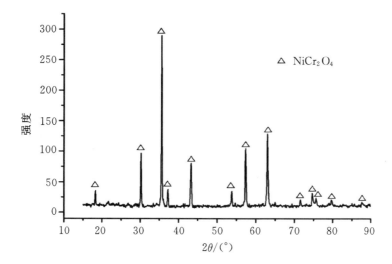

图 2-5 Ni17Cr6Co10Al0.5Y 合金 1200 ℃空气环境氧化 200~300 h 表面脱落粉末的 XRD 衍射谱[7]

从以上两张图中,也证明了前面的热力学分析结果。

从图 2-2 得知,Ni、Cr、Al 在 1200 ℃氧化时的标准生成自由能大小为

$$\Delta G_{T,Ni}^{\theta} > \Delta G_{T,Cr}^{\theta} > \Delta G_{T,Al}^{\theta}$$

根据热力学第二定律可知,在足够的氧分压下,以上元素均能发生自发氧化。Ni、Cr、Al 的氧化活性顺序为:

$$Al > Cr > Ni$$

氧化物的稳定性顺序为:

$$Al_2O_3 > Cr_2O_3 > NiO$$

可见,Al 最易被氧化。在元素能够充分扩散,而氧分压不足时,Al_2O_3 是优先生成的,但在氧分压足够高时,Al_2O_3、Cr_2O_3、NiO 可同时生成。

2.1.3 各种金属和氧化物的体积比(PBR)

在金属与氧化膜的界面上再形成氧化膜时,当氧化膜的体积小于金属的

体积时,则不能形成完整、致密的保护膜。而只有氧化膜的体积大于金属的体积时,这个氧化膜才能起到保护作用。但是在热障涂层中,金属与氧化物的体积差别也会引起体积的膨胀或收缩,从而在氧化膜内产生压应力或者拉应力[3]。

这种金属和氧化物的体积比叫做 Pilling-Bedworth Rate,即 PBR,通常采用 PBR 判断氧化膜内应力大小,在此可以计算出 Al_2O_3、Cr_2O_3、NiO 的 PBR 值。PBR 关系式如下[2]:

$$PBR = \frac{1 \text{ 个金属离子的氧化物体积}}{1 \text{ 个金属原子的体积}} = \frac{1 \text{ mol 金属离子的氧化物体积}}{1 \text{ mol 金属原子的体积}}$$

$$(2-26)$$

从式(2-26)、前面的反应方程以及表 2-1 的数据,可以计算出氧化过程中生成各种氧化物的 PBR 值:

表 2-1　MCrAlY 合金中各组元及其氧化物的晶体参数[7]

物质	晶体类型	摩尔质量/(g/mol)	密度/(g/cm³)	摩尔体积/(cm³/mol)
Al	FCC	26.98	2.70	10.00
Cr	BCC	52.00	7.15	7.27
Ni	FCC	58.70	8.83	6.65
Al_2O_3	RCH	101.96	3.99	25.57
Cr_2O_3	RCH	151.99	5.35	28.41
NiO	FCC	74.70	6.72	11.11
$NiCr_2O_4$	FCC	226.69	5.27	43.02
$NiAl_2O_4$	FCC	176.66	4.50	39.27

对于 Al_2O_3 而言,$PBR = \dfrac{1 \text{ mol } Al_2O_3 \text{ 体积}(V_{mol,Al_2O_3})}{2 \text{ mol Al 体积}(V_{mol,Al})} = 1.28$ （2-27）

对于 Cr_2O_3 而言,$PBR = \dfrac{1 \text{ mol } Cr_2O_3 \text{ 体积}(V_{mol,Cr_2O_3})}{2 \text{ mol Cr 体积}(V_{mol,Cr})} = 1.95$ （2-28）

对于 NiO 而言,$PBR = \dfrac{1 \text{ mol NiO 体积}(V_{mol,NiO})}{1 \text{ mol Ni 体积}(V_{mol,Ni})} = 1.67$ （2-29）

对于 $NiCr_2O_4$ 而言,如果由 $NiO + Cr_2O_3 \rightarrow NiCr_2O_4$,则

$$PBR = \frac{1 \text{ mol } NiCr_2O_4 \text{ 体积}(V_{mol,NiCr_2O_4})}{1 \text{ mol NiO 体积} + 1 \text{ mol } Cr_2O_3 \text{ 体积}(V_{mol,NiO} + V_{mol,Cr_2O_3})} = 1.09$$

$$(2-30)$$

如果由 $Ni + 2Cr \rightarrow NiCr_2O_4$，则

$$PBR = \frac{1 \text{ mol } NiCr_2O_4 \text{ 体积}(V_{mol, NiCr_2O_4})}{1 \text{ mol } Ni \text{ 体积} + 2 \text{ mol } Cr \text{ 体积}(V_{mol, Ni} + V_{mol, Cr})} = 2.03 \quad (2-31)$$

同样对于 $NiAl_2O_4$ 而言，如果由 $NiO + Al_2O_3 \rightarrow NiAl_2O_4$，则

$$PBR = \frac{1 \text{ mol } NiAl_2O_4 \text{ 体积}(V_{mol, NiAl_2O_4})}{1 \text{ mol } NiO \text{ 体积} + 1 \text{ mol } Al_2O_3 \text{ 体积}(V_{mol, NiO} + V_{mol, Al_2O_3})} = 1.09$$

$$(2-32)$$

如果由 $Ni + 2Al \rightarrow NiAl_2O_4$，则

$$PBR = \frac{1 \text{ mol } NiAl_2O_4 \text{ 体积}(V_{mol, NiAl_2O_4})}{1 \text{ mol } Ni \text{ 体积} + 2 \text{ mol } Al \text{ 体积}(V_{mol, Ni} + V_{mol, Al})} = 1.48 \quad (2-33)$$

从以上的 PBR 分析中可知，形成 Al_2O_3 的 PBR 最小，而形成 Cr_2O_3 和 NiO 都有很大的体积增加率，特别是形成 Cr_2O_3 时，体积增加近一倍。因此，氧化物对 TGO 应力的影响为 $Al_2O_3 < NiO < Cr_2O_3$。同时还可以注意到，无论是由 NiO 和 Cr_2O_3 形成 $NiCr_2O_4$，还是由 NiO 和 Al_2O_3 形成 $NiAl_2O_4$ 两种尖晶石结构，其体积增加率都仅有 9%。所以，造成热障涂层中的氧化层厚度增加的原因，不仅是尖晶石结构的产生，而是 NiO、Cr_2O_3 和 $NiCr_2O_4$ 共同作用的结果。

2.2　热生长氧化物(TGO)的形成与生长

2.2.1　热生长氧化物的结构

从前一节讨论可知，镍基粘结层表面形成的 TGO 主要由 Al_2O_3、Cr_2O_3、尖晶石（$NiCr_2O_4$、$NiAl_2O_3$ 等）、NiO 等氧化物所组成。在高温氧化条件下，最希望得到的是一层完整、致密的 $\alpha\text{-}Al_2O_3$ 氧化膜，以保障有良好的对氧扩散的阻碍。同时，从减缓 TGO 厚度的角度上来考虑，生成 $\alpha\text{-}Al_2O_3$ 的体积增加率是最小的。

图 2-6 是 $Ni_{17}Cr_6Co_{10}Al_{0.5}Y$ 合金试样在大气环境中 1000 ℃下氧化 200 小时后，试样表面脱落后，一个脱落坑的扫描电镜照片[8]。从能谱分析可见，位置 1 处的元素主要为 Cr、Al、O，成分的比例表明该处的氧化物主要是由 Cr_2O_3 与 Al_2O_3 组成。位置 2 处层状塔形的氧化物的元素主要为 Cr、Ni、O，且其原子比正好满足 $NiCr_2O_4$，说明该处的氧化物是由尖晶石结构的氧化物

图 2-6　Ni$_{17}$Cr$_6$Co$_{10}$Al$_{0.5}$Y 合金试样表面脱落坑的 SEM 照片及各点处的成分分布
(1000 ℃,氧化 200 小时)

NiCr$_2$O$_4$ 组成。从照片还可以看到,一些 NiCr$_2$O$_4$ 正从谷底的 Cr$_2$O$_3$ 中生长出来。最上层的位置的成分主要是 Ni 和 O,表明该处的氧化物为 NiO。

　　图 2-6 所示的试样的 X 射线衍射图(XRD)如图 2-7 所示,可见该位置复合氧化物的主要结构为 NiO、NiCr$_2$O$_4$、Cr$_2$O$_3$ 与 Al$_2$O$_3$ 组成,而这些正是组成 TGO 的氧化物。

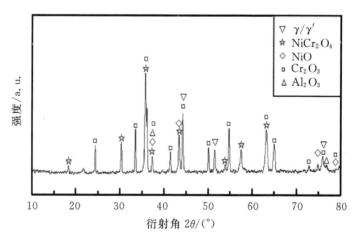

图 2-7　Ni$_{17}$Cr$_6$Co$_{10}$Al$_{0.5}$Y 合金试样表面的 XRD 分析

　　图 2-8(a)为 Ni$_{22}$Cr$_{10}$Al$_1$Y 合金在 1000 ℃下,大气氧化 50 小时后试样截面的 SEM 照片,在这张照片中表示了 Al$_2$O$_3$ 和 Cr$_2$O$_3$ 氧化物分布。参考其他文献[9,10],可以了解热障涂层中 TGO 的分布状况,如图 2-8(b)所示。在

粘结层与陶瓷层之间的 TGO 由底层的 Al_2O_3，次底层的 Cr_2O_3，中间层的 $NiCr_2O_4(NiAl_2O_4)$ 和顶层的 NiO 组成。中间层的尖晶石 $NiCr(Al)_2O_4$ 是由 Al_2O_3 和 Cr_2O_3 与 NiO 反应而成，这种组成将更加稳定。

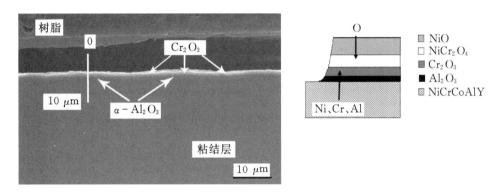

图 2 - 8   NiCrAlY(10%Al)粘结层合金表面的氧化物组成

图 2 - 9 为一组超音速等离子喷涂的 $Ni_{22}Cr_{10}Al_1Y$ 合金在 1000 ℃下氧化 200 小时后，截面氧化层照片。其中，图 2 - 9(b)~图 2 - 9(e)是图中 Ni、Cr、Al、O 等元素的面扫描图，图 2 - 9(f)和图 2 - 9(g)分别为图中 1 点和 2 点处的元素分析谱。从这几张图可以看出，在临近基底部分，Al 元素含量很高，基本上就是由 Al 和 O 组成，可以认为这层氧化物为 Al_2O_3。而外层的 Ni、Cr、O 的含量较高，可以认为这层是由 $NiCr_2O_4$ 及 Cr_2O_3 的混合氧化物组成。

在实验中常常可以发现，当热障涂层在高温氧化了一段时间后，在 TGO 中很容易形成一个清晰的 Al_2O_3 层，如图 2 - 10 中黑色部分所示，以及由 Cr_2O_3、$NiCr_2O_4$ 等的混合氧化物层。这种现象可以维持很长时间，直到 Al_2O_3 层最终被消耗尽。此时，由于 $NiCr_2O_4$ 等尖晶石性氧化物的大量增厚，氧化膜内的应力产生裂纹使氧化迅速加剧，称为失稳氧化。

从图 2 - 2 和图 2 - 3 可知，虽然 $NiAl_2O_4$ 和 $CoAl_2O_4$ 比 $NiCr_2O_4$ 和 $CoCr_2O_4$ 的单质生成自由能低得多，但是，如果从 Cr_2O_3 分别与 NiO 和 CoO 形成尖晶石 $NiCr_2O_4$ 和 $CoCr_2O_4$ 的自由能却远远低于 Al_2O_3 分别与 NiO 和 CoO 形成尖晶石 $NiAl_2O_4$ 和 $CoAl_2O_4$ 的自由能。说明 Cr_2O_3 分别与 NiO 和 CoO 形成尖晶石的可能性要高于 Al_2O_3 与 NiO 和 CoO 形成尖晶石的可能性。另外，还可以发现单质 Al_2O_3 生成自由能比 $NiCr_2O_4$ 和 $CoCr_2O_4$ 还要低（图 2 - 2）。这样就会出现一个现象，即 Al_2O_3 和 $NiCr_2O_4$、$CoCr_2O_4$ 及 Cr_2O_3 共存的情况（见图 2 - 10）。这种情况下，涂层的氧化可以保持一个相对稳定的时期。

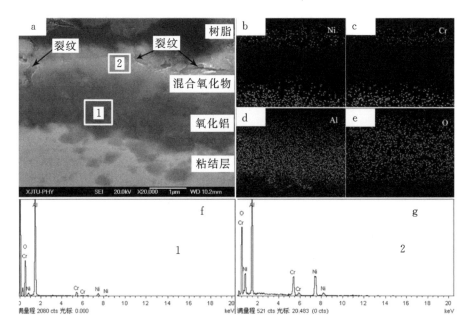

图 2 - 9　$Ni_{22}Cr_{10}Al_1Y$ 合金经 1000 ℃氧化 200 小时后的横截面上外氧化层照片

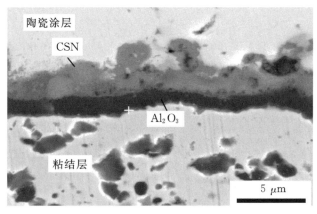

图 2 - 10　NiCoCrAlY 合金在 1100 ℃氧化 60 小时后截面 TGO 的形貌
（CSN 为 Cr_2O_3 和 $NiCr_2O_4$、$CoCr_2O_4$ 和 NiO 等的复合氧化物）

2.2.2　尖晶石氧化物的生长

在 TGO 中，Al_2O_3 和 Cr_2O_3 氧化膜比较致密，特别是 $\alpha\text{-}Al_2O_3$ 热障涂层中抗氧化的主要氧化物，人们对此比较关注。在热障涂层的失效过程中，TGO 的增厚导致陶瓷层的脱落是其主要原因，而尖晶石结构 $NiCr_2O_4$ 的生长就成为其关键因素。因此要想深入探讨热障涂层的失效机制,就必须讨论各种氧化物的生长过程。

图 2-11 为 Cr_2O_3、$NiCr_2O_4$ 和 NiO 的晶体结构(Al_2O_3 与 Cr_2O_3 结构相

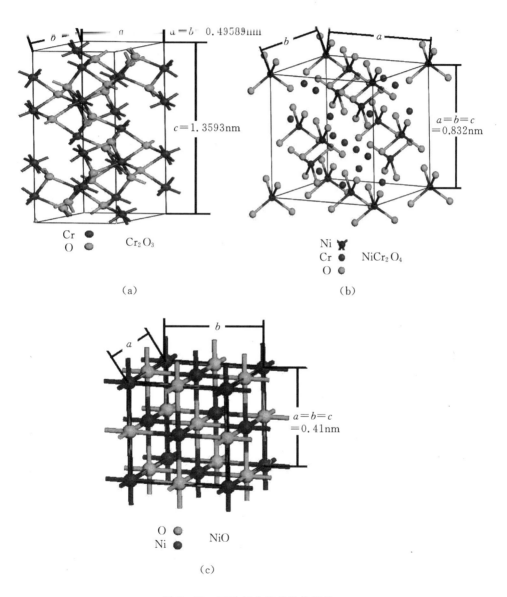

(a)

(b)

(c)

图 2-11　三种氧化物的晶体结构

(a)Cr_2O_3;(b)$NiCr_2O_4$;(c)NiO

同），其中，$Cr_2O_3(Al_2O_3)$ 为 $R\bar{3}c$ 的三方结构，$NiCr_2O_4$ 为 $Fd\bar{3}m$ 的面心立方结构，NiO 为 $Fm\bar{3}m$ 立方结构。

图 2-12 为垂直于[001]晶向的 Cr_2O_3 侧视图与俯视图。图中白点处表示的是(001)晶面上的 Cr 原子的位置。从图中可以看出，在垂直于[001]晶向上，为 Cr-O-Cr-O 分层排列。在每层晶面上 Cr 原子和 O 原子都是密集排列的方式。以 Cr 原子为例，其原子间距为 0.496 nm。对于 Al_2O_3 来说，两原子间距为 0.4759 nm。

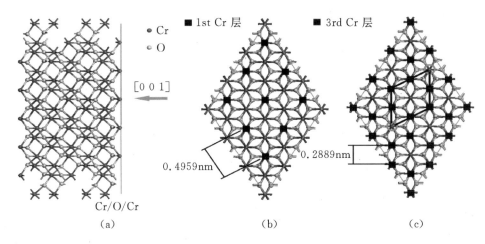

图 2-12　垂直于[001]晶向的 Cr_2O_3 侧视图与俯视图
(a)侧视图；(b)1st 层堆垛面；(c)3rd 层堆垛面

镍基粘结层(NiCrAlY)的主要相是 γ/γ'，其中 γ 相为 Ni 基固溶体，γ' 相为 Ni_3Al 金属间化合物，两者均为面心立方相，其密排面为{111}。Al_2O_3、Cr_2O_3 均为三方的 $R\bar{3}C$ 结构，其垂直于[001]方向的 O 是密堆积排列，而金属离子是有空位缺陷的密堆积排列。所以，在 $\gamma/\gamma'(Ni/Ni_3Al)$ 的(111)晶面上，原子的排列方式和 Al_2O_3、Cr_2O_3 在垂直于[001]方向的原子排列是完全一样的，都是密堆积排列形式，且原子间距相差不大。所以，在高温条件下，当空气中的氧分子在界面上分解为氧原子时，很容易就以 γ/γ' 相为基底，生成 Al_2O_3 和 Cr_2O_3。但是，由于 γ 相的两原子间距为 0.4999 nm，γ' 两原子间距为 0.5050 nm，所以，Cr_2O_3 与 $\gamma/\gamma'(Ni/Ni_3Al)$ 的原子匹配程度要好于 Al_2O_3。(Cr_2O_3 的两原子间距为 0.496 nm，错位度为 1%，而 Al_2O_3 的两原子间距为 0.4759 nm，错位度＞5%)。这说明，从动力学角度 Cr_2O_3 比 Al_2O_3 更容易在 Ni/Ni_3Al 基底上形核和生长。

　　从 Wagner 二元合金氧化理论[2]可知，Cr_2O_3 和 Al_2O_3 两个互不溶解的氧化物，在氧化初期独立形成，当 Cr_2O_3 的生长速度快于 Al_2O_3 时，则 Cr_2O_3 会覆盖在 Al_2O_3 之上，而 Al_2O_3 亦会在其之下形成连续的氧化膜，这与之前观察的结果是相符合的。

　　图 2-13 为垂直于[111]晶向的 $NiCr_2O_4$ 侧视图与俯视图。图中表示的 (111)晶面上的 Cr 原子或 Ni 原子的位置。其排列为 NiCrNi-OCrO-形式。从俯视图中可以看出，在(111)晶面上排列的 Ni、Cr 原子和 O 原子都是密集排列的方式。其中两个 Ni 原子的间距为 1.47 nm，Cr 原子的原子间距为 0.735 nm。

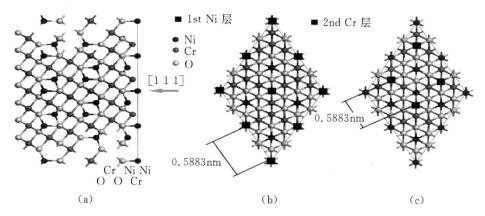

图 2-13　垂直于[111]晶向的 $NiCr_2O_4$ 侧视图与俯视图
(a)$NiCr_2O_4$ 侧视图；(b)(111)晶面上的 Ni 原子；(c)(111)晶面上的 Cr 原子

　　图 2-14 为垂直于[111]晶向的 NiO 侧视图与俯视图，图中表示了在 (111)晶面上的 Ni 原子。由于 NiO 为 NaCl 结构，在[111]晶向上，Ni 原子和 O 原子都是密集排列的方式分层排列。其中 Ni 原子的间距为 0.721 nm。

　　比较以上几张图不难看出，在 Cr_2O_3、$NiCr_2O_4$ 和 NiO 的密排面(001)、(111)上，Ni、Cr、O 的排列方式完全一样，在 $NiCr_2O_4$ 中两个 Cr(Ni)的原子间距(1.47 nm)和 Cr_2O_3 三个 Cr 的原子间距(1.488 nm)，以及 NiO 中四个 Ni 的原子间距(1.442 nm)几乎一样。所以，它们完全可以互为基底进行形核和长大。由此可以得出这样一个判断，由于 Cr_2O_3 和 $NiCr_2O_4$ 分别在它们的密排面方向结构完全相同，原子距离相差无几，当 Ni 原子从基底向表面扩散出来的时候，Cr_2O_3 的(001)晶面就是 $NiCr_2O_4$ 在[111]方向生长的现成基底，而 $NiCr_2O_4$ 的(111)晶面又是 NiO 在[111]方向生长的现成基底。整个热生长氧化层(TGO)就呈现这样一种层状生长模式。除此之外，由于 Al_2O_3 具有最

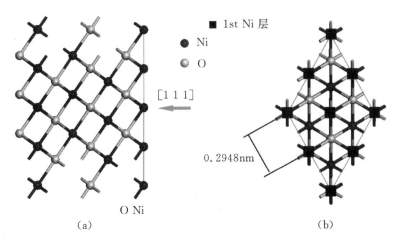

(a)   (b)

图 2 - 14   垂直于[111]晶向的 NiO

(a)侧视图；(b)俯视图

低的自由能,当涂层中存在空隙的时候,具有优先形成 Al_2O_3 氧化物,从而消耗了涂层中的 Al 含量,影响到表层 $\alpha\text{-}Al_2O_3$ 膜的形成。

图 2 - 15 为 $Ni_{22}Cr_{10}Al_1Y$ 合金表面氧化物的扫描电子显微镜照片,可以看出两种不同的氧化物。从形貌和成分分析可以看出,密实碎块状的氧化物为 Cr_2O_3(或 Al_2O_3),大块状的氧化物是尖晶石的 $NiCr_2O_4$。可以清楚地看

(a)   (b)

图 2 - 15 $NiCr_2O_4$ 在氧化层中的形貌

(a)$NiCr_2O_4$ 从 Cr_2O_3 中生长出来；(b)$NiCr_2O_4$ 的层状生长形貌

到，$NiCr_2O_4$ 在氧化层中从 Cr_2O_3 中生长出来的形貌（图 2 - 15(a)）和层状生长的现象（图 2 - 15(b)）。对图 2 - 15(b)中 $NiCr_2O_4$ 形貌分析结果如图 2 - 16 所示，从图 2 - 16 中可以看出，尖晶石结构 $NiCr_2O_4$ 的生长方向是[111]晶向。图中很好地描述了 $NiCr_2O_4$ 结构 {111} 晶面与生长方向[111]的夹角为 $70.53°$，这与图中测量出来的角度非常吻合（图 2 - 15(b)）。

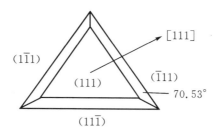

图 2 - 16　$NiCr_2O_4$ 形貌的图解

为了进一步验证这一分析结果，对以上试样进行继续氧化，并将氧化脱落片制成 TEM 试样，试样的表面即为该氧化物的生长方向。所得的 TEM 高分辨像照片、电子探针分析和电子衍射斑点及标定结果如图 2 - 17 所示。从图 2 - 17(a)中的成分比例来看，这一片氧化剥落片应该是 $NiCr_2O_4$。通过对图 2 - 17(b)中的电子衍射斑点标定，以及高分辨相的晶面间距测量都可以证明这片剥落的氧化物是尖晶石 $NiCr_2O_4$。从衍射斑点也可以看出垂直于该片的方向为 $[1\bar{1}1]$。由此可以验证前面的推断是正确的。

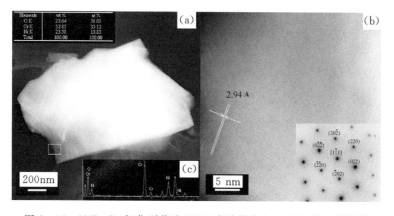

图 2 - 17　$NiCr_2O_4$ 氧化剥落片 TEM 高分辨像与它的电子衍射花样

2.2.3　Al_2O_3 结构对 TGO 生长的影响

从低温到高温,Al 在氧化的过程中有可能形成 γ、δ、θ 等不同的 Al_2O_3 亚稳相,当温度升高后,γ、θ 等亚稳相可转变成为稳定的 $α-Al_2O_3$ 相。图 2 - 18 表示了 γ、θ 和 $α-Al_2O_3$ 氧化速度常数与温度的关系[2]。从图中可以看到,在温度 800～900 ℃时,Al 可能会被氧化成为 $γ-Al_2O_3$ 相,在 900～1000 ℃区间,会被氧化成为 $θ-Al_2O_3$ 相。直到 1050 ℃以上才会转变成为 $α-Al_2O_3$。所以当高温合金缓慢从低温到高温氧化时,就有可能会经历一个先形成 $θ-Al_2O_3$,然后再转变成为 $α-Al_2O_3$ 的过程。与 $α-Al_2O_3$ 相比,$θ-Al_2O_3$ 的密度小,生长速度也快得多。$θ-Al_2O_3$ 的形貌为片状或针状,其片的方向往往垂直于试样表面,图 2 - 19 表示了一张 $Ni_{22}Cr_{10}Al_1Y$ 合金初始氧化后,试样表面 $θ-Al_2O_3$ 的扫描电镜照片,图中清楚地表现出 $θ-Al_2O_3$ 的片状形貌。而高温下本证形成的 $α-Al_2O_3$ 是脊状膜形的形貌,体积比 $θ-Al_2O_3$ 小 13％～14％。

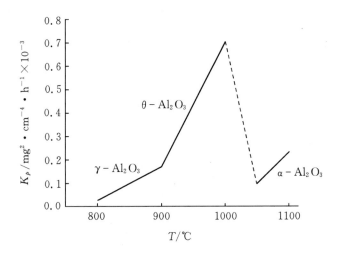

图 2 - 18　γ、θ 和 $α-Al_2O_3$ 氧化速度常数与温度的关系

为了验证上述的推断,对 $Ni_{22}Cr_{10}Al_1Y$ 粘结层合金采用两种氧化方式,一种是先进行激光表面预氧化,以便直接获得一层 $α-Al_2O_3$ 氧化膜,然后再加热至 1200 ℃保温 1 h,进行高温氧化;另一种是直接缓慢加热至 1200 ℃,然后保温 1 h 的高温氧化方式[11]。两个试样的表面 XRD 检测结果见图 2 - 20 所示。从图中可以看到,直接氧化的合金表面出现了许多 $θ-Al_2O_3$,而激光与氧化后再氧化的合金基本上都是 $α-Al_2O_3$。

图 2-19　$Ni_{22}Cr_{10}Al_1Y$ 合金表面 θ-Al_2O_3 氧化物的 SEM 照片

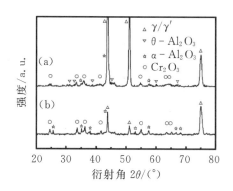

图 2-20　$Ni_{22}Cr_{10}Al_1Y$ 合金在 1200 ℃，保温 1 h 后的表面 XRD 谱
(a)未表面预处理；(b)激光表面预处理[11]

　　经过激光预处理和没有经过预处理 NiCrAlY 合金试样在 1200 ℃氧化动力学曲线如图 2-21 所示。可以看出，经过激光预处理试样的氧化增重比没有经过预处理试样的小得多。同时，可以看出氧化增重最明显变化发生在氧化的初始阶段，而氧化后期两者的氧化增重速度趋于接近。这也说明了早期形成的 Al_2O_3 氧化膜结构对合金的抗氧化性有着重要的影响。

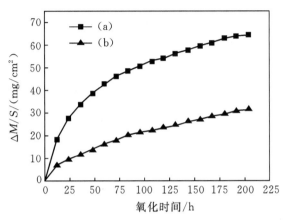

图 2-21　NiCrAlY 合金在 1200 ℃氧化动力学曲线

(a)未激光处理;(b)激光表面预处理

　　图 2-22 示意了经过激光预处理和没有经过预处理 NiCrAlY 合金试样在高温氧化过程中氧化膜的形成过程。这里形象地表示出了如果先形成的是针片状的 θ-Al$_2$O$_3$ 会比先形成 α-Al$_2$O$_3$ 产生厚得多的 TGO 原因。从图中可以看出,在氧化刚开始时(如 1 h),未激光预处理的试样表面会形成θ-Al$_2$O$_3$、α-Al$_2$O$_3$,以及 Cr$_2$O$_3$ 等氧化物(图 2-22(a)),由于 θ-Al$_2$O$_3$ 的针片状结构,造成了 θ-Al$_2$O$_3$ 和 α-Al$_2$O$_3$ 区域是一个比较松散的氧化层。其结果是当在高温下继续氧化(如 50 h),并使 θ-Al$_2$O$_3$ 转变成为 α-Al$_2$O$_3$ 时会产生

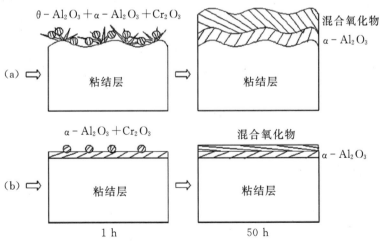

图 2-22　不同结构 Al$_2$O$_3$ 对初期氧化行为的示意图

(a)未激光预处理;(b)激光表面预处理

一个较厚的 α-Al_2O_3 氧化层,同时会因为初始阶段的不致密的 Al_2O_3,而在 α-Al_2O_3 外面形成一个较厚的混合氧化物层。但是,当经过激光表面预处理后(图 2 - 22(b)),由于试样表面预先形成了一层致密的 α-Al_2O_3,并使得后面氧化过程中形成的 α-Al_2O_3 以此为基底生长,生长速度可以大幅度减缓,如图 2 - 21 的(b)曲线。与此同时,预先形成的致密 α-Al_2O_3 层又阻碍 Ni、Cr、Co 等元素向外的扩散,进而在后续的氧化过程中形成一个较薄的混合氧化物层(如 50 h)。当氧化时间再继续延长时,两种试样都可以有效地阻碍 Ni、Cr、Co 等元素向外的扩散。此时,两者的氧化速度又趋于一致(参看图 2 - 21)。根据这一理论,可以很好地解释为什么预氧化工艺可以提高试样的抗氧化性。

2.3　不同方法制备的 MCrAlY 粘结层的高温氧化及 TGO 生长

目前,MCrAlY 粘结层的制备方法主要有两类:一类为沉积法,另一类为喷涂法。沉积法主要为物理气相沉积,如电子束物理气相沉积(EB-PVD)。喷涂法包括:大气等离子喷涂(APS)、真空等离子喷涂(VPS)、低压等离子喷涂(LPPS)、超音速火焰喷涂(HVOF)、冷气动力喷涂(CGDS 或 CS)以及超音速等离子喷涂(SAPS)等。其中,喷涂法是目前 MCrAlY 粘结层使用最广的。本节主要介绍上述方法制备粘结层的特点、在高温氧化过程中粘结层的显微组织、XRD、EDX 及 TGO 组织等,并且总结 TGO 生长特点。

2.3.1　APS 喷涂粘结层的高温氧化及 TGO 生长

大气等离子喷涂(APS)是利用等离子体射流的高温(焰芯处的温度超过 10000 ℃),把入射的原料粉末迅速加热熔化,再通过高温、高速等离子体射流将这些熔融或半熔融态的粒子加速,并以很大的动能冲击基体材料表面,产生强烈碰撞、流动或飞溅、扁平化,并以极快的冷却速度(约 10^6 K/s)凝固、堆垛在基体表面,形成由大量变形粒子相互交错,呈波浪式堆叠在一起的层状组织结构。APS 的优点是射流热焓值高,可喷涂的材料范围广泛,喷涂效率高,工艺相对简单;其缺点是涂层致密性差、孔隙率高,同时,合金元素在喷涂过程中易氧化,得到的合金粘结层的片层结构中有部分氧化物夹杂存在,形成了一层合金元素的扩散阻挡层,阻碍了 Al 离子的向 TGO 层扩散,致使过早的在 TGO 层下方形成贫铝区。APS 合金粘结层在高温氧化过程中,TGO 和片层结构中的 Al 或 Al_2O_3 快速被消耗,形成 Cr_2O_3、NiO 及尖晶石等混合氧化物,导致涂层应力增加,脆性增大,引起裂纹的产生并扩展,进而导致涂层剥落失效[12-17]。

图 2-23(a)~(e)分别为 APS 制备的 NiCrAlY 合金层在喷涂态和在 1000 ℃下经过不同氧化循环次数试样的截面形貌图。从图中可以看出,在喷涂态时(a),合金粘结层粒子基本完全熔化,为典型的片层结构,在喷涂过程中有部分黑色片层状内氧化物生成,在片层间连续成膜形成扩散阻挡层,在高温氧化时阻挡 Al 离子的扩散。经过 10 次循环后(b),在粘结层和陶瓷层间形成 Al_2O_3 薄膜和在膜上形成的 Cr_2O_3、NiO、尖晶石等 CSN 相组成的 TGO。随着循环次数的增加,合金层的内氧化不断加剧,生成的 Cr_2O_3、NiO 和尖晶石等 CSN 相导致片层间结构疏松,孔隙增加,内聚力降低,内应力增大,引起涂层裂纹的产生和扩展。在 120 次氧化循环后 TGO 厚度增加,合金层的内氧化加剧,在片层结构间出现了孔洞和部分裂纹(c);在 800 次氧化循环时,TGO 内的 Al_2O_3 膜减薄,主要为 CSN 相存在(e)。在高温氧化过程中,在基体与合金层之间有一层扩散影响区产生,这是由于合金层中 Cr、Ni 元素向基体扩散和基体中 Ti、Nb 和 N 等元素向合金层扩散相互作用的结果。在热循环 10 次后(b),扩散影响区内有明显的三层存在,分别是 layer A: Ni_2TiAl,layer B:NiAlTi,layer C:NiAlTi+TiAl,影响区离界面越远,Ni 的含量越低;此外,在 layer A 和 layer B 之间还有一层很薄的亮白色界面产生,通

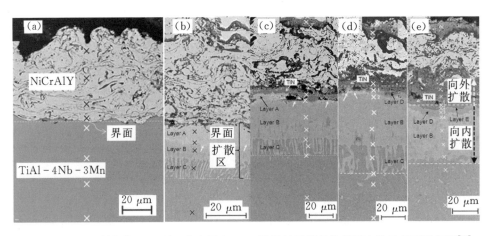

图 2-23　APS 制备的 NiCrAlY 合金层在 1000 ℃经过不同氧化循环次数的截面形貌图[16]
(a)喷涂态;(b)10 次;(c)120 次;(d)460 次;(e)800 次

过 EDS 能谱分析可知其 Nb 的含量非常高,在图(c)和图(d)中也同样出现了这一层物质(图中白色箭头所示)。在热循环 120 次后(c),在 layer A 层的上方出现了一层深灰色的 TiN 层,layer A 层变薄。在热循环 460 次后(d),layer A 层消失,TiN 层的厚度增加,同时,在扩散影响区中生成了一层新的 layer D 影响层,通过分析可知其为 layer B 中的 Al 耗尽之后形成的。在热循环 800 次后(e),合金层的下半部分大多数生成 TiN 层,富含 Nb 的亮白色层(白色箭头所指区域)和 layer C 层消失,同时,在 TiN 层与 layer D 层之间有一层新的 layer E 层产生,通过分析可知 layer E 层为 TiN 层中 Al 和 Nb 消耗后而形成的。

　　图 2-24 为图 2-23 所示的合金粘结层在氧化循环 10 次时的表面形貌和氧化循环 120 次时的截面形貌。在氧化循环 10 次时,合金层表面覆盖着一层灰色富含 Al 的氧化物,同时在灰色氧化物上面还生成有部分亮色的富含 Ni 的氧化物,如图 2-24(a)中箭头所示。从图 2-24(b)的氧化循环 120 次截面形貌图可知,合金层表面的氧化物由四层氧化物组成。通过 EDS 能谱分析可知,图 2-24(b)中标识 1 处的块状结构为富含 Ni 的氧化物,标识 3 处覆盖在合金层上的黑色区域为富含 Al 的氧化物,另外两个标识区域均含有 Ni、Cr 和 Al,标识 2 区域的 Cr 含量较高,而标识 4 区域则 Ni 含量较高。图 2-25 为上述合金层在不同氧化循环次数时的表面 XRD 图谱。通过 SEM、EDS 和 XRD 综合分析可知,富含 Ni 和 Al 的氧化物分别为 NiO 和 Al_2O_3,而标识 2 和标识 4 为 Cr_2O_3 和 $Ni(Al,Cr)_2O_4$ 氧化物。XRD 谱显示,在循环 10 次时就有 $Ni(Al,Cr)_2O_4$ 快速生成,随着热循环次数的增加而其衍射峰强度有所增加。

　　Richer 等采用 APS、HVOF 和 CGDS 三种工艺制备不同组织结构的合金粘结层,将其放在 1000 ℃高温炉中进行长时间高温静态氧化对比[17]。图 2-26 为不同合金层制备工艺的氧化增重对比曲线。从图中的氧化增重曲线

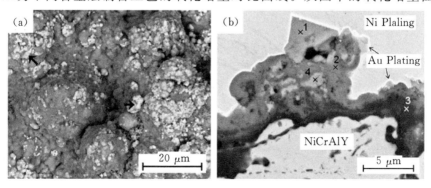

图 2-24　(a)氧化循环 10 次时的表面形貌;(b)氧化循环 120 次时的截面形貌[16]

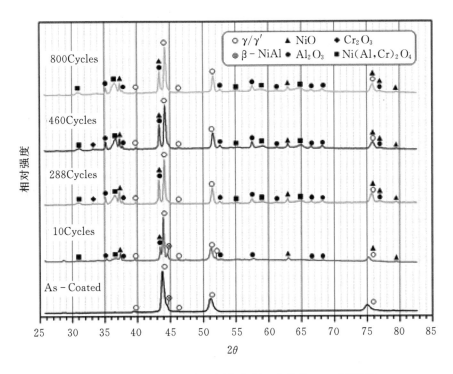

图 2-25　合金层表面在不同氧化循环次数的 XRD 图谱[16]

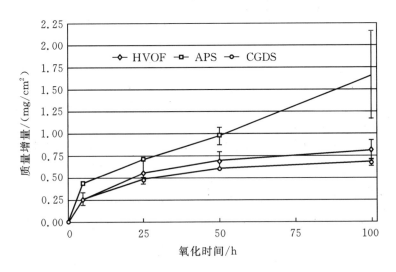

图 2-26　不同合金层制备工艺的氧化增重对比曲线[17]

可知,APS 合金层的氧化增重速率高于其他两种制备工艺合金层,是最快的。结合图 2-23 中 APS 合金层的氧化形貌可知,这与 APS 合金层在高温氧化过程中发生严重的内氧化有关。因此,与 HVOF 和 CGDS 喷涂方法相比,采用 APS 喷涂的合金粘结层 TGO 的生长速率是最大的。

2.3.2　LPPS 和 VPS 喷涂粘结层的高温氧化及 TGO 生长

低压等离子喷涂(LPPS)和真空等离子喷涂(VPS)是在低于大气压或真空的密闭空间里进行的等离子喷涂,即把等离子喷枪、工件及运转机械放入密闭的低真空或真空的系统中进行喷涂的方法。LPPS/VPS 不仅具有大气等离子喷涂的优点,同时由于是在低真空或真空的环境中进行喷涂,其等离子体束流延长、速度增加,粉末粒子在高温区域加热时间增加,受热更加充分均匀,而且飞行速度增加,在喷涂环境中受氧气影响较小,喷涂粒子和试样表面的氧化减少。与 APS 涂层相比,合金粒子熔化更加充分,合金层结构以熔融粒子的片层结构为主,得到的涂层结合强度大幅提高,孔隙率和残余应力显著降低,粘结层内无明显氧化物夹杂,涂层表面质量和抗氧化性能得到大幅度提高。LPPS/VPS 的缺点是由于喷涂过程中工件尺寸受到真空室体积的限制,另外,由于喷涂过程中要不断维持低气压条件,致使涂层生产成本较高昂。

LPPS/VPS 合金粘结层在高温氧化过程中,会快速产生不稳定的 γ/θ-Al_2O_3 相。θ-Al_2O_3 相体积比 α-Al_2O_3 相体积大 15%,使得合金层内应力增加,易与 Cr_2O_3 和 NiO 形成尖晶石相,增大了 TGO 层的脆性,导致氧离子直接进入合金粘结层内部加剧合金层的内氧化,进而引起涂层的快速失效[15,18-20]。

图 2-27 为 VPS 合金层在 1050 ℃高温不同氧化时间的 XRD 图谱。D. Toma 等对 VPS 制备的 MCrAlY 涂层在不同温度和不同氧化时间下的 Al_2O_3 物相变化进行了研究,从 XRD 图谱中可知,在 1050 ℃高温氧化时,不稳定的 θ-Al_2O_3 和 γ-Al_2O_3 相在氧化初期一直存在,直到氧化 18 h 后才消失,α-Al_2O_3 的衍射峰在氧化 5 h 后开始增强,说明非稳定的 Al_2O_3 相在 1050 ℃氧化一段时间开始消失。由于不稳定的 θ-Al_2O_3 和 γ-Al_2O_3 相转变为 α-Al_2O_3 相伴随着较大的体积变化,产生很大的内应力,可以采用预氧化处理工艺来避免 θ-Al_2O_3 和 γ-Al_2O_3 相的形成。

图 2-28 为 VPS 和 HVOF 合金层的喷涂态截面形貌图[19]。从图中可以

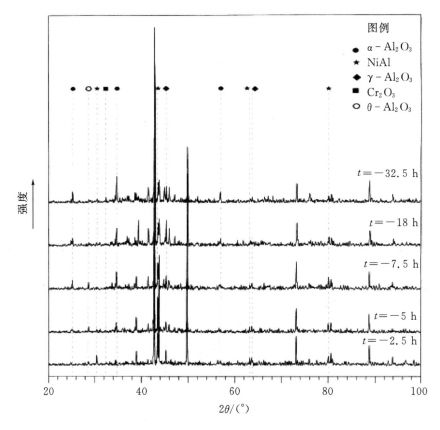

图 2-27　VPS 合金层在 1050 ℃高温不同氧化时间的 XRD 图谱[18]

看出,在 VPS 合金层中只有少量的不完全熔化颗粒存在,剩余的粉末颗粒则基本完全熔化;而在 HVOF 涂层中则相反,其合金层中存在大量的未完全熔化颗粒。与 APS 合金层不同,VPS 合金层在喷涂态结构中没有发现内氧化现象。

图 2-29 为图 2-28 中 VPS 和 HVOF 合金层在 1100 ℃高温静态氧化动力学曲线。从图中可知,HVOF 和 VPS 的氧化动力学曲线总体上都保持一个抛物线形状,经过长时间(>1000 min)高温静态氧化后,VPS 合金层的氧化增重速率要高于 HVOF 合金层,其抛物线速率常数分别为:5×10^{-10} 和 $3 \times 10^{-10}\, \mathrm{g}^2 / (\mathrm{cm}^4 \cdot \mathrm{s})$。

图 2-30 为图 2-28 中 VPS 和 HVOF 合金层在 1100 ℃下不同氧化时间的试样截面的 SEM 图片。由图可知,两种合金粘结层氧化后表面形成的 TGO 都是由两层氧化物组成,并都随着氧化时间的增加,TGO 厚度也随之

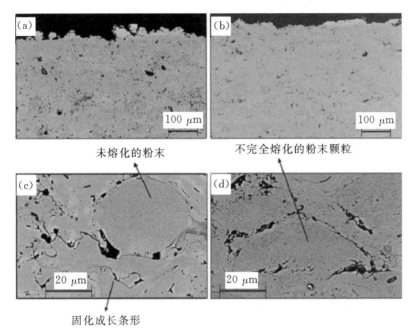

未熔化的粉末　　　　不完全熔化的粉末颗粒

固化成长条形

图 2-28　VPS 和 HVOF 合金层喷涂态截面形貌：(a)VPS 合金层；
(b)HVOF 合金层；(c)VPS 合金层的高倍形貌；(d)HVOF 合金层的高倍形貌[19]

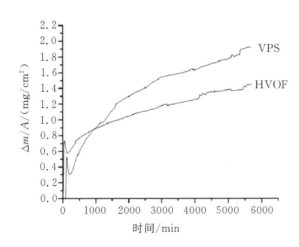

图 2-29　VPS 和 HVOF 合金层 1100 ℃高温静态氧化动力学曲线[19]

增加。EDS 分析表明，TGO 外层为 Ni、Co、Cr 和 O 的混合物；内层为 Al 和 O
的混合氧化物，表明内层的氧化物为 Al_2O_3。氧化 100 h 后，VPS 合金层表面
的凸起氧化物要明显多于 HVOF 合金层，TGO 中完整连续的 Al_2O_3 膜厚度

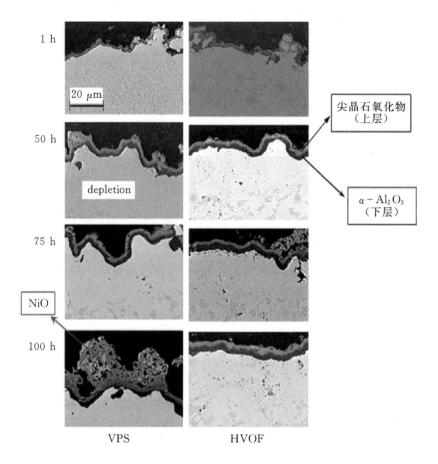

图 2-30　VPS 和 HVOF 合金层在 1100 ℃氧化不同时间的截面形貌图[19]

比 HVOF 合金层薄。

　　图 2-31 为图 2-28 中 VPS 和 HVOF 两种合金层的氧化表面的 XRD 图谱。由图 2-31(a)可知,VPS 和 HVOF 喷涂态粘结层试样的相结构有所不同:HVOF 喷涂态粘结层试样由 γ 相和 β 相组成,而 VPS 喷涂态粘结层试样由 γ 相组成,缺乏 β 相。氧化 1 h 后,二者的相组成完全相同,均为 γ 相、α-Al_2O_3 和 $(Co,Ni)Al_2O_4$ 型尖晶石,表明图 2-30 所示的 TGO 中的两层氧化物,外层为 $(Co,Ni)Al_2O_4$ 型尖晶石,内层为 α-Al_2O_3。然而,图 2-31(b)所示的尖晶石衍射峰的强度却不相同,HVOF 试样尖晶石衍射峰的强度大于 VPS 试样尖晶石衍射峰的强度。氧化 100 h 后,HVOF 试样尖晶石衍射峰的强度小于 VPS 试样尖晶石衍射峰的强度,如图 2-31(c)所示。由于尖晶石的生长速率大于 α-Al_2O_3 的生长速率,因此 HVOF 试样的氧化增重速率与 VPS 试

样相比,出现了先大后小的现象,如图 2 - 29VPS 和 HVOF 合金层 1100 ℃高温静态氧化动力学曲线所示。

以上结果表明,采用 HVOF 喷涂的粘结层性能明显优于采用 VPS 喷涂的粘结层性能。

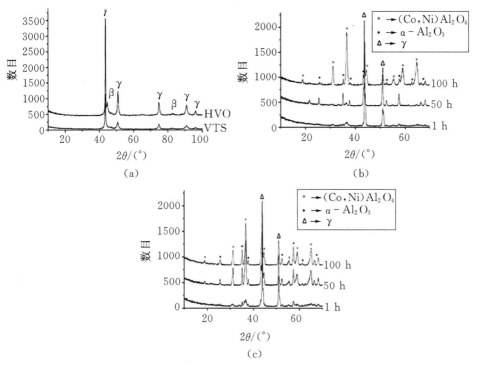

图 2 - 31　VPS 和 HVOF 合金层的氧化表面的 XRD 图谱

(a)合金层喷涂态;(b)VPS 合金层不同氧化时间;(c)HVOF 合金层不同氧化时间[19]

2.3.3　HVOF 粘结层的高温氧化及 TGO 生长

超音速火焰喷涂(HVOF)是在普通火焰基础上发展起来的一种新型热喷涂技术,利用丙烷、丙烯等碳氢系燃气或氢气,与高压氧气在燃烧室或在特殊的喷嘴中燃烧,产生高温(一般小于 3000 ℃)及高速膨胀气流,将粉末送进这种气流中,粉末颗粒被加热成熔化或半熔化的粒子,并加速喷射到基体上沉积成高质量的涂层。HVOF 的优点是具有粉末颗粒沉积速度高,为一般等离子喷涂的数倍,可以对基体产生强烈的撞击作用,提高涂层的结合强度和致密性;缺点是喷涂过程是在高氧环境气氛中进行,合金粉末颗粒容易被氧化,涂层中有部分内氧化存在。

在高温氧化过程中,陶瓷层与粘结层之间形成的 TGO 以致密的 α-Al_2O_3 膜为主,能减缓和阻挡氧离子的进一步扩散;粘结层内的氧化物主要为弥散分布的细小 α-Al_2O_3 相,能促进非稳定的 γ/θ-Al_2O_3 相向稳定的 α-Al_2O_3 相转变,同时还能减缓合金元素在粘结层内的扩散速率。因此,HVOF 粘结层表现出低的 TGO 生长速率和良好的高温抗氧化能力[13-14,17-19,21-22]。

图 2-32 为 HVOF 制备的 MCrAlY 合金粘结层在 1050 ℃高温下不同氧化时间的 XRD 图谱[18]。从 XRD 图谱中可知,在 1050 ℃高温氧化时,HVOF 合金层中没有不稳定的 γ/θ-Al_2O_3 相衍射峰,只有 α-Al_2O_3 相,并随着氧化时间的增加 α-Al_2O_3 衍射峰强度也增加。从图 2-26 和图 2-28 的 APS 和 VPS 的氧化动力学曲线对比图可知,与 APS、VPS 和 CGDS 相比,HVOF 合金层高温抗氧化性能是最优的。因此,下面主要介绍 HVOF 合金层的不同表面形貌对其高温抗氧化性能的影响。

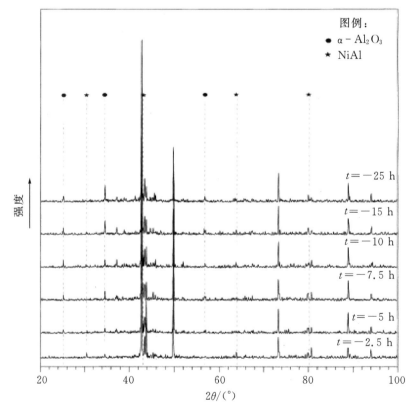

图 2-32　HVOF 合金粘结层在 1050 ℃高温不同氧化时间的 XRD 图谱[18]

Ni 等[22]对 HVOF 粘结层表面分别进行了喷砂、喷丸和研磨处理,作了其高温氧化对比实验,以分析表面形貌对粘结层高温氧化的影响。图 2-33 为 HVOF 制备 NiCrAlY 合金粘结层的不同表面形貌。从图中可知,喷涂态表面形貌最为粗糙,经过喷砂处理后表面形貌粗糙度有所改善,喷丸处理后和研磨后的试样表面最为平整和光滑。

图 2-33　HVOF 合金粘结层表面形貌
(a)喷涂态;(b)喷砂处理;(c)喷丸处理;(d)研磨处理[22]

试样表面的光滑或平整度将对合金粘结层的高温氧化动力学具有重要影响。图 2-34 为四种形貌的 HVOF 合金粘结层在 1050 ℃下的高温氧化动力学曲线。从图中可知,粘结层的氧化增重速率曲线都呈抛物线形状,但涂层表面经过处理后的试样氧化增重速率均慢于喷涂态试样,试样表面越光滑或平整度越高,其增重率越低。四种表面状态试样的抛物线速率常数分别为:喷涂态 $K_p = 4.98 \times 10^{-12}$ $\mathrm{g^2/(cm^4 \cdot s)}$,研磨处理 $K_p = 2.29 \times 10^{-12}$ $\mathrm{g^2/(cm^4 \cdot s)}$,喷丸处理 $K_p = 3.09 \times 10^{-12}$ $\mathrm{g^2/(cm^4 \cdot s)}$,喷砂处理 $K_p = 3.98 \times 10^{-12}$ $\mathrm{g^2/(cm^4 \cdot s)}$。

图 2-35 为 HVOF 合金粘结层在 1050 ℃下高温氧化 100 h 的 XRD 图谱[22]。从 XRD 图谱结果可知,粘结层表面生成的氧化物主要为 Al_2O_3 相和 $NiCr_2O_4$ 尖晶石相。相对于喷涂态氧化粘结层,经过喷砂处理和喷丸处理的

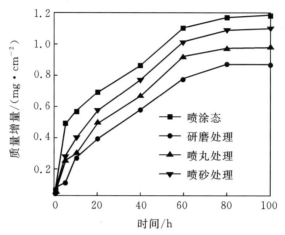

图 2-34　四种形貌 HVOF 合金粘结层在 1050 ℃下高温氧化动力学曲线[22]

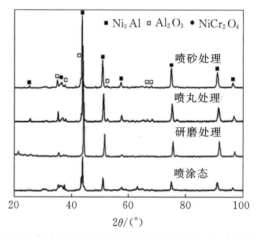

图 2-35　HVOF 合金粘结层在 1050 ℃下高温氧化 100 h 的 XRD 图谱[22]

粘结层中生成的 $NiCr_2O_4$ 尖晶石衍射峰有轻微减弱,Al_2O_3 相衍射峰则得到加强;经过研磨处理的粘结层中只有少量的 $NiCr_2O_4$ 尖晶石相衍射峰出现,大部分为 Al_2O_3 相衍射峰。

　　图 2-36 为四种不同表面形貌的 HVOF 合金粘结层在 1050 ℃下氧化100 h 试样截面的 SEM 图片。由图可知,四种合金粘结层样品 TGO 的形貌相似,在粘结层的上面都存在一层黑色的 Al_2O_3 薄膜,然而,在 Al_2O_3 薄膜上面形成的尖晶石相的厚度随着表面粗糙度的降低而减少。图 2-36 表明,喷涂态涂层表面粗糙度最大,因而 TGO 的整体厚度和内部尖晶石相的厚度是最大的,尖晶石相的结构空隙较多。研磨处理后的试样表面粗糙度最小,在

高温氧化 100 h 后，TGO 层内 Al_2O_3 相平整度最好，仅有少量的尖晶石相，这与 XRD 图谱结果相一致[22]。

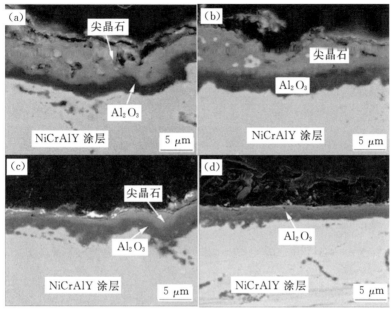

图 2-36　四种形貌的 HVOF 合金层在 1050 ℃下氧化 100 h 的截面形貌图[22]
(a)喷涂态；(b)喷砂处理；(c)喷丸处理；(d)研磨处理

由以上结果可知，以半熔融颗粒组成的 HVOF 合金层组织与 APS 和 VPS 制备工艺相比，其具有良好的高温抗氧化性能，同时，降低试样表面的粗糙度也能在一定程度上提高涂层的高温抗氧化性能。

2.3.4　CGDS 或 CS 粘结层的高温氧化及 TGO 生长

冷气动力喷涂(CGDS)或冷喷涂(CS)是通过高速固态颗粒流依次与固态基体碰撞后，经过适当的变形牢固结合在基体表面而依次沉积形成沉积层的方法。相对于热喷涂而言，CGDS 一般采用的气体温度最高约 900 ℃，粒子在撞击基体前处于固态。其原理是利用金属颗粒高速(300～1200 m·s⁻¹)撞击基体时产生塑性形变并结合形成涂层。CGDS 的优点在于可以在远低于金属材料熔点以下的温度进行喷涂，从而极大地减轻了金属材料的氧化程度；缺点是合金层表面分布着大量的未熔球形粒子，容易产生应力集中并增加涂层脆性。合金粒子未发生塑性变形和铺展时，堆垛过程中各粒子之间的结合处会产生缝隙和孔洞，且在合金层中的结合薄弱区域易形成裂纹源，进而影响涂层性能。

在高温氧化过程中,陶瓷层与粘结层之间能形成一层致密的 Al_2O_3 层,阻止氧化的进一步扩展,由于没有发生内氧化,Al 可以不断地向 TGO 层扩散,形成新的 Al_2O_3 层。粘结层表面存在的大量未熔凸起球形粒子与下方涂层结合较薄弱,氧化过程中容易形成 Cr_2O_3、NiO 及尖晶石等混合氧化物,导致脆性增加,形成裂纹源;靠近 TGO 层的粘结层内产生的缝隙会成为氧气的快速扩散通道,导致粘结层内氧化加剧。高温下,也会沿粘结层内孔洞内壁形成氧化物,从而影响粘结层内聚力和 Al 粒子的扩散,最终导致涂层的高温抗氧化能力降低[14,17,23-26]。

图 2-37 为 CGDS 合金粘结层在高温氧化前后的表面形貌图[25,26]。从图中可知,CGDS 合金粘结层喷涂态中有许多球形的未熔颗粒堆垛在其表面,在颗粒之间有未搭接的缝隙存在,如图 2-37(b)所示。在 1000 ℃下 500 h 氧化后,粘结层表面除了生成一层致密的氧化膜外,还有许多疏松多孔的尖晶石氧化物散布在未熔颗粒的顶部和结合薄弱的细小颗粒处,如图 2-37(c)中箭头所示。

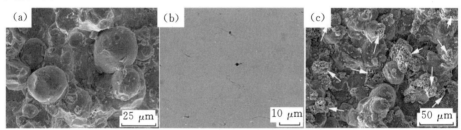

图 2-37   CGDS 合金粘结层表面形貌
(a)喷涂态;(b)喷涂态截面;(c)1000 ℃氧化 500 h[25,26]

图 2-38 为粘结层表面结合薄弱颗粒的氧化过程示意图[23]。由图可知,依附于粘结层表面的合金粒子,其与下方的结合较薄弱,如图 2-38(a)所示。在高温氧化过程中粘结层的上表面和合金粒子的外表面(与粘结层结合区域除外)会先形成一层 Al_2O_3 薄膜;当 Al_2O_3 薄膜增厚,靠近 Al_2O_3 薄膜的区域内的铝源被耗尽,而在与粘结层结合薄弱的合金粒子内这种现象则尤为明显。此时,粘结层内的 Al 向上扩散,补充到 Al 耗尽区域,如图 2-38(b)所示。随着高温氧化的进行,当粘结层内 Al 向合金粒子内的扩散速率逐渐小于 Al 的消耗速率时,合金粒子的上表面开始有 Ni、Cr 的氧化物出现,并逐渐生成尖晶石氧化物,如图 2-38(c)所示。同时,混合氧化物逐渐沿着结合薄弱区域扩展,致使合金粒子与粘结层表面发生隔离,进而导致合金粒子被氧

化生成 CSN 相的混合氧化物颗粒,在涂层中成为裂纹源和结合薄弱的有害区域,如图 2-39 所示。

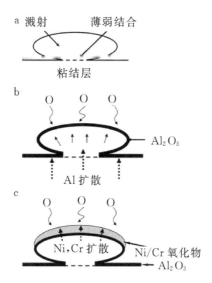

图 2-38　粘结层表面结合薄弱颗粒的氧化过程示意图[23]

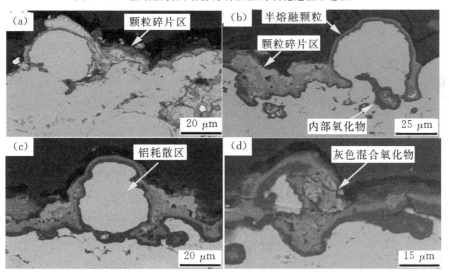

图 2-39　合金粘结层表面未熔颗粒在 1100 ℃下不同氧化时间的 SEM 照片[27]
(a)0.5 h;(b)50 h;(c)80 h;(d)100 h

图 2-39 为粘结层表面未熔颗粒在 1100 ℃下不同氧化时间的 SEM 图片。粘结层在 1100 ℃下氧化 0.5 h 后,合金颗粒在与粘结层接触部分以外的外表面形成一层氧化物,如图 2-39(a)所示。经过 50 h 氧化后,半熔融粒子

外表面的氧化层增厚,在与粘结层界面的结合薄弱处,已经有部分区域被氧化物所隔离,如图 2-39(b)所示;由于粘结层向半熔融粒子内的 Al^{3+} 扩散路径被氧化物阻碍而缩小,同时,粒子内的 Al 消耗逐步加剧,内氧化物将进一步吞噬与粘结层结合界面。经过 80 h 氧化后,氧化物最终把合金粒子完全隔离,在氧化物的内层生成了一层致密的 Al_2O_3 膜,如图 2-39(c)所示。由于合金粒子内的 Al 源被耗尽后没有得到来自合金层内的 Al 补充,NiO 和 Cr_2O_3 开始在氧化物中生成,并与 Al_2O_3 反应,生成 $Ni(Cr,Al)_2O_4$ 尖晶石。氧化到 100 h 时,被隔离的合金粒子已经大部分被氧化生成结构粗大的 NiO、Cr_2O_3 和尖晶石等混合氧化物,如图 2-39(d)所示。这些粗大的混合氧化物在 TBC 涂层中,将产生应力集中和应力增大,引起涂层裂纹的形成,最终导致涂层的剥落失效,如图 2-40 所示。

图 2-40(a)、(b)、(c)分别为在涂层中裂纹的产生位置、在尖晶石氧化物中产生、在涂层中扩展的 SEM 照片[25]。从图中可知,涂层中的裂纹主要产生于凸起的疏松多孔的尖晶石氧化物区域,并沿着靠近 TGO 的陶瓷层扩展,与下一个凸起的尖晶石氧化物中的裂纹相连、合并和扩展,进而导致涂层的脱落失效。因此,在合金粘结层的表面应尽量避免凸起未熔颗粒的存在和减少氧化物的形成,或者减缓其生长速率,以达到延长涂层使用寿命的目的。

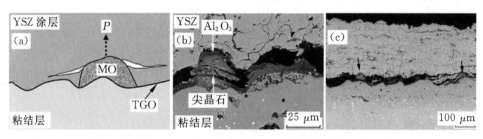

图 2-40　裂纹在涂层中的产生位置的示意图(a)和裂纹在尖晶石氧化物中产生(b)、
裂纹在涂层中扩展的 SEM 照片(c)[25]

2.3.5　常用合金粘结层制备工艺的比较

为了对比分析不同制备工艺对涂层高温热循环使用寿命的影响规律,Chen 等[14]采用 APS,HVOF 和 CGDS 分别制备了 CoNiCrAlY 合金层,并对其进行了 1050 ℃下循环氧化实验,实验条件为:10~15 min 加热到 1050 ℃,保温 100 h,大于 40 min 冷却至室温。

图 2-41 为三种工艺制备的粘结层在 1050 ℃下循环氧化前后的 SEM 图片。可见,喷涂态的 APS 粘结层内氧化最严重,在片层结构中有较多的黑色

Al_2O_3 存在,如图 2-41(a)所示;高温热循环 600 h 后在 TC/BC 层界面的 TGO 内基本由 NiO、Cr_2O_3 和尖晶石等结构粗大的混合氧化物(CSN 相)组成,合金层的片层间内氧化现象加剧,同时,裂纹在 TGO 内产生,向合金粘结层内扩展,并与 TGO 上方陶瓷层内的裂纹相连,如图 2-41(d)所示。喷涂态的 HVOF 合金层内氧化物较少,粒子间结合好,如图 2-41(b)所示;经过循环氧化 2500 h 后,TGO 中主要为连续完整的 Al_2O_3 膜和少量的 CSN 相,合金层没有明显的内氧化,涂层中的裂纹出现在靠近 TGO 附近的陶瓷层中,如图 2-41(e)所示。喷涂态的 CGDS 合金层没有内氧化,在喷涂过程中部分未发生完全塑性变形的合金粒子间结合不完全,在合金层内有裂纹存在,如图 2-41(c)所示;经过循环氧化 4000 h 后,TGO 主要为 Al_2O_3 膜,CSN 等混合氧化物相主要出现在合金层凸起部位,裂纹则由合金层的凸起区域产生,向陶瓷层内扩展,合金层有内氧化现象产生,如图 2-41(f)所示。

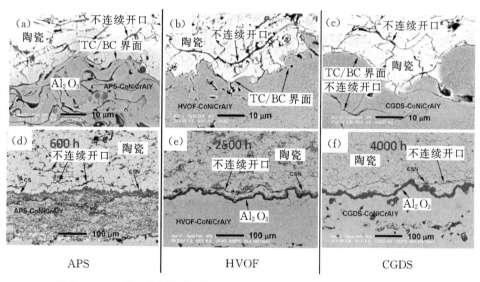

图 2-41　三种工艺制备的粘结层在 1050 ℃下循环氧化前后的 SEM 图片
(a)、(d)APS 合金层;(b)、(e)HVOF 合金层;(c)、(f)CGDS 合金层[14]

图 2-42 为三种粘结层中 TGO 等效厚度与热循环氧化时间的比较图[14]。TGO 等效厚度为 TGO 截面的面积与 TGO 截面的边缘长度之比,TGO 等效厚度一定程度上直接影响着 TBC 涂层的使用寿命。由图可以看出,APS 涂层在热循环氧化 700 h 时失效,CGDS 涂层在热循环氧化 4300 h 时失效,HVOF 涂层使用寿命最长,在热循环 5000 h 时失效。APS 涂层的 TGO 等效厚度曲线增长最快,在热循环氧化几百个小时后就导致涂层过早

的快速脱落失效。CGDS 涂层的 TGO 等效厚度速率基本呈线性增长关系，HVOF 涂层为抛物线形式增长，在热循环氧化的后期 CGDS 涂层中 TGO 等效厚度的增加速率超过 HVOF 涂层，在热循环氧化的后期 CGDS 涂层比 HVOF 涂层先失效。

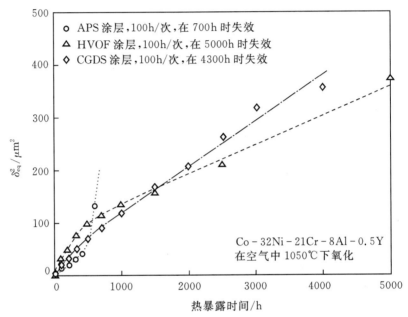

图 2-42　三种合金粘结层中 TGO 等效厚度与热循环氧化时间的关系图[14]

　　综上所述，相对于几种常用的合金粘结层制备工艺，HVOF 制备的粘结层抗氧化寿命较长，这在很大程度上归功于以下几点：①粘结层结构中的组成粒子基本以半熔融态为主，利于结构致密结合、合金层内保持大量晶界数量和 Al 离子的扩散；②氧化过程中，粘结层内弥散生成少量 Al_2O_3 氧化物，能促进内氧化物中不稳定的 $\gamma/\theta\text{-}Al_2O_3$ 相向稳定的 $\alpha\text{-}Al_2O_3$ 相转变，减少粘结层内应力；③粘结层表面粗糙度和表面粘结的未熔颗粒相对较低，减少了涂层 TGO 中的界面应力和 NiO、Cr_2O_3 和尖晶石等混合氧化物相的生成速率和数量。因此，HVOF 应当是今后制备 MCrAlY 合金粘结层的发展方向。

2.3.6　TBC 的预氧化处理

　　TBC 的预氧化处理是将喷涂态的（as-sprayed）TBC 在真空或低压环境加热、保温一定的时间，其目的是在粘结层和陶瓷层界面预先形成一层很薄

的 α-Al$_2$O$_3$ 薄膜,避免先形成 γ/θ-Al$_2$O$_3$ 相及其在随后的氧化过程中向稳定的 α-Al$_2$O$_3$ 相转变时由于体积变化而产生的巨大内应力。

Chen 等[12,19]对 TBC 涂层进行预氧化处理,对涂层处理前后的性能进行了对比研究。结果表明,TBC 涂层预氧化后在陶瓷面层与粘结层之间能快速生成一层 α-Al$_2$O$_3$ 薄膜。在高温氧化过程中,预先形成的 Al$_2$O$_3$ 膜起到扩散阻挡层的作用,阻止了氧和其他合金元素的扩散,抑制 TGO 中尖晶石等混合氧化物生长速率,进而达到延长 TGO 的稳定生长阶段和降低涂层中裂纹的形成与扩展速率的目的,提高 TBCs 涂层的高温抗氧化性能和热循环使用寿命。对 APS-CoNiCrAlY 的 TBC 涂层进行真空预氧化处理的工艺分别为:①$P_{O_2}<2.4\times10^{-4}$ Pa,1080 ℃保温 4 h(VHT)和②$P_{O_2}\approx0.056$ Pa,1080 ℃保温 24 h(LPOT)。

图 2-43 为 APS 合金粘结层的喷涂态和经过 VHT、LPOT 处理试样经过 1050 ℃高温循环氧化后试样剖面的 SEM 照片。由图 2-43 可知,喷涂态的(as-sprayed)TBC 在陶瓷层和粘结层界面没有形成 Al$_2$O$_3$,如图 2-43(a)所示,高温热循环 500 次后在 TGO 层上方就已出现明显的并在 TGO 的尖晶石混合氧化物层中扩展的大裂纹,长度约为 300 μm,如图 2-43(d)所示。经过 VHT 处理后,在陶瓷层和粘结层界面形成较多的黑色 Al$_2$O$_3$,如图 2-43(b)所示,经过 2100 次热循环后,在 TGO 上方的氧化物内形成不连续的裂

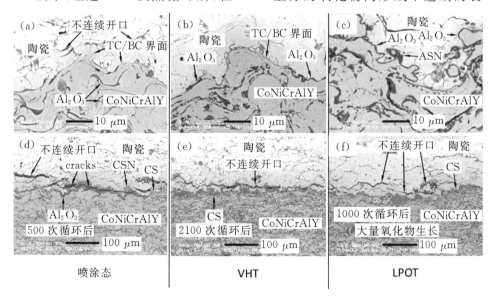

图 2-43　APS 合金粘结层经 1050 ℃高温循环氧化前后试样剖面的 SEM 照片
(a)、(d)未预氧化热处理;(b)、(e)真空预氧化热处理;(c)、(f)低压预氧化热处理[12]

纹,如图 2-43(e)所示。经过 LPOT 处理后,在陶瓷层和粘结层界面形成较多的黑色 Al_2O_3,如图 2-43(c)所示,经过 1100 次热循环后,在 TGO 上方的氧化物内形成不连续的裂纹,如图 2-43(f)所示。以上研究结果表明,喷涂态的 TBC 试样经过 VHT、LPOT 等预氧化处理后,TBC 的热循环使用寿命得到了大幅提高。

图 2-44 为根据 APS-CoNiCrAlY 合金粘结层的喷涂态和经过 VHT、

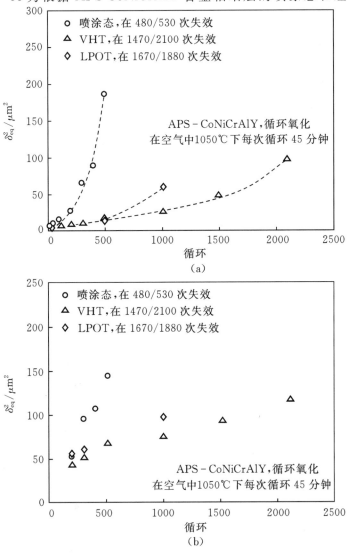

图 2-44 TBC 失效时 TGO 等效厚度和最大裂纹长度与热循环次数的关系[12]

(a)TGO 等效厚度;(b)最大裂纹长度

LPOT 处理试样经过 1050 ℃高温循环氧化后试样剖面的 SEM 图片统计得出的 TGO 等效厚度和最大裂纹长度与热循环次数的关系。从图可知，喷涂态的 TBCs 涂层在热循环 300 次后 TGO 的增厚开始加速，而 VHT 和 LPOT 涂层则是分别在热循环 2000 次和 1000 次后 TGO 的等效厚度才开始快速增加。喷涂态的 TBCs 涂层在热循环失效（500 次左右）时，最大裂纹长度约为 300 μm，TGO 等效厚度为 15 μm；相对而言，VHT 和 LPOT 的 TBC 涂层中的 TGO 有一个长时间的稳定生长阶段，使得涂层中最大裂纹长度的出现时间要明显的晚于喷涂态涂层。对于经过 VHT 和 LPOT 处理的试样，其热循环使用寿命分别为约 2500 次和 1500~2000 次。TGO 的厚度直接影响了 TBC 涂层的裂纹长度和使用寿命，因此，如何控制 TGO 的生长速率对提高 TBC 涂层的使用寿命有着非常重要的意义。

2.3.7　EB-PVD 粘结层的高温氧化及 TGO 生长

EB-PVD 是在真空室中，电子枪内的金属丝被加热，其自由电子会发生热激发、激发后的电子在电磁场的作用下形成高能量的电子束。电子束将原料（放置在坩埚中）加热并使其气化，最终原料蒸气以原子态沉积到基体表面上而形成涂层。EB-PVD 合金层为典型的柱状晶结构，如图 2-45 所示。在沉积陶瓷层之前，通常对合金层表面进行喷丸处理，以改善合金表面粘结层的柱晶结构，使其致密化，但这在一定程度上也增大了合金层的内应力。EB-PVD 沉积合金层的优点是可在不规则的试样表面制备均匀厚度的涂层，涂层厚度可控，涂层间是冶金结合，粉末消耗较少以及沉积过程可以实现电脑自

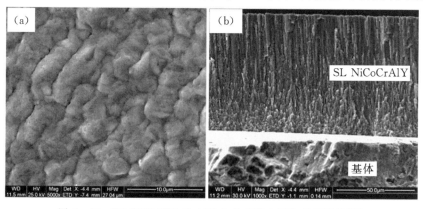

图 2-45　EB-PVD NiCoCrAlY 合金层的表面与截面形貌[32]

动控制等;缺点是与制备表面陶瓷层相同设备复杂,不容易沉积大面积试样,且工作效率较低。此外,针对制备合金层,很重要的一个缺点是涂层成分严重地受各元素蒸气压的影响而不易控制。

在高温氧化过程中,合金层与陶瓷层之间生成一层 TGO 氧化层,而合金层的内氧化则是氧沿着柱状晶间纵向接触的薄弱区域向合金层内扩展,并在柱状晶之间和柱状晶的根部生成氧化物。不同于热喷涂合金层中的片层间的横向内氧化形貌,EB-PVD 合金层中的纵向内氧化形貌在没有横向连接成膜之前,其对 Al 等合金元素的扩散不会有扩散阻挡作用。另外,Al 等合金元素沿着柱状晶的晶界和界面向 TGO 的扩散速率也快于喷涂态涂层中的片层结构,从而延长了陶瓷层与合金层界面 TGO 的稳定生长阶段[28-34]。

图 2-46 为 EB-PVD 合金粘结层与陶瓷面层制备完成时典型的截面形貌图,从图中可看出,在基体与 NiCoCrAlY 合金层之间有一扩散层区域。EB-PVD 沉积 YSZ 层后,在陶瓷层与合金层之间生成了一层致密的 Al_2O_3 膜,可以抑制了氧向合金层的扩散,一定程度上阻碍了 TBCs 涂层在高温时合金层的内氧化现象产生。

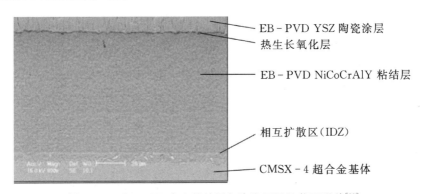

图 2-46 EB-PVD 合金粘结层与陶瓷面层的截面形貌[33]

图 2-47 为 EB-PVD 涂层在 1100 ℃热循环 1584 次(1100 ℃保温50 min,压缩空气冷却 10 min 为一循环)后 TGO 形貌图。由图所示,经过多次热循环后,TGO 中的尖晶石等混合氧化物较少,如图 2-47(b)和图 2-47(c)中箭头所示。TGO 主要是以 Al_2O_3 为主,且涂层中的裂纹出现在靠近合金粘结层下方的 Al_2O_3 层内,而喷涂态合金层中 TGO 内的裂纹主要产生于 Al_2O_3 上方的尖晶石混合氧化物内。

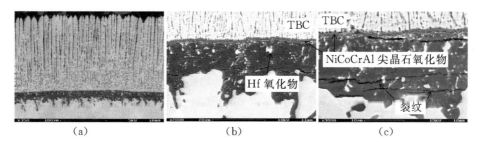

图 2-47　EB-PVD 涂层在 1100 ℃热循环 1584 次后 TGO 形貌图[34]

2.4　超音速等离子喷涂 MCrAlY 粘结层的 TGO 生长

2.4.1　超音速等离子喷涂简介

SAPS 等离子射流的高能量密度能够瞬间熔化高熔点喷涂材料,并能迅速加速熔融粒子突破声障至 380~900 m/s 的超音速水平[35,36],同时以更大的动量撞击基体材料表面,可以获得更高性能的涂层[37-45]。尤其是在制备纳米涂层和各种高熔点的陶瓷、难熔金属和金属陶瓷等涂层领域,具有其他超音速燃气火焰和高速电弧喷涂等所不可替代的优势,是当今先进热喷涂技术研究的前沿领域。

由于超音速等离子喷涂的技术难度较高,目前国际上也还处于起步阶段。美国 Browning 公司曾于 1986 年试制了一款超音速等离子喷枪,由于缺少配套开发,一直未能投入应用。至 20 世纪 90 年代中期美国 TAFA 公司在 Browning 超音速等离子喷枪基础上曾开发出 PlazJet 成套超音速等离子喷涂系统。为了达到热喷涂所要求的高温,该设备在大气体流量(2 L³/h)条件下,采用了加长喷管长度,靠提高等离子体发生器电功率(270 kW)的方法来提高射流的温度。但带来的副作用是能量损失加大,喷枪热效率降低。由于喷管加长,又采用的是外送粉结构,使喷涂材料颗粒不能送到射流的高温区,沉积效率下降,喷涂成本增加,限制了其应用范围。近年来,国外一些公司尝试推出了"三电极"等一些新型高能高速等离子喷涂系统,由于设备、工艺复杂,尚未见推广应用和相关研究报导。

我国超音速等离子喷涂技术的起步与发展,是于 20 世纪 90 年代初由我国表面工程学科创始人之一、装甲兵工程学院徐滨士院士亲自领导与关心下发展起来的。由于一开始就坚持走自主研发的创新之路，历经十余年，于2002年终于成功开发出具有我国特色的高效能超音速等离子喷涂系统，是我国具有知识产权的自主创新核心技术并达到国际领先水平的超音速等离子喷涂系统。该套系统采用"单阳极、拉瓦尔喷管结构"抛弃国外以"气动力为主、机械压缩为辅"的射流加速方案，采用以"机械压缩为主、气动力为辅"的设计思路，从而获得小气体流量下的超音速等离子体射流。直接作为发生器阳极的拉瓦尔喷管可对等离子气体形成强烈的型面压缩、旋气压缩、冷压缩以及电磁压缩，可提高气动效应，使阳极斑点前移，拉长弧柱，提高弧压；此外，采用单阳极结构可减少进气量，缩短压缩孔道，减轻弧柱分流现象，充分利用射流高温区能量，有效提高发生器（喷枪）热效率（与 TAFA-Plazjet 270 kW 相比，喷枪热效率从 65％ 左右提高至 75％ 以上，喷涂综合热效率提高20％ 左右）。如图 2-48 所示的是该系统中的喷枪（等离子体发生器）外观形貌（图 a）、等离子体射流及采用芬兰 Spray Watch 2i 测试系统测得的氧化钇部分稳定的二氧化锆（YSZ）粒子（采用激光粒度分析仪测量的粉体原始粒径分布范围为 $40\sim110\ \mu m$，中位径 D_{50} 为 68 μm）的平均飞行速度及表面温度，从射流中可以看到 3～6 个马赫节（图 b），射流中的 YSZ 粒子（约为 2000 个粒子）的平均飞行速度在 415 m/s 以上（普通等离子 9M 系统喷涂该 YSZ 粒子的平均飞行速度在 180 m/s 左右），粒子表面平均温度在 3100℃ 以上（图 c）[42]。

2.4.2　超音速等离子喷涂 MCrAlY 粘结层

SAPS 可以通过调节喷涂功率（30～80 kW）实现对 MCrAlY 合金粉末粒子熔化状态的控制，进而得到不同结构的合金涂层。此外，由于粒子飞行速度的极大提高，减少了金属材料与周围大气的作用时间，使金属材料的氧化程度大为降低。

粘结层喷涂用粉末为商用的 CoNiCrAl 粉末（AMDRY 995 M，Sulzer Metco Inc.，USA），其标称成分见表 2-2，粉末的表面形貌如图 2-49 所示。从图 2-49 可以看出，粉末形貌基本为圆球形，表面光滑，其粒度分布约为 30～70 μm。

表 2-2　Metco-995M 粉末化学成分。

元素	Al	C	Co	Cr	Fe	Ni	P	S	Y	O	N
含量/wt.%	8	0.01	38.48	21	0.04	32	<0.01	<0.01	0.43	0.02	0.01

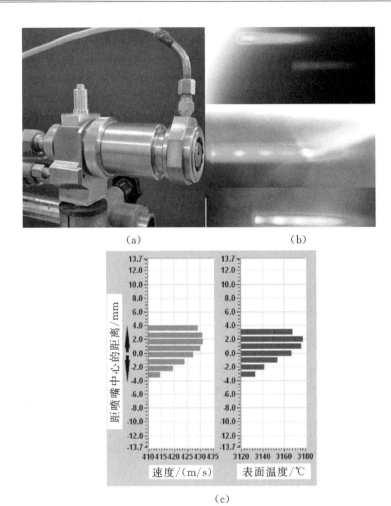

(a)　　　　　　　　　　　　　　　　　(b)

(c)

图 2-48　超音速等离子喷涂系统中的喷枪外观形貌(a)、等离子体射流(b)及采用
芬兰 Spray Watch 2i 测试系统测得的氧化钇部分稳定的二氧化锆
(YSZ)粒子的平均飞行速度及表面温度(c)[42]

图 2-50 为 SAPS-CoNiCrAlY 合金层结构截面腐蚀形貌图。通过喷涂功率的改变(表 2-3 所示),设计了两种不同结构的合金层,以完全熔化为主的 S1 涂层和半熔融为主的 S2 涂层。由图中可看出,S1 涂层合金粒子熔化较好(常用的 APS 合金粘结层结构特点),只有少量未熔区域,完全熔化粒子形成的片层结构间夹杂有部分的内氧化物(主要为 Al_2O_3)。与 S1 涂层相比,S2 涂层内部结合致密,内氧化程度低,以半熔融态粒子为主。通过图像法对合金层中未熔区域所占比例进行统计可知,S1 涂层中未熔颗粒所占比例为 20%~25%,而 S2 涂层中该比例为 40%~50%。

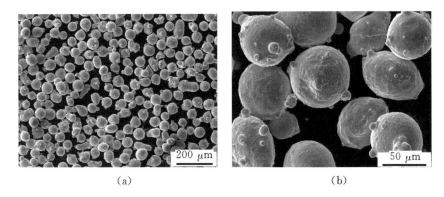

图 2 - 49　CoNiCrAlY 粉末整体形貌(a)及局部形貌(b)

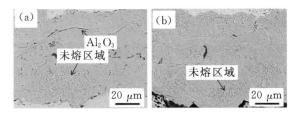

图 2 - 50　SAPS-CoNiCrAlY 合金层结构截面腐蚀形貌图
(a)S1 涂层;(b)S2 涂层

表 2 - 3　SAPS 粘结层喷涂工艺参数

涂层编号	电流/A	电压/V	Ar 流量/slpm	H₂ 流量/slpm	送粉率/g·min⁻¹	喷涂距离/mm
S1	400	137	95	9.6	40	110
S2	380	121	75	8	40	110

　　将两种涂层放入 1100 ℃ 电阻炉中进行高温静态氧化性能测试,对比分析不同合金层结构对 TBCs 涂层高温抗氧化性能的影响规律。由于 TGO 形态的不规则,所以采用等效厚度的方法来表征涂层中 TGO 的厚度,其计算方法如下式所示[12]:

$$\delta_{eq} = \Sigma S / \Sigma L \qquad (2-34)$$

式中:δ_{eq} 为涂层中 TGO 的等效厚度,μm;ΣS_q 为 TGO 的面积,μm²;ΣL 为陶瓷层与合金粘结层界面的长度,μm。

　　图 2 - 51 为两种 SAPS 涂层 TGO 等效厚度氧化动力学曲线。由图可知,以半熔融粒子为主的 S2 涂层中整体 TGO 的氧化动力学曲线位于 S1 涂层的下方,其 TGO 生长速率低于 S1 涂层。

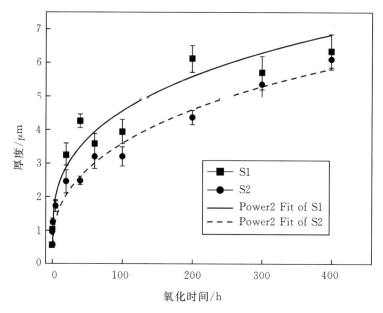

图 2-51　两种 SAPS 涂层 TGO 等效厚度氧化动力学曲线

图 2-52 为两种结构的 SAPS 合金层在 1100 ℃高温静态氧化 1 h 和 300 h 后的截面形貌。从图中可以看出,在 1100 ℃高温氧化 1 h 后,S1 涂层的 TGO

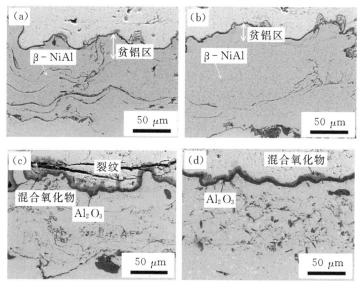

图 2-52　两种 SAPS 合金层在 1100 ℃静态氧化后截面形貌
(a)S1 涂层氧化 1 h;(b)S2 涂层氧化 1 h;(c)S1 涂层氧化 300 h;(d)S2 涂层氧化 300 h

下方有一明显的贫铝区,厚度约为 26 μm。S2 涂层氧化 1 h 后,TGO 下方的贫铝区厚度约为 17 μm,合金层中的内氧化物相对较少,有大量的 Al 源 β-NiAl 相存在。涂层在 1100 ℃ 高温氧化 300 h 后,S1 涂层的 TGO 中的 Al_2O_3 膜较薄,尖晶石混合氧化物层内部有裂纹产生,并向陶瓷层一侧扩展;S2 涂层的 TGO 中 Al_2O_3 膜较完整,涂层中无明显的裂纹形成,即以半熔融粒子为主的 S2 涂层具有更加优良的抗高温氧化性能。

综上所述,SAPS 可以通过对喷涂功率的调整,实现对 MCrAlY 粉末粒子熔化状态的控制,从而设计制备出不同结构的合金涂层,并通过高温氧化测试优化涂层结构,在制备 MCrAlY 合金涂层方面显示出了巨大的潜力。

2.4.3 热震过程中 MCrAlY 粘结层的 TGO 生长

热障涂层体系(TBC)采用双层结构,即有 YSZ 陶瓷表层及位于陶瓷表面下方的合金粘结层组成,喷涂原始粉体的外观形貌如图 2-53 所示。基体为直径 20 mm、厚度 10 mm 的圆柱形镍基高温合金,成分见表 2-4。陶瓷表层及合金粘结层的厚度分别约为 250 μm 及 60 μm。具体的喷涂工艺参数如表 2-5 所示。采用热震实验来评价涂层的热循环使用寿命,其具体步骤是将试样放入 1100 ℃ 的恒温电阻炉中加热,保温 5 min 后,迅速取出直接放入温度约为 25 ℃ 的水中。以上为一个循环周次,按照以上方法不断循环,当涂层表面的剥落面积达到约 10% 时,认为涂层失效,将其对应下的热循环次数作为涂层的热循环使用寿命。实验过程中,用数码相机记录不同热循环周次下的涂层表面形貌,使用 Image-Pro Plus 图像处理软件对涂层的剥落面积进行

(a)　　　　　　　　　　　　　(b)

图 2-53　喷涂粘结层 CoNiCrAlY 粉末(a)及 YSZ 陶瓷层粉末(b)外观形貌

测量。

表 2-4　高温合金化学成分

元素	Ni	Cr	Fe	C	Mn	Si	S	P	Al	Ti
含量 wt.%	其余	22.0	1.5	0.12	0.7	0.8	0.02	0.03	0.15	0.35

表 2-5　SAPS 及 APS 涂层喷涂工艺参数

喷涂参数	SAPS		APS	
	YSZ	CoNiCrAY	YSZ	CoNiCrAY
电流/A	405	363	650	500
电压/V	160	124	74	66
主气(Ar)流量/L·min⁻¹	60	65	45	80
辅气(H₂)流量/L·min⁻¹	17	8	12	6
载气(Ar)流量/L·min⁻¹	7.5	8	8	8.5
喷枪移动速度/mm·s⁻¹	800	800	800	800
送粉率/g·min⁻¹	40	40	40	40
喷涂距离/mm	100	100	100	100

　　图 2-54 所示的是涂层在不同热循环次数下的表面形貌。从图 2-54 可以看出，APS 涂层在循环 84 次后表面出现了少量的剥落点(白点)，这种白点的出现是由陶瓷表层的部分剥离(delaminate,未完全剥落)形成的，当循环 141 次后，其表层约有 8% 的剥落(spall,是指陶瓷表层完全与合金粘结层脱

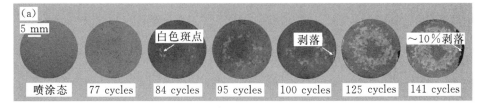

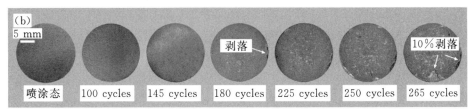

图 2-54　APS 涂层(a)及 SAPS 涂层(b)在不同热循环次数下的表面形貌[41]

离),而部分剥离面积达到 50% 以上;相比而言,SAPS 沉积涂层的热循环寿命得到了大幅度提高,在 180 次热循环下,试样边缘出现少量剥落,在 265 次热循环下表面约有 10% 剥落,部分剥落面积约为 8%,与 APS 涂层相比,涂层热循环寿命提高约 90%。通过以上实验结果看出,SAPS 制备的热障涂层体系的热循环使用寿命要明显高于 APS 涂层体系。与此同时,对比其他学者采用类似的热循环寿命测试方法,SAPS 喷涂涂层的热循环使用寿命也大幅度得到提高。例如,Khan 等人采用 PT-200 型喷涂系统沉积的涂层在 220 次热循环后表面剥落面积也达到 20%[46]。Ke 等人采用"ob-type" detonation 喷涂系统获得的涂层在经历 200 次热循环下表面约有 20% 的面积剥落[47]。

由图 2-54 可以看出,涂层的主要剥落区域集中在试样的边缘,对试样边缘的形貌观察有助于分析涂层的失效过程。图 2-55 所示的是 SAPS 边缘失效形貌,从此图可以看出,对于 TBC 而言,边缘处陶瓷表层的剥落主要发生在 TGO 内部、TGO/Top coat 界面及 TGO/Bond coat 界面。TGO 的产生主要是由于合金粘结层在热循环过程中的氧化,产生位置在 Top coat/Bond coat 界面。TGO 的过快生长,使得 TGO/Top coat 界面及 TGO/Bond coat 界面产生了大量的界面应力。在界面应力的作用下,裂纹萌生并扩展最终导致陶瓷表层的大面积剥落。

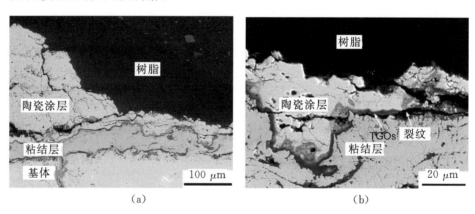

(a)　　　　　　　　　　　　　　　　(b)

图 2-55　SAPS 涂层热循环 265 次边缘剥落剖面形貌(a)及局部放大(b)图像

SAPS 涂层与 APS 涂层相比,热循环寿命得到大幅度提高,这与 TGO 的生长速度密切相关。图 2-56 是不同热循环次数下试样未发生涂层剥落部位的剖面扫描电镜图像。从中可以发现,两种涂层 100 次热循环后 TGO 分为两层,EDX 分析结果表明:上层(在背散射模式下呈现灰色)由 NiO 及 Ni(Cr,Al)$_2$O$_4$ 尖晶石等混合氧化物构成,而下层(在背散射模式下呈现黑色)

主要成分为 Al_2O_3。而在失效后期,SAPS 涂层中 TGO 仍然明显的分为两层,而 APS 涂层 TGO 中的 Al_2O_3 则基本上转变为 $NiAl_2O_4$ 尖晶石,并且 TGO 内部出现了明显粗大裂纹,分析原因可能是在交变的热应力作用下尖晶石发生了脆性断裂。此外,对于 SAPS 涂层,100 次热循环 TGO 平均厚度约为 1.4 μm,265 次循环后 TGO 平均厚度约为 1.9 μm,平均生长速率约为 3 nm/次;而对于 APS 涂层,100 次热循环 TGO 平均厚度约为 1.6 μm,141 次循环后 TGO 平均厚度约为 2.4 μm,平均生长速率约为 20 nm/次,表明 SAPS 涂层具有较高的抗氧化性能。

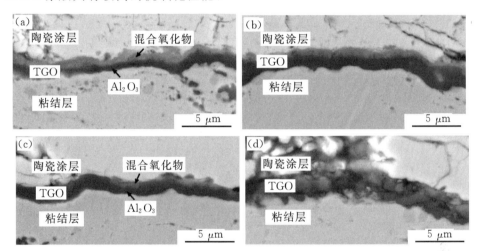

图 2-56　SAPS 涂层 100 次热循环(a)、SAPS 涂层 265 次热循环(b)、APS 涂层 100 次热循环(c)、APS 涂层 141 次热循环(d)后的 TGO 形貌[41]

2.4.4　恒温氧化过程中 MCrAlY 粘结层的 TGO 生长规律[45]

本节将研究在恒温大气条件下 MCrAlY 粘结层的 TGO 生长行为。粘结层喷涂粉末为商用的 CoNiCrAlY 粉末(AMDRY 995 M,Sulzer Metco Inc.,USA)。陶瓷表层喷涂用粉末为 6~8 wt.% Y_2O_3 部分稳定的 ZrO_2(YSZ),其外观形貌如图 2-57 所示。陶瓷层采用 SAPS 及 APS 两种工艺喷涂,合金粘结层均采用 SAPS 工艺喷涂,喷涂工艺参数见表 2-5。喷涂后得到的涂层剖面图像如图 2-58 所示。通过图像法测量涂层孔隙率,APS 涂层约为 8%,而 SAPS 涂层约为 3%。涂层 1100 ℃ 等温氧化曲线如图 2-59(a)所示。从

(a)　　　　　　　　　　　　　　　　(b)

图 2-57　陶瓷层原料粉末外观形貌(a)及单个颗粒局部放大图像(b)

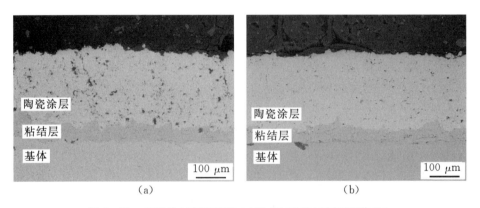

(a)　　　　　　　　　　　　　　　　(b)

图 2-58　APS涂层剖面图像(a)及SAPS涂层剖面图像(b)

图 2-59(a)中可以看出,在静态高温氧化条件下,两种涂层的氧化动力学曲线基本呈现"抛物线"规律,但 APS 涂层的氧化增重明显高于 SAPS 涂层,氧化 1000 h 后,APS 涂层的氧化增重为 11.9 mg·cm^{-2},而 SAPS 涂层为 6.8 mg·cm^{-2},与 APS 涂层相比降低约 43%。

　　1100 ℃恒温氧化下涂层的氧化动力学曲线采用如下公式进行定量描述[48]:

$$\Delta W = K_p t^n \tag{2-35}$$

式中:ΔW 是样品单位面积上的氧化增重,mg·cm^{-2};K_p 是氧化速度常数,mg·cm^{-2}·h^{-n};t 是氧化时间,h;n 是常数。

　　式(2-35)两边取对数,得到式(2-36)。根据图 2-59(a)中的数据进行

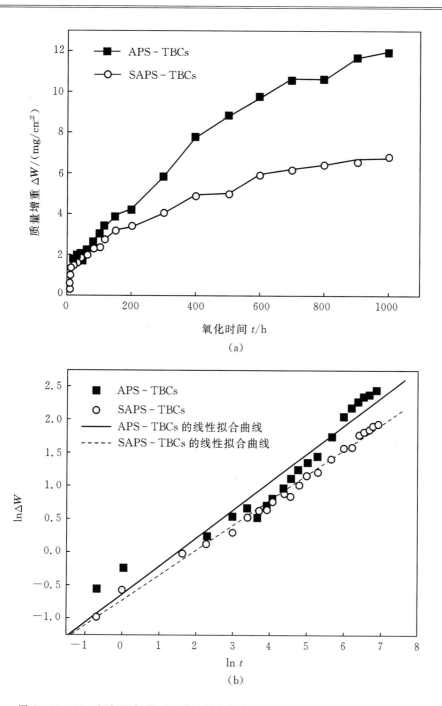

图 2-59 1100℃恒温氧化下两种涂层的氧化增重曲线(a)及线性拟合曲线(b)

变换拟合,得到式(2-37)和式(2-38)两个线性拟合方程及线性拟合曲线。方程(2-37)和(2-38)的斜率即为 n 的值,在 y 轴的截距即为 $\ln K_p$ 的值,K_p 与 n 的值如表 2-6 所示。线性拟合曲线如图 2-59(b)所示。

$$\ln\Delta W = \ln K_p + n\ln t \qquad (2-36)$$

对于 APS 涂层:

$$\ln\Delta W = 0.42\ln t - 0.64 \qquad (2-37)$$

对于 SAPS 涂层:

$$\ln\Delta W = 0.38\ln t - 0.73 \qquad (2-38)$$

表 2-6　经线性拟合计算得到的 n 与 K_p 值

	n	$K_p/\mathrm{mg \cdot cm^{-2} \cdot h^{-n}}$
APS 涂层	0.42	0.53
SAPS 涂层	0.38	0.48

涂层在高温条件下,氧穿过陶瓷表层到达陶瓷层/粘结层界面主要依靠 O_2 的气体传输(渗入)及 O^{-2} 的离子扩散。Fox 等人分别对以上两种传输机制进行理论计算,得出与 O_2 的气体传输流量(单位时间通过单位面积的物质摩尔数)相比,O^{-2} 的离子扩散流量更加依赖于氧化温度,在 1100 ℃时,O_2 的气体传输流量远高于 O^{-2} 的离子扩散流量,表明在此温度下,氧主要是依靠气体传输(渗入)到达陶瓷层/粘结层界面并与粘结层中的合金元素发生反应,气体的流量及不同温度下的动力粘度可分别通过以下公式进行计算[49]:

$$J = \left(\frac{\kappa P}{\eta}\right)\left(\frac{\Delta P}{L_{\mathrm{YSZ}}RT}\right) \qquad (2-39)$$

式中:J 是 O_2 气体流量,$\mathrm{mol \cdot m^{-2} \cdot s^{-1}}$;$P$ 是 O_2 到达陶瓷层/粘结层界面时产生的压强,Pa;κ 是比透气性,$\mathrm{m^2}$;η 是气体动力粘度,$\mathrm{Pa \cdot s}$;ΔP 是陶瓷层两侧(外侧为高温环境,内侧为陶瓷层/粘结层界面)O_2 压强差,Pa;L_{YSZ} 是陶瓷层厚度,m;R 是阿伏加德罗常数 $8.314\ \mathrm{J \cdot mol^{-1} \cdot K^{-1}}$;$T$ 是温度,K。

气体粘度与温度的关系为:

$$\eta = 8.91\times10^{-6} + 4.19\times10^{-8}T \qquad (2-40)$$

同时,根据 Ergun 方程,比透气性与材料气孔率近似满足以下关系:

$$\kappa = \frac{\varepsilon^3}{150(1-\varepsilon)^2}D^2 \qquad (2-41)$$

式中:ε 是材料气孔率,%;D 是气孔直径,m。

在 1100 ℃(1373 K)时,O_2 粘度为 66.44×10^{-6} Pa·s,ΔP 约为 2×10^4 Pa,L 为 2.5×10^{-4} m,此外,Fox 等人假设全部的氧都参与到了 TGO 的生长过程,得到的 TGO 的最大生长速度可用下式表达[50]:

$$R_{TGOs} = \frac{J \cdot M}{\rho} \qquad (2-42)$$

式中:R_{TGO} 是 TGO 的最大生长速度,$cm^3 \cdot m^{-2} \cdot s^{-1}$;$M$ 是 O 原子的摩尔质量,$g \cdot mol^{-1}$;ρ 是 O 离子在氧化物中的密度,$g \cdot cm^{-3}$。

通过计算最终得到以下公式:

$$R_{TGOs} = \left(\frac{\varepsilon^3 D^2 P}{150(1-\varepsilon)^2 \eta} \right) \left(\frac{M \Delta P}{\rho L_{YSZ} RT} \right) \qquad (2-43)$$

从以上理论分析可见,TGO 的生长速度与陶瓷表层组织结构密切相关。其生长速度随孔隙率及孔隙尺寸增加而增大,与图 2-59 所示的实验结果十分吻合。此外,为定量给出不同氧化时间下涂层中 Al_2O_3 层及整体 TGO 层的厚度,并进一步比较 APS-TBCs 及 SAPS-TBCs 抗氧化性能的优劣,同时由于 Al_2O_3 层及整体 TGO 形态的不规则性,所以将采用等效厚度的方法来表征涂层中 Al_2O_3 层及及整体 TGO 的厚度,其计算方法如下式所示[12,51]:

$$\delta_{eq} = \Sigma S / \Sigma L \qquad (2-44)$$

式中:δ_{eq} 是涂层中 Al_2O_3 层及整体 TGO 的等效厚度,μm;ΣS_q 是 Al_2O_3 层及整体 TGO 的面积,μm^2;ΣL 是陶瓷层/粘结层界面长度,μm。

采用公式(2-41)的计算方法,将 APS 与 SAPS 涂层中的 Al_2O_3 层及整体 TGO 的厚度分别进行计算,其统计结果如图 2-60 所示。从图 2-60 可以看出,上述两种涂层中的 Al_2O_3 层及及整体 TGO 的厚度增长趋势大体相同。具体来说,两种涂层中的 Al_2O_3 层都经历了以下三个阶段:

(1)瞬时快速生长阶段。在这个阶段中,Al_2O_3 层厚度从零快速生长到 1.5 μm 左右,而这个阶段对于 A2 及 S2 涂层的时间分别约为 20 及 40 h;

(2)稳态生长阶段。在这个阶段中,两种涂层的 Al_2O_3 层厚度略有增加,但基本维持在 1.5 μm 左右,稳态阶段对于 A2 及 S2 涂层的维持时间分别约为 80 及 260 h;

(3)Al_2O_3 层消失阶段,APS 涂层在氧化 100 h 后,Al_2O_3 层开始逐渐消失,200 h 后 Al_2O_3 层已全部消失,而对于 SAPS 涂层,Al_2O_3 层开始消失及全部消失的时间点分别为 300 及 500 h。当 Al_2O_3 层消失后,整体 TGO 层的厚度迅速增加,例如,在氧化时间 500 h 时,APS 涂层及 SAPS 涂层中 TGO 层的总厚度分别为 27.3 及 16.0 μm。

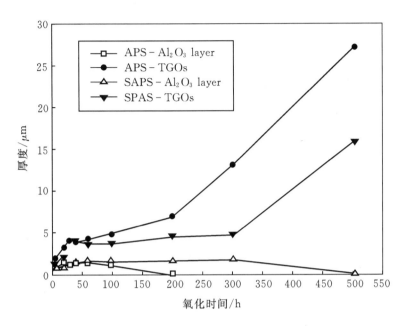

图 2-60　APS 及 SAPS 涂层不同氧化时间下的 Al_2O_3 层及整体 TGO 的厚度统计

　　前已述及，致密的 Al_2O_3 层可以有效地阻止合金粘结层的进一步氧化，所以当 Al_2O_3 层消失后，NiO、Cr_2O_3 及 $(Ni,Co)(Cr,Al)_2O_4$ 尖晶石等具有更高生长速度的氧化物迅速生长，导致整体 TGO 层厚度的迅速增加。此外，图 2-59(a) 中，APS 与 SAPS 涂层的氧化增重曲线分别在 200 h 及 500 h 出现拐点，也间接证明了以上结果。从以上结果看出，Al_2O_3 层的稳定性对于 TBCs 的抗氧化性起着非常重要的作用。与 APS 涂层相比，SAPS 涂层中 Al_2O_3 层稳态生长时间相对较长，Al_2O_3 层的稳定性更高，因此 TGO 生长速度相对缓慢，从而表现出更加优良的抗氧化性能。

　　将 APS 涂层与 SAPS 涂层中的陶瓷表层采用机械方法剥离后，对不同氧化时间下的 TGO 进行 XRD 分析，得到的 XRD 图谱如图 2-61 所示。从中发现，APS 涂层氧化 100 h 及 SAPS 涂层氧化 200 h 的 TGO 中的氧化物主要有 Al_2O_3（为 α 相）、NiO、Cr_2O_3 及 $(Ni,Co)(Cr,Al)_2O_4$，而当 APS 涂层及 SAPS 涂层分别氧化 200 h 及 500 h 后，TGO 中的 Al_2O_3 相消失，与前面的分析结果一致，而 ZrO_2 应为机械剥离不彻底的一些残余陶瓷表层物相。

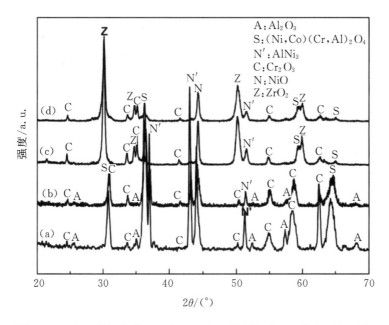

图 2-61　APS 涂层氧化 100 h(a)、SAPS 涂层氧化 200 h(b)、APS 涂
层氧化 200 h(c)、SAPS 涂层氧化 500 h(d)的 XRD 图谱

2.5　热障涂层系统失效模型

2.5.1　Al 耗尽模型

Al 耗尽失效(Al depletion failure)或化学失效是 TBCs 失效的主要模型之一[52-54]。Al 耗尽失效模型的要点是,当粘结层的 Al 含量降低到某一临界值时,TGO 的生长将由 Al_2O_3 的慢速生长转变为 Ni(Co,Cr)-尖晶石的快速生长,形成的尖晶石厚膜将在随后的冷却时剥离。显然,Al 耗尽失效模型关注的是粘结层 Al 含量的变化和确定 TGO 由 Al_2O_3 的慢速生长转变为 Ni(Co,Cr)-尖晶石的快速生长时粘结层中 Al 含量的某一临界值,并不注重 TGO 由 Al_2O_3 的慢速生长转变为 Ni(Co,Cr)-尖晶石的快速生长的过程,也没有揭示当粘结层的 Al 含量降低到某一临界值时,TGO 的生长为什么会由 Al_2O_3 的慢速生长转变为 Ni(Co,Cr)-尖晶石的快速生长的物理、化学本质。

实际上,合金粘结层在持续氧化过程中,最初氧化形成的 α-Al_2O_3 生长缓

慢,同时,α-Al₂O₃ 薄膜作为扩散阻挡层,可阻止粘结层的进一步氧化。然而,
Al₂O₃ 会与其他金属氧化物形成尖晶石而消耗,同时粘结层中的 Al 原子也不
断扩散到 Al₂O₃ 薄膜以补充 Al₂O₃ 的消耗,并在 Al₂O₃ 膜下方的粘结层中形
成贫铝区。当 Al 含量进一步降低到某一临界值时,Al₂O₃ 薄膜的生成速率将
低于 Al₂O₃ 的消耗速率,Al₂O₃ 薄膜会逐渐耗尽。由于作为扩散阻挡层
α-Al₂O₃ 薄膜的消失,TGO 的生长机制将转换为 Ni(Cr,Al)-尖晶石及(Co、
Ni)O 等复杂氧化物快速生长阶段,导致 TGO 的厚度迅速增加。粘结层中
Al 源的枯竭使 Al₂O₃ 膜逐渐耗尽、尖晶石快速生长,最终导致 TBCs 失效。
显然,Al₂O₃ 膜耗尽的过程表达了 TGO 由慢速生长到快速生长的过程及本
质。Chen 等人的研究也表明[14],当 CoNiCrAlY 粘结层氧化 4000 h 后,陶瓷
层/粘结层附近的 β-NiAl 相已经消失。由于 Al 源主要是由粘结层中的
β-NiAl相提供,β-NiAl 相的消失表明粘结层中的 Al 已经低于某一临界含量
或已基本耗尽。但由于致密的氧化铝层的存在,TBCs 并没有发生剥落失效。
以上结果表明,即使 Al 源 β 相耗尽后,如果 TGO 中仍然存在连续的 Al₂O₃
膜,则 TBCs 一般不会发生陶瓷层/粘结层剥落失效,如图 2-62 所示。因此,
Al 耗尽失效模型没有揭示出 TBCs 失效的物理、化学本质。

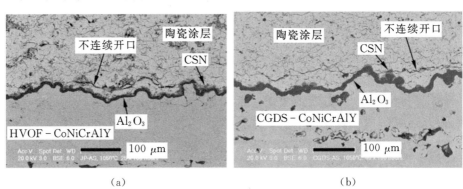

图 2-62　CoNiCrAlY 粘结层 1050 ℃氧化 2500 h 后的剖面形貌(a)及
4000 h 后的剖面形貌(b)[14]

　　其实,Shillington 等人[52]在提出 Al 耗尽失效模型时,给出的 XRD 和
SEM 实验证据并不是 Al 的耗尽而是 Al₂O₃ 的耗尽,如图 2-63 和图 2-64
所示。图 2-63 表明,CoNiCrAlY 粘结层在 1120 ℃氧化 128 h、384 h 后,
XRD 图谱中可检测到 Al₂O₃ 相,氧化 512 h 后,XRD 图谱中已检测不到
Al₂O₃ 相,此时陶瓷层被机械剥离。这表明当氧化 512 h 后 TGO 中 Al₂O₃ 消
失,而 TGO 中的 Al₂O₃ 消失才是导致 TGO 由 Al₂O₃ 的慢速生长转变为

Ni(Co,Cr)-尖晶石的快速生长的根本原因。图 2 - 64 的 SEM 图片表明，CoNiCrAlY 粘结层 1120 ℃氧化 128 h 后，在粘结层和陶瓷层之间可观察到连续的 Al_2O_3 薄膜；氧化 384 h 后连续的 Al_2O_3 薄膜消失，形成大量的尖晶石；512 h 后，在粘结层和陶瓷层之间形成厚层的尖晶石膜，导致陶瓷层被机械剥离。这进　步证明 Al_2O_3 膜的消失是导致 TGO 由 Al_2O_3 的慢速生长转变为 Ni(Co,Cr)-尖晶石的快速生长的根本原因。这也可能是 Shillington 等人[52] 在提出 Al 耗尽模型时同时也认为无损检测 TBCs 失效的开始是以 α-Al_2O_3 膜的消失为依据的(for detecting the onset of failure based on the disappearance of α-alumina)。

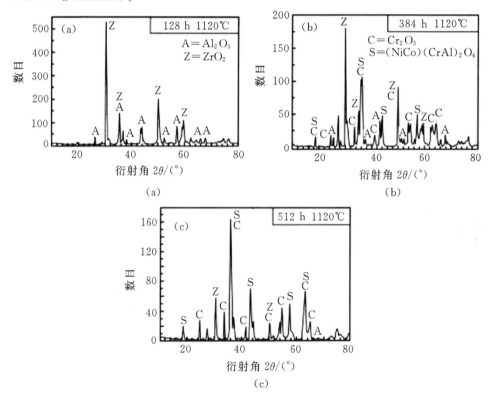

图 2 - 63　CoNiCrAlY 粘结层 1121 ℃氧化 128 h(a)、384 h(b)及 512 h(c)后的
XRD 图谱，氧化 512 h 后 TGO 中 Al_2O_3 相的衍射峰消失[52]

因此，如果将 Al 耗尽失效模型修正为 Al_2O_3 耗尽失效模型，可以更好地揭示为什么当粘结层的 Al 含量降低到某一临界值时，TGO 的生长会由 Al_2O_3 的慢速生长转变为 Ni(Co,Cr)-尖晶石的快速生长的过程及其物理、化学本质。Al 耗尽失效与 Al_2O_3 耗尽失效相比，有本质的区别：

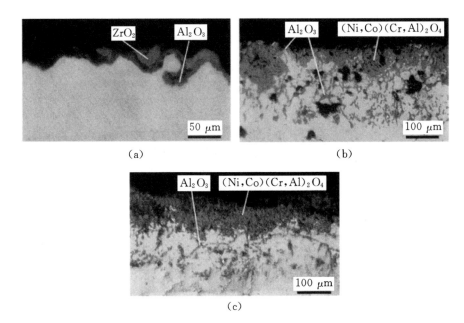

图 2-64　CoNiCrAlY 粘结层 1121 ℃氧化 128 h(a)、384 h(b)及 512 h(c)后的 TGO
形貌,表明氧化 512 h 后 TGO 中 Al₂O₃ 膜消失,只有粘结层内部存在少
量由喷涂过程内氧化形成的 Al₂O₃[52]

(1)耗尽相的晶体结构和价键完全不同:在 Al 耗尽失效模型中,Al 源为 Al 与 Ni 形成的、具有体心立方晶体结构的金属间化合物或电子化合物 β-NiAl,其键合型式为共价键和金属键的混合型,共价电子和原子的比率为 3 比 2[55]。当 Al 或 β-NiAl 被氧化生成 Al₂O₃ 而耗尽后,TBC 即失效。而在 Al₂O₃ 耗尽失效模型中,α-Al₂O₃ 为三方晶体结构,其化学键大部分为离子键外还有一定的共价键和极其微弱的金属键[56]。

(2)耗尽相的耗尽的过程完全不同:Al 耗尽过程是 Al 被氧化生成的 Al₂O₃ 的过程,而 α-Al₂O₃ 的耗尽过程为 α-Al₂O₃ 与 NiO 等氧化物反应生成 NiAl₂O₄ 等尖晶石相的相变过程。

(3)TGO 的快速生长并不是发生在 Al 或 Al 源 β-NiAl 耗尽后,而是发生在 α-Al₂O₃ 耗尽后。

由于 Al 的耗尽可用 β-NiAl 相的耗尽或消失来标识,而在相同的条件下, β-NiAl 相耗尽后 α-Al₂O₃ 膜还需要经过相当长的氧化、反应时间才会被耗尽,因此,β-NiAl 相耗尽时粘结层中的 Al 含量可能比 α-Al₂O₃ 膜或相耗尽时粘结层中的 Al 含量高。因此,比对耗尽相(β-NiAl 相和 α-Al₂O₃ 相)的耗尽过程、时间或粘结层的临界 Al 含量，Al 耗尽失效模型是一个过于保守的模型。同时，从技术上讲，检测 α-Al_2O_3 膜耗尽的方法要比检测粘结层中的 Al 含量的方法简单、易行，甚至可能实现 Al 耗尽模型的提出者 Shillington 等人设想的无损检测。因此，将 Al 耗尽失效模型修正为 Al_2O_3 耗尽失效模型是必要的。

2.5.2　Al_2O_3 膜耗尽模型

2.4.3 讨论了恒温大气条件下 MCrAlY 粘结层的 TGO 生长行为，本节将在此基础上讨论 Al_2O_3 膜耗尽模型。SAPS 涂层在不同氧化时间下的 Al_2O_3 层及整体 TGO 层剖面形貌如图 2-65 所示。从图 2-65 可以看出，涂层在恒温氧化 0.5 h 后，即出现了明显的 TGO 层。EDS 能谱分析表明这层致密的初生 TGO 层为 Al_2O_3，该层的形成主要是由于合金粘结层中 Al 元素的优先氧化[57]。氧化 5 h 后，Al_2O_3 层厚度增加，同时在其上方出现了明显的复合氧化物及一些尖晶石结构。氧化 20 h 后，发现 TGO 层由对比十分明显的双层结构（上方的灰色层，及下方的黑色层）组成，其 EDS 能谱如图 2-66 所示。从能谱所示元素分析，黑色层主要成分为 Al_2O_3，而上方灰色层主要由多种氧化物共同组成。大量研究表明，这层氧化物主要包括：NiO、Cr_2O_3 及 $(Ni,Co)(Cr,Al)_2O_4$ 尖晶石相（$NiAl_2O_4$、$NiCr_2O_4$、$CoAl_2O_4$、$CoCr_2O_4$ 等尖晶石相的缩写），由 Ni 及 Cr 元素从合金粘结层向上方的 TGO 层扩展并在高温下氧化形成。随着氧化时间的不断延长，Al_2O_3 层及 TGO 总厚度不断增加；氧化 60 h 后，Al_2O_3 的厚度达到最大值，Al_2O_3 层下方出现 TGO；200 h 后，Al_2O_3 的厚度基本维持不变，Al_2O_3 层局部区域出现了较为明显的颗粒化现象。300 h 后，α-Al_2O_3 层厚度减小，α-Al_2O_3 膜开始不连续，导致 TGO 的生长明显加速。300 h 前，Al_2O_3 层和 TGO 的总厚度基本维持不变（参阅图 2-60）；当涂层氧化时间达到 500 h 后，Al_2O_3 层消失，此时 TGO 厚度迅速增加，并且在 TGO 层的内部出现了大量孔洞及裂纹。这些孔洞及裂纹是涂层在高温氧化过程中，由于 TGO 快速生长产生的应力作用下产生的。产生于 TGO 内部及 TGO/陶瓷表层界面的裂纹如果迅速扩展，会导致陶瓷表层剥落，使得整体 TBCs 体系失效。此外，从图 2-65 中还可以发现，当涂层氧化 100 h 后，Al_2O_3 层下方出现连续的 TGO 层后（将这层定义为内氧化物，而上述在 Al_2O_3 层上方形成的复合氧化物定义为外氧化物），Al_2O_3 层局部区域出现了较为明显的颗粒化现象（如图 2-65 中圆形区域所示），这种颗粒化现象

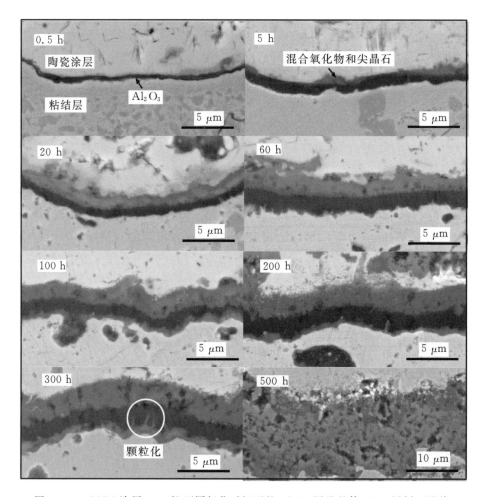

图 2 - 65　SAPS 涂层 1100 ℃ 不同氧化时间下的 Al_2O_3 层及整体 TGO 层剖面形貌

在 300 h 氧化后变得更加明显。颗粒化现象的结果造成了 Al_2O_3 层的不连续,并且随着氧化时间的延长,Al_2O_3 层的这种不连续现象变得更加明显。由此推断,Al_2O_3 层的消失(耗尽)主要是由于其下方出现的 TGO(内氧化物)引起的。

结合大量涂层剖面 SEM 图像,提出了如图 2 - 67 所示的 Al_2O_3 消失过程示意图,概括如下:

(1)由于 Al 元素氧化反应的吉布斯自由能及氧分压相对其他金属元素较低,高温下在合金粘结层中优先被氧化,形成 Al_2O_3 层。因为 Al_2O_3 层的形成,使得靠近 Al_2O_3 层的合金粘结层出现贫铝区。通过 EDX 分析,不同氧

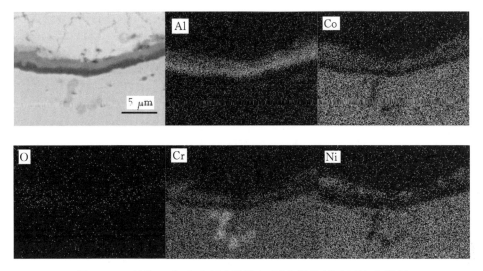

图 2-66　氧化 20 h 后，SAPS 涂层中 TGO 层的剖面 EDS 能谱图

化时间下涂层 S2 中 Al_2O_3 层附近合金粘结层中 Al 元素含量如图 2-68 所示。从该图可以看出，喷涂原始态的合金粘结层中 Al 元素含量约为 12 at.%，但在氧化 40 h 后，Al_2O_3 层附近合金粘结层中 Al 元素含量仅为 3 at.%，表明在 Al_2O_3 层下方的合金粘结层中出现了贫铝区。与此同时，由于氧的向下扩散，导致 Cr_2O_3 及 NiO 的生成。此外，由于 Al_2O_3/粘结层界面不平整，曲率较大的部位（波峰及波谷位置）相对于平直区域而言，处于一个能量相对较高的状态，在此处形核具有较低的形核阻力及临界形核半径[58]，因此 Cr_2O_3 及 NiO（统称为混合氧化物，Mixed oxides）将优先在这些部位形核并生长（如图 2-67(a)所示），反应方程如下：

$$2Ni + O_2 \rightarrow 2NiO \qquad (2-45)$$

$$4Cr + 3O_2 \rightarrow 2Cr_2O_3 \qquad (2-46)$$

（2）Cr_2O_3 及 NiO 在生长的同时，将发生如下反应，生成具有尖晶石（Spinel）结构的反应产物[6,59-60]

$$Al_2O_3 + NiO \rightarrow NiAl_2O_4 \qquad (2-47)$$

$$NiO + Cr_2O_3 \rightarrow NiCr_2O_4 \qquad (2-48)$$

$$CoO + Cr_2O_3 \rightarrow CoCr_2O_4 \qquad (2-49)$$

此外，复合氧化物（Cr_2O_3、NiO 等）及 $NiAl_2O_4$、$NiCr_2O_4$ 等尖晶石结构不断生长，使 Al_2O_3 层下方出现连续的由复合氧化物及尖晶石组成的 TGO 层，如图 2-67(b)所示。

（3）由于反应式（2-44），使得 Al_2O_3 层逐渐被消耗，其厚度不断减少。同时，在生成的复合氧化物及尖晶石结构不断向 Al_2O_3 层内部生长，导致 Al_2O_3 层出现明显的颗粒化现象，如图 2-67(c) 所示。

（4）随着氧化反应的不断进行，Al_2O_3 层的厚度逐渐减小，并且局部出现不连续现象，如图 2-67(d) 所示，这种不连续现象会进一步促进氧化反应（生成一些尖晶石相）的进行。

（5）Al_2O_3 层最终消失，由复合氧化物及尖晶石结构所取代，同时整体 TGO 生长速度加快，如图 2-67(e) 所示。

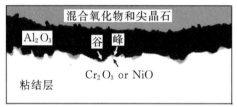
(a) Cr_2O_3 及 NiO 在曲率较大的部位形核生长

(b) 生成复合氧化物及 $(Ni,Co)(Cr,Al)_2O_4$

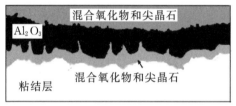
(c) Al_2O_3 膜出现颗粒化现象

(d) Al_2O_3 膜厚度逐渐减小，膜不连续

(e) Al_2O_3 膜最终消失

图 2-67　氧化铝膜消失过程示意图

在建立 Al_2O_3 膜耗尽失效模型基础上，以 Al_2O_3 膜的厚度用于评价 TBCs 的安全可靠性和使用寿命，具有重要的工程应用前景。由于超音速等离子喷涂可显著减少喷涂过程中形成的内氧化 Al_2O_3、提高粘结层的密度，因此可有效地提高 Al_2O_3 的稳定性和 TBCs 的使用寿命。同时，相对于目前研究较多的先用超音速火焰或冷喷涂等制备粘结层，再用大气等离子喷涂制备陶瓷涂层的两步法工艺，超音速等离子喷涂可以实现一步法制备粘结层和多

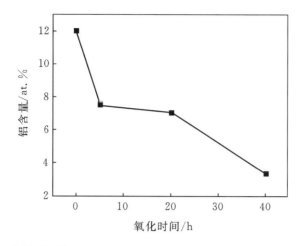

图 2-68　不同氧化时间下 SAPS 涂层中 Al₂O₃ 层附近合金粘结层中 Al 元素含量

层陶瓷层,避免了两步法中间工艺转换过程的二次污染问题,喷涂过程简单,喷涂效率提高,成本大幅降低,可望具有良好的产业化前景。

2.6　小　结

　　热障涂层中的粘结层具有改善基体与陶瓷层物理相容性和抗氧化的作用,其厚度通常为 $100\ \mu m$ 左右,其成分为 MCrAlY 合金(M 为过渡族金属 Ni、Co 或 Ni 与 Co),或 Ni、Pt 的铝化物。MCrAlY 的典型成分为 NiCrAlY 或 NiCoCrAlY 合金。目前,MCrAlY 粘结层的制备方法主要有两类:一类为沉积法,另一类为喷涂法。沉积法主要为物理气相沉积,如电子束物理气相沉积(EB-PVD)。喷涂法包括:大气等离子喷涂(APS)、真空等离子喷涂(VPS)、低压等离子喷涂(LPPS)、超音速火焰喷涂(HVOF)、冷气动力喷涂(CGDS 或 CS)以及超音速等离子喷涂(SAPS)等。其中,喷涂法是目前制备 MCrAlY 粘结层使用最广的方法。相对于其他几种常用的合金粘结层制备工艺,HVOF 合金粘结层的长寿命很大程度上归功于以下几点:①合金层结构中的组成粒子基本以半熔融态为主,利于结构致密结合、合金层内保持大量晶界数量和 Al 离子的扩散;②氧化过程中,合金层内弥散生成少量 Al₂O₃ 氧化物,能促进内氧化物中不稳定的 $\gamma/\theta\text{-}Al_2O_3$ 相向稳定的 $\alpha\text{-}Al_2O_3$ 相转变,减少合金层内应力;③合金层表面粗糙度和表面粘结的未熔颗粒相对较低,减少了涂层 TGO 中的界面应力和 NiO、Cr₂O₃ 及尖晶石等混合氧化物相的生成速率和数量。

　　热障涂层在高温长时间服役时,合金粘结层会发生氧化,在陶瓷层与合金层之间生成一层热生长氧化物(TGO)。从热力学角度上考虑,在粘结层合金表面氧化时,有可能形成 Al_2O_3、Cr_2O_3、Y_2O_3、NiO、CoO、Co_3O_4、$AlCr_2O_4$、$NiCr_2O_4$、$CoAl_2O_3$ 和 $CoCr_2O_3$ 等氧化物。其中,在忽略 Y_2O_3 氧化物的情况下,Al_2O_3 具有最低的形成自由能,其次为 Cr_2O_3,这是在粘结合金层表面最优先形成这两种氧化物的热力学原因。当单质金属氧化物形成后,随着氧化时间的延长,NiO,CoO 和 Al_2O_3 及 Cr_2O_3 分别形成的 Al、Cr 尖晶石复合氧化物,将有更低的自由能和更稳定的结构。

　　镍基粘结层表面形成的 TGO 主要由底层 Al_2O_3 和 Cr_2O_3 与顶层的尖晶石($NiCr_2O_4$、$NiAl_2O_3$ 等)和 NiO 等复合氧化物组成。在氧化的过程中,Cr_2O_3(Al_2O_3)的(001)晶面是 $NiCr_2O_4$($NiAl_2O_4$)在[111]方向生长的基底,$NiCr_2O_4$($NiAl_2O_4$)的(111)晶面和 NiO 在[111]方向生长可互为基底进行形核和长大。

　　Al 在氧化的过程中有可能形成 γ、δ、θ 等不同的 Al_2O_3 亚稳相,氧化初期如果先形成的是针片状的 θ-Al_2O_3 会形成比较松散的氧化层,从而增加氧化初始阶段的速率和增重。利用预氧化的方法先形成致密的 α-Al_2O_3 膜,可有效地减缓氧化初始阶段的速率和增重,提高合金的抗氧化性。致密的 α-Al_2O_3 薄膜生长速率低,是扩散阻挡层,当其稳定存在时,能阻止合金粘结层的进一步氧化,TGO 的生长缓慢。但 Al_2O_3 薄膜在形成的同时,一些其他的氧化物,如氧化铬(Cr_2O_3)、氧化镍(NiO)及尖晶石($NiAl_2O_4$、$NiCr_2O_4$、$CoAl_2O_4$、$CoCr_2O_4$)等也能生长,这些氧化物的生长取决于热力学和动力学条件。当粘结层中的 Al 含量因氧化物的生长而消耗到低于某一临界值时,TGO 的生长将由 α-Al_2O_3 的慢速转变为尖晶石的快速生长。当以尖晶石为主要成分的 TGO 的厚度超过某一临界厚度时,最终导致陶瓷表层在随后的冷却过程中剥落,使 TBCs 失效。文献中通常将 TBCs 的这种失效称为 Al 耗尽失效。

　　然而,许多实验结果表明,当粘结层等温氧化 4000 h 后,粘结层中的 Al 含量或 Al 源 β-$NiAl$ 已经耗尽,但由于致密的氧化铝层的存在,TBCs 并没有发生剥落失效。因此,即使 Al 源 β 相耗尽后,如果 TGO 中仍然存在连续的 Al_2O_3 膜,则 TBCs 一般不会发生陶瓷层/粘结层剥落失效。因此,Al 耗尽失效模型没有揭示当粘结层的 Al 含量降低到某一临界值时,TGO 的生长为什么会由 Al_2O_3 的慢速生长转变为 Ni(Co,Cr)-尖晶石的快速生长的物理、化学本质。

因此,本章提出了 Al_2O_3 薄膜耗尽失效模型。超音速等离子喷涂(SAPS)涂层在不同氧化时间下的 Al_2O_3 层及整体 TGO 层剖面形貌表明,在 1100℃恒温氧化 0.5 h 后,初生的 TGO 层为 $\alpha\text{-}Al_2O_3$。氧化 20 h 后,TGO 层由对比十分明显的双层结构(上方的灰色层 Ni(Co,Cr)-尖晶石,及下方的黑色层 $\alpha\text{-}Al_2O_3$)组成。氧化 60 h 后,$\alpha\text{-}Al_2O_3$ 层下方出现 TGO,当涂层氧化 200 h 后,$\alpha\text{-}Al_2O_3$ 层下方出现连续的 TGO 层后,Al_2O_3 层局部区域出现了较为明显的颗粒化现象。300 h 后,$\alpha\text{-}Al_2O_3$ 层厚度减小,$\alpha\text{-}Al_2O_3$ 膜开始不连续,导致 TGO 的生长明显加速。当涂层氧化时间达到 500 h 后,$\alpha\text{-}Al_2O_3$ 层消失,此时 TGO 厚度迅速增加,并且在 TGO 层的内部出现了大量孔洞及裂纹。$\alpha\text{-}Al_2O_3$ 层的这种颗粒化现象的结果造成了 $\alpha\text{-}Al_2O_3$ 层的不连续,并且随着氧化时间的延长,不连续现象变得更加明显,最终消失或耗尽,导致 TGO 的快速生长,导致陶瓷表层剥落,使得整体 TBCs 体系失效。这就是 Al_2O_3 薄膜耗尽失效模型。显然,与 Al 耗尽失效模型相比,Al_2O_3 薄膜耗尽失效模型揭示了 TGO 的生长为什么会由 Al_2O_3 的慢速生长转变为 Ni(Co,Cr)-尖晶石的快速生长的物理、化学本质。在建立 Al_2O_3 膜耗尽失效模型基础上,以 Al_2O_3 膜的厚度用于评价 TBCs 的安全可靠性和使用寿命,具有重要的工程应用价值。

TGO 的生长是导致 TBC 失效的主要因素之一。对于适用于 J 级重型燃气轮机叶片的 TBCs 中 TGO 的生长机理,已有大量的研究和文献报道。然而,对于我国 J 级重型燃气轮机叶片的制造,在 TGO 的生长机理和粘结层的制备方法和工艺方面均有许多研究需要完成。

(1)TGO 的形成与生长机理:Al_2O_3 薄膜的耗尽是 TBCs 失效的重要原因。因此,采用添加合金因素等方法来稳定 Al_2O_3 薄膜应当是今后的一个重要研究方向或内容。

(2)制备方法和工艺:超音速火焰喷涂(HVOF)应当是今后制备 MCrAlY 合金粘结层的发展方向。此外,研究具有我国特色的超音速等离子(SAPS)喷涂在 J 级重型燃气轮机叶片的制造上的应用具有重要的意义。SAPS 喷涂可显著减少喷涂过程中形成的内氧化 Al_2O_3、提高粘结层的密度,可有效地提高 Al_2O_3 的稳定性和 TBCs 的使用寿命。同时,相对于目前研究较多的先用超音速火焰或冷喷涂等制备粘结层,再用大气等离子喷涂制备陶瓷涂层的两步法工艺,超音速等离子喷涂可以实现一步法制备粘结层和多层陶瓷层,避免了两步法中间工艺转换过程的二次污染问题,喷涂过程简单,喷涂效率提高,成本大幅降低,可望具有良好的产业化前景。

对于传统的 YSZ-TBC,当使用温度大于 1200 ℃时,因 YSZ 发生 $t' \to t \to m$ 的相变会导致涂层脱离。因此,高温无相变的涂层材料是发展面向 1600 ℃ 的耐高温热障涂层的重要方向。在高温下不发生相变的材料有:具有烧绿石结构的 $La_2Zr_2O_7$($La(Zr_{0.7}Ce_{0.3})_2O_7$)、具有莹石型结构结构的 $La_2Ce_2O_7$ 及 $LaTi_2Al_9O_{19}$ 等。因此,在 YSZ 表面喷涂一层在高温下不发生相变的材料,制备具有双陶瓷涂层结构的 TBC 是当前发展耐高温热障涂层的主要方向。与 YSZ 的热导率相比($2.12\ \mathrm{Wm^{-1}K^{-1}}$),这些陶瓷的热导率低,如在 1000 ℃时, $La_2Ce_2O_7$ 的热导率为 $1.56\ \mathrm{Wm^{-1}K^{-1}}$,$La_2Ce_2O_7$ 的热导率为 $0.7 \sim 0.9$ $\mathrm{Wm^{-1}K^{-1}}$。材料热导率的降低可有效地降低热传导,提高隔热温度。同时, $La_2Ce_2O_7$ 等是氧离子绝缘体,能阻止氧离子的扩散,减缓 TGO 的生长。因此,这种具有双陶瓷涂层结构的 TBC 是理想的高温热障材料。然而,目前还非常缺乏关于具有双陶瓷层中 TGO 的生长规律的报道。因此,研究具有双陶瓷层的 TBC 中 TGO 的生长规律,也应当是今后的一个重要研究方向或内容。

参考文献

[1] Chen W R, Wu X, Marple B R, Nagy D R, Patnaik P C. TGO growth behaviour in TBCs with APS and HVOF bond coats [J]. Surface and Coatings Technology, 2008, 202(12): 2677 - 2683.

[2] 李铁藩. 金属高温氧化和热腐蚀 [M]. 北京:化学工业出版社,2003.

[3] 翟金坤. 金属高温腐蚀 [M]. 北京:北京航空航天大学出版社,1993.

[4] 梁英教,车荫昌. 无机物热力学数据手册 [M]. 沈阳:东北大学出版社, 1993.

[5] Zhu C, Wu X Y, Wu Y. Gongying liang the effect of initial oxidation on long-term oxidation of NiCoCrAlY alloy [J]. Engineering, 2010, 2(8): 602 - 607.

[6] 叶大伦. 实用无机物热力学数据手册 [M]. 北京:冶金工业出版社,1981.

[7] 吴原. MCrAlY 合金涂层高温氧化性能及改进 [D]. 西安交通大学,2010.

[8] Liang G Y, Zhu C, Wu X Y, Wu Y. The formation model of Ni—Cr oxides on NiCoCrAlY-sprayed coating [J]. Applied Surface Science, 2011, 257(15): 6468 - 6473.

[9] Nijdam T J, Pers N M, Sloof W G. Oxide phase development upon high temperature oxidation of γ-NiCrAl alloys [J]. Materials and Corrosion, 2006, 57(3): 269 – 275.

[10] Niranatlumpong C B P P, Evans H E. The failure of protective oxides on plasma sprayed NiCrAlY overlay coatings [J]. Oxidation of Metals, 2000, 53(3/4): 241 – 258.

[11] Zhu C, Javed A, Li P, Liang G Y, Xiao P. Study of the effect of laser treatment on the initial oxidation behaviour of Al-coated NiCrAlY bond-coat [J]. Surface and Interface Analysis, 2013, 45(11/12): 1680 – 1689.

[12] Chen W R, Wu X, Marple B R, Lima R S, Patnaik P C. Pre-oxidation and TGO growth behaviour of an air-plasma-sprayed thermal barrier coating [J]. Surface and Coatings Technology, 2008, 202(16): 3787 – 3796.

[13] Dong H, Yang G J, Cai H N, Li C X, Li C J. Propagation feature of cracks in plasma-sprayed YSZ coatings under gradient thermal cycling [J]. Ceramics International, 2015, 41(3): 3481 – 3489.

[14] Chen W R, Irissou E, Wu X, Legoux J G, Marple B R. The oxidation behavior of tbc with cold spray conicraly bond coat [J]. Journal of Thermal Spray Technology, 2010, 20(1/2): 132 – 138.

[15] Shibata M, Kuroda S, Murakami H, Ode M, Watanabe M, Sakamoto Y. Comparison of microstructure and oxidation behavior of conicraly bond coatings prepared by different thermal spray processes [J]. Materials Transactions, 2006, 47(7): 1638 – 1642.

[16] Kim D J, Seo D Y, Huang X, Yang Q, Kim Y W. Cyclic oxidation behavior of a beta gamma powder metallurgy TiAl—4Nb—3Mn alloy coated with a NiCrAlY coating [J]. Surface and Coatings Technology, 2012, 206(13): 3048 – 3054.

[17] Richer P, Yandouzi M, Beauvais L, Jodoin B. Oxidation behaviour of CoNiCrAlY bond coats produced by plasma, HVOF and cold gas dynamic spraying [J]. Surface and Coatings Technology, 2010, 204(24): 3962 – 3974.

[18] Toma D, Brandl W, Köster U. Studies on the transient stage of oxida-

tion of VPS and HVOF sprayed MCrAlY coatings [J]. Surface and Coatings Technology, 1999, 120-121(0): 8-15.

[19] Saeidi V, Voisey K T, McCartney D G. The effect of heat treatment on the oxidation behavior of hvof and vps conicraly coatings [J]. Journal of Thermal Spray Technology, 2009, 18(2): 209-216.

[20] Waki H, Kitamura T, Kobayashi A. Effect of thermal treatment on high-temperature mechanical properties enhancement in lpps, hvof, and aps conicraly coatings [J]. Journal of Thermal Spray Technology, 2009, 18(4): 500-509.

[21] Yuan F H, Chen Z X, Huang Z W, Wang Z G, Zhu S J. Oxidation behavior of thermal barrier coatings with HVOF and detonation-sprayed NiCrAlY bondcoats [J]. Corrosion Science, 2008, 50(6): 1608-1617.

[22] Ni L Y, Wu Z L, Zhou C G. Effects of surface modification on isothermal oxidation behavior of HVOF-sprayed NiCrAlY coatings [J]. Progress in Natural Science: Materials International, 2011, 21(2): 173-179.

[23] Li Y, Li C J, Yang G J, Xing L K. Thermal fatigue behavior of thermal barrier coatings with the MCrAlY bond coats by cold spraying and low-pressure plasma spraying [J]. Surface and Coatings Technology, 2010, 205(7): 2225-2233.

[24] 李长久. 中国冷喷涂研究进展 [J]. 中国表面工程, 2009, 22(4): 5-14.

[25] Li Y, Li C J, Zhang Q, Yang G J, Li C X. Influence of tgo composition on the thermal shock lifetime of thermal barrier coatings with cold-sprayed mcraly bond coat [J]. Journal of Thermal Spray Technology, 2009, 19(1/2): 168-177.

[26] Li Y, Li C J, Zhang Q, Xing L K, Yang G J. Effect of chemical compositions and surface morphologies of mcraly coating on its isothermal oxidation behavior [J]. Journal of Thermal Spray Technology, 2010, 20(1/2): 121-131.

[27] Chen Z, Yuan F, Wang Z, Zhu S. The oxide scale formation and evolution on detonation gun sprayed nicraly coatings during isothermal oxidation [J]. Materials Transactions, 2007, 48(10): 2695-2702.

[28] Lu X, Zhu R, He Y. Electrophoretic deposition of MCrAlY overlay-

type coatings [J]. Oxidation of Metals，1995，43(3/4)：353 – 362.

[29] Hesnawi A，Li H，Zhou Z，Gong S，Xu H. Isothermal oxidation behaviour of EB-PVD MCrAlY bond coat [J]. Vacuum，2007 81(8)：947 – 952.

[30] Hesnawi A，Li H，Zhou Z，Gong S，Xu H. Effect of surface condition during pre-oxidation treatment on isothermal oxidation behavior of MCrAlY bond coat prepared by EB-PVD [J]. Surface and Coatings Technology，2007，201(15)：6793 – 6796.

[31] Liang T，Guo H，Peng H，Gong S. Cyclic oxidation behavior of an eb-pvd cocraly coating influenced by substrate/coating interdiffusion [J]. Chinese Journal of Aeronautics，2012，25(5)：796 – 803.

[32] Peng H，Guo H B，He J，Gong S K. Oxidation and diffusion barrier behaviors of double-layer NiCoCrAlY coatings produced by plasma activated EB-PVD [J]. Surface and Coatings Technology，2011，205(19)：4658 – 4664.

[33] Jackson R D，Taylor M P，Evans H E. Oxidation study of an EB-PVD MCrAlY thermal barrier coating system [J]. Oxidation of metals，2011，76：259 – 271.

[34] Schulz U，Fritscher K，Ebach-Stahl A. Cyclic behavior of EB-PVD thermal barrier coating systems with modified bond coats [J]. Surface and Coatings Technology，2008，203(5/6/7)：449 – 455.

[35] 徐滨士，朱胜. 等离子喷涂技术的新进展 [J]. 航空工艺技术，1997，190：37 – 40.

[36] 刘向平，王海军，张平，韩志海. 高能效超音速等离子喷涂技术 [J]. 新技术新工艺，2004(12)：25 – 26.

[37] Zhang X C，Xu B S，Tu S T，Xuan F Z，Wang H D，Wu Y X. Effect of spraying power on the microstructure and mechanical properties of supersonic plasma-sprayed Ni-based alloy coatings [J]. Applied Surface Science，2008，254(20)：6318 – 6326.

[38] Zhang X C，Xu B S，Wu Y X，Xuan F Z，Tu S T. Porosity, mechanical properties，residual stresses of supersonic plasma-sprayed Ni-based alloy coatings prepared at different powder feed rates [J]. Applied Surface Science，2008，254(13)：3879 – 3889.

[39] Han Z, Xu B, Wang H, Zhou S. A comparison of thermal shock behavior between currently plasma spray and supersonic plasma spray CeO_2—Y_2O_3—ZrO_2 graded thermal barrier coatings [J]. Surface and Coatings Technology, 2007, 201(9/10/11): 5253 - 5256.

[40] Zhang X C, Xu B S, Xuan F Z, Tu S T, Wang H D, Wu Y X. Porosity and effective mechanical properties of plasma-sprayed Ni-based alloy coatings [J]. Applied Surface Science, 2009, 255(8): 4362 - 4371.

[41] Bai Y, Han Z H, Li H Q, Xu C, Xu Y L, Ding C H, Yang J F. Structure-property differences between supersonic and conventional atmospheric plasma sprayed zirconia thermal barrier coatings [J]. Surface and Coatings Technology, 2011, 205(13/14): 3833 - 3839.

[42] Bai Y, Han Z H, Li H Q, Xu C, Xu Y L, Wang Z, Ding C H, Yang J F. High performance nanostructured ZrO_2 based thermal barrier coatings deposited by high efficiency supersonic plasma spraying [J]. Applied Surface Science, 2011, 257(16): 7210 - 7216.

[43] Bai Y, Tang J J, Qu Y M, Ma S Q, Ding C H, Yang J F, Yu L, Han Z H. Influence of original powders on the microstructure and properties of thermal barrier coatings deposited by supersonic atmospheric plasma spraying, Part I: Microstructure [J]. Ceramics International, 2013, 39 (5): 5113 - 5124.

[44] Bai Y, Zhao L, Tang J J, Ma S Q, Ding C H, Yang J F, Yu L, Han Z H. Influence of original powders on the microstructure and properties of thermal barrier coatings deposited by supersonic atmospheric plasma spraying, part II: Properties [J]. Ceramics International, 2013, 39 (4): 4437 - 4448.

[45] Bai Y, Ding C, Li H, Han Z, Ding B, Wang T, Yu L. Isothermal oxidation behavior of supersonic atmospheric plasma-sprayed thermal barrier coating system [J]. Journal of Thermal Spray Technology, 2013, 22(7): 1201 - 1209.

[46] Khan A N, Lu J. Behavior of air plasma sprayed thermal barrier coatings, subject to intense thermal cycling [J]. Surface and Coatings Technology, 2003, 166(1): 37 - 43.

[47] Ke P L, Wu Y N, Wang Q M, Gong J, Sun C, Wen L S. Study on

thermal barrier coatings deposited by detonation gun spraying [J]. Surface and Coatings Technology, 2005, 200(7): 2271 - 2276.

[48] Beck T, Herzog R, Trunova O, Offermann M. Damage mechanisms and lifetime behavior of plasma-sprayed thermal barrier coating systems for gas turbines, Part II: Modeling [J]. Surface and Coatings Technology, 2008, 202(24): 5901 - 5908.

[49] Fox A C, Clyne T W. Oxygen transport by gas permeation through the zirconia layer in plasma sprayed thermal barrier coatings [J]. Surface and Coatings Technology, 2004, 184(2/3): 311 - 321.

[50] Adler J. Ceramic diesel particulate filters [J]. International Journal of Applied Ceramic Technology, 2005, 2(6): 429 - 439.

[51] Chen W R, Wu X, Marple B R, Patnaik P C. The growth and influence of thermally grown oxide in a thermal barrier coating [J]. Surface and Coatings Technology, 2006, 201(3/4): 1074 - 1079.

[52] Shillington E A G, Clarke D R. Spalling failure of a thermal barrier coating associated with aluminum depletion in bond-coat [J]. Acta Materialia, 1999, 47(4): 1297 - 1305.

[53] Evans H E, Taylor M P. Diffusion cells and chemical failure of MCrAlY bond coats in thermal barrier coating system [J]. Oxidation of Metals, 2001, 55: 17 - 34.

[54] Renusch D, Schorr M, Schütze M. The role that bond coat depletion of aluminum has on the lifetime of APS-TBC under oxidizing conditions [J]. Materials and Corrosion, 2008, 59(7): 547 - 555.

[55] 孙岩, 刘瑞岩, 张俊善, 祝美丽. NiAl 基金属间化合物的研究进展 [J]. 材料导报, 2003, 17(7): 10 - 13.

[56] 刘东亮, 邓建国, 余祖孝. α-Al_2O_3 电子结构对其力学性能的贡献 [J]. 计算机与应用化学, 2007, 24(9): 1245 - 1248.

[57] Guo H B, Zhou C Z, Xu H B. Investigation on hot-fatigue behaviors of gradient thermal barrier coatings by EB-PVD [J]. Surface and Coatings Technology, 2001, 148(2/3): 110 - 116.

[58] Hu H, Gao H, Liu F. Theory of directed nucleation of strained islands on patterned substrates [J]. Physical Review Letters, 2008, 101 (21): 216102.

[59] Li Z, Qian S, Wang W, Liu J. Microstructure and oxidation resistance of magnetron-sputtered nanocrystalline NiCoCrAlY coatings on nickel-based superalloy [J]. Journal of Alloys and Compounds, 2010, 505 (2): 675 – 679.

[60] H H W, Tuan W H, Chen R Z. Effect of sintering atmosphere on the mechanical properties of Ni/Al_2O_3 composites [J]. Journal of European Ceramic Society, 1997, 17(5): 735 – 741.

第 3 章 热障涂层制备过程中的热应力

TBC 系统结构复杂,涉及的材料体系多,各层材料间的热、力学性质差异大,在制备和服役过程中不可避免地会产生热应力,从而影响涂层的制备、性能及服役寿命。相对于服役过程,TBC 系统在制备过程中的热应力则更加复杂。实际 TBC 系统的制备过程所涉及的工艺参数多,如涂层沉积速度、火焰温度、喷涂功率以及几何尺寸等,每一个环节的改变都会影响到 TBC 系统制备过程中的热应力。

本章介绍 TBC 系统制备过程中热应力的主要来源、几种常用的预测热应力的理论分析模型、TBC 系统制备过程中各个阶段的热应力、冷却过程中的热应力演化以及沉积速度等对涂层冷却过程中热应力的影响等。

3.1 热障涂层系统中的热应力

在服役过程中,TBC 系统的热应力主要有三种[1-3]:一是燃气轮机开机和关机过程中的温度变化引起的热失配应力,二是燃气轮机服役过程中陶瓷涂层厚度方向的温度梯度引起的热失配应力,三是燃气轮机服役过程中粘结层和陶瓷层之间的热生长氧化物导致的热生长应力。人们已经对前两种热失配应力进行了大量研究,如 Stoney 公式[4-6]、Timoshenko 双层梁理论[7]、Hsueh[8] 和 Hutchinson[9] 多层梁弹性解等,人们也试图采用 X-射线衍射技术[10]、压电-频谱分析[11] 等测试热失配应力,这里不做详细介绍。关于热生长应力,有人采用高温 X-射线峰值漂移测试技术[12] 等实验方法、数值计算[13] 及理论方法进行了研究,将在第 4 章予以介绍。本章主要介绍 TBC 制备过程中的热应力。

相对而言,TBC 系统在制备过程中的热应力则更加复杂。众所周知,TBC 系统的制备过程复杂,制备工序多,比如基底预处理、过渡层沉积、陶瓷层沉积等,又有很多制备参数可以调控,比如涂层沉积速度、火焰温度、喷涂功率等。每一个环节的改变都会影响到 TBC 系统的热应力[2,14,15]。下面简要介绍 TBC 系统制备过程中的热应力的来源以及理论分析方面的研究情况。

Clyne 和 Gill[14]研究指出,热喷涂层制备过程中的热应力主要来源于 3 个方面:

(1)涂层的沉积过程中,熔融半熔融态的涂层粉末粒子沉积到基底时,产生的淬火应力。Tsui 和 Clyne[16-18]最早发现了这一现象,并做了大量研究工作,提出了增层模型。Tsui 和 Clyne[16-18]还通过 TBC 沉积过程中涂层曲率的变化来推算涂层沉积过程中的淬火应力,在此基础上 Song 等[19]也研究了 TBC 制备过程中的淬火应力。

(2)制备结束后,TBC 整体冷却过程中,涂层内产生的热失配应力。Zhang 等[20]基于复合梁理论,提出了计算涂层内热失配应力的理论解模型。李等[21]分析了陶瓷层弹性模量、热膨胀系数及其厚度变化对制备结束后 TBC 内应力的影响。Scardi 等[22]采用线性梯度模型,研究了表面温度可控条件下,沉积温度变化对陶瓷层应力的影响,并运用 XRD 法和物质去除法验证了理论结果。Song 等[23,24]研究了冷却过程中 TBC 系统热应力的演化、沉积速度以及对流换热对其冷却过程中热应力演化的影响。

(3)温度梯度效应产生的热应力,Clyne 等[14]指出,当由大量的熔融半熔融态的高温粒子组成的高温射流高速冲击到基底表面的时候,会在基底内部不同深度处产生局部的温度梯度,进而导致基底内产生不均匀的局部热失配应力,进而导致涂层/基底系统曲率发生变化,并给出了稳态热流下,涂层基底系统的曲率表达式。

此外,Widjaja 等[25]指出粉末粒子的相变也会导致热应力,但这可以忽略不计。

3.2　热障涂层系统制备过程中热应力的理论模型

预测 TBC 系统制备过程中热应力的理论模型主要有:Stoney 公式、双层梁模型、多层梁模型(增层模型)。下面重点介绍 Stoney 公式以及现在常用的多层梁模型。

3.2.1　Stoney 公式[4-6]

1909 年,Stoney 研究图 3-1 所示的薄膜基底系统的力学行为时,做了几点假设,一是当薄膜厚度远小于基底厚度时,基底中的应力可以忽略不计,二是材料皆为线弹性各项同性,三是横向变形远大于纵向尺寸,得到了薄膜中的应力与基底曲率之间的关系

$$\sigma_d = \frac{6(1-\nu_s)h}{E_s H^2}\kappa \qquad (3-1)$$

其中,σ_d 表示涂层内部的热应力;h、H 分别表示涂层和基底的厚度;ν_s 表示基底的泊松比;κ 表示系统的曲率。后来,人们基于此研究了热障涂层制备过程中的热应力。

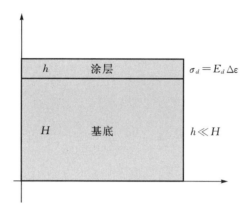

图 3-1　Stoney 公式示意图[4-6]

3.2.2　多层梁模型[8,9,20]

Stoney 公式假设多,具有相当大的局限性。随着涂层和基底厚度比例的增加,应力梯度变得越来越明显,应该予以修正。1925 年,Timoshenko[7] 提出用经典梁模型计算均匀受热双层结构的热应力,其基本假设是界面两端位移连续。这个假设也成为之后对多层系统进行力学分析的基本假设之一。1985 年,Hsueh 和 Evans[26] 根据 Timoshenko 双层梁模型研究了涂层/基底系统在热循环载荷下的热应力。1996 年,Hutchinson[9] 给出了多层薄膜系统中热应力的理论解,分析了薄膜以及多层膜系统制备过程中的热应力以及失效;1997 年,Tsui 和 Clyne[16-18] 提出了增层模型来预测涂层沉积过程中的淬火应力;1999 年,Freund 等[27] 讨论了大变形下薄膜基底系统中的热应力。2002 年,Chason 等[28] 计算了 Stoney 公式曲率不变的极限范围。2002 年,Hsueh[8] 利用欧拉-伯努利梁理论推导出了多层结构中的热应力弹性解。

2005 年,Zhang 等[20]基于复合梁理论计算了 TBC 制备过程中的热应力。

结合 Hutchinson[9]、Tsui 和 Clyne[16-18]、Chason 等[28]、Hsueh[8] 以 及 Zhang 等[20]等人的工作,我们这里对多层梁理论模型予以简单介绍。如图 3-2所示,当涂层/基底系统从状态"K"冷却到状态"$K+1$"时,热膨胀系数不同导致热失配变形而产生了热应力。假设涂层系统被分成 n 个小层,涂层系统的初始的曲率假设为 0。

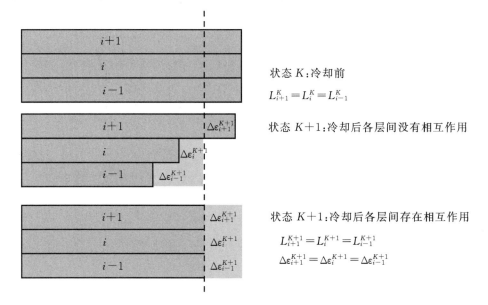

图 3-2　多层涂层系统从状态"K"到状态"$K+1$"(从顶层到底层)的热失配应变示意图[23]

在"K"状态结束时,所有层的长度都是相等的,即 $L_{i+1}^K = L_i^K = L_{i-1}^K$。在这些层中温度分布及其相应的等效弹性模量是不均匀的。当这个系统从状态"K"冷却到状态"$K+1$"的时候,第 i 层的温度从 T_i^K 变化到 T_i^{K+1}。因为热膨胀系数也随着温度的变化而改变,所以可以得到没有约束状态下的热应变 $\varepsilon_i^{K+1\_CTE}$:

$$\varepsilon_i^{K+1\_CTE} = \int_{T_i^K}^{T_i^{K+1}} \alpha_i(T)\mathrm{d}T \tag{3-2}$$

相邻层间,不受约束状态下的热应变 $\varepsilon_{i-1}^{K+1\_CTE}$,$\varepsilon_i^{K+1\_CTE}$ 和 $\varepsilon_{i+1}^{K+1\_CTE}$ 是不同的。由于基底的约束作用导致每一小层中都会产生一个面力 F_i^{K+1}(导致了应变 $\varepsilon_i^{K+1\_F}$),此外力矩 M^{K+1} 也会相应产生用来保持系统的力矩平衡。所以,在"$K+1$"状态结束时,第 i 层的总应变是:

$$\Delta\varepsilon_i^{K+1} = \int_{T_i^K}^{T_i^{K+1}} \alpha_i(T)\mathrm{d}T + \frac{F_i^{K+1}}{A_i E_i^*} \tag{3-3}$$

其中，A_i 表示第 i 层的横截面积。第 i 层的热力 F_i^{K+1} 为：

$$F_i^{K+1} = \left[\frac{L_i^{K+1}}{L_i^K} - 1 - \int_{T_i^K}^{T_i^{K+1}} \alpha_i(T)\mathrm{d}T\right] A_i E_i^* \tag{3-4}$$

基于所有层中力的平衡，在"$K+1$"时：

$$F_i^{K+1} = \left[\frac{\sum\limits_{i=1}^{n} E_i^* (1+\varepsilon_i^{\mathrm{CTE}}) h_i}{\sum\limits_{i=1}^{n} E_i^* h_i} - 1 - \int_{T_i^K}^{T_i^{K+1}} \alpha_i(T)\mathrm{d}T\right] A_i E_i^* \tag{3-5}$$

所以每一层里面的热应力为：

$$\sigma_{i-\mathrm{mid}}^{K+1} = \left[\frac{\sum\limits_{i=1}^{n} E_i^* (1+\varepsilon_i^{\mathrm{CTE}}) h_i}{\sum\limits_{i=1}^{n} E_i^* h_i} - 1 - \varepsilon_i^{\mathrm{CTE}}\right] E_i^* + \Delta\kappa E_i^* (y_{i-\mathrm{mid}} - \delta)$$

$$\tag{3-6}$$

其中，整个系统中性轴的位置 δ、力矩 M^{K+1}、抗弯刚度 D、曲率变化 $\Delta\kappa^{K+1}$ 为

$$\delta = \frac{1}{2} \frac{E_i^* (H_i^2 - H_{i-1}^2) + E_{i-1}^* (H_{i-1}^2 - H_{i-2}^2) + \cdots + E_1^* (H_1^2 - H_0^2)}{E_i^* (H_i - H_{i-1}) + E_{i-1}^* (H_{i-1} - H_{i-2}) + \cdots + E_1^* (H_1 - H_0)} \tag{3-7}$$

$$M^{K+1} = -\sum_{i=1}^{n} F_i^{K+1} (y_{i-\mathrm{mid}} - \delta) = -\sum_{i=1}^{n} F_i^{K+1} \left(H_{i-1} + \frac{H_i - H_{i-1}}{2} - \delta\right) \tag{3-8}$$

$$D = \frac{b}{3} E_i^* \left[(H_i - \delta)^3 - (H_{i-1} - \delta)^3\right] + \frac{b}{3} E_{i-1}^* \left[(H_{i-1} - \delta)^3 - (H_{i-2} - \delta)^3\right]$$

$$+ \cdots + \frac{b}{3} E_1^* \left[(H_1 - \delta)^3 - (H_0 - \delta)^3\right] \tag{3-9}$$

$$\Delta\kappa^{K+1} = -\sum_{i=1}^{n} F_i^{K+1} \left(H_{i-1} + \frac{H_i - H_{i-1}}{2} - \delta\right) \bigg/ \left\{\frac{b}{3} E_n^* \left[(H_n - \delta)^3\right.\right.$$

$$\left. - (H_{n-1} - \delta)^3\right] + \frac{b}{3} E_{n-1}^* \left[(H_{n-1} - \delta)^3 - (H_{n-2} - \delta)^3\right] + \cdots$$

$$\left. + \frac{b}{3} E_1^* \left[(H_1 - \delta)^3 - (H_0 - \delta)^3\right]\right\} \tag{3-10}$$

在此基础上，Song 等[19,23,24,29]从理论、实验和数值分析诸方面，研究了热障涂层系统制备过程中的热应力演变，包括：

（1）制备过程各个阶段的热应力；

（2）冷却阶段的热应力的演化；

（3）喷涂速度以及对流换热对冷却阶段的热应力的影响；

（4）双陶瓷涂层系统制备过程中的热应力。下面予以详细介绍。

3.3　热障涂层系统制备过程各个阶段的热应力

以前人们集中研究了涂层/基底系统制备过程的最后一个阶段，即涂层/基底系统整体冷却过程的热应力，对涂层/基底系统整个制备过程中的热应力研究较少。本节针对镍基高温合金基底、冷喷涂法制备 NiCrA1Y 过渡层以及大气等离子喷涂法制备氧化锆陶瓷层（ZrO_2-8％Y_2O_3）热障涂层系统，通过分析制备过程中各个步骤所产生的热应力，来认识 TBC 系统制备过程中的热应力。

3.3.1　分析模型

我们将 TBC 系统的制备过程分成四步：第一步冷喷涂法（CGDS）在基底上沉积过渡层，并冷却到室温；第二步将基底和过渡层预热到一个指定温度；第三步 APS 在过渡层上面沉积陶瓷涂层；第四步 TBC 系统整体冷却到室温（23℃），如图 3-3 所示。通过计算制备过程中每个过程所产生的热应力，最后可得到 TBC 系统在制备过程中产生的总的热应力。

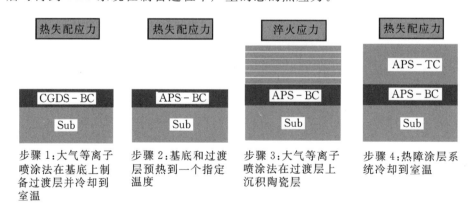

图 3-3　热障涂层系统制备过程

在 TBC 系统的制备过程中，热应力大致由 4 部分组成：步骤 1 中，冷喷涂制备的过渡层与镍基高温合金基底的冷却过程中的热失应力；步骤 2 中，过渡层和镍基高温合金基底共同被预热到指定温度,这两层材料间的热失配应力;步骤 3 中,大气等离子喷涂过渡层上的氧化锆陶瓷层中的淬火热应力;步骤 4 中,TBC 系统整体冷却到环境温度时,各层材料间的热失配应力。根据 Tsui 和 Clyne 的工作[16-18]以及经典的双材料模型[20],整个分析过程中,假设整个 TBC 系统为等双轴热应力系统($\sigma_x = \sigma_z$,和 $\sigma_y = 0$),TBC 系统每层为各向同性线弹性,等效弹性模量为 $E^* = E/(1-\nu)$,且不考虑塑性形变和应力释放机制,用(E_{Sub}^*,α_{Sub})、(E_{BC}^*,α_{BC})以及(E_{TC}^*,α_{TC})分别表示 TBC 系统等效弹性模量和热膨胀系数。

为了简化计算,将氧化锆陶瓷层分成了若干小薄层,且任意薄层的温度和热应力都用其中间位置的温度和热应力的大小来表示。假定过渡层的厚度为 $100~\mu m$,分析中被当做单一层,用其中间位置的温度和热应力来分别表示过渡层的温度和热应力的平均值。考虑到镍基高温合金具有良好的热、力学特性且其厚度较大,TBC 系统制备过程中的热应力一般不会对基底造成大的影响,分析时假设基底有均一的温度和热应力。

1. 冷喷涂过渡层(NiCrA1Y)中的热应力

传统大气等离子喷涂是将粉末粒子加热到熔融或半熔融态。冷喷涂则不同,粉末粒子只需要被加热到一个较低的温度($550~℃$),利用粉末粒子的动能来实现涂层的沉积,粉末粒子不发生相变,而是通过塑性形变沉积在基底表面。对冷喷涂过渡层而言,热应力分析时只需考虑过渡层和基底的热失配应力,而无需考虑淬火应力[30]。第一步结束后,根据经典双层梁模型[31,26]可计算出冷喷涂过渡层过程中的热失配应力。

如图 3 - 4 所示,刚开始时,过渡层 BC 和基底的长度相等,$L_{BC}^{Step-1,a} = L_{Sub}^{Step-1,a}$,当过渡层 BC 和基底开始从状态(a)冷却到状态(c)时,二者没有约束而自由变化的热应变 $\varepsilon_{BC}^{Step-1,b,CTE}$ 和 $\varepsilon_{Sub}^{Step-1,b,CTE}$ 为

$$\varepsilon_{Sub}^{Step-1,b,CTE} = \int_{T_{Sub-CETi}}^{T_{room}} \alpha_{Sub}(T)dT \qquad (3-11)$$

$$\varepsilon_{BC}^{Step-1,b,CTE} = \int_{T_{BC-CETi}}^{T_{room}} \alpha_{BC}(T)dT \qquad (3-12)$$

基底的约束作用导致过渡层 BC 和基底中分别产生了力 F_{BC}^{Step-1} 和 F_{Sub}^{Step-1},(相应的应变分别为 $\varepsilon_{BC}^{Step-1,F}$ 和 $\varepsilon_{Sub}^{Step-1,F}$),与此同时产生一个力矩 $M^{Step-1,CTE}$ 用来平衡过渡层和基底中的平面应力导致的弯矩。在第一步结束时,过渡层 BC 和基底各自的总应变分别为

$$\Delta\varepsilon_{BC}^{Step-1,c} = \int_{T_{BC-CETi}}^{T_{room}} \alpha_{BC}(T)dT + \frac{F_{BC}^{Step-1}}{bH_{BC}E_{BC}} \qquad (3-13)$$

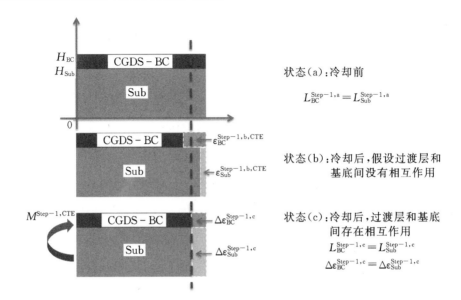

图 3-4　冷喷涂过渡层流程图:冷喷涂过渡层阶段中的热失配应变可以分为 3 个
步骤(a)～(c):(a)过渡层和基底冷却开始阶段的热应变;(b)冷却过程结
束时基底限制的热形变为零;(c)冷却过程结束时基底约束的热应变

$$\Delta\varepsilon_{\mathrm{Sub}}^{\mathrm{Step}-1,\mathrm{c}} = \int_{T_{\mathrm{Sub-CETi}}}^{T_{\mathrm{room}}} \alpha_{\mathrm{Sub}}(T)\mathrm{d}T + \frac{F_{\mathrm{Sub}}^{\mathrm{Step}-1}}{bH_{\mathrm{Sub}}E_{\mathrm{Sub}}} \tag{3-14}$$

喷涂过程中过渡层和基底的曲率差为 $\Delta\kappa^{\mathrm{Step}-1}$,不失一般性地假设初始曲率 $\kappa^{\mathrm{Step}-0}=0$,因此,热失配导致的过渡层和基底中的力 $F_{\mathrm{BC}}^{\mathrm{Step}-1}$ 和 $F_{\mathrm{Sub}}^{\mathrm{Step}-1}$ 可分别表示为

$$F_{\mathrm{BC}}^{\mathrm{Step}-1} =$$

$$\left[\frac{E_{\mathrm{BC}}^{*}(1+\varepsilon_{\mathrm{BC}}^{\mathrm{Step}-1,\mathrm{b},\mathrm{CTE}})h_{\mathrm{BC}} + E_{\mathrm{Sub}}^{*}(1+\varepsilon_{\mathrm{Sub}}^{\mathrm{Step}-1,\mathrm{b},\mathrm{CTE}})h_{\mathrm{Sub}}}{E_{\mathrm{BC}}^{*}h_{\mathrm{BC}} + E_{\mathrm{Sub}}^{*}h_{\mathrm{Sub}}} - 1 - \varepsilon_{\mathrm{BC}}^{\mathrm{Step}-1,\mathrm{b},\mathrm{CTE}}\right]A_{\mathrm{BC}}E_{\mathrm{BC}}^{*} \tag{3-15}$$

$$F_{\mathrm{Sub}}^{\mathrm{Step}-1} =$$

$$\left[\frac{E_{\mathrm{BC}}^{*}(1+\varepsilon_{\mathrm{BC}}^{\mathrm{Step}-1,\mathrm{b},\mathrm{CTE}})h_{\mathrm{BC}} + E_{\mathrm{Sub}}^{*}(1+\varepsilon_{\mathrm{Sub}}^{\mathrm{Step}-1,\mathrm{b},\mathrm{CTE}})h_{\mathrm{Sub}}}{E_{\mathrm{BC}}^{*}h_{\mathrm{BC}} + E_{\mathrm{Sub}}^{*}h_{\mathrm{Sub}}} - 1 - \varepsilon_{\mathrm{Sub}}^{\mathrm{Step}-1,\mathrm{b},\mathrm{CTE}}\right]A_{\mathrm{Sub}}E_{\mathrm{Sub}}^{*} \tag{3-16}$$

其中,A_{BC} 和 A_{Sub} 分别是 BC 和基底的横截面的面积。

过渡层 BC 和基底中的热应力分别为:

$$\sigma_{\mathrm{BC}|y}^{\mathrm{Step-1}} =$$
$$\left[\frac{E_{\mathrm{BC}}^*(1+\varepsilon_{\mathrm{BC}}^{\mathrm{Step-1,b,CTE}})h_{\mathrm{BC}}+E_{\mathrm{Sub}}^*(1+\varepsilon_{\mathrm{Sub}}^{\mathrm{Step-1,b,CTE}})h_{\mathrm{Sub}}}{E_{\mathrm{BC}}^*h_{\mathrm{BC}}+E_{\mathrm{Sub}}^*h_{\mathrm{Sub}}}-1-\varepsilon_{\mathrm{BC}}^{\mathrm{Step-1,b,CTE}}\right]E_{\mathrm{BC}}^*$$
$$+\Delta\kappa^{\mathrm{Step-1}}E_{\mathrm{BC}}^*(y-\delta^{\mathrm{Step-1}}) \tag{3-17}$$

$$\sigma_{\mathrm{Sub}|y}^{\mathrm{Step-1}} =$$
$$\left[\frac{E_{\mathrm{BC}}^*(1+\varepsilon_{\mathrm{BC}}^{\mathrm{Step-1,b,CTE}})h_{\mathrm{BC}}+E_{\mathrm{Sub}}^*(1+\varepsilon_{\mathrm{Sub}}^{\mathrm{Step-1,b,CTE}})h_{\mathrm{Sub}}}{E_{\mathrm{BC}}^*h_{\mathrm{BC}}+E_{\mathrm{Sub}}^*h_{\mathrm{Sub}}}-1-\varepsilon_{\mathrm{Sub}}^{\mathrm{Step-1,b,CTE}}\right]E_{\mathrm{Sub}}^*$$
$$+\Delta\kappa^{\mathrm{Step-1}}E_{\mathrm{Sub}}^*(y-\delta^{\mathrm{Step-1}}) \tag{3-18}$$

综上可得：

$$\sigma_{\mathrm{BC-top}|y=H_{\mathrm{BC}}}^{\mathrm{Step-1}} =$$
$$\left[\frac{E_{\mathrm{BC}}^*(1+\varepsilon_{\mathrm{BC}}^{\mathrm{Step-1,b,CTE}})h_{\mathrm{BC}}+E_{\mathrm{Sub}}^*(1+\varepsilon_{\mathrm{Sub}}^{\mathrm{Step-1,b,CTE}})h_{\mathrm{Sub}}}{E_{\mathrm{BC}}^*h_{\mathrm{BC}}+E_{\mathrm{Sub}}^*h_{\mathrm{Sub}}}-1-\varepsilon_{\mathrm{BC}}^{\mathrm{Step-1,b,CTE}}\right]E_{\mathrm{BC}}^*$$
$$+\Delta\kappa^{\mathrm{Step-1}}E_{\mathrm{BC}}^*(H_{\mathrm{BC}}-\delta^{\mathrm{Step-1}}) \tag{3-19}$$

$$\sigma_{\mathrm{BC-bottom}|y=H_{\mathrm{Sub}}}^{\mathrm{Step-1}} =$$
$$\left[\frac{E_{\mathrm{BC}}^*(1+\varepsilon_{\mathrm{BC}}^{\mathrm{Step-1,b,CTE}})h_{\mathrm{BC}}+E_{\mathrm{Sub}}^*(1+\varepsilon_{\mathrm{Sub}}^{\mathrm{Step-1,b,CTE}})h_{\mathrm{Sub}}}{E_{\mathrm{BC}}^*h_{\mathrm{BC}}+E_{\mathrm{Sub}}^*h_{\mathrm{Sub}}}-1-\varepsilon_{\mathrm{BC}}^{\mathrm{Step-1,b,CTE}}\right]E_{\mathrm{BC}}^*$$
$$+\Delta\kappa^{\mathrm{Step-1}}E_{\mathrm{BC}}^*(H_{\mathrm{Sub}}-\delta^{\mathrm{Step-1}}) \tag{3-20}$$

$$\sigma_{\mathrm{Sub-top}|y=H_{\mathrm{Sub}}}^{\mathrm{Step-1}} =$$
$$\left[\frac{E_{\mathrm{BC}}^*(1+\varepsilon_{\mathrm{BC}}^{\mathrm{Step-1,b,CTE}})h_{\mathrm{BC}}+E_{\mathrm{Sub}}^*(1+\varepsilon_{\mathrm{Sub}}^{\mathrm{Step-1,b,CTE}})h_{\mathrm{Sub}}}{E_{\mathrm{BC}}^*h_{\mathrm{BC}}+E_{\mathrm{Sub}}^*h_{\mathrm{Sub}}}-1-\varepsilon_{\mathrm{Sub}}^{\mathrm{Step-1,b,CTE}}\right]E_{\mathrm{Sub}}^*$$
$$+\Delta\kappa^{\mathrm{Step-1}}E_{\mathrm{Sub}}^*(H_{\mathrm{Sub}}-\delta^{\mathrm{Step-1}}) \tag{3-21}$$

$$\sigma_{\mathrm{Sub-bottom}|y=0}^{\mathrm{Step-1}} =$$
$$\left[\frac{E_{\mathrm{BC}}^*(1+\varepsilon_{\mathrm{BC}}^{\mathrm{Step-1,b,CTE}})h_{\mathrm{BC}}+E_{\mathrm{Sub}}^*(1+\varepsilon_{\mathrm{Sub}}^{\mathrm{Step-1,b,CTE}})h_{\mathrm{Sub}}}{E_{\mathrm{BC}}^*h_{\mathrm{BC}}+E_{\mathrm{Sub}}^*h_{\mathrm{Sub}}}-1-\varepsilon_{\mathrm{Sub}}^{\mathrm{Step-1,b,CTE}}\right]E_{\mathrm{Sub}}^*$$
$$+\Delta\kappa^{\mathrm{Step-1}}E_{\mathrm{Sub}}^*(0-\delta^{\mathrm{Step-1}}) \tag{3-22}$$

其中，过渡层和基底的中性轴为 $\delta^{\mathrm{Step-1}}$；力矩为 $M^{\mathrm{Step-1,CTE}}$；抗弯强度为 $D^{\mathrm{Step-1}}$；这些量与曲率变化 $\Delta\kappa^{\mathrm{Step-1}}$ 的相互关系可参见参考文献[24]，这里就不再赘述。

2. 基底和过渡层的预热

在 YSZ 粉末喷涂之前，基底和过渡层从环境温度 T_{room} 被均匀加热到一个指定的预热温度，即 $T_{\mathrm{Sub}}^{\mathrm{Step-2,pre-heat}}=T_{\mathrm{BC}}^{\mathrm{Step-2,pre-heat}}=T^{\mathrm{Step-2,pre-heat}}$。由于两层材料间的热、力学特性的差异，升温过程中这两层材料间的热失配也会导致热应力，如上一小节所示，根据经典双层梁模型[26,31]，可以得到在步骤二中的热失配应力，如图 3-5 所示。

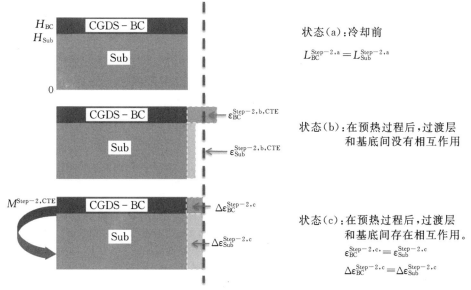

图 3-5　基底和过渡层预热流程图:过渡层和基底在预热过程中整个热应变产生过程可以分为 3 个步骤(a)~(c):(a)过渡层和基底预热过程开始阶段;(b)预热过程结束时不考虑基底限制的热形变;(c)预热过程结束时考虑了基底约束的热应变

在第二步中,由于过渡层和基底的预热导致的总热应力可分别表示为:

$$\sigma_{\text{BC－top}|y=H_{\text{BC}}}^{\text{Step}-2} =$$

$$\left[\frac{E_{\text{BC}}^{*}(1+\varepsilon_{\text{BC}}^{\text{Step}-2,\text{b},\text{CTE}})h_{\text{BC}} + E_{\text{Sub}}^{*}(1+\varepsilon_{\text{Sub}}^{\text{Step}-2,\text{b},\text{CTE}})h_{\text{Sub}}}{E_{\text{BC}}^{*}h_{\text{BC}} + E_{\text{Sub}}^{*}h_{\text{Sub}}} - 1 - \varepsilon_{\text{BC}}^{\text{Step}-2,\text{b},\text{CTE}} \right] E_{\text{BC}}^{*}$$

$$+ \Delta\kappa^{\text{Step}-2} E_{\text{BC}}^{*}(H_{\text{BC}} - \delta^{\text{Step}-2}) \tag{3-23}$$

$$\sigma_{\text{BC－bottom}|y=H_{\text{Sub}}}^{\text{Step}-2} =$$

$$\left[\frac{E_{\text{BC}}^{*}(1+\varepsilon_{\text{BC}}^{\text{Step}-2,\text{b},\text{CTE}})h_{\text{BC}} + E_{\text{Sub}}^{*}(1+\varepsilon_{\text{Sub}}^{\text{Step}-2,\text{b},\text{CTE}})h_{\text{Sub}}}{E_{\text{BC}}^{*}h_{\text{BC}} + E_{\text{Sub}}^{*}h_{\text{Sub}}} - 1 - \varepsilon_{\text{BC}}^{\text{Step}-2,\text{b},\text{CTE}} \right] E_{\text{BC}}^{*}$$

$$+ \Delta\kappa^{\text{Step}-2} E_{\text{BC}}^{*}(H_{\text{Sub}} - \delta^{\text{Step}-2}) \tag{3-24}$$

$$\sigma_{\text{Sub－top}|y=H_{\text{Sub}}}^{\text{Step}-2} =$$

$$\left[\frac{E_{\text{BC}}^{*}(1+\varepsilon_{\text{BC}}^{\text{Step}-2,\text{b},\text{CTE}})h_{\text{BC}} + E_{\text{Sub}}^{*}(1+\varepsilon_{\text{Sub}}^{\text{Step}-2,\text{b},\text{CTE}})h_{\text{Sub}}}{E_{\text{BC}}^{*}h_{\text{BC}} + E_{\text{Sub}}^{*}h_{\text{Sub}}} - 1 - \varepsilon_{\text{Sub}}^{\text{Step}-2,\text{b},\text{CTE}} \right] E_{\text{Sub}}^{*}$$

$$+ \Delta\kappa^{\text{Step}-2} E_{\text{Sub}}^{*}(H_{\text{Sub}} - \delta^{\text{Step}-2}) \tag{3-25}$$

$$\sigma_{\text{Sub－bottom}|y=0}^{\text{Step}-2} =$$

$$\left[\frac{E_{\text{BC}}^{*}(1+\varepsilon_{\text{BC}}^{\text{Step}-2,\text{b},\text{CTE}})h_{\text{BC}} + E_{\text{Sub}}^{*}(1+\varepsilon_{\text{Sub}}^{\text{Step}-2,\text{b},\text{CTE}})h_{\text{Sub}}}{E_{\text{BC}}^{*}h_{\text{BC}} + E_{\text{Sub}}^{*}h_{\text{Sub}}} - 1 - \varepsilon_{\text{Sub}}^{\text{Step}-2,\text{b},\text{CTE}} \right] E_{\text{Sub}}^{*}$$

$$+ \Delta\kappa^{\text{Step}-2} E_{\text{Sub}}^{*}(0 - \delta^{\text{Step}-2}) \tag{3-26}$$

其中,过渡层和基底的中性轴为 $\delta^{\text{Step}-2}$(和第一步的中性轴 $\delta^{\text{Step}-1}$ 相同);力矩 $M^{\text{Step}-2,\text{CTE}}$;抗弯强度为 $D^{\text{Step}-2}$;这些量与曲率变化 $\Delta\kappa^{\text{Step}-2}$ 的相互关系可参见参考文献[24],这里不再赘述。

由于整个预热过程中,镍基高温合金基底和过渡层的温度变化相同,基底的热膨胀系数随温度的变化始终大于过渡层,所以会在过渡层中产生压应力,这与过程一及之后的喷涂过程中产生的应力相反,这对降低过渡层内部的应力能起到一定的作用。

3. 氧化锆陶瓷层的喷涂过程

大气等离子喷涂氧化锆陶瓷层逐层喷涂过程中,会在涂层内部产生淬火应力[32]。为了计算逐层喷涂氧化锆陶瓷层过程中产生的淬火应力,氧化锆陶瓷层通常会被分成 n 层,如图 3-6 所示。为了简化分析,类似于 Clyne 的工作[16,17],假定过程中陶瓷层与"过渡层和镍基高温合金基底"之间没有热量传递,可计算出氧化锆陶瓷层喷涂过程中的淬火应力为

$$
\begin{aligned}
\sigma_j\Big|_{y=H_{\text{BC}}+(j-\frac{1}{2})w} = &\frac{F_j^{\text{Step}-3}}{bw} - E_{\text{YSZ}}^*(\kappa_j - \kappa_{j-1})\left[H_{\text{BC}} + \left(j-\frac{1}{2}\right)w - \delta_j^{\text{Step}-3}\right] \\
&+ \sum_{i=j+1}^n \Bigg\{ \frac{-E_{\text{YSZ}}^* F_j^{\text{Step}-3}}{b\left[(i-1)wE_{\text{YSZ}}^* + h_{\text{BC}}E_{\text{BC}}^* + h_{\text{Sub}}E_{\text{Sub}}^*\right]} \\
&- E_{\text{YSZ}}^*(\kappa_i - \kappa_{i-1})\left[H_{\text{BC}} + \left(j-\frac{1}{2}\right)w - \delta_j^{\text{Step}-3}\right] \Bigg\}
\end{aligned}
\tag{3-27}
$$

$$
\begin{aligned}
\sigma_{\text{Sub-bottom}-n}\Big|_{y=0} = \sum_{i=1}^n \Bigg\{ &\frac{-E_{\text{Sub}}^* F_i^{\text{Step}-3}}{b\left[(i-1)wE_{\text{YSZ}}^* + h_{\text{BC}}E_{\text{BC}}^* + h_{\text{Sub}}E_{\text{Sub}}^*\right]} \\
&+ E_{\text{Sub}}^*(\kappa_i - \kappa_{i-1})(0 - \delta_i^{\text{Step}-3}) \Bigg\}
\end{aligned}
\tag{3-28}
$$

$$
\begin{aligned}
\sigma_{\text{Sub-top}-n}\Big|_{y=H_{\text{Sub}}} = \sum_{i=1}^n \Bigg\{ &\frac{-E_{\text{Sub}}^* F_i^{\text{Step}-3}}{b\left[(i-1)wE_{\text{YSZ}}^* + h_{\text{BC}}E_{\text{BC}}^* + h_{\text{Sub}}E_{\text{Sub}}^*\right]} \\
&+ E_{\text{Sub}}^*(\kappa_i - \kappa_{i-1})(H_{\text{Sub}} - \delta_i^{\text{Step}-3}) \Bigg\}
\end{aligned}
\tag{3-29}
$$

$$
\begin{aligned}
\sigma_{\text{BC-top}-n}\Big|_{y=H_{\text{BC}}} = \sum_{i=1}^n \Bigg\{ &\frac{-E_{\text{BC}}^* F_i^{\text{Step}-3}}{b\left[(i-1)wE_{\text{YSZ}}^* + h_{\text{BC}}E_{\text{BC}}^* + h_{\text{Sub}}E_{\text{Sub}}^*\right]} \\
&+ E_{\text{BC}}^*(\kappa_i - \kappa_{i-1})(H_{\text{BC}} - \delta_i^{\text{Step}-3}) \Bigg\}
\end{aligned}
\tag{3-30}
$$

$$
\begin{aligned}
\sigma_{\text{BC-bottom}-n}\Big|_{y=H_{\text{Sub}}} = \sum_{i=1}^n \Bigg\{ &\frac{-E_{\text{BC}}^* F_i^{\text{Step}-3}}{b\left[(i-1)wE_{\text{YSZ}}^* + h_{\text{BC}}E_{\text{BC}}^* + h_{\text{Sub}}E_{\text{Sub}}^*\right]} \\
&+ E_{\text{BC}}^*(\kappa_i - \kappa_{i-1})(H_{\text{Sub}} - \delta_i^{\text{Step}-3}) \Bigg\}
\end{aligned}
\tag{3-31}
$$

其中，淬火应力导致的氧化锆陶瓷层内每个薄层上的拉力为 $F_n^{\text{Step}-3}$；整个 TBC 系统的曲率变化为 $\Delta\kappa^{\text{Step}-3}$；喷涂了 n 层的涂层系统的抗弯强度为 $D_n^{\text{Step}-3}$，这些量与中性轴 $\delta_n^{\text{Step}-3}$ 间的相互间关系可参见参考文献[24]，这里不再赘述。

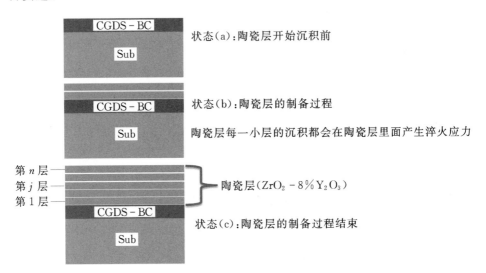

图 3-6　陶瓷层沉积过程示意图。从状态(a)到状态(c)分别为：
涂层沉积开始状态，涂层沉积过程，涂层沉积过程结束

4. 热障涂层系统整体冷却过程

在氧化锆陶瓷层喷涂完成之后，整个 TBC 系统逐步冷却到室温（23 ℃）。在冷却过程中由于基底、过渡层以及陶瓷层三者之间的热膨胀系数和初始温度不同，TBC 系统内必然会产生较为显著的热应力，如图 3-7 所示。

同上面几节相似，根据经典多层梁模型[26,31]，可计算出陶瓷层、过渡层以及基底的热应力分别为：

$$\sigma_{TC|y}^{\text{Step}-4} =$$
$$\left\{ \frac{\left[E_{TC}^*(1+\varepsilon_{TC}^{\text{Step}-4,\text{b,CTE}})h_{TC} + E_{BC}^*(1+\varepsilon_{BC}^{\text{Step}-4,\text{b,CTE}})h_{BC} + E_{Sub}^*(1+\varepsilon_{Sub}^{\text{Step}-4,\text{b,CTE}})h_{Sub} \right]}{E_{TC}^*h_{TC} + E_{BC}^*h_{BC} + E_{Sub}^*h_{Sub}} \right.$$
$$\left. -1-\varepsilon_{TC}^{\text{Step}-4,\text{b,CTE}} \right\} E_{TC}^* + \Delta\kappa^{\text{Step}-4} E_{TC}^* (y-\delta^{\text{Step}-4}) \qquad (3-32)$$

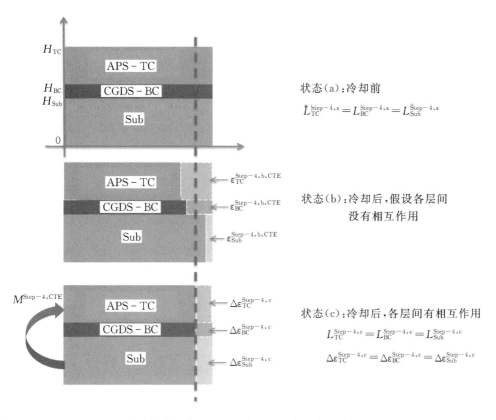

图 3-7　热障涂层系统整体冷却过程示意图

$$\sigma_{BC|y}^{Step-4} =$$

$$\left\{ \left[\frac{E_{TC}^*(1+\varepsilon_{TC}^{Step-4,b,CTE})h_{TC} + E_{BC}^*(1+\varepsilon_{BC}^{Step-4,b,CTE})h_{BC} + E_{Sub}^*(1+\varepsilon_{Sub}^{Step-4,b,CTE})h_{Sub}}{E_{TC}^* h_{TC} + E_{BC}^* h_{BC} + E_{Sub}^* h_{Sub}} \right] \right.$$

$$\left. -1-\varepsilon_{BC}^{Step-4,b,CTE} \right\} E_{BC}^* + \Delta\kappa^{Step-4} E_{BC}^*(y-\delta^{Step-4}) \qquad (3-33)$$

$$\sigma_{Sub|y}^{Step-4} =$$

$$\left\{ \left[\frac{E_{TC}^*(1+\varepsilon_{TC}^{Step-4,b,CTE})h_{TC} + E_{BC}^*(1+\varepsilon_{BC}^{Step-4,b,CTE})h_{BC} + E_{Sub}^*(1+\varepsilon_{Sub}^{Step-4,b,CTE})h_{Sub}}{E_{TC}^* h_{TC} + E_{BC}^* h_{BC} + E_{Sub}^* h_{Sub}} \right] \right.$$

$$\left. -1-\varepsilon_{Sub}^{Step-4,b,CTE} \right\} E_{Sub}^* + \Delta\kappa^{Step-4} E_{Sub}^*(y-\delta^{Step-4}) \qquad (3-34)$$

其中，中性轴 δ^{Step-4}、力矩 $M^{Step-4,CTE}$、抗弯强度 D^{Step-4}，以及曲率差 $\Delta\kappa^{Step-4}$ 可参见参考文献[24]，这里不再赘述。

5. 热障涂层系统制备过程中的总热应力

将喷涂过程(1)、(2)、(4)三个过程产生的热应力进行叠加,即可得到镍基高温合金基底和过渡层的总热应力。将喷涂过程(3)和(4)中所产生的热应力叠加可得到陶瓷层内总热应力。

3.3.2 TBCs 制备过程中各个阶段的热应力

1. 各喷涂过程中的热应力

为了讨论 TBC 系统制备过程中陶瓷涂层厚度、基底厚度、预热温度、大气等离子喷涂法和冷喷涂法对 TBC 系统最终热应力的影响,就以下 TBC 系统予以讨论:陶瓷层、过渡层和基底的厚度分别为:250 μm、100 μm和500 μm,预热温度为 400 ℃,过渡层使用冷喷涂法,各层相关的热、力学特性随温度的变化如表 3-1 所示。

表 3-1　热障涂层系统的热力学特性[33]

	$T/℃$	E/GPa	$C/(J/kg \cdot K)$	$\rho/(kg/m^3)$	$\alpha \times 10^{-6}/℃^{-1}$
	25	17.5	483	5650	9.68
YSZ	400				
(TC)	800				9.88
	1000	12.4			10.34
	25	183	501	7320	
NiCrAlY	400	152	592		12.5
(BC)	800	109	781		14.3
	1000		764		16
	25	211	431	8220	12.6
Inconel617	400	188	524		14
(Substrate)	800	157	627		15.4
	1000	139			16.3

对于上述 TBC 系统,制备过程中其每一步产生的热应力如图 3-8 所示。可见,第一步两层的温差较大,所产生的热应力对基底和过渡层的总热应力有重要贡献;第二步中过渡层和基底的热膨胀系数相差不大,且其温度变化相同,故所产生的热应力较小;第三步产生的淬火应力几乎可以忽略不计,这

与 Clyne 的结果[17]相符；第四步陶瓷层和过渡层以及基底的热膨胀系数以及温差较大，所产生的热应力对整个 TBC 系统热应力有重要影响。综上所述，TBC 系统的最终热应力主要来源于第一和第四步。

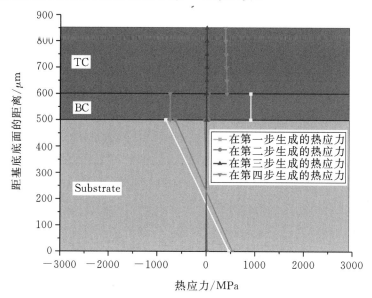

图 3-8　TBC 系统制备过程中各个步骤产生的热应力

由于没有考虑应力的释放机制以及塑性变形，这里得到的热应力的绝对值大于氧化锆陶瓷层的抗拉强度 15 MPa[34]。尽管如此，所得结果对预测涂层系统制备过程中的哪个步骤以及哪个部位较容易发生破坏具有指导意义，进而对制定涂层制备工艺具有参考价值。

2. 涂层系统的总热应力

将上面 4 个步骤所产生的热应力进行叠加，即可得到 TBC 系统制备过程中所产生的总热应力，如图 3-9 所示。可见：

（1）在氧化锆陶瓷层内的热应力为拉应力，且大小基本不变；由于陶瓷层的抗拉强度低，拉应力可能导致陶瓷层在制备过程中产生微裂纹，进而使热应力释放，这与实验观测一致，如图 3-10 所示。

（2）在基底上表面产生的热应力是压应力，由于基底和过渡层朝过渡层方向弯曲，随着距基底中性轴的距离增加，基底底面的热应力变成了拉应力。

（3）过渡层中的热应力介于陶瓷层底部和基底上表面之间，对于协调陶瓷层和基底，避免陶瓷层和基底界面开裂具有显著作用[35]。

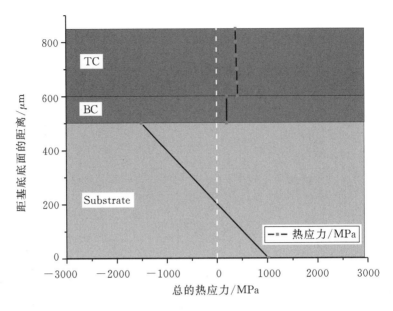

图 3 - 9　热障涂层系统在制备过程中产生的总的热应力

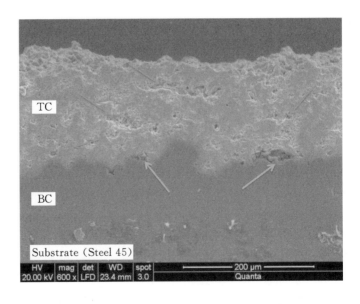

图 3 - 10　热障涂层系统横截面的 SEM 扫描图

　　(4)陶瓷层/过渡层界面的应力差别明显,考虑到这是一个弱界面,所以会在界面附近形成微裂纹,这与实验观察一致,如图 3 - 10 所示。

（5）在过渡层/基底界面的应力明显下降，这是一个较强的界面，不大可能在界面附近出现明显的微裂纹，这也与实验相符合。

3. 陶瓷层厚度的影响

根据不同的隔热要求，实际工作中 YSZ 陶瓷层的厚度也会有所不同。下面讨论陶瓷层厚度（150 μm，250 μm 和 400 μm）对热应力的影响。为了便于讨论，基底和过渡层的厚度分别固定为 0.5 mm 以及 0.1 mm。根据上面的理论分析，通过叠加得到的结果如图 3-11 所示，可见：

（1）较厚陶瓷涂层的热应力较低。实际上，陶瓷层中的热应力主要来自于第四步产生的拉应力和弯曲应力的叠加。随着陶瓷层厚度的增加，其内部的拉应力在逐渐降低；与此同时，整个 TBC 系统都会弯向陶瓷层的方向，而且随着涂层厚度的增加，曲率也在增加，随之导致陶瓷层内的压应力逐渐增大。

（2）过渡层内拉应力也随着陶瓷层厚度的增加而降低。

（3）随着陶瓷层厚度的增加，基底中的热应力从压应力逐渐变化成拉应力，且应力梯度也在逐渐增加。

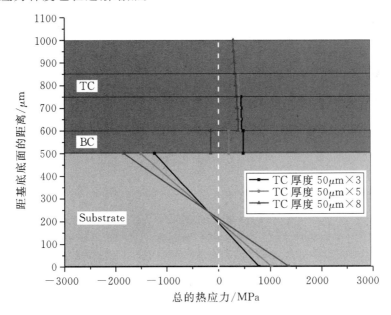

图 3-11　不同陶瓷层厚度热障涂层系统在制备过程中所产生的热应力

此外，冷喷涂法制备过渡层、基底预热温度、基底厚度等因素对 TBC 系统制备过程中的总热应力的影响可参见参考文献[24]，这里不再赘述。

3.4　热障涂层系统冷却过程中的热应力

3.4.1　分析模型与方法

由上节可知,TBC 系统制备过程中的热应力主要来自于制备过程中的第一步(冷喷涂过渡层)和第四步(整个 TBC 系统的冷却过程),因此,冷却过程中的热应力对于 TBC 系统有着更为重要的影响。

将 TBC 系统分为三层,自上而下分别是涂层、基底和半无限大散热底座,如图 3-12 所示,其中无限大散热底座的温度一直固定在 23 ℃。为了表示整个 TBC 系统中的温度场和热应力场变化,可将涂层和基底分别离散化成若干等份,同时整个冷却过程也被离散化成若干个时间等份。基于实时的温度场变化,可以计算出在整个冷却过程中每一个时间步长里面产生的热应力。

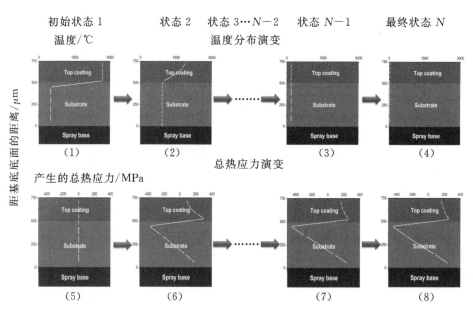

图 3-12　在冷却过程中,涂层/基底系统中温度场和热应力场的变化示意图。Y 轴表示厚度,图中(1)～(4)的 X 轴表示温度,图中(5)～(8)的 X 轴表示热应力。整个冷却过程分为 N 个时间间隔

1. 散热底座上的涂层/基底模型

基底和过渡层(厚度分别假设为 500 μm 和 100 μm),在喷涂涂层前,先被预热到一个指定温度(500 ℃,如图 3-12(1)所示)。初始时刻,一层特定厚度(250 μm)和特定温度(2680 ℃)的氧化锆陶瓷涂层被喷涂在基底上,如图 3-12(1)所示。假设涂层/基底系统在冷却过程的开始时为零应力状态,如图 3-11(5)所示。随着热量通过半无限大散热基底的传递,整个涂层/基底系统中的温度场会发生变化,如图 3-12(2)和(3)所示,相应的,涂层/基底系统内的热应力分布也随之发生变化,如图 3-12(6)和(7)所示。这样可以求得整个系统冷却过程中温度场和热应力场的实时演化。

热传递是通过在基底下面安置一个无限大散热底座(如图 3-12 所示的导热底座)来实现的,也可通过增加其他的散热方式(譬如热量散失到空气中)来实现对外散热。整个冷却过程离散化成 N 个时间步,为了得到一个收敛的解,这里 N 取的足够大。本模型通过分析每一个时间步长的热传递,计算出相应的温度场和热应力场。涂层和基底分别被离散化成 I 份和 J 份,这里 I 和 J 也是取足够大的值,以保证结果是可以收敛的。与上节相同,假设整个模型是平面等双轴应力状态,涂层和基底设定为各向同性和线弹性。

2. 从"K"状态到"$K+1$"状态的热传递分析

冷却过程中,每个时间节点的温度分布都可以通过一维热传导分析模型计算出来。我们假定在一个极短的时间内热导率是常数,且在每个离散层内的温度分布都是线性的[36,37]。从"K"状态到"$K+1$"状态,从 $i+1$ 层到 i 层的热流密度 $q_{i+1\to i}$,等于第 i 层从 $i+1$ 层吸收的热流密度 $q_{i\to i+1}$,因此可以得到:

$$q_{i+1\to i} = \lambda_{i+1}(T)\frac{T_{i+1}^{top} - T_i^{top}}{h_{i+1}} = q_{i\to i+1} = \lambda_i(T)\frac{T_i^{top} - T_{i-1}^{top}}{h_i} = \frac{2(T_{i+1} - T_i)}{\dfrac{h_{i+1}}{\lambda_{i+1}(T)} + \dfrac{h_i}{\lambda_i(T)}}$$

$$(3-35)$$

式中,$h_i = H_i - H_{i-1}$;Δt 是状态"K"到状态"$K+1$"的时间差。

$$Q_{i+1\to i} = q_{i+1\to i}\Delta t \tag{3-36}$$

$Q_{i+1\to i}$ 表示在 Δt 时间段里,从第 $i+1$ 层到 i 层单位面积所传导的热量。相似的,可以得到:

$$q_{i\to i-1} = \frac{2(T_i - T_{i-1})}{\dfrac{h_i}{\lambda_i(T)} + \dfrac{h_{i-1}}{\lambda_{i-1}(T)}} \tag{3-37}$$

$$Q_{i\to i-1} = q_{i\to i-1}\Delta t \tag{3-38}$$

$Q_{i \to i-1}$ 表示在 Δt 时间段,从第 i 层到 $i-1$ 层单位面积所传导的热量。因此

$$(Q_{i \to i+1} - Q_{i \to i-1})A_i = \rho_i A_i h_i C_i \Delta T_i \qquad (3-39)$$

所以,从状态"K"到"$K+1$",第 i 层的温度变化为:

$$\Delta T_i = \left[\frac{2(T_{i+1} - T_i)}{\dfrac{h_{i+1}}{\lambda_{i+1}(T)} + \dfrac{h_i}{\lambda_i(T)}} - \frac{2(T_i - T_{i-1})}{\dfrac{h_i}{\lambda_i(T)} + \dfrac{h_{i-1}}{\lambda_{i-1}(T)}} \right] \frac{\Delta t}{\rho_i h_i C_i} \qquad (3-40)$$

经过时间 Δt,"$K+1$"状态的第 i 层的温度可以表示为:$T_i^{K+1} = T_i^K + \Delta T_i$。

3. 从状态"K"到状态"$K+1$"时热应力的计算

当涂层/基底系统从状态"K"冷却到状态"$K+1$"时,其中计算热失配应变所需的温度场可以通过上一部分的工作计算出来。涂层系统被假设分成 n 个小层,假设涂层系统的初始曲率为 0。

如图 3-13 所示,在"K"状态结束时,所有层的长度都是相等的,即 $L_{i+1}^K = L_i^K = L_{i-1}^K$。当系统从状态"$K$"冷却到状态"$K+1$"时,第 i 层的温度从 T_i^K 变化到 T_i^{K+1}。因为热膨胀系数也随着温度的变化而改变,所以可以得到没有约束状态下的热应变 $\varepsilon_i^{K+1\_CTE[31,38]}$:

$$\varepsilon_i^{K+1\_CTE} = \int_{T_i^K}^{T_i^{K+1}} \alpha_i(T) \mathrm{d}T \qquad (3-41)$$

相邻层间,不受约束状态下的热应变 $\varepsilon_{i-1}^{K+1\_CTE}$,$\varepsilon_i^{K+1\_CTE}$ 和 $\varepsilon_{i+1}^{K+1\_CTE}$ 是不同

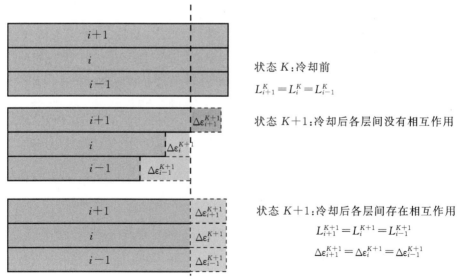

图 3-13　涂层系统从状态"K"到状态"$K+1$"(从顶层到底层)的热失配应变示意图

的。由于基底的约束作用导致每一层中都会产生一个面力 F_i^{K+1}（导致了应变 $\varepsilon_i^{K+1\_F}$）。此外，为了保持系统的力矩平衡，系统中会相应地产生一个 M^{K+1}。在"$K+1$"状态结束时，第 i 层的总应变为：

$$\Delta\varepsilon_i^{K+1} = \int_{T^K}^{T_i^{K+1}}\alpha_i(T)\mathrm{d}T + \frac{F_i^{K+1}}{A_iF_i^*} \qquad (3-42)$$

其中 A_i 表示第 i 层的横截面积。第 i 层的热力 F_i^{K+1} 为：

$$F_i^{K+1} = \left[\frac{L_i^{K+1}}{L_i^K} - 1 - \int_{T^K}^{T_i^{K+1}}\alpha_i(T)\mathrm{d}T\right]A_iE_i^* \qquad (3-43)$$

基于所有层中力的平衡，在"$K+1$"时：

$$F_i^{K+1} = \left[\frac{\sum_{i=1}^n E_i^*(1+\varepsilon_i^{\mathrm{CTE}})h_i}{\sum_{i=1}^n E_i^* h_i} - 1 - \int_{T^K}^{T_i^{K+1}}\alpha_i(T)\mathrm{d}T\right]A_iE_i^* \qquad (3-44)$$

所以每层中的热应力为：

$$\sigma_{i-\mathrm{mid}}^{K+1} = \left[\frac{\sum_{i=1}^n E_i^*(1+\varepsilon_i^{\mathrm{CTE}})h_i}{\sum_{i=1}^n E_i^* h_i} - 1 - \varepsilon_i^{\mathrm{CTE}}\right]E_i^* + \Delta\kappa E_i^*(y_{i-\mathrm{mid}}-\delta) \qquad (3-45)$$

整个系统的中性轴 δ、力矩 M^{K+1}、抗弯刚度 D、曲率变化 $\Delta\kappa^{K+1}$ 等可参见参考文献[24]。

3.4.2　热障涂层系统在制备过程中冷却阶段的热应力

假设 YSZ 陶瓷层的初始喷涂温度为 2680 ℃[33]，基底的预热温度为 500 ℃。TBC 系统各层材料的热-力学特性随温度变化如表 1 所示。氧化锆陶瓷层、过渡层和基底的厚度分别为 250 μm、250 μm 和 500 μm。初始时，设定 I=5 和 J=6，即将氧化锆陶瓷层、过渡层和基底分别分成 5 层、1 层和 5 层来进行分析，同时将整个冷却过程分成 10 份：0.00—0.05 s，0.05—0.10 s，0.10—0.20 s，0.20—0.50 s，0.50—1.00 s，1.00—2.00 s，2.00—5.00 s，5.00—10.0 s，10.0 s—最终冷却时间。

计算中将冷却过程离散化成 N 个时间步长，通过对 N 取不同的值来检验解的收敛性，如图 3-14 所示。可见，随着 N 的增大，问题的解逐渐收敛，当 $N=9$ 时，总热应力值基本稳定。此外，当 $N=1$ 时，本模型可以退化为经典法。在以下计算中，时间步 N 取为 9。

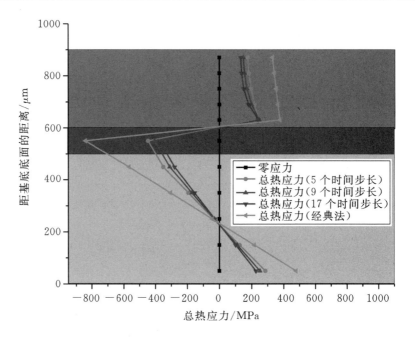

图 3 - 14　冷却过程中不同时间间隔划分法对最终热应力的影响

1. 冷却过程中的热应力

通过计算可以得到每个时间步长的热应力,如图 3 - 15 所示。可见:

(1)绝大部分热应力都产生在前三个时间段(0.00—0.05 s,0.05—0.10 s 以及 0.10—0.20 s),仅占整个冷却时间的 1.2%。在这三个时间段里,TBC 中产生的热应力都是拉应力,对裂纹的产生、扩展和断裂具有显著影响。

(2)0.20 s 之后,这些热应力的幅值变得越来越小。

(3)由于涂层和基底的弹性模量随着温度而变化,所以在整个冷却过程中的中性轴位置一直在垂直方向上变化。

(4)在第一个时间步长中(0.00—0.05 s),界面位置处的温度变化明显大于涂层中的其他位置,因此涂层中的热应力幅值从界面到顶层是递减的。

2. 总热应力

在分析涂层中的热应力时,经典法只考虑冷却过程的初状态和末状态,并假设冷却过程中热应力不会释放。然而在实际中,由于 YSZ 陶瓷抗拉强度小,绝大部分热应力在冷却过程中就被释放了,因此经典法会过高估计涂层系统在冷却过程中产生的热应力。新方法和经典法所得热应力如图 3 - 16 所示。

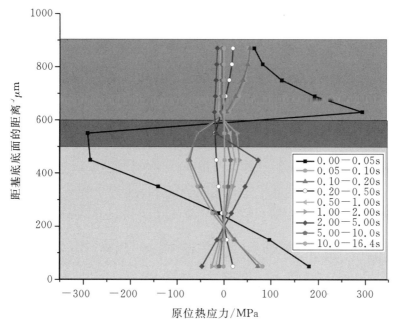

图 3 - 15　冷却过程中热应力随时间的演化。上部分表示 YSZ 陶瓷涂层，
　　　　　中间部分表示过渡层，下部分是镍基高温合金基底

由图 3 - 16 可见：

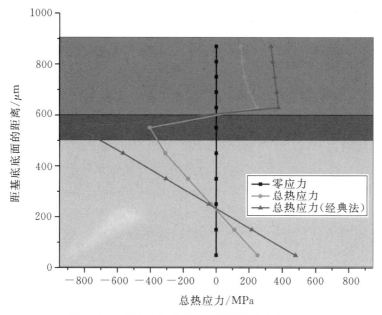

图 3 - 16　新方法和经典法所得总热应力的对比

　　(1)冷却过程中,在陶瓷涂层、过渡层和基底中产生的热应力变化趋势相同,涂层中的热应力为拉应力,过渡层中为压应力,基底中的热应力一部分为拉应力,一部分为压应力。

　　(2)陶瓷层和过渡层之间有一个很明显的应力差,很好地验证了过渡层在 TBC 系统中的过渡作用。

　　(3)通过新模型得到的涂层中的总热应力的最大值比经典法小 49%左右。

　　除此以外,诸如基底和过渡层的预热温度、基底厚度以及陶瓷层厚度等因素对 TBC 系统制备过程冷却阶段的热应力的影响可参见参考文献[23],这里就不再赘述。

3.5　喷涂速度和对流换热对 TBC 制备过程冷却阶段热应力的影响

　　关于陶瓷层的喷涂速度、冷却过程中陶瓷层表面和外界环境的对流换热对 TBC 系统冷却过程中的热应力的影响关注很少[24],本节拟重点予以介绍。

3.5.1　分析模型及问题的解

　　陶瓷涂层沉积过程中,由于各层的喷涂顺序不同,对外传热时间也不相同,因此在沉积过程结束时,涂层内的温度分布是不均匀的,如图 3-17 所示。实际中,根据工艺需求,涂层的喷涂速度也往往需要相应的改变。当陶瓷涂层的喷涂速度发生改变时,各层涂层与外界的传热时间也会发生变化,并最终改变涂层内部的温度分布。由于实验条件所限,很难精确地获得陶瓷层在冷却过程初始状态的温度分布,因此,在 Wang 和 Song 的模型[24]中,假设了三个不同 $\varphi(y)$ 用来表示不同的喷涂速度所导致的初始状态的不同温度分布,如图 3-18 所示。

　　陶瓷涂层表面与空气间的对流换热可以改变涂层向空气中的传热速度,且根据对流换热方式的不同(例如自然对流和强制对流)其传热强度也会发生很大的变化(从自然对流到强制对流其强度变换可以从几十倍到几千倍),这对涂层初始阶段的温度分布也有着重要的影响。考虑到基底的厚度远远大于陶瓷涂层的 10 倍以上,假设基底在整个冷却过程中不会发生任何形变的无限大刚体,同时基底的温度也始终保持和外界温度一致(23℃)。Wang

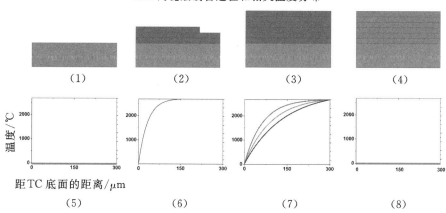

图 3-17　YSZ 陶瓷层的沉积过程的示意图。图(1)—(4)是 YSZ 陶瓷层的制备过程,图
　　　　 (5)—(8)分别是(1)—(4)4 个状态相关的温度分布图。其中图(1)—(3)表示
　　　　 YSZ 陶瓷层的喷涂过程,图(3)—(4)是 YSZ 陶瓷层的冷却过程。图(7)中,从
　　　　 上到下的温度分布分别对应了高到低的喷涂速度

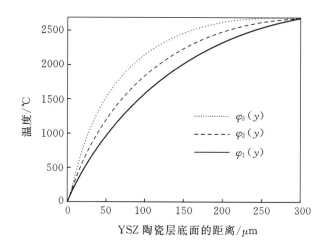

图 3-18　氧化锆陶瓷层中不同的初始温度分布

和 Song 基于前人的工作[39],通过一个简化的理论模型[24](如图 3-19 所示),
研究了冷却阶段开始时,涂层内的初始温度及涂层和外界环境间的对流换热
对涂层内热应力的影响。

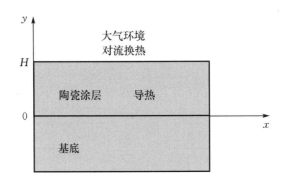

图 3 - 19　模型的建立,环境温度 T_{AT} 假设为 23 ℃;镍基高温合金基底的
温度始终保持和环境温度一致

陶瓷层中的热传导方程为[39]

$$\frac{\partial T}{\partial t} = a^2 \frac{\partial^2 T}{\partial y^2}, \quad (0 < y < H, t > 0) \tag{3-46}$$

其中,$a^2 = \lambda/(c\rho)$,c、ρ 分别表示氧化锆陶瓷层的比热容及其密度。

陶瓷层表面和外界环境间的对流换热方程为[39]

$$\frac{\partial T}{\partial y} + \beta T(y,t) \bigg|_{y=H} = 0 \tag{3-47}$$

其中,$\beta = h/\lambda$;λ 和 h 分别是陶瓷层的导热系数以及陶瓷层表面和外界环境间的对流换热系数;H 是陶瓷层厚度;$T(y,t)$ 是温度;y 和 t 分别是纵坐标和时间。初始温度条件为

$$T(y,0) = \varphi(y), \quad (0 < y < H, t = 0) \tag{3-48}$$

陶瓷层与基底间界面处的温度边界条件为

$$T(0,t) = T_{AT}, \quad (y = 0) \tag{3-49}$$

下面采用分离变量法求解温度场的解[39]。令

$$T(y,t) = A(y)B(t) \tag{3-50}$$

代入方程(3-46)～(3-50)可得温度分布的通解:

$$T(y,t) = \sum_{i=1}^{\infty} a_n e^{-a^2\lambda_n t} \sin(\sqrt{\eta_n}\, y) \quad (n = 1, 2, \cdots) \tag{3-51}$$

其中

$$a_n = \frac{\int_0^H \varphi(y) \sin(\sqrt{\eta_n}\, y) \mathrm{d}y}{\int_0^H \sin^2(\sqrt{\eta_n}\, y) \mathrm{d}y} \tag{3-52}$$

$$\eta_n = \left(\frac{\gamma_n}{H}\right)^2 \quad (n = 1, 2, \cdots) \tag{3-53}$$

$$\tan\gamma = -\frac{\gamma}{Ha} \tag{3-54}$$

通过式(3-51)可以得到冷却过程中任意时刻 t_K 时,陶瓷层内的温度为 $T(y, t_K)$,进而求得温度变化 $\Delta T(y, t_K)$ 为:

$$\Delta T(y, t_K) = T(y, t_K) - \varphi(y) \tag{3-55}$$

因此,冷却过程中任意时刻 t_K,在陶瓷层中任意位置热应力

$$\sigma_{t_K}(y, t_K) = \sigma^{\text{quenching}}(y) + \sigma_{t_K}^{\text{CTE}}(y, t_K) \tag{3-56}$$

其中,$\sigma^{\text{quenching}}(y)$ 为涂层在沉积过程中的淬火应力,$\sigma_{t_K}^{\text{CTE}}(y, t_K)$ 为冷却过程中的热失配应力。这里假设冷却过程开始时为零应力状态,不考虑涂层在沉积过程中的淬火应力,$\sigma^{\text{quenching}}(y)$ 为零,因此陶瓷层中的热应力为:

$$\sigma_{t_K}(y, t_K) = E_{\text{YSZ}}^*(y, T_K) \Delta T(y, t_K) \alpha_{\text{YSZ}}(y, T_K) \tag{3-57}$$

其中,α_{YSZ} 和 E_{YSZ}^* 分别是陶瓷层的热膨胀系数和等效弹性模量。

和其他章节一样,整个模型假设都在平面等双轴应力状态下,涂层和基底都设定为各向同性和线弹性。由于塑性形变以及应力释放机制在这部分工作中都没有考虑,这个模型会过高估计陶瓷层内部的热应力。

3.5.2　实时热应力演化

假设涂层的厚度为 $300~\mu m$,对流换热系数 h 为 $10~W/(m^2 \cdot K)$。由式(3-51)以及式(3-57)可得陶瓷层在冷却过程中的温度场以及热应力场的实时演化,如图 3-20 和图 3-21 所示。

从图 3-20 可见,在冷却过程的初始阶段,陶瓷层与基底以及外界环境的温差是整个冷却过程中最大的,温度的降低速度也是最大的。因此,在这个冷却过程刚刚开始的时间段内(0.0—0.2 s 这个时间段内,尤其是其中的0.0—0.05 s 这个极短的时间段),热应力的产生速度是最快的。0.2 s 之后,涂层内部的热应力增长就开始变得平稳了,如图 3-21(a)所示。随着热量从陶瓷层中传递到基底和外界环境中,陶瓷涂层中的温度梯度逐渐减小,如图3-20所示,热应力的产生速度也逐渐降低。

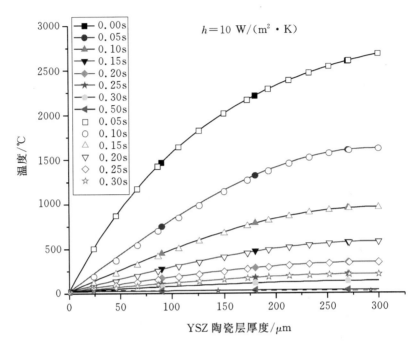

图 3-20　冷却过程中氧化锆陶瓷层中温度分布的实时演化。这里,对流换热系数 h 为 10 W/(m² · K),整个冷却过程选择了 7 个时间点作为参考时间点

从如图 3-21(a)可见:

(1)从陶瓷层的底部到表面,热应力逐渐增大(A 区域除外)。这主要是因为在冷却过程中从陶瓷层的底部到表面的温差变化逐渐增大(A 区域除外)。

(2)在区域 A,在冷却过程的初始时间内(从 0.00 s 到 0.015 s),热应力从陶瓷层底部到表面是逐渐降低的(图 3-21(b), $y=0.06, 0.12, 0.18, 0.24$ mm)。

(3)从陶瓷层底部到顶部,随着温度的提高,弹性模量的降低导致了陶瓷层顶部热应力的降低。但是,在 $y=0.30$ mm 处,部分热量通过对流换热传递到外界环境中,这在一定程度上提高了陶瓷层表面温度的降低速度,因此其热应力大于 $y=0.18$ mm 处的值。

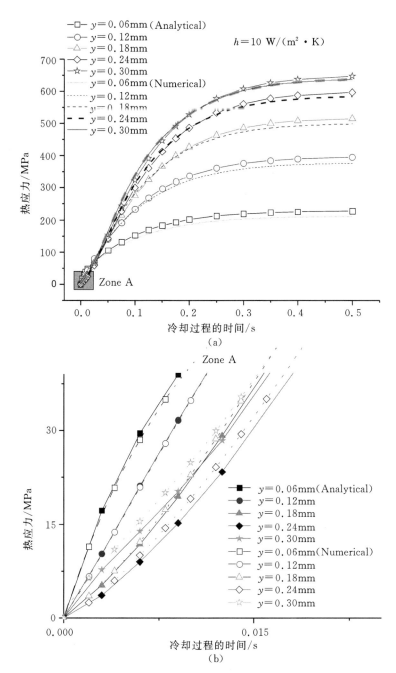

图 3-21　冷却过程中氧化锆陶瓷层中热应力分布的实时演化。这里，对流换热系数 h 为 10 W/(m² · K)。图(b)是图(a)中 Zone A 的放大

3.5.3 喷涂速度对热应力的影响

在实际使用中,根据制备工艺的需求,喷涂速度也会有所不同。本节讨论了三种不同初始温度分布($\varphi_1(y)$,$\varphi_2(y)$和$\varphi_3(y)$)对陶瓷层内热应力的影响,如图 3 - 22(a)~(c)所示。

从图 3 - 22(a)~(c)可见:对于任意一个初始温度而言,冷却过程中的任意时刻,陶瓷层中热应力的幅值是递增的(图 3 - 22 中的 A、B 和 C 区域除外)。除此以外,在陶瓷层的表面 $y=0.30$ mm 处,对于不同初始温度分布,其最终的热应力总是相同的,因为不同的初始温度分布,它们在 $y=0.30$ mm 的

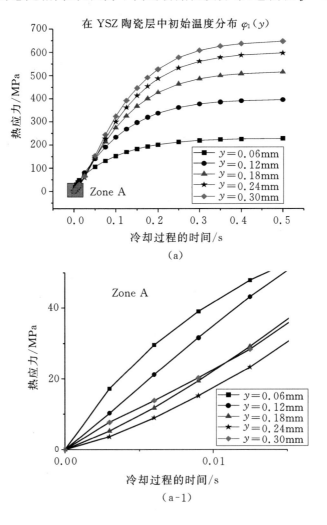

(a)

(a-1)

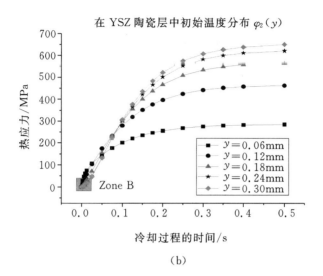

（b）

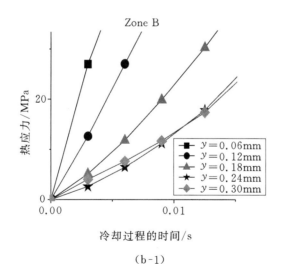

（b-1）

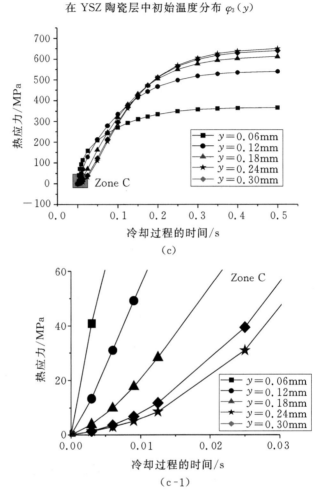

图 3-22 三种不同初始温度分布的 $\varphi_1(y)$、$\varphi_2(y)$、$\varphi_3(y)$ 的氧化锆陶瓷层在冷却过程中的实时热应力演化。对流换热系数这里选取为 10 W/(m^2 · K),整个冷却过程选择了 5 个位置点($y=0.06,0.12,0.18,0.24,0.30$ mm 从氧化锆陶瓷层的底部开始计算)作为参考位置。图(a-1)、(b-1)、(c-1)分别是对 Zone A、Zone B 和 Zone C 的放大

温度都是 2680 ℃,温度变化相同。

在初始阶段(区域 A、B 和 C),热应力在 $y=0.06$ mm,0.12 mm,0.18 mm 和 0.24 mm 是单调降低的。对初始温度 $\varphi_1(y)$,在 $y=0.30$ mm 处的热应力

产生速度大于在 $y=0.18$ mm 处;对 $\varphi_2(y)$,在 $y=0.30$ mm 处的热应力产生速度和 $y=0.24$ mm 处的几乎相同;对 $\varphi_3(y)$ 而言,$y=0.30$ mm 处的热应力产生速度小于 $y=0.24$ mm 处。

从图 3-22 还可看到,在冷却的初始阶段(区域 A、B 和 C)热应力的分布是不同的。在靠近陶瓷层底部的地方,初始温度的梯度从 $\varphi_1(y)$ 到 $\varphi_3(y)$ 逐渐增大,这会导致陶瓷层底部热应力的产生速度也会从 $\varphi_1(y)$ 到 $\varphi_3(y)$ 逐渐增大。另一方面,靠近陶瓷层顶部,初始温度梯度从 $\varphi_1(y)$ 到 $\varphi_3(y)$ 逐渐减小,这会导致陶瓷层顶部热应力的产生速度也会从 $\varphi_1(y)$ 到 $\varphi_3(y)$ 逐渐减小。因此,在冷却过程初始阶段,相对于 $\varphi_2(y)$ 和 $\varphi_3(y)$ 而言,$\varphi_1(y)$ 情况下,在接近陶瓷层底部产生的热应力相对较小,接近顶部的热应力相对较大,在 $y=0.3$ mm 的热应力要大于 $y=0.18$ mm 处的热应力,如图 3-22(a)所示;对 $\varphi_3(y)$ 情况而言,与 $\varphi_1(y)$ 情况刚好相反,在三个不同初始温度中,在接近陶瓷层底部产生的热应力相对较大,接近顶部的热应力相对较小。总体而言,初始温度的梯度只会影响热应力的产生速度。

3.5.4　陶瓷层表面与外界环境间的对流换热的影响

为了研究对流换热如何影响冷却过程中陶瓷层内的热应力(尤其是陶瓷层的表面附近)以及陶瓷层和基底界面边缘的剪应力集中,下面讨论几组对流换热系数($h=10$ W/(m^2 · K),100 W/(m^2 · K) 和 1000 W/(m^2 · K))的影响,如图 3-23(a)、(b)所示。可见:

(1)从整个冷却过程来看,对流换热对热应力产生影响不明显(除了初始时间段:区域 D)。当 $h=10$ W/(m^2 · K)和 $h=100$ W/(m^2 · K)时,在整个陶瓷层中的热应力的产生速度基本相等。当 $h=1000$ W/(m^2 · K)时,热应力的产生速度有少量的提高。

(2)在初始时段(区域 D),当 $h=10$ W/(m^2 · K)和 $h=100$ W/(m^2 · K)时,陶瓷层中热应力的产生速度基本相同,在 $y=0.30$ mm 处,$h=100$ W/(m^2 · K)时的热应力产生速度略微大于 $h=10$ W/(m^2 · K));当 $h=1000$ W/(m^2 · K)时,对流换热对陶瓷层中热应力的产生速度有着显著的影响,尤其是对于接近于陶瓷层表面 $y=0.30$ mm 处,其影响最为明显,热应力的产生速度明显大于当 $h=10$ W/(m^2 · K)和 $h=100$ W/(m^2 · K)时的速度。

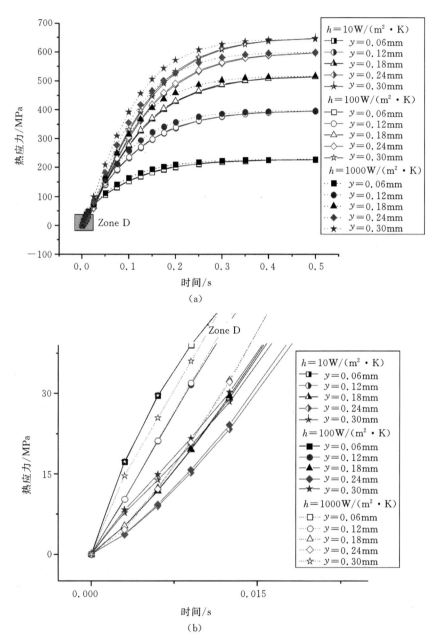

图 3-23 不同对流换热系数作用下,氧化锆陶瓷层在冷却过程中实时热应力的演化
($h=10$ W/(m² · K),$h=100$ W/(m² · K)和 $h=1000$ W/(m² · K)),陶瓷层
中 5 个位置点作为参考位置。图(b)是图(a)中 Zone D 的放大

3.6　小　结

本章节首先介绍了 TBC 系统制备过程中热应力的主要来源以及几种常用的预测热应力的理论分析模型,之后详细介绍了 TBC 系统制备过程中各个阶段的热应力、冷却过程中的热应力演化以及沉积速度等对涂层冷却过程中热应力的影响等。得出了如下的主要结论:

(1)TBC 系统制备过程中的热应力主要来自于冷却阶段,例如过渡层、YSZ 陶瓷层以及 LZ 陶瓷层沉积过程结束后的冷却过程。

(2)在 TBC 系统制备过程的冷却阶段,热应力集中产生在最初极短的时间段内,之后热应力的产生随着冷却过程的进行逐渐减小并稳定下来。

(3)适当的提高高温合金基底以及过渡层的预热温度,可以有效地降低 YSZ 陶瓷层以及 LZ 陶瓷层内部的拉应力。

由于 TBC 系统制备过程的复杂性,很多相关工作还需要进一步完善,特别是实验、相关的制备工艺优化与改进等尚需深入研究。

参考文献

[1] 王铁军,范学领,孙永乐,苏罗川,宋岩,吕伯文. 重型燃气轮机高温透平叶片热障涂层系统中的应力和裂纹问题研究进展 [J]. 固体力学学报, 2016,37(6):477-517.

[2] 曹学强. 热障涂层材料 [M]. 北京:科学出版社,2007.

[3] 马维,潘文霞,吴承康. 热障涂层材料性能和失效机理研究进展 [J]. 力学进展,2003,33(4):548-559.

[4] Pureza J M, Lacerda M M, De Oliveira A L, Fragalli J F, Zanon R A S. Enhancing accuracy to Stoney equation [J]. Applied Surface Science, 2009,255(12):6426-6428.

[5] Stoney G G. The tension of metallic films deposited by electrolysis [J]. Proceedings of the Royal Society of London,1909,82(309):40-43.

[6] Janssen G C A M, Abdallaet M M, Keulen F V, Pujada B R, Venrooy B V. Celebrating the 100th anniversary of the Stoney equation for film stress: Developments from polycrystalline steel strips to single crystal silicon wafers [J]. Thin Solid Films,2009,517(6):1858-1867.

[7] Timoshenko S. Analysis of bi-metal thermostats [J]. Josa, 1925, 11 (3): 233 – 255.

[8] Hsueh C H. Thermal stresses in elastic multilayer systems [J]. Thin Solid Films, 2002, 418(2): 182 – 188.

[9] Hutchinson J W. Stresses and failure modes in thin films and multilayers [J]. Lecture Notes, 1996.

[10] Sarioglu C, Blachere J R, Pettit F S, Meier G H. Room temperature and in-situ high temperature strain (or stress) measurements by XRD techniques [C]. in The Microscopy of Oxidation 3, L. J. A, editor. The institute of materials, London, 1997: 41 – 45.

[11] Lipkin D M, Clarke D R. Measurement of the stress in oxide scales formed by oxidation of alumina-forming alloys [J]. Oxidation of Metals, 1996, 45(45): 267 – 280.

[12] Noyan I C, Cohen J B. Residual stress: Measurement by diffraction and interpretation [M]. Springer, 1987.

[13] Zhou Y C. Coupled effects of temperature gradient and oxidation on the thermal barrier coating failure [J]. 材料科学与工程学报, 2000, 18 (z1): 412 – 425.

[14] Clyne T W, Gill S C. Residual stresses in thermal spray coatings and their effect on interfacial adhesion: A review of recent work [J]. Journal of Thermal Spray Technology, 1996, 5(4): 401 – 418.

[15] 马维, 潘文霞, 张文宏, 吴承康. 热喷涂涂层中残余应力分析和检测研究进展 [J]. 力学进展, 2002, 32(1): 41 – 56.

[16] Tsui Y C, Clyne T W. An analytical model for predicting residual stresses in progressively deposited coatings Part 3: Further development and applications [J]. Thin Solid Films, 1997, 306(1): 52 – 61.

[17] Tsui Y C, Clyne T W. An analytical model for predicting residual stresses in progressively deposited coatings Part 1: Planar geometry [J]. Thin Solid Films, 1997, 306(1): 23 – 33.

[18] Tsui Y C, Clyne T W. An analytical model for predicting residual stresses in progressively deposited coatings Part 2: Cylindrical geometry [J]. Thin Solid Films, 1997, 306(1): 34 – 51.

[19] Song Y, Zhuan X, Wang T J, Chen X. Thermal stress in fabrication of

thermal barrier coatings [J]. Journal of Thermal Stresses, 2014, 37 (12): 1390 - 1415.

[20] Zhang X C, Xu B S, Wang H D, Wu Y X. An analytical model for predicting thermal residual stresses in multilayer coating systems [J]. Thin Solid Films, 2005, 188(1 - 2): 274 - 282.

[21] 李志华, 李焕喜, 徐惠彬, 宫声凯. 热障涂层的残余应力分析 [J]. 北京航空航天大学学报, 2004, 30(3): 272 - 275.

[22] Scardi P, Leoni M, Bertamini L. Residual stresses in plasma sprayed partially stabilised zirconia TBCs: influence of the deposition temperature [J]. Thin Solid Films, 1996, 278(1 - 2): 96 - 103.

[23] Song Y, Zhuan X, Wang T J, Chen X. Evolution of thermal stress in a coating/substrate system during the cooling process of fabrication [J]. Mechanics of Materials, 2014, 74(5): 26 - 40.

[24] Song Y, Lv Z, Liu Y, Zhuan X, Wang T J. Effects of coating spray speed and convective heat transfer on transient thermal stress in thermal barrier coating system during the cooling process of fabrication [J]. Applied Surface Science, 2015, 324: 627 - 633.

[25] Widjaja S, Limarga A M, Yip T H. Modeling of residual stresses in a plasma-sprayed zirconia/alumina functionally graded-thermal barrier coating [J]. Thin Solid Films, 2003, 434(1 - 2): 216 - 227.

[26] Hsueh C H, Evans A G. Residual stresses in meta/ceramic bonded strips [J]. Journal of the American Ceramic Society, 1985, 68(5): 241 - 248.

[27] Freund L B, Floro J A, Chason E. Extensions of the Stoney formula for substrate curvature to configurations with thin substrates or large deformations [J]. Applied Physics Letters, 1999, 74(14): 1987 - 1989.

[28] Chason E, Sheldon B W, Freund L B, Floro J A, Heame S J. Origin of compressive residual stress in polycrystalline thin films [J]. Physical Review Letters, 2002, 88(15): 156103.

[29] Song Y, Wu W J, Xie F, Liu Y L, Wang T J. A theoretical model for predicting residual stress generation in fabrication process of Double-Ceramic-Layer thermal barrier coating system [J]. PLoS ONE, Ac-

cepted, 2017, 12(1).

[30] Sampath S, Jiang X Y, Matejicek J, Prchlik L, Kulkarni A, Vaidya A. Role of thermal spray processing method on the microstructure, residual stress and properties of coatings: an integrated study for Ni-5 wt. % Al bond coats [J]. Materials Science and Engineering A, 2004, 364(1 – 2): 216 – 231.

[31] Hutchinson J W. Stresses and failure modes in thin films and multilayers [J]. Lecture Notes, 1996.

[32] Kuroda S, Clyne T W. The origin and quantification of the quenching stress associated with splat cooling during spray deposition [C]. in Eschenauer H, Huber P, Nicoll AR, Sandmeier S, edotors. 2nd Plasma Technik Symposium, 1991: 273 – 284.

[33] Ranjbar-Far M, Absi J, Shahidi S, Mariaux G. Impact of the non-homogenous temperature distribution and the coatings process modeling on the thermal barrier coatings system [J]. Materials and Design, 2011, 32(2): 728 – 735.

[34] Choi S R, Zhu D, Miller R A. Mechanical properties/database of plasma-sprayed $ZrO_2 - 8$ wt% Y_2O_3 thermal barrier coatings [J]. International Journal of Applied Ceramic Technology, 2004, 1(4): 330 – 342.

[35] Evans A G, Mumm D R, Hutchinson J W, Meier G H, Pettit F S. Mechanisms controlling the durability of thermal barrier coatings [J]. Progress in Materials Science, 2001, 46(5): 505 – 553.

[36] Bergman T L, Incropera F P, Lavine A S, DeWitt D P. Fundamentals of heat and mass transfer [M]. Wiley, 2011.

[37] Myers G E. Analytical methods in conduction heat transfer [M]. McGraw-Hill, 1971.

[38] Timoshenko S P, Gere J M. Mechanics of materials [M]. Van Nostrand Reinhold Company, 1972.

[39] Rauch-Wojciechowski S, Marciniak K. Separation of variables for differential equations [C]. in Encyclopedia of Mathematical Physics, J. P. Françoise, G. L. Naber, and T. S. Tsun, editors. 2006, Academic Press: Oxford, 526 – 535.

第4章 热障涂层系统中的热生长应力

重型燃气轮机在高温下持续运转时,TBC系统中TGO的生长与增厚是燃气轮机TBC系统的主要应力源,对TBC系统失效具有重要影响。随着透平叶片高温服役时间的增加,不规则形状的TGO不断生长,伴随其产生的复杂局部应力场为微裂纹的萌生和扩展提供了驱动力,诱发界面开裂和涂层失效。阐明TGO生长应力特征及其在涂层材料系统失效过程中的作用,是分析TBC系统失效机理的基础,可为涂层系统寿命评估与性能改善提供依据。

本章主要介绍TGO生长应力的产生机理和分析方法,及其分布规律、应力状态与演化特征等,并讨论TGO生长应变等物理参数、TGO形貌等几何参数以及材料屈服和蠕变等力学行为对TGO生长应力的影响规律。

4.1 TGO 高温生长应力及其影响因素

TGO是粘结层(Bond coat,BC)高温氧化的产物,位于粘结层和陶瓷层(TBC或TC)之间。第2章对TGO的形成与生长进行了详细论述。TGO生长过程主要由沿晶界的离子扩散所控制[1,2],如图4-1所示,其生长机制主要有三种:

(1)新的氧化物在TGO与空气界面(或TGO/TBC界面)生成,具有等轴晶结构,此过程由阳离子(Al及其他合金元素)扩散主导;

(2)新的氧化物在TGO/BC界面生成,具有柱状晶结构,此过程由阴离子(O)扩散主导;

(3)新的氧化物在TGO内部生成,由阴离子和阳离子扩散至TGO内部晶界反应生成。

前两种生长方式是TGO增厚的主要原因,第三种生长方式则会使TGO面内尺寸增大。由于TBC或BC包含的活性元素(Zr,Y等)对铝元素扩散有显著的阻挡作用[3,4],因此TBC系统中的TGO高温生长主要由氧元素扩散主导,而新的TGO主要在TGO/BC界面生成。

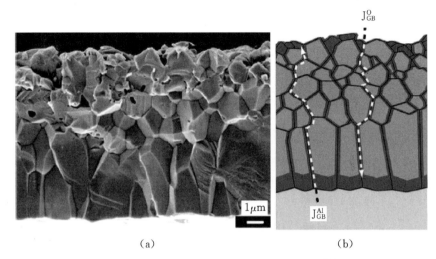

图 4-1　TGO 晶体结构与生长机制示意图[2]

(a)TGO 微观截面图,顶部为等轴晶,底部为柱状晶;

(b)氧元素和铝元素沿 TGO 内部晶界的扩散路径及 TGO 生长过程

　　TGO 高温生长逐渐增厚并产生变形,其几何构型的改变会受到周围材料或自身材料的约束,从而在系统内部产生应力。本章将涂层系统各层材料对 TGO 生长变形的应力响应统称为 TGO 生长应力。多种因素都可能诱发 TGO 生长应力,如基体材料外延生长时的晶格失配、氧化物和形成该氧化物所消耗金属的体积之间的差异、新的氧化物在原有氧化物内部生成、氧化物相变、材料表面几何形状不规则等。从力学角度而言,导致 TGO 生长应力的根本原因在于 TGO 生长变形需要涂层系统内各层材料产生附加变形与之协调。

　　大量实验表明铝合金高温氧化会使氧化膜内产生 0～1.2 GPa 的生长应力[5,6]。在稳定应力状态阶段,绝大多数氧化膜受压缩作用;但个别情况下,当合金基底中含有特殊活性元素(如 Zr)时,氧化膜内会发生氧空位和铝空位的扩散与相消,这种类似于材料损耗的效应会使氧化膜发生收缩变形,从而使氧化膜受到基体的拉伸作用[7]。

　　本章考虑诱发 TGO 生长应力的两种主要因素:Pilling-Bedworth 比值和新氧化物沿 TGO 内部晶界的横向生长。这两种因素均可导致 TGO 产生压应力。

　　在 TBC 系统内,由于 TGO 高温生长通常由氧元素扩散主导,故大部分新氧化物在 TGO/BC 界面生成(如图 4-2 所示)。以 Al_2O_3 为例,其体积大

于所消耗 Al 的体积,因此 TGO 会发生膨胀变形。但是,与 TGO 相粘结的
BC 层和 TBC 层使得 TGO 的膨胀受到约束,进而使材料系统产生应力。
Pilling 和 Bedworth[8]认为生长应力由以下比值决定:

$$R_{PB} = \frac{V_{oxide}}{V_{metal}} = \frac{M_{oxide} \cdot \rho_{metal}}{n \cdot M_{metal} \rho_{oxide}} \qquad (4-1)$$

式中,R_{PB} 是 Pilling-Bedworth 比值;M 是原子或分子质量;n 是单位氧化物分
子中金属原子的数目;ρ 是密度;V 是摩尔体积。

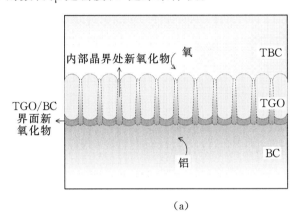

(a)

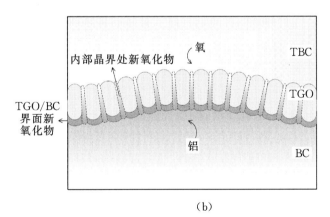

(b)

图 4-2　TBC 系统内氧元素扩散主导的 TGO 生长过程示意图
(a)平整 TGO/BC 界面;(b)不平整 TGO/BC 界面

　　按照 Pilling-Bedworth 比值根据弹性力学直接计算得到的 TGO 生长应
力通常远高于实际应力水平。如 Al_2O_3 的 R_{PB} 值为 1.28,相应的体积膨胀应
变为 8.6%,由此计算得到的 TGO 生长应力高达几十 GPa,这与实验值明显
不符。其原因一方面是合金高温氧化伴随着材料的蠕变,蠕变变形会抵消部

分生长变形;另一方面 Pilling-Bedworth 理论主要适用于纯金属,而 BC 材料是合金,合金中金属元素氧化造成的体积膨胀比纯金属复杂;再者,氧化和阳离子扩散往往同时进行,金属元素扩散后会在 BC 材料中形成相当数目的原子空位,从而部分抵消了氧化物的膨胀作用,使 TGO 实际的体积膨胀应变小于理论值。

Rhines 和 Wolf[9]认为沿氧化膜界面(或表面)以及氧化膜内部平行于界面方向生成的新氧化物虽会使氧化膜不断增厚,但这种变形可以通过沿厚度方向的刚体位移协调,不会诱发应力;只有当新氧化物沿垂直于界面方向生成时,氧化膜沿晶界增厚导致横向生长应变,才会使氧化膜和基底产生不协调变形,进而诱发生长应力。沿 TGO 内部晶界横向生长的氧化物虽然只占新生成氧化物的较小比例(如图 4-2 所示),但却对生长应力的产生起到关键性的作用。

对于具有柱状晶结构的氧化物薄膜,Tolpygo 等[10]根据 Rhines-Wolf 模型[9],提出了横向生长应变定量描述公式

$$\varepsilon_G = \frac{\Delta}{D} \tag{4-2}$$

式中,ε_G 是氧化膜横向生长应变;Δ 是沿氧化膜内部晶界横向生成的氧化物宽度;D 是沿平行于氧化膜表面方向的晶粒平均尺寸。由于氧化膜内部生成的新氧化物总是随着氧化的不断进行而增多,所以横向生长应变会逐渐累积增大。

除物理因素外,TGO 的形状对应力状态也有重要影响。制备后的 TBC/BC 界面形貌并非完全平整,BC 氧化产生的 TGO 也是凹凸不平的;同时,即使平整的 TBC/BC 界面,在 TBC 高温服役过程中,尤其是热循环与热冲击过程中,也会发生褶皱,形成非平整界面。在这种情况下,由于 TGO 沿垂直于界面方向的生长不能完全通过刚体位移协调(如图 4-2(b)所示),结果导致更为复杂的局部应力场。

恒温环境下,TGO 生长应力是材料系统的主要应力源,是诱发 TBC 系统失效(如材料开裂、层离)的主要驱动力[1];在热循环载荷作用下,尽管涂层系统在冷却过程中的热失配应力往往高于 TGO 生长应力,但 TGO 在高温阶段的生长应变依然是热循环过程中某些破坏现象(如棘轮效应)必不可少的诱发因素[11]。

TGO 高温生长使涂层系统内产生应力,材料高温蠕变则使系统应力发生松弛,二者共同决定系统的应力场[5]。当应力的产生和松弛作用达到平衡

时，涂层系统的应力水平会逐渐趋于稳定。

目前 TGO 生长应力问题的研究还不完善，主要受三方面制约：

（1）TGO 生长机制非常复杂，涉及物理、化学、热力学、材料学等众多学科。

（2）实验技术难以得到准确的生长应变数据，理论模型难以定量表征和预测生长应变。

（3）对于复杂形貌 TGO 生长应力问题，解析模型局限性较大，而数值计算模型尚未成熟。

4.2　TGO 生长应力的率无关理论

TGO 往往是不规则的，呈现出凹凸不平的形貌（如图 4 - 3 所示）。凸凹形 TGO 高温生长会在涂层系统内诱发复杂的局部应力场，为微裂纹的萌生与扩展提供驱动力。不规则的 TGO 形貌、复杂的应力分布不利于直观理解 TGO 生长应力的主要特征，需要抽象出合理的力学模型并进行求解。

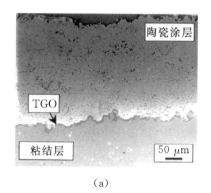
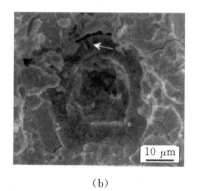

（a）　　　　　　　　　　　　　　（b）

图 4 - 3　凹凸不平 TGO[12]：（a）涂层系统显微照片；（b）TBC 剥落后的显微照片，部分 TGO 残留在 TBC 内（白色箭头方向），呈现"帽子"状

4.2.1　夹杂模型弹性解

TGO 生长变形类似于夹杂在基体中的本征变形，因而可以基于夹杂模型对 TGO 生长问题进行简化并建立率无关弹性力学模型进行求解。夹杂问题是细观力学的基本问题。Eshelby[13-15]证明无限大线弹性基体内某一椭球区域发生均匀本征变形（可能由温度变化、材料相变、氧化物生长等因素诱发）后，椭球区域的弹性应变响应也是均匀的，并由 Eshelby 张量决定。Mura[16]将本征应变理论做了进一步完善,并给出了分析本征应力的一般方法。

图 4-4 为生长区域单连通且与基体材料属性相同的基本夹杂问题的力学模型示意图。其中,Ω_1 为具有生长应变的区域,Ω_2 为无限大弹性基体,Ω_1 和 Ω_2 材料参数相同。以 Ω_1 几何中心为原点建立空间直角坐标系 $Ox_1x_2x_3$,

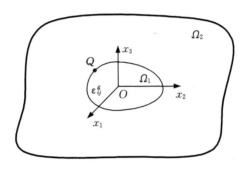

图 4-4　无限大均质材料基体(Ω_2)内单连通区域(Ω_1)生长问题的力学模型

假设生长应变 ε_{ij}^g 服从幂函数空间分布:

$$\varepsilon_{ij}^g = \begin{cases} K_{ij} \mid \boldsymbol{x} \mid^m + L_{ij}, & \boldsymbol{x} \in \Omega_1 \\ 0, & \boldsymbol{x} \in \Omega_2 \end{cases} \qquad (4-3)$$

几何方程为

$$\varepsilon_{ij} = \frac{1}{2}(u_{i,j} + u_{j,i}) \qquad (4-4)$$

其中,总的几何应变 ε_{ij} 由弹性应变 e_{ij} 和生长应变 ε_{ij}^g 两部分组成,即

$$\varepsilon_{ij} = e_{ij} + \varepsilon_{ij}^g \qquad (4-5)$$

材料本构方程

$$\sigma_{ij} = C_{ijkl}e_{kl} \qquad (4-6)$$

其中,$C_{ijkl} = \lambda\delta_{ij}\delta_{kl} + \mu\delta_{ik}\delta_{jl} + \mu\delta_{il}\delta_{jk}$,且 $\lambda = 2\mu\nu/(1-2\nu)$,$\mu = E/[2(1+\nu)]$。

将几何方程代入式(4-6),有:

$$\sigma_{ij} = C_{ijkl}(\varepsilon_{kl} - \varepsilon_{kl}^g) = C_{ijkl}(u_{k,l} - \varepsilon_{kl}^g)$$

材料满足平衡方程(不考虑体力)

$$\sigma_{ij,j} = 0 \qquad (4-7)$$

将本构方程代入后改写为位移形式

$$C_{ijkl}u_{k,lj} = C_{ijkl}\varepsilon_{kl,j}^g \qquad (4-8)$$

若令 $f_i = -C_{ijkl}\varepsilon_{kl,j}^g$,则平衡方程式(4-8)变为 $C_{ijkl}u_{k,lj} + f_i = 0$,与区域 Ω_1 内作用有体力 $-C_{ijkl}\varepsilon_{kl,j}^g$ 时(因 Ω_2 内 $\varepsilon_{ij}^g = 0 \Rightarrow \varepsilon_{kl,j}^g = 0$,故 Ω_2 内无作用力)材

料满足的平衡方程相同,说明二者具有等价关系。

由于基体边界自由,故当 $|x| \to \infty$ 时

$$C_{ijkl} u_{k,l} n_j = 0 \tag{4-9}$$

由上式可知,基体应力分量会随着距离的增大而衰减,因此 Ω_1 附近的局部弹性场是求解的重点。

由于生长应变在 Ω_1 和 Ω_2 界面处不连续,且界面理想粘结,从而使界面内外材料各弹性分量满足以下关系(以图 4-4 中的 Q 点为例)。

1. 界面位移连续

$$[u_i] \equiv u_i(\text{out}) - u_i(\text{in}) = 0 \tag{4-10}$$

其中,$[u_i]$ 表示紧邻界面 Q 点的 Ω_1 和 Ω_2 内两点的位移不连续程度;$u_i(\text{out})$ 表示基体内(Ω_2)无限接近界面 Q 点位置处的位移分量;$u_i(\text{in})$ 表示生长区域内(Ω_1)无限接近界面 Q 点位置处的位移分量。界面处其他弹性分量的类似表达式也表示同样的含义。

2. 界面作用力连续

根据作用力与反作用力大小相等的原理和柯西公式,可得以下关系

$$[\sigma_{ij}] n_j \equiv \{\sigma_{ij}(\text{out}) - \sigma_{ij}(\text{in})\} n_j = 0 \tag{4-11}$$

其中,n_j 为 Ω_1 边界曲面外法线单位向量的分量。

3. 界面位置位移梯度跳跃

虽然位移在界面具有连续性,但位移关于空间坐标的导数却未必连续。设位移梯度在界面位置的跳跃值为 $[u_{i,j}] \equiv u_{i,j}(\text{out}) - u_{i,j}(\text{in})$。

由界面位移连续性可知 $du_i(\text{out}) - du_i(\text{in}) = 0$,即 $[u_{i,j}] dx_j = 0$,又因界面法向量满足 $n_j dx_j = 0$,故可设:

$$[u_{i,j}] \equiv u_{i,j}(\text{out}) - u_{i,j}(\text{in}) = \beta_i n_j \tag{4-12}$$

其中,β_i 为待定系数,由界面形状和生长应变共同决定。

根据界面处作用力连续条件和材料本构方程,可得:

$$C_{ijkl} \{[u_{k,l}(\text{out}) - u_{k,l}(\text{in})] - [\varepsilon_{kl}^g(\text{out}) - \varepsilon_{kl}^g(\text{in})]\} n_j = 0$$

注意到 $\varepsilon_{kl}^g(\text{out}) = 0$,进一步可得确定 β_i 的线性方程组为

$$C_{ijkl} \beta_k n_l n_j + C_{ijkl} \varepsilon_{kl}^g(\text{in}) n_j = 0 \tag{4-13}$$

4. 界面位置应力跳跃

得到界面位置位移梯度跳跃值之后即可根据本构方程求得应力跳跃值

$$[\sigma_{ij}] = \sigma_{ij}(\text{out}) - \sigma_{ij}(\text{in})$$

$$= C_{ijkl} \{[u_{k,l}(\text{out}) - u_{k,l}(\text{in})] - [\varepsilon_{kl}^g(\text{out}) - \varepsilon_{kl}^g(\text{in})]\}$$

$$= C_{ijkl}\left[\beta_k n_l + \varepsilon_{kl}^g(\mathrm{in})\right] \tag{4-14}$$

根据式(4-10)～式(4-14)就可由 Ω_1 的弹性场确定界面附近 Ω_2 的弹性分量。

生长应力问题与体力作用下材料的弹性响应问题的平衡方程相同,故可采用 Green 函数法对生长应力问题进行求解,从而将求解均质材料生长变形的弹性响应问题归结为求解 Green 函数法中的势函数及其导数。Green 函数 $G_{ij}(\boldsymbol{x}-\boldsymbol{x}')$ 反映了材料内 $\boldsymbol{x}'$ 位置处受到沿 x_j 方向单位集中力作用时,材料内 $\boldsymbol{x}$ 位置沿 x_i 方向的位移,其表达式为:

$$
\begin{aligned}
G_{ij}(\boldsymbol{x}-\boldsymbol{x}') &= \frac{1}{4\pi\mu}\frac{\delta_{ij}}{|\boldsymbol{x}-\boldsymbol{x}'|} - \frac{1}{16\pi\mu(1-\nu)}\frac{\partial^2}{\partial x_i \partial x_j}|\boldsymbol{x}-\boldsymbol{x}'| \\
&= \frac{1}{16\pi\mu(1-\nu)|\boldsymbol{x}-\boldsymbol{x}'|}\left[(3-4\nu)\delta_{ij} + \frac{(x_i - x_i')(x_j - x_j')}{|\boldsymbol{x}-\boldsymbol{x}'|^2}\right]
\end{aligned}
\tag{4-15}
$$

经过推导可得材料各弹性分量的积分解为

$$u_i(\boldsymbol{x}) = \frac{1}{16\pi\mu(1-\nu)}\psi_{,ikl} - \frac{\delta_{ik}}{4\pi\mu}\phi_{,l} \tag{4-16}$$

$$\varepsilon_{ij}(\boldsymbol{x}) = \frac{1}{32\pi\mu(1-\nu)}(\psi_{,iklj} + \psi_{,jkli}) - \frac{1}{8\pi\mu}(\delta_{ik}\phi_{,lj} + \delta_{jk}\phi_{,li}) \tag{4-17}$$

$$\sigma_{ij}(\boldsymbol{x}) = \lambda(\varepsilon_{mn} - \varepsilon_{mn}^g)\delta_{ij} + 2\mu(\varepsilon_{ij} - \varepsilon_{ij}^g) \tag{4-18}$$

其中

$$\psi = \int_{\Omega_1}\left[(\lambda K_{mn}\delta_{kl} - 2\mu K_{kl})|\boldsymbol{x}'|^m + (\lambda L_{mn}\delta_{kl} + 2\mu L_{kl})\right]|\boldsymbol{x}-\boldsymbol{x}'|\mathrm{d}\boldsymbol{x}' \tag{4-19}$$

$$\phi = \int_{\Omega_1}\frac{(\lambda K_{mn}\delta_{kl} + 2\mu K_{kl})|\boldsymbol{x}'|^m + (\lambda L_{mn}\delta_{kl} + 2\mu L_{kl})}{|\boldsymbol{x}-\boldsymbol{x}'|}\mathrm{d}\boldsymbol{x}' \tag{4-20}$$

至此得到了均质材料生长变形弹性响应问题的积分解。而事实上,Ω_1 区域(TGO)和 Ω_2 区域(TBC 或 BC)存在材料性能不匹配问题(图4-5),为此可通过等效生长应变方法研究 Ω_1 为异质材料时的系统弹性响应。

设 Ω_1 的实际生长应变为 ε_{ij}^g,Lame 常数为 $\bar{\lambda}$ 和 $\bar{\mu}$,Ω_2 的 Lame 常数为 λ 和 μ,则可假设存在与 Ω_1 形状和位置相同的等效材料,其 Lame 常数与 Ω_2 相同;若限定等效材料的等效生长应变与 Ω_1 材料的实际生长应变导致的系统弹性场相同,则等效生长应变 ε_{ij}^{g*} 与 Ω_1 实际生长应变 ε_{ij}^g 应满足如下关系:

$$\bar{\lambda}(\varepsilon_{mn} - \varepsilon_{mn}^g)\delta_{ij} + 2\bar{\mu}(\varepsilon_{ij} - \varepsilon_{ij}^g) = \lambda(\varepsilon_{mn} - \varepsilon_{mn}^{g*})\delta_{ij} + 2\mu(\varepsilon_{ij} - \varepsilon_{ij}^{g*}) \tag{4-21}$$

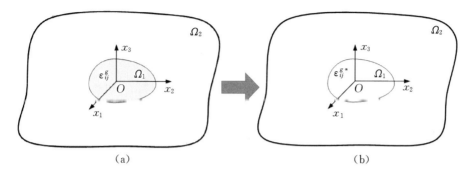

图 4-5　生长应变的等效代换

(a)异质材料(TGO)生长问题；(b)均质材料生长问题

由于 ε_{ij} 可通过求解区域 Ω_1 的等效生长问题(利用均质材料的基本解)得到，故 ε_{ij} 最终可用等效生长应变 ε_{ij}^{g*} 来表示，由此可知，将方程(4-21)中的 ε_{ij} 用 ε_{ij}^{g*} 的函数代替后，就可利用方程(4-21)来求解等效生长应变的各分量，即

$$f(\varepsilon_{ij}^{g*}, \varepsilon_{ij}^{g}, \bar{\lambda}, \bar{\mu}, \lambda, \mu) = 0 \qquad (4-22)$$

最后根据等效生长应变 ε_{ij}^{g*} 即可得到异质材料生长问题的位移解，其他弹性分量进而也可求得。但需要指出，由于 ε_{ij} 并非 ε_{ij}^{g*} 的显函数，因此求解方程(4-21)在数学上具有很大的难度。

考虑到 TGO 局部起伏区域会包裹异质材料(TBC 或 BC)，即 TGO 形貌具有多连通性特征，如图 4-6 所示，假设区域 Ω_2 内 TGO 的生长应变满足

$$\varepsilon_{ij}^{g}(\boldsymbol{x}) = \begin{cases} K_{ij} \mid \boldsymbol{x} \mid^{m} + L_{ij}, & \boldsymbol{x} \in \Omega_2 \\ 0, & \boldsymbol{x} \in \Omega_1 \bigcup \Omega_3 \end{cases} \qquad (4-23)$$

将生长应变分解为

$$\varepsilon_{ij}^{g} = \varepsilon_{ij}^{g1} + \varepsilon_{ij}^{g2} \qquad (4-24)$$

其中

$$\varepsilon_{ij}^{g1}(\boldsymbol{x}) = \begin{cases} K_{ij} \mid \boldsymbol{x} \mid^{m} + L_{ij}, & \boldsymbol{x} \in \Omega_1 \bigcup \Omega_2 \\ 0, & \boldsymbol{x} \in \Omega_3 \end{cases} \qquad (4-25)$$

$$\varepsilon_{ij}^{g2}(\boldsymbol{x}) = \begin{cases} - K_{ij} \mid \boldsymbol{x} \mid^{m} - L_{ij}, & \boldsymbol{x} \in \Omega_1 \\ 0, & \boldsymbol{x} \in \Omega_2 \bigcup \Omega_3 \end{cases} \qquad (4-26)$$

于是，多连通区域 TGO 生长问题(ε_{ij}^{g})就可以分解为两个单连通区域 TGO 生长问题(ε_{ij}^{g1} 和 ε_{ij}^{g2})，这样就可以利用夹杂模型方法进行求解，只要将二者的弹性解叠加即可得到 ε_{ij}^{g} 作用下材料系统的弹性场(图 4-6)。利用叠加

原理进行求解时 Ω_1 和 Ω_2 的弹性常数需相同,而 Ω_3 的弹性常数可以不同,即叠加模型不能处理生长区域与其内部材料之间的材料参数失配问题。

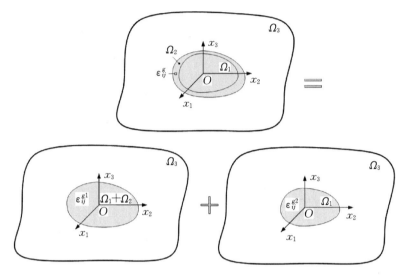

图 4-6 多连通区域(Ω_2)内 TGO 生长问题的分解

4.2.2 球对称模型基本方程及其弹塑性解

在基于弹性夹杂模型求解 TGO 生长应力问题的积分解的过程中,对 TGO 形貌和生长应变并没有非常严格的限制,适用范围广。但是,由于积分的困难性,所得到的弹性解难以直接用以计算。根据实际 TGO 形貌特征(见图4-3),可以建立图 4-7(a)所示 TGO 生长简化模型。再根据受力特征将 TGO 凸凹部分分别等效为图 4-7(b)与图 4-7(c)所示的球对称模型。球对称模型使得理论分析大大简化,同时能反映 TGO 受力的关键特征。

考虑到 TGO 生长问题的本质特征,如 TGO 局部形貌不平整,生长应变非均匀、非各向同性等,可对球对称模型作以下基本假设[17]:

(1)材料满足率无关各向同性本构方程(第 4.5 节将考虑率相关材料行为);

(2)TGO 外部材料无限大且边界自由;

(3)材料系统满足球对称条件;

(4)材料界面为理想粘结;

(5)TGO 生长应变恒为正值,且在考虑应变梯度时,生长应变从 TGO/BC

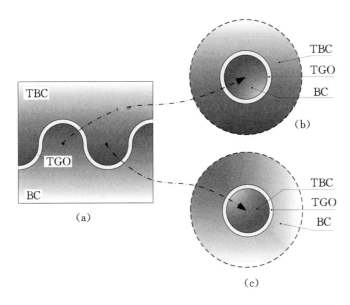

图 4-7　凸凹形 TGO 生长问题力学模型示意图
(a)涂层系统结构示意图；(b)凸形 TGO 模型；(c)凹形 TGO 模型

界面到 TGO/TBC 界面逐渐减小，并服从幂函数分布规律；

（6）TGO 生长应变由 BC 氧化过程决定，不受应力影响。

其中，假设（2）的依据是涂层系统中 TBC 或 BC 厚度均远大于 TGO 厚度；假设（5）的依据是 TBC 系统中 TGO 的高温生长受氧元素扩散主导，新氧化物主要在 TGO/BC 界面生成；假设（6）的目的是忽略 TGO 生长应变与应力之间可能存在的耦合关系。

球对称理论模型适用于求解 TGO 厚度固定时（即特定生长阶段）、由 TGO 增厚生长应变和横向生长应变所导致的系统局部应力场。球对称模型可考虑生长应变的非均匀性和非各向同性特征，还可考虑 TGO 及其外部材料的塑性行为。该理论模型的缺点是：①TGO 被简化为封闭体，而事实上 TGO 是一层起伏不平的材料，二者几何特征存在差异；②在简化的涂层系统的最内层，材料受静水应力作用，无法考虑其塑性变形。尽管如此，球对称模型抓住了生长应力问题的本质特征，利用该模型对生长应力状态和趋势的预测可以加深对 TGO 生长应力的理解。

1. 弹性问题基本方程及其封闭解

球对称模型中，经、纬度方向材料的力学响应相同，故可一起考虑，统称为环向分量。对于凸状 TGO，区域（1）为 BC，区域（2）为 TGO，区域（3）为

TBC(参见图 4-7(b));对于凹状 TGO,区域(1)为 TBC,区域(2)为 TGO,区域(3)为 BC(参见图 4-7(c))。此外,图 4-8 中 R 为区域(1)的半径,h 为 TGO 厚度。

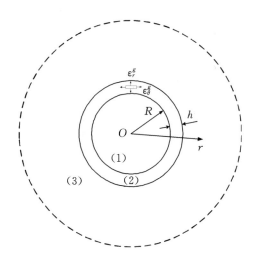

图 4-8 弹性问题球对称模型示意图

假设 TGO 生长应变服从以下空间分布

$$\varepsilon_r^g = k_r \left(\frac{r}{R} \right)^m + \varepsilon_{r0}^g \tag{4-27}$$

$$\varepsilon_\theta^g = k_\theta \left(\frac{r}{R} \right)^m + \varepsilon_{\theta 0}^g \tag{4-28}$$

其中,ε_r^g 为径向生长应变;ε_θ^g 为环向生长应变;k 和 m 为梯度参数;ε_0^g 为参考应变。虽然梯度参数和参考应变难以直接确定,但不难看出,在给定指数 m 后,k 和 ε_0^g 均可由靠近 TGO/BC 界面和 TGO/TBC 界面的 TGO 生长应变确定,再由实验数据确定边界生长应变值,即可确定 ε_r^g 和 ε_θ^g 的表达式。

材料系统满足平衡方程

$$\frac{\mathrm{d}\sigma_r}{\mathrm{d}r} + \frac{2}{r}(\sigma_r - \sigma_\theta) = 0 \tag{4-29}$$

几何方程为

$$\varepsilon_r = \frac{\mathrm{d}u_r}{\mathrm{d}r} \tag{4-30}$$

$$\varepsilon_\theta = \frac{u_r}{r} \tag{4-31}$$

1) 对于区域(1)和区域(3)

本构方程为

$$\sigma_r = \frac{E}{(1+\nu)(1-2\nu)}\big[(1-\nu)\varepsilon_r + 2\nu\varepsilon_\theta\big] \tag{4-32}$$

$$\sigma_\theta = \frac{E}{(1+\nu)(1-2\nu)}(\varepsilon_\theta + \nu\varepsilon_r) \tag{4-33}$$

采用位移解法可得控制方程为

$$\frac{d^2 u_r}{dr^2} + \frac{2}{r}\frac{du_r}{dr} - \frac{2u_r}{r^2} = 0 \tag{4-34}$$

求得通解为

$$u_r = \frac{C_1}{r^2} + C_2 r \tag{4-35}$$

(1) 在区域(1)内,根据 $r=0$ 处位移为零的对称条件,有 $C_1 = 0$,故

$$u_r^{(1)} = C^{(1)} r \tag{4-36}$$

$$\sigma_r^{(1)} = \sigma_\theta^{(1)} = \frac{E_1 C^{(1)}}{1-2\nu_1} \tag{4-37}$$

其中,$C^{(1)}$ 为区域(1)弹性通解的待定系数,其他区域通解中的待定系数也均采用类似符号表示。

(2) 在区域(3)内,根据 $r=\infty$ 时应力为零的边界条件,有 $C_2 = 0$,故

$$u_r^{(3)} = \frac{C^{(3)}}{r^2} \tag{4-38}$$

$$\sigma_r^{(3)} = -2\sigma_\theta^{(3)} = -\frac{2E_3}{1+\nu_3}\frac{C^{(3)}}{r^3} \tag{4-39}$$

2) 对于区域(2)

本构方程为

$$\sigma_r^{(2)} = \frac{E_2}{(1+\nu_2)(1-2\nu_2)}\big[(1-\nu_2)(\varepsilon_r^{(2)}-\varepsilon_r^g) + 2\nu_2(\varepsilon_\theta^{(2)}-\varepsilon_\theta^g)\big] \tag{4-40}$$

$$\sigma_\theta^{(2)} = \frac{E_2}{(1+\nu_2)(1-2\nu_2)}\big[(\varepsilon_\theta^{(2)}-\varepsilon_\theta^g) + \nu_2(\varepsilon_r^{(2)}-\varepsilon_r^g)\big] \tag{4-41}$$

采用位移解法可得控制方程为

$$\frac{d^2 u_r}{dr^2} + \frac{2}{r}\frac{du_r}{dr} - \frac{2}{r^2}u_r + \frac{\gamma_1}{r}\Big(\frac{r}{R}\Big)^m + \frac{\gamma_2}{r} = 0 \tag{4-42}$$

其中

$$\gamma_1 = \frac{2(1-2\nu_2)(k_\theta-k_r) - \big[2\nu_2 k_\theta + (1-\nu_2)k_r\big]m}{1-\nu_2} \tag{4-43}$$

$$\gamma_2 = \frac{2(1-2\nu_2)(\varepsilon_{\theta 0}^g - \varepsilon_{r 0}^g)}{1-\nu_2} \tag{4-44}$$

γ_1 主要反映径向与环向生长应变梯度参数(k 和 m)的影响,而 γ_2 反映参考应变之差的影响。若生长应变是均匀的($k_r = k_\theta = 0$),则 $\gamma_1 = 0$;若环向生长应变与径向生长应变相等,则 $\gamma_2 = 0$。

求解控制方程可得

$$u_r^{(2)} = C_1^{(2)} r + \frac{C_2^{(2)}}{r^2} - \frac{\gamma_1}{m(m+3)} r \left(\frac{r}{R}\right)^m - \frac{\gamma_2}{3} r \ln r \tag{4-45}$$

$$\sigma_r^{(2)} = \frac{E_2}{(1+\nu_2)(1-2\nu_2)} \Big\{ (1+\nu_2)C_1^{(2)} - 2(1-2\nu_2)\frac{C_2^{(2)}}{r^3} - [(1-\nu_2)(m+1)$$

$$+ 2\nu_2] \frac{\gamma_1}{m(m+3)} \left(\frac{r}{R}\right)^m - \frac{\gamma_2}{3}[(1+\nu_2)\ln r + (1-\nu_2)]$$

$$- (1-\nu_2)\left[k_r\left(\frac{r}{R}\right)^m + \varepsilon_{r 0}^g\right] - 2\nu_2\left[k_\theta\left(\frac{r}{R}\right)^m + \varepsilon_{\theta 0}^g\right] \Big\} \tag{4-46}$$

$$\sigma_\theta^{(2)} = \frac{E_2}{(1+\nu_2)(1-2\nu_2)} \Big\{ (1+\nu_2)C_1^{(2)} + (1-2\nu_2)\frac{C_2^{(2)}}{r^3}$$

$$- [\nu_2(m+1)+1] \frac{\gamma_1}{m(m+3)} \left(\frac{r}{R}\right)^m - \frac{\gamma_2}{3}[(1+\nu_2)\ln r + \nu_2]$$

$$- \nu_2\left[k_r\left(\frac{r}{R}\right)^m + \varepsilon_{r 0}^g\right] - \left[k_\theta\left(\frac{r}{R}\right)^m + \varepsilon_{\theta 0}^g\right] \Big\} \tag{4-47}$$

利用区域(1)、(2)和(3)界面处径向位移和应力的连续条件可确定积分系数,建立方程组如下

$$u_r^{(1)}(R) = u_r^{(2)}(R) \tag{4-48}$$

$$\sigma_r^{(1)}(R) = \sigma_r^{(2)}(R) \tag{4-49}$$

$$u_r^{(2)}(R+h) = u_r^{(3)}(R+h) \tag{4-50}$$

$$\sigma_r^{(2)}(R+h) = \sigma_r^{(3)}(R+h) \tag{4-51}$$

改写为矩阵形式

$$\boldsymbol{Sc} = \boldsymbol{d} \tag{4-52}$$

由上述方程可得弹性通解待定系数为

$$\boldsymbol{c} = \boldsymbol{S}^{-1}\boldsymbol{d}$$

2. 塑性问题基本方程与封闭解

TGO 生长应力问题的球对称模型弹塑性解可通过采用 Tresca 屈服准则和理想弹塑性本构方程而求解得到。

由球对称模型的弹性解可知:

对于区域(1),径向和环向应力相等(见式(4-37)),始终不满足屈服条件(这也是球对称模型的局限性);

对于区域(2),有

$$|\sigma_\theta - \sigma_r|$$

$$= \frac{E_2}{1+\nu_2}\left|\frac{3C_2^{(2)}}{r^3} + \frac{\gamma_1}{m+3}\left(\frac{r}{R}\right)^m + \frac{\gamma_2}{3} + \left[(k_r - k_\theta)\left(\frac{r}{R}\right)^m + (\varepsilon_{r0}^k - \varepsilon_{\theta0}^k)\right]\right|$$

因 $\sigma_\theta - \sigma_r$ 的正负难以直接判断,故需要分类讨论,这里以径向和环向生长应变相等且均匀分布的情况为例进行求解,即 $\varepsilon_r^g = \varepsilon_\theta^g = \varepsilon_g$($\varepsilon_g$ 为常数);

对于区域(3),有

$$|\sigma_\theta - \sigma_r| = \left|\frac{3E_3}{1+\nu_3}\frac{C^{(3)}}{r^3}\right|$$

因 TGO 生长应变为正值,区域(3)受到内部 TGO 的挤压,故可推断区域(3)位移为正,即 $C^{(3)}$ 为正值(见式(4-38)),由此可将屈服条件改写为 $\sigma_\theta - \sigma_r = \frac{3E_3}{1+\nu_3}\frac{C^{(3)}}{r^3} = \sigma_Y^{(3)}$ 进行求解。

下面首先求解区域(3)材料(TBC 或 BC)屈服后系统对 TGO 生长应变的弹塑性响应,然后再求解 TGO 径向和环向生长应变均匀且相等时区域(2)材料(TGO)屈服后系统的弹塑性响应。

设区域(3)的屈服半径为 R_p(如图 4-9 所示),在弹性区内($r \geqslant R_p$),有

$$u_r^{(3)} = \frac{C^{(3)}}{r^2}$$

$$\sigma_r^{(3)} = -2\sigma_\theta^{(3)} = -\frac{2E_3}{1+\nu_3}\frac{C^{(3)}}{r^3}$$

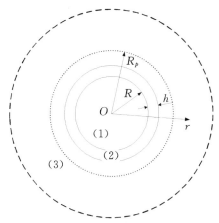

图 4-9　弹塑性问题球对称模型示意图

区域(3)材料在 $r=R_p$ 处刚好发生屈服，将弹性解代入屈服条件,有

$$\sigma_\theta - \sigma_r = \frac{3E_3 C^{(3)}}{(1+\nu_3)R_p^3} = \sigma_Y^{(3)} \tag{4-53}$$

由此可得

$$C^{(3)} = \frac{\sigma_Y^{(3)}(1+\nu_3)R_p^3}{3E_3} \tag{4-54}$$

在塑性区内 $(R+h \leqslant r < R_p)$,平衡方程为

$$\frac{\mathrm{d}\sigma_r}{\mathrm{d}r} + \frac{2}{r}(\sigma_r - \sigma_\theta) = 0$$

代入屈服条件可得

$$\frac{\mathrm{d}\sigma_r}{\mathrm{d}r} - \frac{2\sigma_Y^{(3)}}{r} = 0 \tag{4-55}$$

利用 $r=R_p$ 处径向位移与径向应力连续条件,可得

$$\sigma_r^{(3)} = \frac{2}{3}\sigma_Y^{(3)}\left(3\ln\frac{r}{R_p} - 1\right) \tag{4-56}$$

$$\sigma_\theta^{(3)} = \frac{2}{3}\sigma_Y^{(3)}\left(3\ln\frac{r}{R_p} + \frac{1}{2}\right) \tag{4-57}$$

因塑性区内材料只发生弹性体积变形,故

$$\varepsilon_r + 2\varepsilon_\theta = \frac{\sigma_r + 2\sigma_\theta}{3\kappa} \tag{4-58}$$

将上式改写为位移形式的控制方程

$$\frac{\mathrm{d}u_r}{\mathrm{d}r} + \frac{2u_r}{r} - \frac{6\sigma_Y^{(3)}(1-2\nu_3)}{E_3}\ln\frac{r}{R_p} = 0 \tag{4-59}$$

通解为

$$u_r^{(3)} = \frac{C}{r^2} + \frac{2(1-2\nu_3)\sigma_Y^{(3)}}{3E_3}\left(3\ln\frac{r}{R_p} - 1\right)r \tag{4-60}$$

利用 $r=R_p$ 处径向位移连续条件,可得

$$u_r^{(3)} = \frac{(1-\nu_3)\sigma_Y^{(3)}r}{E_3}\left(\frac{R_p}{r}\right)^3 + \frac{2(1-2\nu_3)\sigma_Y^{(3)}}{3E_3}\left(3\ln\frac{r}{R_p} - 1\right)r \tag{4-61}$$

在区域(1)和区域(2)内材料仍处于弹性状态,故与前面所求得的解相同。

系统各区域通解的未知系数包括 R_p、$C_1^{(2)}$、$C_2^{(2)}$ 和 $C^{(3)}$,利用界面径向位移和径向应力连续条件,可得求解待定系数的非线性方程组

$$C^{(1)}R = C_1^{(2)}R + \frac{C_2^{(2)}}{R^2} - \frac{\gamma_1}{m(m+3)}R - \frac{\gamma_2}{3}R\ln R \tag{4-62}$$

$$\frac{E_1 C^{(1)}}{1-2\nu_1} = \frac{E_2}{(1+\nu_2)(1-2\nu_2)}\left\{(1+\nu_2)C_1^{(2)} - 2(1-2\nu_2)\frac{C_2^{(2)}}{R^3}\right.$$

$$-\big[(1-\nu_2)(m+1)+2\nu_2\big]\frac{\gamma_1}{m(m+3)}-\big[(1+\nu_2)\ln R+(1-\nu_2)\big]\frac{\gamma_2}{3}$$

$$-(1-\nu_2)(k_r+\varepsilon_{r0}^g)-2\nu_2(k_\theta+\varepsilon_{\theta0}^g)\Big\} \tag{4-63}$$

$$\frac{\sigma_Y^{(3)}}{E_3}\frac{R_p^3}{(R+h)^2}(1-\nu_3)+\frac{2\sigma_Y^{(3)}(1-2\nu_3)}{3E_3}(R+h)\Big(3\ln\frac{R+h}{R_p}-1\Big)$$

$$=C_1^{(2)}(R+h)+\frac{C_2^{(2)}}{(R+h)^2}-\frac{\gamma_1(R+h)}{m(m+3)}\Big(\frac{R+h}{R}\Big)^m$$

$$-\frac{\gamma_2}{3}(R+h)\ln(R+h) \tag{4-64}$$

$$\frac{2}{3}\sigma_Y^{(3)}\Big(3\ln\frac{R+h}{R_p}-1\Big)$$

$$=\frac{E_2}{(1+\nu_2)(1-2\nu_2)}\Big\{(1+\nu_2)C_1^{(2)}-2(1-2\nu_2)\frac{C_2^{(2)}}{(R+h)^3}$$

$$-\frac{\gamma_2}{3}\big[(1+\nu_2)\ln(R+h)+(1-\nu_2)\big]$$

$$-\big[(1-\nu_2)(m+1)+2\nu_2\big]\frac{\gamma_1}{m(m+3)}\Big(\frac{R+h}{R}\Big)^m$$

$$-(1-\nu_2)\Big[k_r\Big(\frac{R+h}{R}\Big)^m+\varepsilon_{r0}^g\Big]-2\nu_2\Big[k_\theta\Big(\frac{R+h}{R}\Big)^m+\varepsilon_{\theta0}^g\Big]\Big\} \tag{4-65}$$

下面求解区域(2)材料(TGO)屈服后的弹塑性问题。

当 TGO 生长应变满足 $\varepsilon_r^g=\varepsilon_\theta^g=\varepsilon_g$ 时，$k=0$，$\gamma_1=\gamma_2=0$，其弹性解变为

$$u_r^{(2)}=C_1^{(2)}r+\frac{C_2^{(2)}}{r^2} \tag{4-66}$$

$$\sigma_r^{(2)}=\frac{E_2}{(1+\nu_2)(1-2\nu_2)}\Big[(1+\nu_2)(C_1^{(2)}-\varepsilon_g)-2(1-2\nu_2)\frac{C_2^{(2)}}{r^3}\Big] \tag{4-67}$$

$$\sigma_\theta^{(2)}=\frac{E_2}{(1+\nu_2)(1-2\nu_2)}\Big[(1+\nu_2)(C_1^{(2)}-\varepsilon_g)+(1-2\nu_2)\frac{C_2^{(2)}}{r^3}\Big] \tag{4-68}$$

对系统弹性解待定系数方程的研究发现，当 $\varepsilon_r^g=\varepsilon_\theta^g=\varepsilon_g$ 时，$C_2^{(2)}$ 始终小于 0（对于本章给定的模型材料参数），故区域(2)TGO 的屈服条件可改写为

$$\sigma_r-\sigma_\theta=-\frac{E_2}{1+\nu_2}\frac{3C_2^{(2)}}{r^3}=\sigma_Y^{(2)} \tag{4-69}$$

采用与求解区域(3)弹塑性问题相同的方法可得，TGO 塑性区（$R\leqslant r\leqslant R_p$）内

$$u_r^{(2)}=\frac{R_p^3}{r^2}\Big[\varepsilon_g-\frac{(1-\nu_2)\sigma_Y^{(2)}}{E_2}\Big]+\frac{2(1-2\nu_2)\sigma_Y^{(2)}r}{3E_2}\Big(3\ln\frac{R_p}{r}+1\Big)+(C_1^{(2)}-\varepsilon_g)r$$

$$\tag{4-70}$$

$$\sigma_r^{(2)} = \frac{2}{3}\sigma_Y^{(2)}\left(3\ln\frac{R_p}{r}+1\right)+\frac{E_2(C_1^{(2)}-\varepsilon_g)}{1-2\nu_2} \qquad (4-71)$$

$$\sigma_\theta^{(2)} = \frac{2}{3}\sigma_Y^{(2)}\left(3\ln\frac{R_p}{r}-\frac{1}{2}\right)+\frac{E_2(C_1^{(2)}-\varepsilon_g)}{1-2\nu_2} \qquad (4-72)$$

弹性区$(R_p < r \leqslant R+h)$内各分量表达式如式$(4-45)$、式$(4-46)$、式$(4-47)$所示，选择R_p为待定系数，则$C_2^{(2)}=\dfrac{(1+\nu_2)\sigma_Y^{(2)}R_p^3}{3E_2}$。

利用界面径向位移和径向应力连续条件，可得确定未知系数的非线性方程组为

$$C^{(1)}R = \frac{R_p^3}{R^2}\left[\varepsilon_g-\frac{(1-\nu_2)\sigma_Y^{(2)}}{E_2}\right]+\frac{2(1-2\nu_2)\sigma_Y^{(2)}R}{3E_2}\left(3\ln\frac{R_p}{R}+1\right)+(C_1^{(2)}-\varepsilon_g)R$$
$$(4-73)$$

$$\frac{E_1C^{(1)}}{1-2\nu_1} = \frac{2}{3}\sigma_Y^{(2)}\left(3\ln\frac{R_p}{R}+1\right)+\frac{E_2(C_1^{(2)}-\varepsilon_g)}{1-2\nu_2} \qquad (4-74)$$

$$\frac{C^{(3)}}{(R+h)^2} = C_1^{(2)}(R+h)-\frac{(1+\nu_2)\sigma_Y^{(2)}R_p^3}{3E_2(R+h)^2} \qquad (4-75)$$

$$-\frac{2E_3}{1+\nu_3}\frac{C^{(3)}}{(R+h)^3} = \frac{E_2}{(1-2\nu_2)}(C_1^{(2)}-\varepsilon_g)+\frac{2\sigma_Y^{(2)}}{3}\left(\frac{R_p}{R+h}\right)^3 \qquad (4-76)$$

至此，建立了球对称模型弹塑性问题的基本方程，并得到了系统局部生长应力场的封闭解。

4.2.3　其他模型

在理论分析方面，除了前面介绍的夹杂模型和球对称模型，还可对实际问题进行不同角度或不同程度的简化，建立其他力学模型进行分析。例如，针对几何形状，根据所关心的涂层系统和应力类型的不同，可以建立轴对称模型、平板模型或梁模型分析 TGO 的局部或者平均生长应力；对于材料行为，可假设弹性、弹塑性、粘弹塑性等。下面从文献中选取典型模型做简要介绍。

Ambrico 等[18]利用球模型和圆柱模型研究了弹塑性基底上氧化物薄膜由热循环和薄膜生长导致的应力和形状演化；他们考虑了氧化物面内和面外生长两种机制，得到了两种模型的理论封闭解，发现两种模型的预测结果基本一致。

Hsueh 和 Evans[19]基于柱对称和平面应变假设求得了生长应力的弹性

解和粘弹性解,讨论了不同氧化位置(即氧化发生在氧化物表面或者氧化物与基底之间的界面)与不同氧化应变(即变形沿厚度单向或沿体积等向)时涂层系统的生长应力的分布,发现这二者对应力状态与幅值具有重要影响;他们还进一步分析了生长应力对氧化膜开裂和剥落的影响。Evans 等[28]后来针对 TGO 两种不同生长机制还建立了计算 TGO 生长应力的球对称理论模型,模型中考虑了 TGO 沿厚度方向的生长应变,且忽略了各层材料参数的区别。Evans 课题组所发展的经典理论模型重点求解生长应力的空间分布,但没有考虑氧化的动态过程,因而无法得到氧化物的率相关行为对生长应力的影响。

Tolpygo 和 Clarke[5]利用平板模型推算了 TGO 生长应力和蠕变应变,结合实验结果他们发现 TGO 横向生长应变与合金氧化时间近似成抛物线关系,而与 TGO 厚度成线性关系,TGO 生长应力可以达到－1.2 GPa。Clarke[26]假设氧化物横向生长与氧化膜内刃型位错的攀移相关,即相互扩散的正离子和负离子被困在位错核内,位错就会沿着氧化膜厚度方向攀移;基于这样的认识,Clarke 建立了氧化物横向生长应变率理论,该理论预测氧化物横向生长应变率与增厚率成线性关系。Clarke 课题组所建立的经典理论模型可以得到生长应力演化过程,但未能考虑局部生长应力的不均匀分布以及局部材料曲率对应力的影响。

Panicaud 等[20]计算了金属平板表面发生氧化时材料系统各层内均匀分布的氧化物生长应力,他们考虑了氧化的动态性,给出了 TGO 向内生长和向外生长时材料系统应力演化的控制方程,利用差分方法得到了方程的数值解,并分析了氧化动力学参数对应力的影响。

Maharjan 等[21]建立了 TGO 横向生长作用下的双层梁模型并进行了解析求解,据此分析了氧化膜-基底结构发生弯曲时的生长应力分布与演化,重点研究了应力的不均匀性与动态性。

由于理论模型需要进行诸多简化,故只有当涂层系统的几何形状规则、材料行为简单时,才能得到与实验值吻合较好的理论解;尽管这样,这些理论模型的建立与求解,以及其改进,对于定性和定量理解涂层系统内复杂的TGO 生长应力具有重要价值。

4.3　凸形 TGO 局部应力

如前所述,可根据受力特征将 TGO 起伏部分分别等效为凸形和凹形球对称结构,进而依据不同几何形貌分析其局部应力场特性。其中,凸形 TGO 问题可采用图 4-10 进行描述。

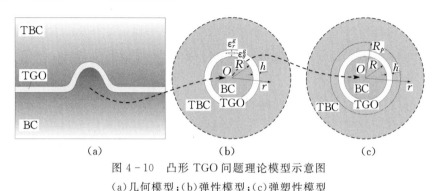

图 4-10　凸形 TGO 问题理论模型示意图
(a)几何模型;(b)弹性模型;(c)弹塑性模型

1.局部应力场基本特征

涂层系统局部应力场基本特征可通过分别考虑 TGO 径向和环向生长应变而得到。

仅考虑 TGO 径向生长应变作用时,涂层系统各层材料及其界面均受到径向压缩作用,且在 TGO 层内压应力出现极值(图 4-11)。BC 以及靠近 BC 的 TGO 区域受到环向压缩作用,但 TBC 以及靠近 TBC 的 TGO 区域受到环向拉伸作用。当生长应变随半径变化的函数不同(m 取值不同)时,系统应力的分布规律基本不变,与生长应变均匀分布时的分布规律类似。

仅考虑 TGO 环向生长应变作用时,沿径向 BC 受拉,TBC 受压,TGO 则随着半径的增大由受拉变为受压(图 4-12),m 取值对径向应力的拉压性质和分布规律影响很小;沿环向 BC 和 TBC 均受拉,TGO 则主要受压缩作用;当生长应变均匀分布时,TGO 所受的压应力值随半径的增大而增大,但当生长应变有梯度时,TGO 压应力值随半径的增大而减小(可能发生拉压转变),由此可知环向生长应变梯度对 TGO 环向应力分布规律影响较大。m 取值对应力分布规律影响很小。

2.局部应力场影响参数

1)TGO 径向与环向生长应变梯度的影响

图 4-13 为 TGO 生长应变梯度对系统内界面附近应力状态的影响。径向生长应变梯度(即 $\varepsilon_r^g(R)/\varepsilon_r^g(R+h)$)对涂层系统的局部应力分布特征影响不显著。当 $\varepsilon_r^g(R)/\varepsilon_r^g(R+h)$ 较大时,TGO 环向受拉,因生长应变均值较小,系统的整体应力水平较低,且 $\varepsilon_r^g(R)/\varepsilon_r^g(R+h)$ 越大,应力水平越低。当环向

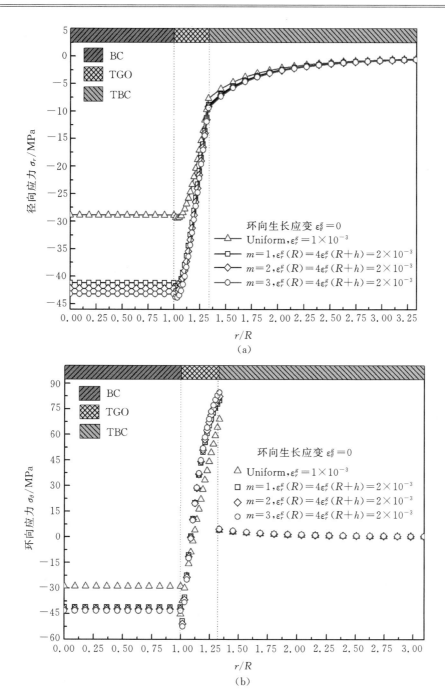

图 4-11　TGO 径向生长应变作用下系统局部应力分布

(a)径向应力分布;(b)环向应力分布

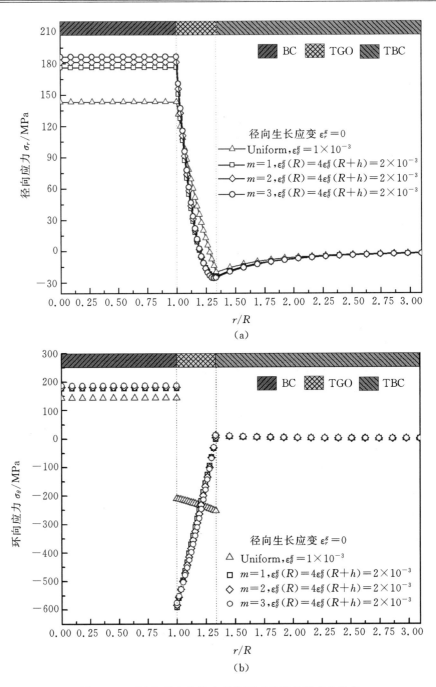

图 4-12　TGO 环向生长应变作用下系统局部应力分布

(a)径向应力分布;(b)环向应力分布

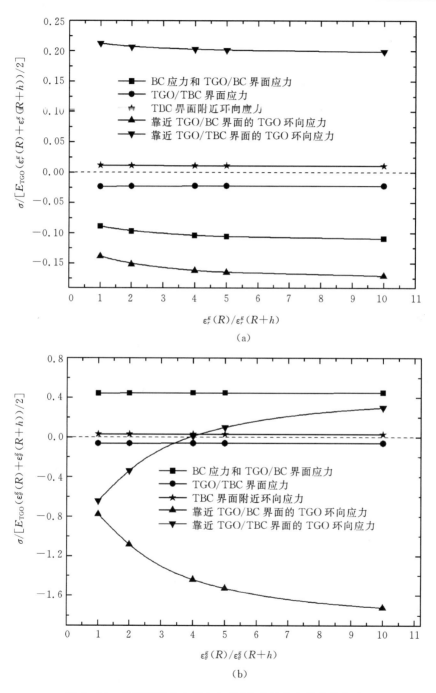

图 4-13　界面附近应力状态与 TGO 生长应变梯度的关系

(a)径向生长应变梯度的影响;(b)环向生长应变梯度的影响

生长应变梯度(即 $\varepsilon_\theta^g(R)/\varepsilon_\theta^g(R+h)$)不同时,系统径向应力分布规律相似,但靠近 TGO/TBC 界面的 TGO 环向应力的拉压性质不同。由此可见,仅有径向生长应变作用时,$\varepsilon_r^g(R)/\varepsilon_r^g(R+h)$ 主要影响系统应力水平,但不改变应力的拉压性质(图 4-13(a))。仅有环向生长应变作用时,$\varepsilon_\theta^g(R)/\varepsilon_\theta^g(R+h)$ 对 TGO 应力状态影响显著,对其他应力影响较小(图 4-13(b))。随着 $\varepsilon_\theta^g(R)/\varepsilon_\theta^g(R+h)$ 的增大,靠近 TGO/TBC 界面的 TGO 层由环向受压变为环向受拉,靠近 TGO/BC 界面的 TGO 环向压应力值会随着 $\varepsilon_\theta^g(R)/\varepsilon_\theta^g(R+h)$ 增大而增大。

2)TGO 径向与环向生长应变比值的影响

当 $\varepsilon_r^g/\varepsilon_\theta^g$ 取不同值时,TBC 始终径向受压,环向受拉,但对 TGO 和 BC 应力影响较大。当 $\varepsilon_r^g/\varepsilon_\theta^g$ 较小时(环向生长应变占优势),BC 径向和环向都受拉伸作用,TGO 则始终环向受压,但沿径向 TGO 随 r 的增大由受拉变为受压;当 $\varepsilon_r^g/\varepsilon_\theta^g$ 较大时(径向生长应变占优势),BC 径向和环向都受压缩作用,TGO 则始终径向受压,但沿环向 TGO 随 r 的增大由受压变为受拉。

界面附近的应力状态与 $\varepsilon_r^g/\varepsilon_\theta^g$ 的关系如图 4-14 所示。随着 $\varepsilon_r^g/\varepsilon_\theta^g$ 增大,BC 应力以及 TGO/BC 界面应力由拉伸变为压缩;靠近 TGO/TBC 界面的 TGO 则由环向受压变为环向受拉;同时,其他区域归一化后的应力水平均有

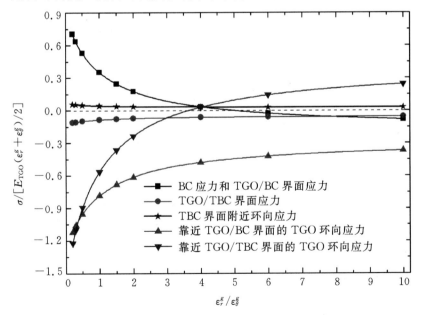

图 4-14　涂层系统界面附近的应力状态与 $\varepsilon_r^g/\varepsilon_\theta^g$ 的关系($\varepsilon_\theta^g=2\times10^{-3}$)

所降低。

3)TGO 半径与厚度比值的影响

TGO 半径与厚度比值(R/h)可表征 TGO 局部形貌的几何特征。R/h 较小时，TGO 曲率半径较小（界面较粗糙）或 TGO 厚度较大（生长时间较长）。不同 R/h 时，应力分布规律基本相同。R/h 较小时，径向拉应力和压应力均较大，但对于环向应力，则拉应力较大而压应力较小。

图 4-15 为界面附近应力状态与 R/h 的关系。R/h 对系统应力水平影响较大，但不改变应力的拉压性质。当 R/h 增大时，TGO 环向应力增大（受压），其他应力则均减小。

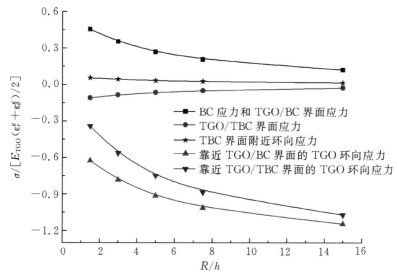

图 4-15　涂层系统界面附近的应力状态与 R/h 的关系（$\varepsilon_r^g = \varepsilon_\theta^g = 2 \times 10^{-3}$，$R = 15$ μm）

4)TBC 与 TGO 塑性行为的影响

TBC 和 TGO 的屈服会改变系统的局部应力场。TBC 塑性变形会使 TBC 及其与 TGO 的界面的径向压应力减小，使 BC 及其与 TGO 的界面的径向拉应力增大（图 4-16(a)）。这是由于 TBC 塑性变形主要使 TBC 及其附近材料的应力产生松弛作用，但其他层材料（如 BC）反而可能因 TBC 的塑性变形而应力增大。在 TBC 塑性区内，TBC 屈服强度越低，环向拉应力越小，且在靠近 TGO/TBC 界面的区域由环向受拉变为环向受压（图 4-16(b)），这有利于抑制微裂纹在该处萌生。

TGO 的塑性变形会降低 TGO/BC 界面附近材料的应力水平（图4-17）。TGO 屈服强度越低，TGO 及其附近的 BC 应力水平越低，且 TGO 环向应力

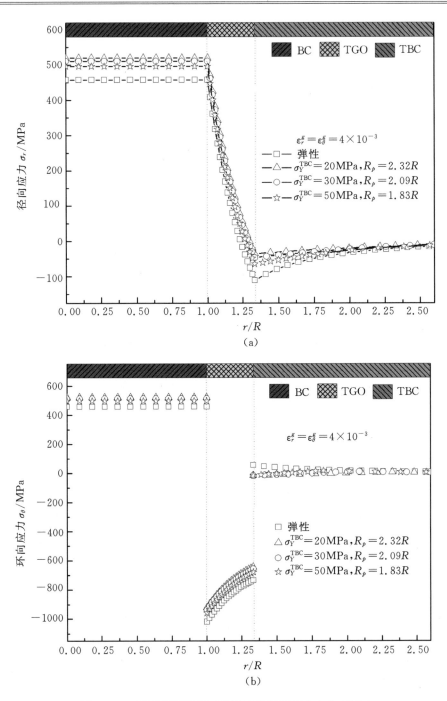

图 4 - 16　TBC 屈服强度对涂层系统的局部应力分布影响

(a)径向应力分布;(b)环向应力分布

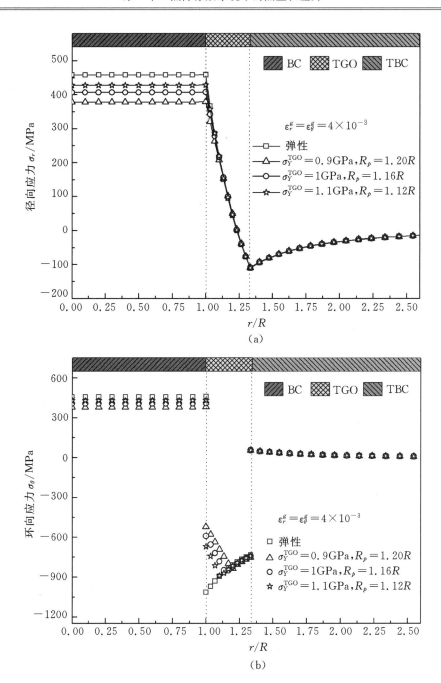

图 4-17 TGO 屈服强度对涂层系统局部应力分布的影响

(a)径向应力分布;(b)环向应力分布

的松弛较为显著,但拉压性质基本不变。$\varepsilon_r^g = \varepsilon_\theta^g = 4 \times 10^{-3}$ 时,在 TGO/BC 界面附近,TGO 和 BC 均径向受拉,但 BC 环向受拉,TGO 环向受压。

5)TGO 起伏形貌的影响

前述理论模型中,TGO 被视为无限大基体中的封闭体,事实上 TGO 通常是半封闭的(也有 TGO 完全嵌入到 TBC 中的情况[3]),而且不同形状 TGO 相互连接会构成非常复杂的整体形貌。图 4-18 所示为包含局部起伏特征的凸形 TGO 形貌示意图,可用于计算凸形 TGO 附近的系统应力,分析 TGO 形貌对系统局部应力场的影响。图中含四类典型 TGO 形貌,其中,Type1 模型对称轴处 TGO 为上凸的球冠,外缘过渡区的 TGO 则为关于中心线轴对称的凹槽,模型左边采用轴对称边界条件;右边采用耦合边界条件,使其始终保持为平面且仅发生平动;底部限制竖直方向位移。Type2、Type3 和 Type4 模型中 TGO 具有不同的曲率半径(见图 4-18(b),(c),(d))。

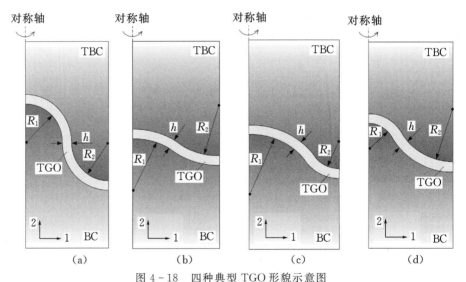

图 4-18　四种典型 TGO 形貌示意图

(a)Type 1:$R_1 = R_2 = 4h$;(b)Type 2:$R_1 = R_2 = 7.5h$;
(c)Type 3:$R_1 = 7.5h, R_2 = 3.5h$;(d)Type 4:$R_1 = 3.5h, R_2 = 7.5h$

图 4-19 说明凸形 TGO 顶端附近的局部应力场主要由 R_1/h 决定,R_2 的影响较小,即 Type1 与 Type4 应力结果相似,Type2 与 Type3 应力结果相似。对于四种典型 TGO 形貌,S22 最大值始终位于凸形 TGO 与 BC 的界面。不同 TGO 形貌下,S22 分布特征相似,但应力水平差别较大。Type2 与 Type1 相比,R_1 和 R_2 同时增大约 88%,S22 最大值(凸形 TGO/BC 界面处)则减小约 40%,若考虑极限情况,即 $R_1 \to \infty$,则 y 方向的变形可以通过刚体位移协

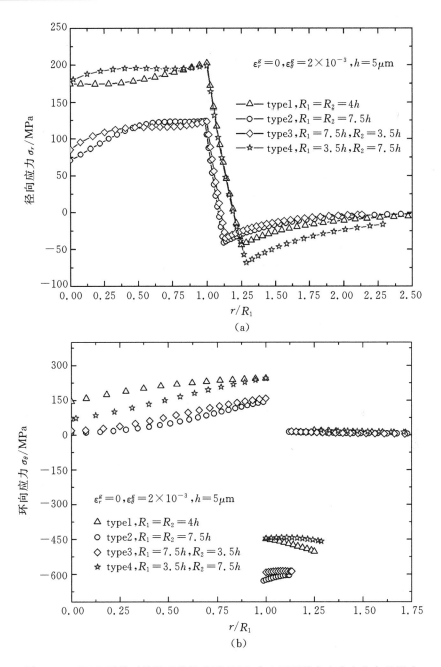

图 4-19　TGO 形貌对涂层系统沿凸形 TGO 中心至顶端方向应力分布的影响

(a)径向应力分布;(b)环向应力分布

调,凸形 TGO/BC 界面 S22 趋于零,说明该应力随 R_1 增大有减小的趋势；Type3 与 Type2 相比,R_1 不变,R_2 减小约 53%,S22 最大值基本保持不变,这是因为 R_1 主要影响凸形 TGO/BC 界面,而 R_2 主要影响 TGO 凹槽,当 R_1 不变时,凸形 TGO/BC 界面应力受 R_2 影响较小；Type4 与 Type2 相比,R_2 不变,R_1 减小约 53%,S22 最大值增大约 59%。由以上比较可知,对于凸形 TGO 问题,当 h 不变时,R_1 越小 S22 最大值越大(与理论模型预测结果相符),R_2 对 S22 最大值的影响较小。

对于凸形 TGO 问题,对比考虑 TGO 起伏形貌的有限元模型与将 TGO 视为封闭球体的球对称理论模型可知,后者预测系统应力水平总体略高,但能够准确预测 TGO 附近材料的应力分布规律与拉压状态。

4.4　凹形 TGO 局部应力

凹形 TGO 问题相对于凸形 TGO 问题的主要特点在于:

(1)TGO 内外材料力学参数不同。凹形 TGO 外部材料为 BC,弹性模量和屈服强度较大,内部材料为 TBC,弹性模量和屈服强度较小；凸形 TGO 则恰恰相反(参见图 4-10 和图 4-20)。

(2)TGO 生长应变分布不同。在考虑应变梯度时,凹形 TGO 的生长应变随半径增大而增大(TGO/BC 界面半径大于 TGO/TBC 界面半径),即 $\varepsilon^g(R+h) > \varepsilon^g(R)$；凸形 TGO 则恰恰相反。

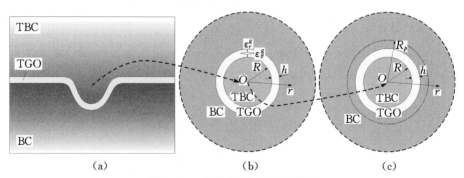

图 4-20　凹形 TGO 模型示意图
(a)几何模型；(b)弹性模型；(c)弹塑性模型

1. 局部应力场基本特征

凹形 TGO 附近涂层系统的局部应力分布特征与凸形 TGO 基本相同(如图 4-21 和图 4-22 所示)。但由于 TBC 弹性模量小于 BC,因此与凸形

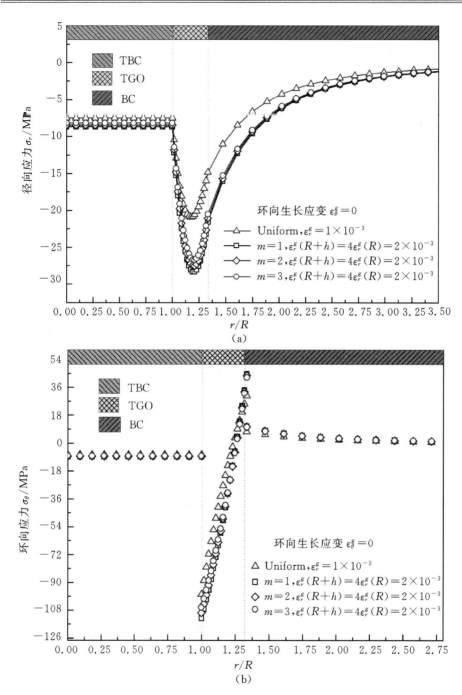

图 4-21　TGO 径向生长应变作用下涂层系统的局部应力分布

(a)径向应力分布；(b)环向应力分布

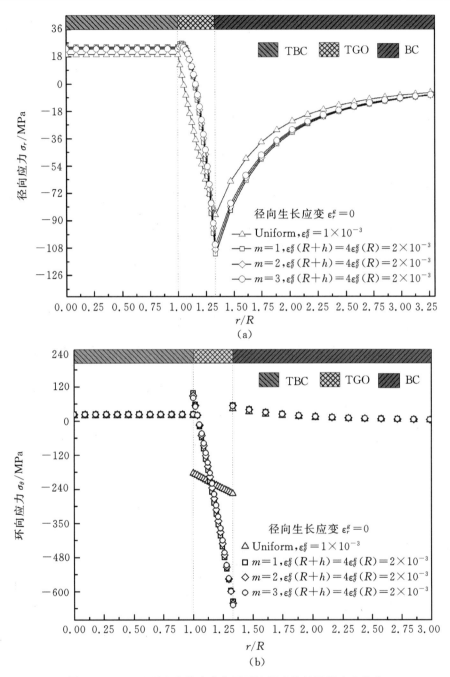

图 4 - 22　TGO 环向生长应变作用下涂层系统的局部应力分布

(a)径向应力分布;(b)环向应力分布

TGO 相比,凹形 TGO 内部材料($r<R$)应力水平相对较低,外部材料($r>R+h$)应力水平相对较高。当生长应变具有梯度时,在环向生长应变作用下,随着半径增大,凹形 TGO 环向应力由拉应力转变为压应力,而凸形 TGO 环向应力则由压应力转变为拉应力。

2. 局部应力场影响参数

1)TGO 径向与环向生长应变梯度的影响

TGO 生长应变梯度对凹形 TGO 系统界面附近应力状态的影响与凸形 TGO 问题类似(图 4-23)。但需要注意,对于凹形 TGO,TGO/TBC 界面半径为 $r=R$,而对于凸形 TGO,TGO/TBC 界面半径为 $r=R+h$,因此环向生长应变作用下 TGO 环向应力随半径的变化有所不同。不过,TGO 总是在 TGO/TBC 界面附近环向受拉。总而言之,径向生长应变梯度不改变应力拉压性质,而环向生长应变梯度较大时,靠近 TGO/TBC 界面的 TGO 由环向受压变为环向受拉(拉压转变临界值小于凸形 TGO),靠近 BC 应力值则一直增大。

2)TGO 径向与环向生长应变比值的影响

对于凹形 TGO 问题,TGO 径向与环向生长应变比值 $\varepsilon_r^g/\varepsilon_\theta^g$ 主要影响 TBC 和 TGO 的应力状态(凸形 TGO 问题中该比值主要改变 BC 和 TGO 的应力状态)。当 $\varepsilon_r^g/\varepsilon_\theta^g$ 逐渐增大时,TBC 由受拉变为受压,靠近 BC 层的 TGO 则由环向受压变为环向受拉。结合凸形 TGO 问题可知,TGO 径向生长应变总是使 TGO 内部材料径向和环向受压,使 TGO 在外界面附近环向受拉;而 TGO 环向生长应变的作用则恰恰相反。TGO 外部材料在径向和环向生长应变作用下均会径向受压,环向受拉。随着 $\varepsilon_r^g/\varepsilon_\theta^g$ 的增大,TBC 及其与 TGO 的界面由受拉变为受压,靠近 BC 的 TGO 则由环向受压变为环向受拉(图 4-24)。与凸形 TGO 相比,凹形 TGO 内部材料为 TBC,弹性模量较小,拉压状态转变的 $\varepsilon_r^g/\varepsilon_\theta^g$ 临界值较小;凹形 TGO 外部材料为 BC,弹性模量较大,TGO 环向拉压状态转变的 $\varepsilon_r^g/\varepsilon_\theta^g$ 临界值较大。

3)TGO 半径与厚度比值的影响

TGO 半径与厚度的比值主要影响系统的应力水平,基本不改变系统的拉压状态,如图 4-25 所示。与凸形 TGO 类似,R/h 增大会使 TBC 和 BC 拉应力减小,使 TGO 径向压应力值减小,环向压应力值增大。但需要注意,由于 BC 弹性模量较大,R/h 对 BC 的影响幅度要大于 TBC。而且,与凸形 TGO 问题不同的是,凹形 TGO 内界面附近系统应力受 R/h 影响较小,而外界面附近系统应力受 R/h 影响较大。

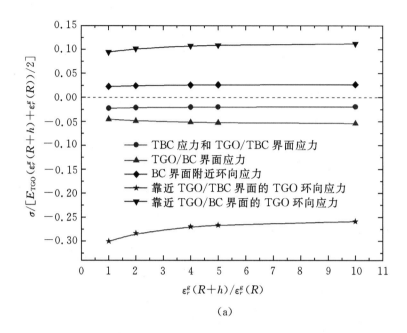

(a)

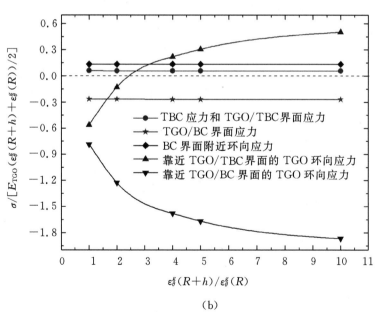

(b)

图 4-23　涂层系统界面附近的应力状态与 TGO 生长应变梯度的关系
(a)径向生长应变;(b)环向生长应变

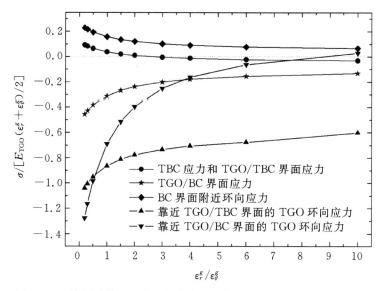

图 4 - 24　涂层系统界面附近的应力状态与 $\varepsilon_r^g/\varepsilon_\theta^g$ 的关系($\varepsilon_\theta^g = 2 \times 10^{-3}$)

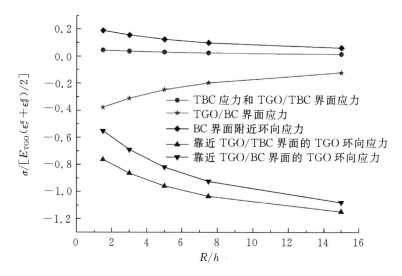

图 4 - 25　涂层系统界面附近的应力状态与 R/h 的关系($\varepsilon_r^g = \varepsilon_\theta^g = 2 \times 10^{-3}$, $R = 15\ \mu\text{m}$)

4)BC 与 TGO 塑性行为的影响

BC 的塑性变形会使 BC 及其附近材料的应力水平降低(图 4 - 26)。最重要的是,BC 屈服使得界面附近的拉应力减小,紧邻界面的区域则由环向受拉变为环向受压,而且屈服强度越低,压缩区范围则越大,这对于抑制该位置处微裂纹的萌生具有重要意义。

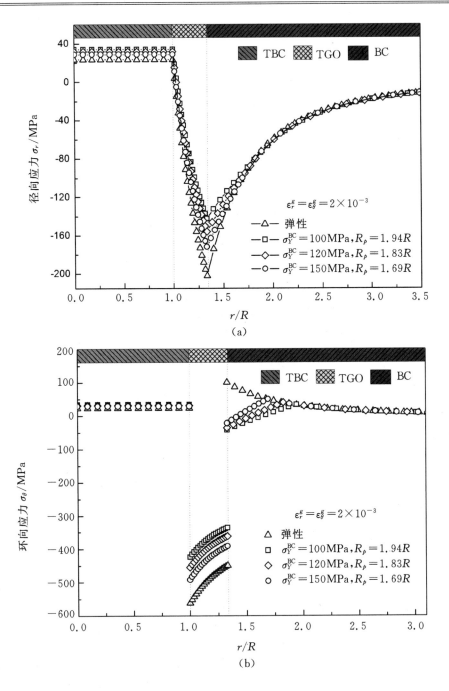

图 4-26 BC 屈服强度对涂层系统局部应力分布的影响

(a)径向应力分布;(b)环向应力分布

　　考虑 TGO 塑性变形时，TGO 塑性区主要位于 TGO/TBC 界面附近。在塑性区内，TGO 的环向压应力被大幅松弛，且屈服强度越低压应力值减小越显著(图 4-27)。但与凸形 TGO 不同的是，TGO 塑性变形对其塑性区附近

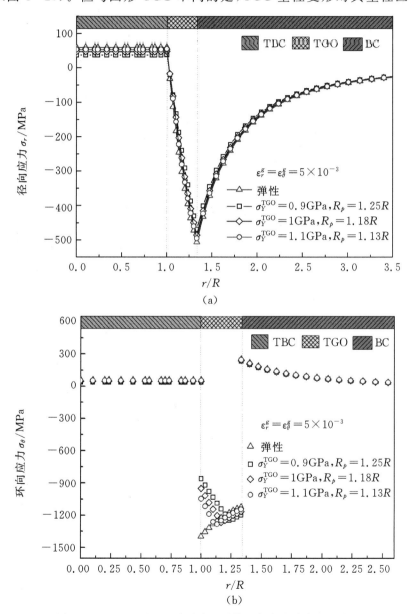

图 4-27　TGO 屈服强度对涂层系统局部应力分布的影响

(a)径向应力分布;(b)环向应力分布

材料(TBC)的应力水平影响很小,这主要是由于 TBC 的弹性模量远小于
TGO 和 BC 而造成的。

　　5)TGO 形貌的影响

　　凹形 TGO 形貌可采用图 4-28 所示的四种典型轴对称模型进行表征,
模型对称轴处 TGO 为下凹的球冠,外缘过渡区则为关于中心线轴对称的翘
起状 TGO。

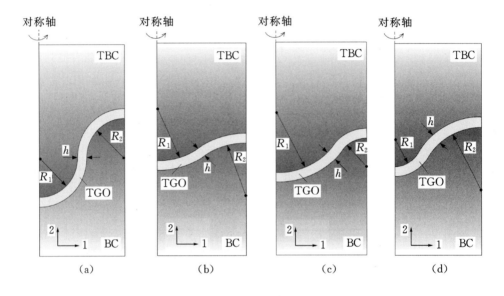

图 4-28　四种 TGO 形貌的有限元模型示意图
(a)Type 1:$R_1 = R_2 = 4h$;(b)Type 2:$R_1 = R_2 = 7.5h$;
(c)Tpye 3:$R_1 = 7.5h$,$R_2 = 3.5h$;(d)Type 4:$R_1 = 3.5h$,$R_2 = 7.5h$

　　TGO 的起伏形貌对凹形 TGO 附近过渡区域的应力状态影响较大,对凹
形 TGO 底端局部应力场影响较小。图 4-29 所示为沿凹形 TGO 中心至底
端方向的局部应力(S22)云图,应力分布主要由 R_1/h 决定,R_2 的影响相对较
小。与凸形 TGO 应力分布相似,S22 最大值位置总是在上凸的 TGO/BC 界面。

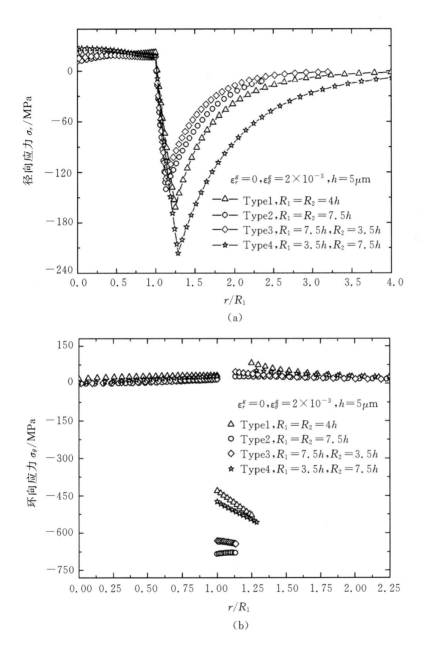

图 4-29　TGO 形貌对涂层系统局部应力分布的影响

(a)径向应力分布;(b)环向应力分布

4.5　TGO 生长应力的演化

在 TGO 高温生长过程中，TGO 的厚度和生长应变均会随时间发生改变，从而导致系统的局部应力场具有动态性[5,20-22]。因而，分析 TGO 生长过程中涂层系统局部应力场的演化具有重要意义。

根据氧元素扩散主导的 TGO 生长机制（以凸形 TGO 为例，如图 4-30 所示），新氧化物主要沿 TGO/BC 界面以及 TGO 内部生成，分别导致 TGO 厚度增加和面内尺寸增大。若 t 时刻氧化反应所消耗的 BC 材料厚度为 dh'，生成的 TGO 厚度为 dh，由于新生成的氧化物体积大于所消耗 BC 材料的体积，故 $dh > dh'$，若 TGO 层与所消耗 BC 层的体积比为 q，则厚度净增比为 $(dh - dh')/dh = (q-1)/q$，由此可得沿厚度方向的瞬时生长应变率为 $(q-1)\dot{h}/(qh)$；同时，TGO 横向生长应变率与 TGO 增厚速率近似成正比，即 $\dot{\varepsilon}_G = D_{ax}\dot{h}$[26]。因而，利用球对称理论模型计算涂层系统局部生长应力场的演化，然后根据 TGO 生长应变率公式即可求解涂层系统从 TGO 高温生长的初始阶段到任意阶段的局部应力场。

涂层系统局部应力演化问题可由图 4-31 所示球对称模型求解。假设局部应力演化模型中的 TGO/TBC 界面半径不变，而 TGO/BC 界面半径随时

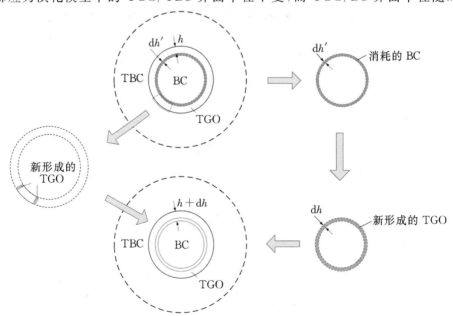

图 4-30　氧元素扩散主导的 TGO 高温生长示意图

间逐渐减小(凸形 TGO 问题)或逐渐增大(凹形 TGO 问题)。即在 TGO 高温生长过程中,TGO 不断增厚,BC 不断被消耗,即 TGO 和 BC 几何尺寸会发生变化。对于凸形 TGO 问题,区域(1)为 BC,区域(2)为 TGO,则 R_2 不变(即 $R_2 = R$),$R_1 = R_2 - h$(初始时刻区域 1 半径为 $R - h_0$);对于凹形 TGO 问题,区域(3)为 BC,区域(2)为 TGO,则 R_1 不变(即 $R_1 = R$),$R_2 = R + h$(初始时刻区域(2)半径为 $R + h_0$)。

图 4-31 所示理论模型适用于求解涂层系统从无应力初始状态到 TGO 生长过程中任一阶段的局部应力场,对于初始时刻具有残余应力的涂层系统,需根据残余应力的分布和大小改变模型的初始条件。此外,该模型假设涂层系统界面理想粘结,边界应力自由,且不考虑力学变量与氧化变量之间可能存在的耦合关系。

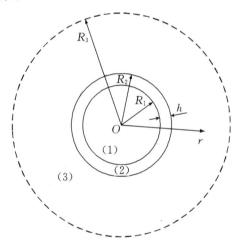

图 4-31　求解涂层系统局部应力演化问题的球对称模型

4.5.1　TGO 生长局部应力演化模型

1. TGO 抛物线生长动力学模型

大量实验表明,金属的高温氧化动力学过程基本符合抛物线规律。Wagner[23] 理论可以很好地预测氧化物薄膜厚度随时间的变化;但合金的高温氧化却复杂得多,氧化物的生长会受到合金基体中微量元素的影响[24],甚至还会受到合金表面涂层材料的影响[4,25]。尽管如此,合金材料的氧化膜厚度随时间的变化基本满足以下公式

$$h = At^n + h_0 \tag{4-77}$$

式中,h 为氧化物薄膜厚度;h_0 为初始氧化膜厚度;A 是氧化系数;n 是氧化指数。

若取 $n=0.5$,则 TGO 厚度随时间的变化满足抛物线定律,并且有

$$h = A\sqrt{t} + h_0 \tag{4-78}$$

其中,A 为增厚系数;h_0 为 TGO 初始厚度(即涂覆 TBC 之前的预氧化膜厚度)。

2. Clarke 氧化物横向生长应变率理论

Clarke[26] 指出 TGO 横向生长应变与氧化物刃型位错沿氧化膜厚度方向的攀移有关。当沿氧化物晶界扩散的阴离子(O)与阳离子(Al)在位错核内不断聚集时,位错就会向界面方向攀移,从而导致横向生长应变增大。由于离子扩散决定了氧化膜厚度的增加速率,故可以得到横向生长应变率与氧化膜增厚速率之间的关系为

$$\varepsilon_G = D_{ax}\dot{h} \tag{4-79}$$

其中,D_{ax} 为横向生长应变率系数,与氧化物微观特征参数有关。

氧化物的形貌特征也是决定其横向生长应变率系数的重要因素。Clarke 指出[26],曲面氧化膜比平面氧化膜横向生长应变率更大,即局部界面不平整的区域生长应变率会大于平均水平,而且附加的应变率与曲面曲率半径成反比。

3. Norton 蠕变法则与 Mises 增量型蠕变本构方程

假设涂层系统的组成材料满足 Norton 蠕变法则,即

$$\dot{\varepsilon}_i^c = B\sigma_i^n \tag{4-80}$$

其中,$\varepsilon_i^c = \sqrt{\dfrac{2}{3}e_{ij}^c e_{ij}^c}$ 为等效蠕变应变;$\dot{\varepsilon}_i^c$ 为等效蠕变应变率;$\sigma_i = \sqrt{\dfrac{3}{2}S_{ij}S_{ij}}$ 为等效应力。

注意到 $\varepsilon_{ii}^c = 0$,根据 Mises 增量型本构方程可得

$$\dot{\varepsilon}_{ij}^c = \dot{e}_{ij}^c = \mathrm{d}\lambda S_{ij} \Rightarrow \dot{\varepsilon}_{ij}^c \dot{\varepsilon}_{ij}^c = (\mathrm{d}\lambda)^2 S_{ij}S_{ij} \tag{4-81}$$

用等效蠕变应变和等效应力表示比例因子

$$\mathrm{d}\lambda = \frac{3\dot{\varepsilon}_i^c}{2\sigma_i} \tag{4-82}$$

在式(4-80)中取 $n=1$ 后代入上式可得

$$\dot{\varepsilon}_{ij}^c = \frac{3}{2}BS_{ij} \tag{4-83}$$

对于球对称模型,蠕变本构方程可简化为

$$\dot{\varepsilon}_r^c = B(\sigma_r - \sigma_\theta) \tag{4-84}$$

$$\dot{\varepsilon}_\theta^c = \frac{1}{2} B(\sigma_\theta - \sigma_r) \tag{4-85}$$

4. 控制微分方程组与定解条件

在球坐标系中,TGO 径向生长应变与增厚生长应变等价,而 TGO 环向生长应变与横向生长应变等价。由于 BC 氧化主要发生在 TGO/BC 界面,故生长应变在 TGO 中的分布并非是均匀的。为了反映生长应变的梯度分布,可构造无量纲函数 $\eta = k(r/R)^m + \eta_0$(其中 R 为 TGO/TBC 界面半径,η_0 为 η 的参考值),并使其在 TGO/BC 界面取最大值,在 TGO/TBC 界面取最小值。利用 $\eta(r)$ 函数即可得到能够反映 TGO 生长应变梯度特征的应变率表达式

$$\dot{\varepsilon}_r^g = \eta_r C_{ox} \dot{h}/h \tag{4-86}$$

$$\dot{\varepsilon}_\theta^g = \eta_\theta D_{ox} \dot{h} \tag{4-87}$$

其中,$\eta_r = k_r(r/R)^m + \eta_{r0}$ 为径向梯度函数;$\eta_\theta = k_\theta(r/R)^m + \eta_{\theta0}$ 为环向梯度函数;$C_{ox} = (q-1)/q$ 为径向生长应变率系数(q 为新生成 TGO 与所消耗 BC 的体积比);D_{ox} 为环向生长应变率系数。

TGO 径向生长应变率与环向生长应变率比值为

$$\frac{\dot{\varepsilon}_r^g}{\dot{\varepsilon}_\theta^g} = \frac{\eta_r C_{ox}}{\eta_\theta D_{ox} h} \tag{4-88}$$

该比值并非常数,而是与 r 和 t 相关(η_r 和 η_θ 是半径 r 的函数,h 是时间 t 的函数)。与径向与环向生长应变比值类似(参见 4.4 节),$\dot{\varepsilon}_r/\dot{\varepsilon}_\theta$ 也是影响系统应力状态的关键因素之一。

涂层系统平衡方程可写为应力率形式

$$\frac{\partial \dot{\sigma}_r}{\partial r} + \frac{2}{r}(\dot{\sigma}_r - \dot{\sigma}_\theta) = 0 \tag{4-89}$$

由此可得

$$\dot{\sigma}_\theta = \dot{\sigma}_r + \frac{r}{2} \frac{\partial \dot{\sigma}_r}{\partial r} \tag{4-90}$$

1)在区域(1)内

根据球对称条件,$r=0$ 处有 $u_r=0$,该位移条件使区域(1)内径向应力和环向应力始终相等,不满足 Mises 型蠕变条件(这也是球对称模型的局限性),故这里不考虑区域(1)内的蠕变变形。

联立几何方程和本构方程,可得

$$\dot{\varepsilon}_r^{(1)} = \frac{\partial \dot{u}_r^{(1)}}{\partial r} = \frac{1}{E_1}(\dot{\sigma}_r^{(1)} - 2\nu_1 \dot{\sigma}_\theta^{(1)}) \tag{4-91}$$

$$\dot{\varepsilon}_\theta^{(1)} = \frac{\dot{u}_r^{(1)}}{r} = \frac{1}{E_1}\left[(1-\nu_1)\dot{\sigma}_\theta^{(1)} - \nu_1\dot{\sigma}_r^{(1)}\right] \tag{4-92}$$

将式（4-90）分别代入上面两式后联立，消去 $\dot{u}_r^{(1)}$ 即可得到用 $\dot{\sigma}_r$ 表示的控制方程

$$r\frac{\partial^2}{\partial r^2}\left(\frac{\partial\sigma_r^{(1)}}{\partial t}\right) + 4\frac{\partial}{\partial r}\left(\frac{\partial\sigma_r^{(1)}}{\partial t}\right) = 0 \tag{4-93}$$

由式（4-90）和式（4-92）可得

$$\dot{u}_r^{(1)} = \frac{r}{E_1}\left[(1-2\nu_1)\dot{\sigma}_r^{(1)} + \frac{(1-\nu_1)r}{2}\frac{\partial\dot{\sigma}_r^{(1)}}{\partial r}\right] \tag{4-94}$$

2）在区域（2）内

$$\dot{\varepsilon}_r^{(2)} = \frac{\partial\dot{u}_r^{(2)}}{\partial r} = \frac{1}{E_2}(\dot{\sigma}_r^{(2)} - 2\nu_2\dot{\sigma}_\theta^{(2)}) + B_2(\sigma_r^{(2)} - \sigma_\theta^{(2)}) + \left[k_r\left(\frac{r}{R}\right)^m + \eta_{r0}\right]C_{ax}\frac{\dot{h}}{h} \tag{4-95}$$

$$\dot{\varepsilon}_\theta^{(2)} = \frac{\dot{u}_r^{(2)}}{r} = \frac{1}{E_2}\left[(1-\nu_2)\dot{\sigma}_\theta^{(2)} - \nu_2\dot{\sigma}_r^{(2)}\right] + \frac{1}{2}B_2(\sigma_\theta^{(2)} - \sigma_r^{(2)})$$
$$+ \left[k_\theta\left(\frac{r}{R}\right)^m + \eta_{\theta 0}\right]D_{ax}\dot{h} \tag{4-96}$$

令 $\alpha_2 = \dfrac{E_2 B_2}{2(1-\nu_2)}$，$\beta_2 = \dfrac{E_2 A}{1-\nu_2}$，则区域（2）的控制方程为

$$r\frac{\partial^2}{\partial r^2}\left(\frac{\partial\sigma_r^{(2)}}{\partial t}\right) + 4\frac{\partial}{\partial r}\left(\frac{\partial\sigma_r^{(2)}}{\partial t}\right) + \alpha_2 r\frac{\partial^2\sigma_r^{(2)}}{\partial r^2} + 4\alpha_2\frac{\partial\sigma_r^{(2)}}{\partial r}$$
$$= \frac{\beta_2}{r\sqrt{t}}\left\{\left[k_r\left(\frac{r}{R}\right)^m + \eta_{r0}\right]\frac{C_{ax}}{A\sqrt{t}+h_0} - \left[k_\theta(m+1)\left(\frac{r}{R}\right)^m + \eta_{\theta 0}\right]D_{ax}\right\} \tag{4-97}$$

位移可用径向应力表示为

$$\dot{u}_r^{(2)} = \frac{r}{E_2}\left[(1-2\nu_2)\dot{\sigma}_r^{(2)} + \frac{(1-\nu_2)r}{2}\frac{\partial\dot{\sigma}_r^{(2)}}{\partial r}\right] + \frac{B_2 r^2}{4}\frac{\partial\sigma_r^{(2)}}{\partial r}$$
$$+ \frac{Ar}{2\sqrt{t}}\left[k_\theta\left(\frac{r}{R_0}\right)^m + \eta_{\theta 0}\right]D_{ax} \tag{4-98}$$

3）在区域（3）内

$$\dot{\varepsilon}_r^{(3)} = \frac{\partial\dot{u}_r^{(3)}}{\partial r} = \frac{1}{E_3}(\dot{\sigma}_r^{(3)} - 2\nu_3\dot{\sigma}_\theta^{(3)}) + B_3(\sigma_r^{(3)} - \sigma_\theta^{(3)}) \tag{4-99}$$

$$\dot{\varepsilon}_\theta^{(3)} = \frac{\dot{u}_r^{(3)}}{r} = \frac{1}{E_3}\left[(1-\nu_3)\dot{\sigma}_\theta^{(3)} - \nu_3\dot{\sigma}_r^{(3)}\right] + \frac{1}{2}B_3(\sigma_\theta^{(3)} - \sigma_r^{(3)}) \tag{4-100}$$

令 $\alpha_3 = \dfrac{E_3 B_3}{2(1-\nu_3)}$，则区域（3）的控制方程为

$$r \frac{\partial^2}{\partial r^2}\left(\frac{\partial \sigma_r^{(3)}}{\partial t}\right) + 4 \frac{\partial}{\partial r}\left(\frac{\partial \sigma_r^{(3)}}{\partial t}\right) + \alpha_3 r \frac{\partial^2 \sigma_r^{(3)}}{\partial r^2} + 4\alpha_3 \frac{\partial \sigma_r^{(3)}}{\partial r} = 0 \quad (4-101)$$

位移可用径向应力表示为

$$\dot{u}_r^{(3)} = \frac{r}{E_3}\left[(1-2\nu_3)\dot{\sigma}_r^{(3)} + \frac{(1-\nu_3)r}{2}\frac{\partial \dot{\sigma}_r^{(3)}}{\partial r}\right] + \frac{B_3 r^2}{4}\frac{\partial \sigma_r^{(3)}}{\partial r} \quad (4-102)$$

系统应力演化的初始条件为

$$u_r^{(1)}(r,0) = u_r^{(2)}(r,0) = u_r^{(3)}(r,0) = 0 \quad (4-103)$$

$$\sigma_r^{(1)}(r,0) = \sigma_\theta^{(1)}(r,0) = \sigma_r^{(2)}(r,0) = \sigma_\theta^{(2)}(r,0) = \sigma_r^{(3)}(r,0) = \sigma_\theta^{(3)}(r,0) = 0$$
$$(4-104)$$

材料边界和界面条件为

$$\sigma_r^{(3)}(R_3,t) = 0, u_r^{(3)}(0,t) = 0 \quad (4-105)$$

$$\dot{u}_r^{(2)}(R_1,t) = \dot{u}_r^{(1)}(R_1,t) \quad (4-106)$$

$$\dot{u}_r^{(2)}(R_2,t) = \dot{u}_r^{(3)}(R_2,t) \quad (4-107)$$

$$\dot{\sigma}_r^{(2)}(R_1,t) = \dot{\sigma}_r^{(1)}(R_1,t) \quad (4-108)$$

$$\dot{\sigma}_r^{(2)}(R_2,t) = \dot{\sigma}_r^{(3)}(R_2,t) \quad (4-109)$$

需要说明,虽然上述推导采用了应力解法,但对于球对称模型,由于位移可用应力表示(见式(4-94)、式(4-98)和式(4-102)),故可以保证结果满足各层材料的位移边界条件。

5. 有限差分数值解法

经过改进有限差分法,可对上述控制方程组进行求解[27]。TGO 生长应力问题具有二维求解域,即函数自变量为半径 r 和时间 t,考虑到尺寸差别和界面移动主要反映在空间区域,因此对于时间区域仍然采用均匀划分的网格,但对于空间区域则采用先分开划分然后组装的网格划分方法,即首先对 BC、TGO 和 TBC 区域单独划分网格,然后使各区域界面节点的空间位置重合,这样既保证了网格可以覆盖整个求解域,又可以根据计算精度的要求适当改变各子域的网格节点数。在 TGO 生长过程中,需要根据 TGO 增厚方程不断调整空间区域的网格大小,即每一个时间增量计算完成后都需要重新划分一次网格。对于凸形 TGO 问题(BC 在 TGO 内部,TBC 在 TGO 外部,见图 4-30),若设 TGO/BC 界面半径为 R_1,TGO/TBC 界面半径为 R_2,则在 BC 氧化过程中 R_2 保持为 R 不变,但 R_1 不断减小,即 $R_1 = R - h$,其中 $h = A\sqrt{t} + h_0$ 为 TGO 厚度。

采用如下差分格式近似代替径向应力 σ_r 的各阶偏微分

$$\left(\frac{\partial\sigma_r}{\partial t}\right)_i^j \approx \frac{\sigma_i^j - \sigma_i^{j-1}}{\delta} \qquad (4-110)$$

$$\left(\frac{\partial\sigma_r}{\partial r}\right)_i^j \approx \frac{\sigma_{i+1}^j - \sigma_{i-1}^j}{2l_i^j} \qquad (4-111)$$

$$\left(\frac{\partial^2\sigma_r}{\partial r^2}\right)_i^j \approx \frac{\sigma_{i+1}^j - 2\sigma_i^j + \sigma_{i-1}^j}{(l_i^j)^2} \qquad (4-112)$$

$$\left(\frac{\partial}{\partial r}\left(\frac{\partial\sigma_r}{\partial t}\right)\right)_i^j \approx \frac{\sigma_{i+1}^j - \sigma_{i+1}^{j-1} - \sigma_{i-1}^j + \sigma_{i-1}^{j-1}}{2\delta l_i^j} \qquad (4-113)$$

$$\left(\frac{\partial^2}{\partial r^2}\left(\frac{\partial\sigma_r}{\partial t}\right)\right)_i^j \approx \frac{\sigma_{i+1}^j - \sigma_{i+1}^{j-1} - 2\sigma_i^j + 2\sigma_i^{j-1} + \sigma_{i-1}^j - \sigma_{i-1}^{j-1}}{\delta(l_i^j)^2} \qquad (4-114)$$

其中,下标 i 为空间坐标 r 的网格节点指标;上标 j 为时间坐标 t 的网格节点指标;δ 表示时间网格节点之间的长度(由于时间网格均匀,故 δ 为定值);l_i^j 表示 t_j 时刻空间坐标 r 上第 i 个节点与第 $i-1$ 个节点之间的距离。

将差分格式的 σ_r 偏微分代入各区域的控制方程即可得到待解的线性方程组,对其求解即可得到各节点的径向应力值 σ_r,然后对各节点值进行插值后可得整个求解域的径向应力分量 σ_r,最后通过其他分量与 σ_r 的关系可确定求解域内全部应力和位移分量。

4.5.2　局部应力演化基本特征

在 TGO 高温生长过程中,涂层系统径向应力和环向应力均随时间和位置的改变而改变,如图 4-32 所示,其中白色虚线表示 TGO/TBC 界面位置($r=R$,直线)和 TGO/BC 界面位置($r=R-h$,抛物线)。通过观察界面位置的移动可以看到涂层系统几何构型的动态变化,即 TGO/TBC 界面半径在 TGO 生长过程中保持不变,而 TGO/BC 界面半径随着时间的增加而减小,从而导致 TGO 区域扩大,BC 区域减小。当时间(横坐标)固定时,云图反映了应力随半径的变化;当半径(纵坐标)固定时,云图反映了应力随时间的变化。总体来看,随着半径的增大,系统径向压应力水平逐渐降低(在 TGO 内出现应力极值),环向应力则由压缩变为拉伸(应力不连续),且拉伸区主要靠近 TGO/TBC 界面;随着时间的增加,应力值总是先增大后减小直至趋于定值。

在 TGO 生长的不同时刻,BC 层材料受径向和环向压应力作用,二者应力值相等,且不随半径变化;TGO 内材料径向受压,且沿半径存在应力极值,当 $t \leqslant 30$ h 时,TGO 始终环向受压,但当 $t \geqslant 100$ h 时,压应力随半径增大转变为拉应力;TBC 内材料始终径向受压,环向受拉,且应力值均随半径增大而减

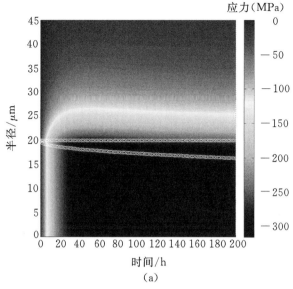

（a）

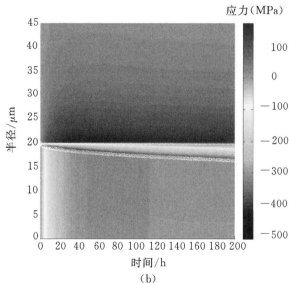

（b）

图 4-32　涂层系统在空间和时间求解域内的局部应力分布云图
（a）径向应力；（b）环向应力

小（图 4-33）。整体来看，当 $0 \leqslant t \leqslant 100$ h 时，不同时刻应力水平相差较大，但应力分布规律相似；当 $t \geqslant 100$ h 时，不同时刻系统应力水平的差距也逐渐减小。

可通过对代表性位置应力演化的考察来揭示涂层系统的局部应力演化规律。比如，对于 BC 内 $r = 0.75R$ 位置，径向和环向压应力在 67 h 左右达到

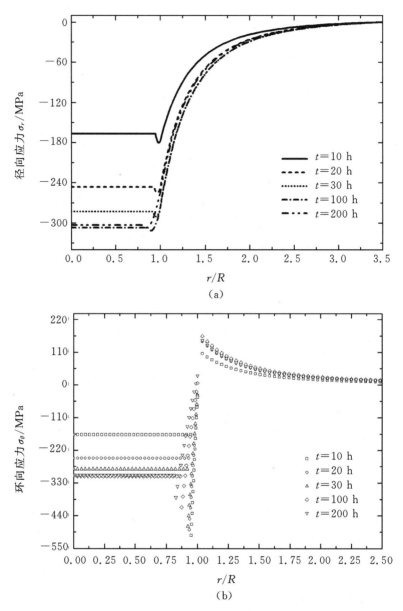

图 4-33　涂层系统不同时刻的局部应力分布
(a)径向应力；(b)环向应力

极值，而且很快应力水平就趋于稳定；对于 BC 消耗区内 $r=0.92R$ 位置，在材料未发生氧化之前其应力演化规律与 BC 相同，但发生氧化之后，其应力就开始按照 TGO 特征进行演化；对于初始 TGO 层内 $r=0.99R$ 位置，其径向压应力在 52 h 左右达到极值,然后逐渐减小,环向压应力则在 3 h 左右达到极值,然后应力值在短时间内快速减小,但应力松弛速率逐渐减慢,经过 200 h 之后 TGO 环向压应力转变为拉应力,且应力值趋于稳定;对于 TBC 内 $r=1.04R$ 位置,其径向压应力和环向拉应力均在 52 h 左右达到极值,然后缓慢减小(图 4—34)。

在 TGO 高温生长的初始阶段,TGO 生长应变诱发的应力产生机制起主导作用,系统应力水平迅速升高,但随后 TGO 和 TBC 蠕变变形增大,应力松弛机制开始起主导作用,系统应力值又逐渐减小。总而言之,当系统内材料的力学响应从应力产生机制主导转变为应力松弛机制主导时,应力出现极值(见应力演化曲线转折点);当生长应变作用与材料蠕变作用相互平衡时,应力出现稳定值(见应力演化曲线平台)。涂层系统内不同位置(或不同材料)到达应力极值点所需的时间一般不同,接近应力稳定值的速率也不相等。

TGO 径向生长应变率系数、环向生长应变率系数、增厚系数、初始厚度以及 TGO 和 TBC 蠕变系数对涂层系统局部应力的大小、拉压性质、应力极值特性与演化过程等具有重要影响。

1. TGO 径向生长应变率系数的影响

若不考虑应变梯度,则 TGO 径向生长应变率为

$$\dot{\varepsilon}_r^g = C_{ax}\dot{h}/h \tag{4-115}$$

其中,C_{ax} 为径向生长应变率系数,且有 $C_{ax}=(q-1)/q$。

对于特定的 TGO 增厚过程,TGO/BC 界面新生成氧化物与所消耗 BC 的体积比 q 决定了 C_{ax} 的大小。TGO 主要成分为 α-Al_2O_3,而单位摩尔氧化铝与所消耗铝元素的体积比为 1.28,若不考虑其他因素,则 q 的最大值为 1.28;由于 TGO/BC 界面铝元素扩散后形成的原子空位会部分抵消 TGO 的膨胀变形,使 q 的实际值小于 1.28,故 q 的理论取值范围为 $1\sim1.28$,相应地,C_{ax} 的取值范围为 $0\sim0.2188$。

C_{ax} 的大小对 TGO/BC 界面径向应力的拉压性质影响显著,如图 4—35 (a)所示,当 C_{ax} 取极小值零($q=1$)时,TGO 径向生长应变率为零,环向生长应变起主导作用,此时 TGO/BC 界面受拉;当 C_{ax} 取极大值 0.2188($q=1.28$)时,径向生长应变起主导作用,TGO/BC 界面受压,且压应力值远大于 $C_{ax}=0$ 时的拉应力值,说明径向生长应变对该界面的作用效果非常显著。对于 TGO/TBC 界面,如图 4—35(b)所示,C_{ax} 的变化不改变应力的拉压性质,即 TGO/TBC 界面总是受压,但 C_{ax} 越大,应力值越大。

在 TGO/TBC 界面附近,如图 4—36(a)所示,当 $C_{ax}=0$ 时,TGO 环向受

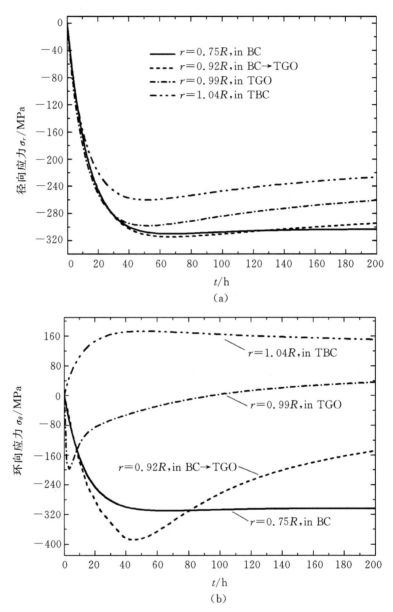

图 4-34 涂层系统内典型位置处的应力演化曲线
(a)径向应力;(b)环向应力

压,由于此时 TGO 径向生长应变为零,故可推断该应力状态是由环向生长应变导致的结果;当 C_{ax} 逐渐增大时,径向生长应变率相应增大,TGO 由环向受压转变为环向受拉,说明径向生长应变的作用使该位置 TGO 受到环向拉应

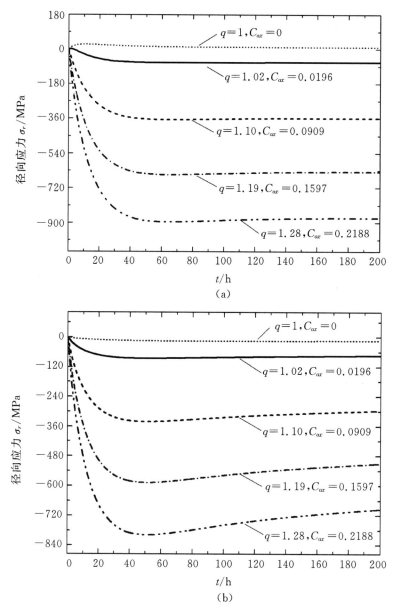

图 4-35　涂层系统界面位置的径向应力演化曲线
(a)TGO/BC 界面；(b)TGO/TBC 界面

力。由此可知，径向生长应变和环向生长应变对该位置处 TGO 环向应力的影响不同，因此二者存在竞争关系，实际应力状态由二者共同决定。对于 TBC 环向应力，C_{ax} 仅影响应力水平，如图 4-36(b)所示，TBC 始终环向受

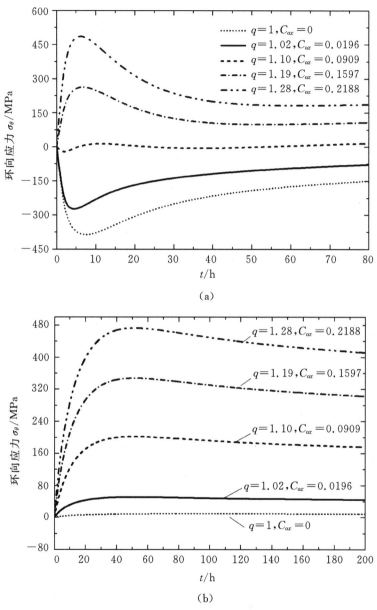

图 4-36 涂层系统 TGO/TBC 界面附近环向应力演化曲线
(a)TGO 环向应力;(b)TBC 环向应力

拉,且当 C_{ox} 由小变大时,应力值相应增大。

由此可知,TGO 径向生长应变和环向生长应变对 TGO/BC 界面径向应力和 TGO/TBC 界面附近 TGO 环向应力的作用不同,当 TGO 径向与环向生长应变比值超过相应的临界值时,这两处的应力会发生拉压转变(参见 4.3 节)。但需要注意,应力演化模型考虑了 TGO 的动态生长和材料的蠕变变形,因此应力状态与时间紧密相关,以 TGO 环向应力为例(见图 4-36(a)),在 TGO 生长的某一时刻可能是环向生长应变占优势,但在另一时刻却可能是径向生长应变占优势,如 $C_{ax}=0.0909(q=1.1)$ 时,在开始阶段,TGO 环向受压,但随后发生拉压转变,且最终为拉应力(应力值较小)。这一特点在率无关模型(参见 4.3 节)中无法体现。

C_{ax} 对系统应力演化曲线的极值时间影响很小,即对于不同的 C_{ax},系统应力到达极值点的时间基本相同($C_{ax}=0$ 时除外,此时问题性质发生改变)。

2. TGO 环向生长应变率系数的影响

若不考虑应变梯度,则 TGO 环向生长应变率为

$$\dot{\varepsilon}_\theta^g = D_{ax}\dot{h} \qquad (4-116)$$

其中,D_{ax} 为环向生长应变率系数,与 TGO 横向生长过程中的微观参数有关。

D_{ax} 越大,TGO/BC 界面的压应力值越小(图 4-37(a))。环向生长应变占优势时(D_{ax} 无限大或 C_{ax} 等于零),TGO/BC 界面受到径向拉伸作用。因此,TGO/BC 界面受到的压应力值会随着 D_{ax} 增大而减小(当 $D_{ax}\to\infty$ 时,压应力转变为拉应力),相似结果参见第 4.3 节。当 $D_{ax}=0$ 时,即系统仅受到 TGO 径向生长应变作用时,TGO/BC 界面的应力演化曲线特征发生改变,即应力极值点对应的时间值和应力值均增大。D_{ax} 越小,TGO/TBC 的压应力水平越低(图 4-37(b))。但当 D_{ax} 为零时,应力水平增大,由于此时环向生长应变为零,问题性质发生改变,故应力演化曲线的特征也不再相同。

在 TGO/TBC 界面附近,TGO 环向应力的拉压性质亦与 D_{ax} 密切相关。当 D_{ax} 较大时(环向生长应变占优势),TGO 环向受压,且压应力值较大;当 D_{ax} 较小时(径向生长应变占优势,包括极限情况 $D_{ax}=0$ 即 TGO 无环向生长),TGO 环向受拉,且拉应力值较大(图 4-38(a))。取中间值时,TGO 则随着时间的增加由环向受压转变为环向受拉。D_{ax} 越小,TBC 环向拉应力水平越低(图 4-38(b)),但是,当 D_{ax} 等于零时,即系统仅受到 TGO 径向生长应变作用时,环向应力水平反而会有所升高,同时应力演化曲线的特征也发生相应改变。

D_{ax} 值不同时所考察位置应力达到极值所需的时间却基本相同($D_{ax}=0$ 外),应力演化曲线极值点时间受 D_{ax} 影响很小。

3. TGO 增厚系数和初始厚度的影响

TGO 高温生长过程中任一特定时刻,TGO 的厚度由增厚系数 A 和初始

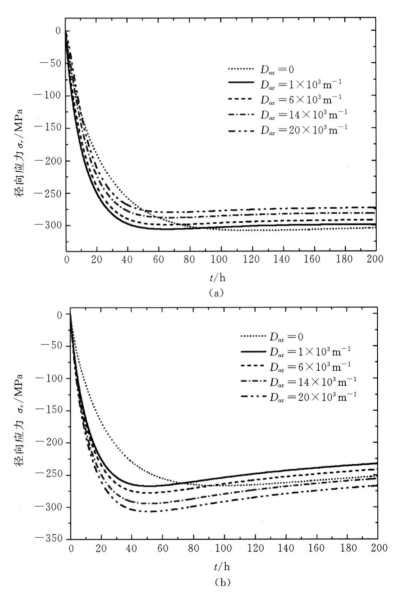

图 4-37　涂层系统界面位置的径向应力演化曲线

(a)TGO/BC 界面；(b)TGO/TBC 界面

厚度 h_0 共同决定，即 $h = A\sqrt{t} + h_0$，而 TGO 增厚速率则由增厚系数决定，即 $\dot{h} = A/(2\sqrt{t})$，同时，TGO 增厚系数和初始厚度还间接影响了 TGO 的生长应变率。将 $h = A\sqrt{t} + h_0$ 代入式（4-86）和式（4-87）（取 $\eta = 1$），可得 TGO 生长应变率的表达式为

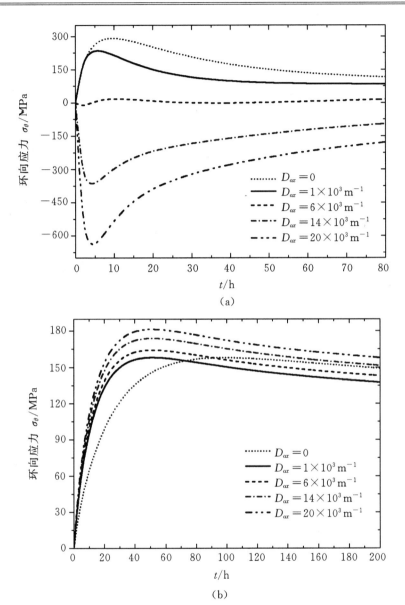

图 4 - 38　涂层系统 TGO/TBC 界面附近环向应力演化曲线

(a)TGO 环向应力;(b)TBC 环向应力

$$\dot{\varepsilon}_r^g = \frac{C_{\alpha x} A}{2\sqrt{t}(A\sqrt{t} + h_0)} \qquad (4-117)$$

$$\dot{\varepsilon}_\theta^g = \frac{D_{\alpha x} A}{2\sqrt{t}} \qquad (4-118)$$

$$\frac{\dot{\epsilon}_r^g}{\dot{\epsilon}_\theta^g} = \frac{C_{ax}}{D_{ax}(A\sqrt{t} + h_0)} \tag{4-119}$$

由此可知,A 对 $\dot{\epsilon}_r^g$、$\dot{\epsilon}_\theta^g$ 以及 $\dot{\epsilon}_r^g/\dot{\epsilon}_\theta^g$ 均有影响,而 h_0 仅对 $\dot{\epsilon}_r^g$ 和 $\dot{\epsilon}_r^g/\dot{\epsilon}_\theta^g$ 有影响。

假设初始厚度给定,则增厚系数 A 越大,TGO/BC 界面压应力值(见图 4-39(a))、TGO/TBC 界面压应力值(见图 4-39(b))和 TBC 环向拉应力值(见图 4-40(b))越大,这是由于 A 增大时 TGO 径向和环向生长应变率也相应增大,从而导致应力水平升高。A 对 TGO/TBC 界面附近 TGO 环向应力的影响比较复杂(见图 4-40(a)),当 A 比较小时,TGO 环向受压,且应力演化曲线特征与环向生长应变占优势时的情况相同;当 A 比较大时(如 $A = 4 \times 10^{-9}$ m·s$^{-1/2}$ 时),TGO 在刚开始时环向受压(环向生长应变主导),但随后应力演化曲线出现拐点,压应力逐渐转变为拉应力(径向生长应变主导),说明 A 可以影响 TGO 两种不同生长应变的作用效果。

总的来说,A 不仅对系统的应力水平有影响,还对应力极值点的位置有影响,即当 A 改变时系统应力极值点对应的时间不同,且对于所分析的工况,A 越大,应力到达极值点所需要的时间越长(TGO 环向应力除外,因为 A 不同时该应力演化机制可能发生改变)。

增厚系数 A 给定时,初始厚度 h_0 越大,TGO/BC 和 TGO/TBC 界面径向压应力值越小(见图 4-41),TBC 环向拉应力值也越小(见图 4-42(b)),这主要是因为 h_0 较大时径向生长应变较小,从而使系统应力水平降低;在 TGO/TBC 界面附近,h_0 不同时 TGO 环向应力演化曲线的特征也不相同(见图 4-42(a))。当 h_0 较小时(如 $h_0 = 0.3$ μm),TGO 环向应力由刚开始的压应力转变为最后的拉应力,且应力演化曲线有多个极值点,存在明显的拐点;当 h_0 较大时(如 $h_0 = 0.7$ μm),应力演化曲线只有一个极值点,即刚开始时压应力值快速增至极大值,然后逐渐减小。h_0 对系统应力极值点时间也有影响,对于所分析的工况,h_0 越小,应力到达极值点所需的时间越长(TGO 环向应力除外,因为 h_0 不同时 TGO 环向应力演化的主导机制可能不同)。

4. 材料蠕变系数的影响

局部应力演化模型可以考虑 TGO 和 TBC 的蠕变,但由于球对称模型的局限性,无法考虑 BC 的蠕变。为了考察材料蠕变对应力演化特征的影响,可对比材料无蠕变和有蠕变情况下系统局部应力场的区别,然后通过改变蠕变系数分析材料蠕变大小对局部应力场的影响。

对于 TGO/BC 界面径向压应力(见图 4-43(a)),不考虑材料蠕变时得到的应力值最大,考虑 TGO 蠕变后得到的应力值次之,考虑 TBC 蠕变后得

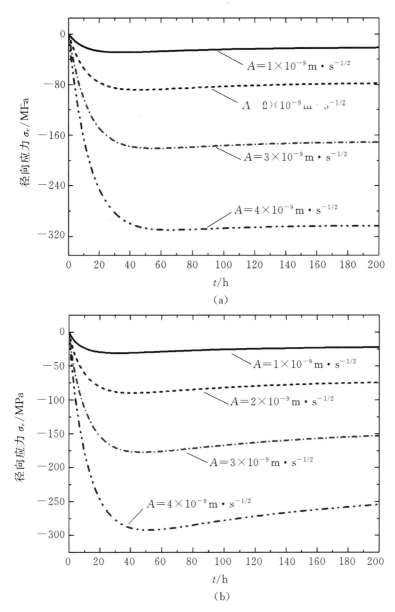

图 4 - 39　涂层系统界面位置处径向应力演化曲线($h_0 = 0.3\ \mu m$)

(a)TGO/BC 界面；(b)TGO/TBC 界面

到的应力值再次之，同时考虑 TGO 和 BC 蠕变后得到的应力值最小，由此可知，TGO 蠕变和 TBC 蠕变都对 TGO/BC 界面应力有松弛作用，且后者作用更显著。对于 TGO/TBC 界面径向压应力（见图 4 - 43(b)）和 TBC 环向拉应

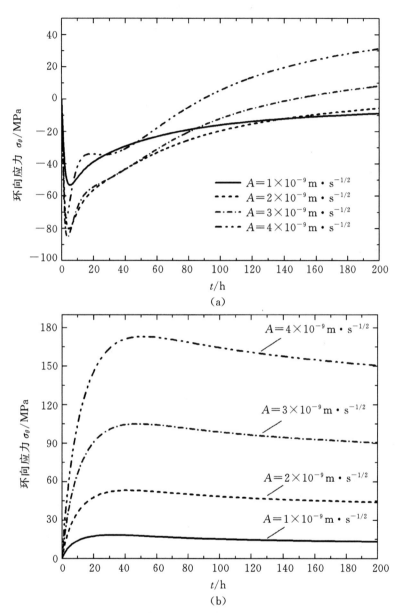

图 4-40　涂层系统 TGO/TBC 界面附近环向应力演化曲线($h_0 = 0.3\ \mu m$)
(a)TGO 环向应力；(b)TBC 环向应力

力(见图 4-44(b)),TGO 蠕变对应力演化曲线几乎没有影响,而 TBC 蠕变则可以大幅减小应力值,这与 Evans 等[28]利用简化的球对称理论模型分析 TGO 蠕变对 TBC 应力的影响后得到的结论相符。对于 TGO/TBC 界面附

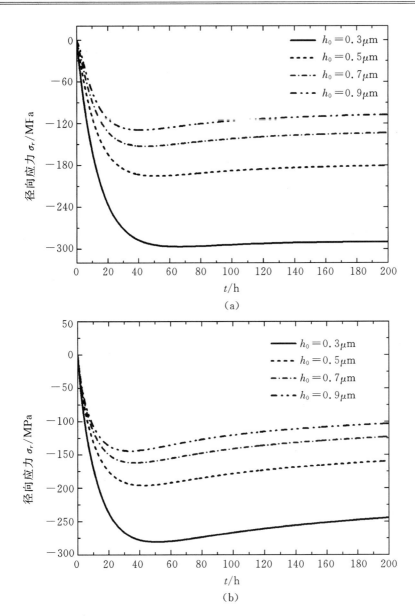

图 4-41　涂层系统界面位置处径向应力演化曲线($A=3.91\times10^{-9}$ m·s$^{-1/2}$)
(a)TGO/BC 界面；(b)TGO/TBC 界面

近的 TGO 环向应力(见图 4-44(a)),若不考虑蠕变,则该应力在刚开始很短时间内为压应力,但随后很快转变为拉应力并持续增大,若仅考虑 TGO 蠕变,则该应力完全转变为压应力;若仅考虑 TBC 蠕变,则该应力依然保持弹

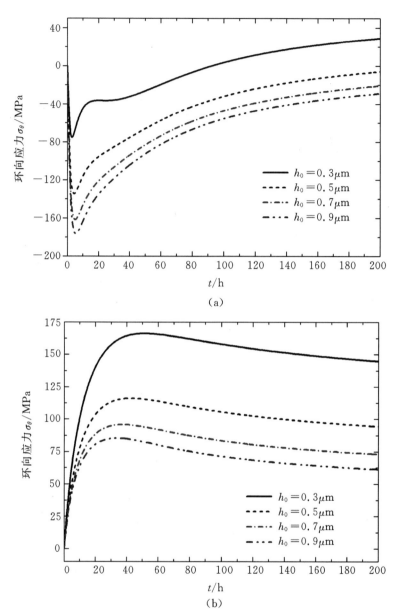

图 4-42　涂层系统 TGO/TBC 界面附近环向应力演化曲线（$A=3.91×10^{-9}$ m · s$^{-1/2}$）
(a)TGO 环向应力；(b)TBC 环向应力

性模型应力演化曲线的特征，并且拉应力值更大；若同时考虑 TGO 和 TBC 蠕变，则该应力值大幅减小，不过依然存在由压应力向拉应力转变的趋势；这说明 TGO 蠕变促使 TGO 环向应力向压应力转变，而 TBC 蠕变促使该应力

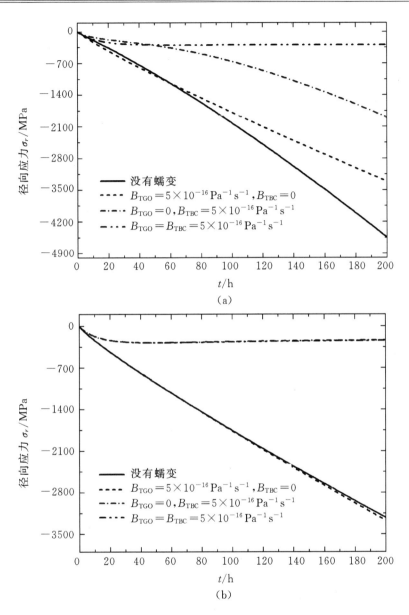

图 4-43 涂层系统界面位置的径向应力演化曲线

(a)TGO/BC 界面;(b)TGO/TBC 界面

向拉应力转变,二者对该应力的影响效果相反,存在相互竞争,故实际的应力拉压性质由二者共同决定。

当同时考虑 TGO 和 TBC 的蠕变变形时,蠕变系数是非常关键的参数。

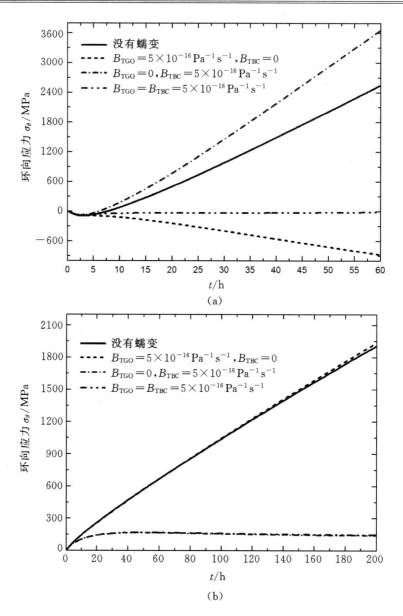

图 4-44　涂层系统 TGO/TBC 界面附近环向应力演化曲线
(a)TGO 环向应力；(b)TBC 环向应力

前面已经讨论了 TGO 蠕变和 TBC 蠕变各自对系统局部应力演化的影响，这里将不再考虑二者蠕变系数的差别，即在计算中两种材料蠕变系数取值相等。图 4-45 给出了材料蠕变系数不同时系统界面的径向应力演化曲线，蠕

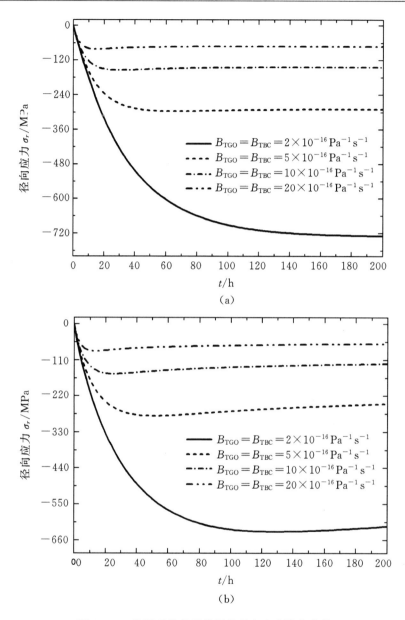

图 4-45 涂层系统界面位置的径向应力演化曲线
(a)TGO/BC 界面;(b)TGO/TBC 界面

变系数越大,界面应力值越小,且应力达到极值点所需的时间越短,说明蠕变对界面应力的松弛作用越强。图 4-46 给出了 TGO/TBC 界面附近环向应力的演化曲线。TBC 环向应力演化特征与界面应力相同,TGO 环向应力的

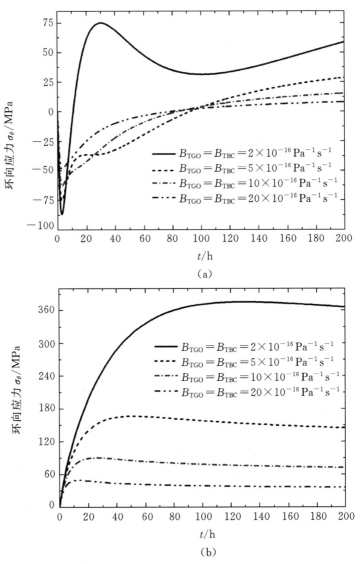

图 4-46　涂层系统 TGO/TBC 界面附近环向应力演化曲线
(a)TGO 环向应力；(b)TBC 环向应力

演化规律则比较复杂。当蠕变系数较小时，应力演化曲线存在 3 个极值点，即刚开始 TGO 环向受压，到达极值点后压应力值迅速减小并具有向拉应力转变的趋势，到达拉应力极值点后应力水平又开始下降，直至最后拉应力持续增大，向稳定阶段过渡；当蠕变系数较大时，应力演化曲线只有一个极值点，且一直为压应力，直至应力水平趋于平稳。前面已经指出 TGO 和 TBC

蠕变对 TGO 环向应力作用不同,根据图 4-46(a)不难推断,蠕变系数较小时,TBC 蠕变作用较显著;蠕变系数较大时,TGO 蠕变作用较显著。

4.5.3　其他理论模型

前面介绍的理论模型唯象地考虑了 TGO 的生长,但从材料角度来看,TBC 系统涉及了多种因素的相互作用,包括:扩散,氧化,传热,弹塑性变形等。想要了解微观机理对 TBC 系统宏观应力、应变和损伤的影响,就需要建立一个以力学为基础的,涉及扩散、氧化、传热、弹塑性变形的本构模型,这便是 Loeffel 等[29,30]工作的出发点。

为了描述 BC 层的氧化,Loeffel 等建立了一个热-力-化耦合的本构理论。该理论基于连续介质假设和守恒原理,可对具体问题建立控制方程并利用理论或数值方法进行求解,从而分析应力和应变的演化、预测 TBC 系统的寿命,为改进 TBC 系统提供科学指导。Loeffel 等人的模型是在连续介质大变形理论构架上建立的,是描述一般性问题的基础理论,因此具有广泛的应用前景,而其他人建立的力化耦合模型多具有局限性。

Loeffel 等人在描述氧化过程的时候,采用了"氧化前沿(oxidation front)"的概念(图4-47),即认为在氧化过程当中,在 BC 的表面存在一片区域,该区域是由新形成的 Al_2O_3 和 BC 层材料混合而成的,随着氧化的进行,Al_2O_3 逐渐增加直至最后取代原有的 BC 层材料。另外,氧化不仅导致 BC 层材料发生转变,还会导致体积膨胀,产生非弹性变形。为了描述这一特性,他们在欧拉变形率张量里增加了氧化体积膨胀张量 S,用以描述体积膨胀的方向和大小,以此来实现化学耦合。由于 BC 层中 Y 等微量元素的存在,金属的扩散受到抑制,氧的扩散起主导作用,因此他们只考虑了氧元素的扩散和分布情况,即单向扩散模型。

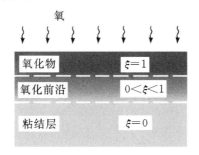

图 4-47　氧化进程示意图,系数 ξ 是 Al_2O_3 在这一区域的体积分数[30]

在理论本构模型建立之后,Loeffel 等人又根据实验测得的数据确定了模型中的微观参数,然后利用 ABAQUS 软件建立了二维模型,将已建立的理论写入用户子程序,实现了对 BC 层氧化的数值模拟。

他们首先模拟了 FeCrAlY 合金平板的氧化过程,并着重将以下三个方面的预测数据和实验结果进行对比:①氧化物厚度的变化;②平板的拉伸应变;③氧化物当中的残余应力(氧化-冷却之后)。以氧化物厚度变化和残余应力的模拟结果为例,如图 4-48 所示,可以看到实验和数值结果较为相近。

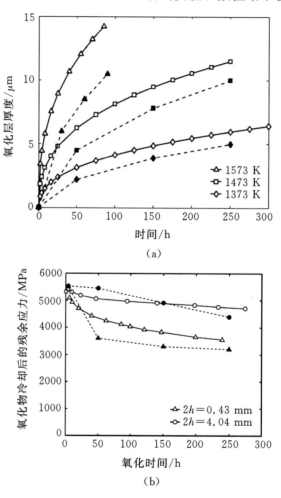

图 4-48 (a)不同温度条件下氧化物厚度随时间变化关系图;(b)氧化温度为 1473 K 时氧化物冷却之后的残余应力[30]。实心表示数值结果,空心表示实验结果

Loeffel 等还模拟了带沟槽的 FeCrAlY 合金平板的氧化过程,模拟的关注点在于 TGO 生长过程中 FeCrAlY 合金表面形貌的变化。数值与实验结果的对比如图 4-49 所示,实线表示的数值模拟结果和实验观测结果基本类似,较好地预测了氧化层表面凸起和凹陷的趋势。

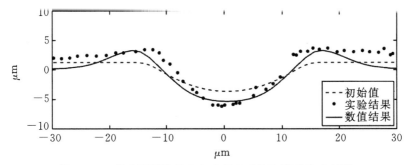

图 4-49　数值预测结果和实验观察到的沟槽形貌对比[30]

Loeffel 等工作的特色和优势在于糅合了扩散、氧化、传热和弹塑性变形等一系列因素对 TBC 系统的影响,并在此基础上开发了数值模拟方法,不但可以对一些实验结果进行较好的预测,还可以通过控制一些热-化-力参数的"开"和"关"来分析它们各自的影响。鉴于在 Loeffel 等之前缺乏将氧扩散、氧化体积膨胀、热传导和弹塑性材料行为这几个因素综合考虑的一般理论框架和数值模拟方法,Loeffel 等人的工作是目前有关 TGO 生长应力的理论研究中比较重要的部分。

4.6　TGO 生长应力的有限元数值分析

4.6.1　TGO 生长局部应力演化

数值模拟 TGO 增厚主要有两种途径:①在初始 TGO 内密布若干层单元,然后沿厚度方向施加生长应变,使单元厚度增加[31-35];②通过某种方式将 BC 单元转化为 TGO 单元,使 TGO 区域扩大[36-40]。第一种方法虽然能够达到 TGO 增厚的目的,但却忽略了 TGO 生长过程中 BC 因金属元素损耗而减薄的现象,因此模拟中 TGO 会受到 BC 层更大的约束作用,而且,TGO 从初始厚度($0.3 \sim 0.5$ μm)变为最终厚度($5 \sim 10$ μm)需要非常大的应变作用,若 TGO 是不平整的,将会引入远远超出实际生长应力水平的额外应力。第二种方法可以通过 TGO 厚度与氧化时间的关系控制单元转化[41,42]，这更接近 TGO 的实际生长。在第二种方法发展的早期，BC 层单元转化为 TGO 单元往往是某种性质的突变，发生在某给定时刻[43]，但这种单元突变会造成数值不稳定，模拟结果对有限元网格密度比较敏感，且不能反映 TGO 生长的连续性。通过人为给定转化时间函数[37]或由化学关系方程控制转化过程[30,44]可以有效地解决 TGO 生长的不连续性及其带来的数值不稳定性问题。考虑到第一种方法的不足，这里采用第二种方法来模拟 TGO 的增厚过程。鉴于目前大部分文献都通过给 TGO 施加预设应变来模拟 TGO 的生长变形，故这里也采用类似模拟方法，并考虑了 TGO 横向生长应变随时间和空间的变化。由此建立有限元模型如图 4-50 所示，其中 R_1 为对称轴附近凸起 TGO 的曲率半径，R_2 为临近区域 TGO 凹槽的曲率半径，h 为 TGO 经过 400 h 高温生长后的最终厚度，即 TGO 从初始厚度 $h_0 = 0.3\ \mu m$ 增加到 $h = 5\ \mu m$。

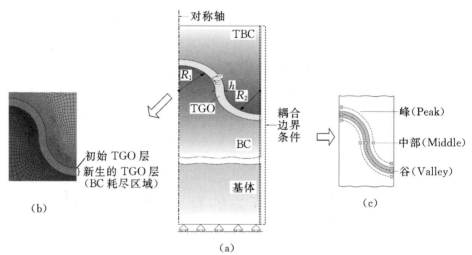

图 4-50　热障涂层系统的有限元模型示意图（$R_1 = R_2 = 4h$）

(a)模型几何特征；(b)TGO 附近网格细化；(c)TGO 附近考察位置

　　有限元模型采用 TGO 抛物线生长动力学方程，即 $h = A\sqrt{t} + h_0$，其中，h_0 为 TGO 初始厚度，A 为 TGO 增厚系数，t 为 TGO 生长时间。

　　由上述生长动力学方程可得 TGO 增厚曲线，如图 4-51(a)所示，将 TGO 增厚过程离散化，即认为每段时间内 TGO 厚度会相应地增加一部分。假设每个生长阶段 TGO 增加同样的厚度 Δh（与所消耗 BC 单元厚度对应），则刚开始时 TGO 生长速度较快，增加 Δh 所需的时间 Δt 较短，而随着生长速度的减慢，增加 Δh 所需的时间 Δt 变长（见图 4-51(a)）。

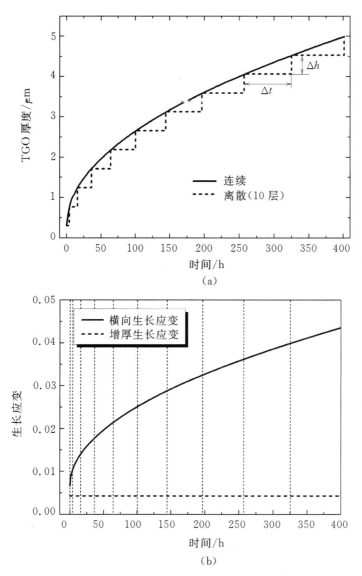

图 4-51　TGO 生长动力学曲线与生长应变曲线
(a)TGO 厚度随时间的变化与 TGO 增厚过程的离散化；
(b)初始氧化层内 TGO 生长应变随时间的变化

图 4-51(b)给出了初始氧化层内 TGO 横向生长应变和增厚生长应变随时间的变化曲线，虚线为 TGO 不同生长阶段的时间分界线。TGO 横向生长应变由两部分组成，即 BC 氧化为 TGO 后的体积膨胀应变 ε_V 与 TGO 内沿晶界生成新氧化物后产生的横向应变 ε_G，其中 ε_V 主要由 Pilling-Bedworth 比值

决定，ε_G 则根据 Clarke 理论确定；TGO 增厚生长应变只取决于体积膨胀应变 ε_V，即 BC 氧化为 TGO 后增厚生长应变随之产生，且保持为定值（注：在4.5.1 节介绍的理论模型中增厚生长应变由 TGO 净增厚值与整层 TGO 当前厚度 的比值确定，且应变由零值随时间增大，这与有限元模拟中针对离散后的 TGO 微元定义的增厚生长应变有所不同）。由于初始氧化层非常薄，而且形 成于 TBC 涂覆之前（此时 BC 表面自由），因此沿厚度方向的变形可由刚体位 移协调，不会诱发应力，故在这里的计算中不考虑初始 TGO 层内的增厚应 变，但需考虑初始横向生长应变，其值为 $\varepsilon_V + D_{ox}h_0$。

　　图4-52是有限元模拟 BC 分层氧化（即 TGO 生长）与 TGO 生长应变的 流程图，通过 ABAQUS 子程序 USDFLD 与 UEXPAN 编程即可实现该算法。

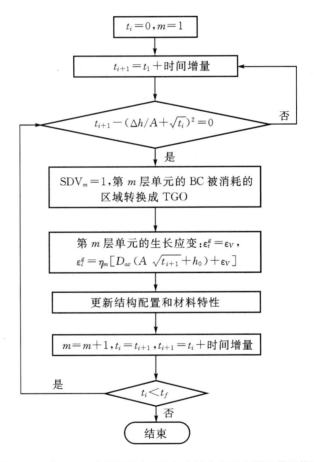

图4-52　实现 BC 分层氧化与 TGO 生长应变的有限元模拟算法

这里只考虑氧元素扩散主导的 TGO 生长机制,即 TGO 增厚主要是新氧化物沿 TGO/BC 界面生成的结果。在初始时刻 $t=0$,TGO 的厚度为 h_0,若设 BC 高温氧化的总时间为 t_f,则由 TGO 生长动力学方程可知 BC 氧化结束后 TGO 的厚度为 $h_f = A\sqrt{t_f} + h_0$,将 $h_f - h_0$ 等分 n 份可得每个生长阶段离散化的 TGO 增厚量 Δh,相应地,沿初始 TGO 厚度方向在 BC 消耗区内划分 n 层网格,且每层单元厚度为 Δh,则当该区域内的 BC 单元随时间依次"氧化"为 TGO 单元时,TGO 的厚度就增加 Δh(生长应变引起的厚度变化相对于单元厚度非常小,可以忽略)。根据试算结果,n 取 10 及以上可以得到类似的应力水平,但由于材料参数的转变和生长应变的逐层加入,应力演化曲线并不光滑。

　　BC 消耗区内的材料属性由子程序中指定的状态变量 SDV 控制,当 SDV $=0$ 时,材料属性为 BC;当 SDV$=1$ 时,材料属性为 TGO,而且,BC 单元的"氧化"总是发生在 TGO/BC 界面处。从 t_i 时刻开始,BC 消耗区内第 m 层单元经过 $\Delta t = (\Delta h/A + \sqrt{t_i})^2 - t_i$ 时间氧化之后成为 TGO;在 $t_{i+1} = (\Delta h/A + \sqrt{t_i})^2$ 时刻,新生成 TGO 的增厚生长应变为 $\varepsilon_t^g = \varepsilon_v$,横向生长应变为 $\varepsilon_l^g = \eta_m[D_{\alpha}(A\sqrt{t_{i+1}} + h_0) + \varepsilon_v]$,其中 ε_v 为体积膨胀应变,D_{α} 为 Clarke 模型参数,η 为表征横向生长应变沿 TGO 厚度方向梯度分布的无量纲函数,η_m 为第 m 层单元的 η 值。从 t_i 到 t_{i+1},BC 材料参数线性转换为 TGO 材料参数,生长应变则从零线性增加为 t_{i+1} 时刻的应变值。在 BC 单元"氧化"为 TGO 单元之后,TGO 增厚生长应变保持为 ε_v 不变,横向生长应变则按照 $\varepsilon_l^g = \eta_m[D_{\alpha}(A\sqrt{t} + h_0) + \varepsilon_v]$ 随时间变化。图 4-53(a)给出了 BC 消耗区第 4 层单元(从初始 TGO 层数起)生长应变随时间的变化曲线,图中的竖直虚线表示 TGO 不同生长阶段的时间分界线,可以看到,在前 3 个生长阶段(前三层 BC 单元发生氧化),第 4 层 BC 单元无生长应变,而经过第 4 个阶段的氧化之后,该层 BC 单元转变为 TGO 单元,且开始发生生长变形。图 4-53(b)给出了 η 为线性函数时经过 400 h 高温生长之后 TGO 层内横向生长应变的分布规律。由于模拟方法的限制,目前采用的模型还不能实现 TGO 生长应变沿厚度连续分布,即在 TGO 单元内生长应变始终是均匀的。

　　以下算例中考虑了 TGO 在 1000 ℃ 高温环境下生长,不考虑涂层系统的温度梯度。随着 BC 氧化的进行,TGO 从初始厚度开始逐渐增厚并产生生长应变,使涂层系统产生应力。模拟中还考虑了各层材料的弹性和蠕变性能。

　　图 4-54(a)是 TBC 中所考察位置 S22 变化曲线,Middle 和 Valley 位置

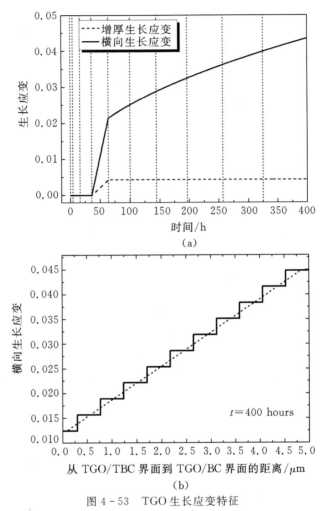

图 4-53　TGO 生长应变特征

(a)BC 消耗区第 4 层单元生长应变随时间的变化曲线；

(b)η 为线性函数时，经过 400 h 高温生长之后 TGO 层内横向生长应变沿厚度的分布

受拉，且 Valley 位置应力水平相对较高，Peak 位置则受压。图中竖直虚线为
TGO 不同生长阶段的时间分界线。由于每经过一个生长阶段均有一层 BC
单元"氧化"为 TGO 单元，同时生长应变由零线性增加到氧化后的应变值，因
此系统在各个生长阶段的力学响应特征与从第一个生长阶段到最后一个阶
段的整体响应特征会有所不同，即应力演化曲线并非光滑，而是在各生长阶
段的开始和结束时刻具有转折点。总体来看，在 TGO 生长的初始阶段 TBC
应力值增加较快，但随着材料蠕变变形的增加，应力水平会有所降低，然后逐
渐趋于稳定值；在应力值稳定阶段，应力诱发机制(TGO 生长应变)和应力松

弛机制(材料蠕变)相互平衡。这与 4.5 节的理论模型预测相符。

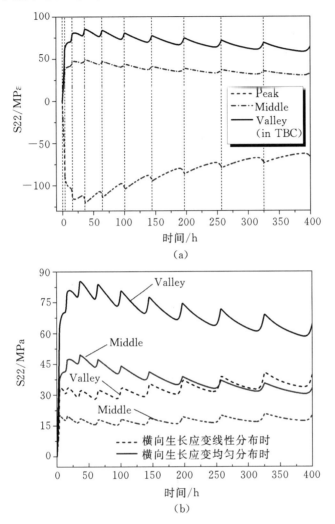

图 4 - 54　TGO 附近 TBC 考察位置 S22 随时间变化曲线
(a)均匀生长应变；(b)横向生长应变均匀分布和线性分布之比较

图 4 - 54(b)给出了横向生长应变分布不同时 TBC 受拉位置(Peak 和 Middle)的应力变化曲线。由于均匀分布时 TGO 的横向生长应变取值较大，故其应力值和蠕变应变值相应也较大。值得注意的是，横向生长应变线性分布时 TBC 应力只在第 1 生长阶段变化显著，在其他阶段则应力变化平缓，应力值有缓慢增大的趋势，这与横向生长应变均匀分布时应力曲线的变化特征不同，主要是由于线性分布时横向生长应变在 TGO/BC 界面处(新 TGO)的

值总比 TGO/TBC 界面处(旧 TGO)大而造成的。

　　图 4-55(a)给出了 BC 中所考察位置 S22 随时间的变化曲线,对于 Peak 和 Middle 位置,在第 1 生长阶段拉应力一直增加,但在后续的生长阶段,拉应力总是在新氧化物生成的开始时刻减小随后又增大,这种应力变化特征与 BC 氧化为 TGO 过程中生长应变和材料蠕变变形的增大紧密相关。若不考虑材料蠕变,模拟结果显示 BC 拉应力会随着生长应变的增大而一直增大,由此可见,材料蠕变,特别是 TGO/BC 界面附近材料的蠕变,对 BC 的应力演化特征具有非常显著的影响。在 Valley 位置,BC 受到压缩作用,其应力演化规

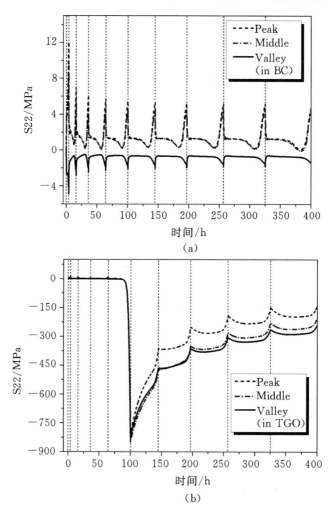

图 4-55　(a)TGO 附近 BC 考察位置 S22 演化曲线;(b)TGO 考察位置 S22 演化曲线

律与 Peak 和 Middle 位置类似。

图 4-55(b)是 BC 消耗区第 5 层单元内 Peak、Middle 和 Valley 位置 S22 随时间的变化曲线,在 TGO 前 4 个生长阶段,该层单元为 BC 材料属性,S22 变化规律符合 BC 特征,但从第 5 个生长阶段开始,该层单元逐渐"氧化"为 TGO 单元,其压应力值迅速增大,进入第 6 个生长阶段之后(第 6 层 BC 单元开始氧化),在蠕变变形的松弛下,该层单元的应力水平又逐渐降低。总体来看,Valley 位置的压应力值最大,Peak 位置最小,Middle 位置介于二者之间。

4.6.2　TGO 层蠕变影响

4.5 节和 4.6.1 节中的理论和数据分析表明,在高温阶段,除了氧化物生长之外,材料的蠕变行为也需要考虑。通常地,TGO 层和 BC 层在高温下均会产生蠕变行为,但是由于 BC 层在高温下的塑性屈服非常显著,远大于 TGO 层,故 TGO 层蠕变是高温下影响局部应力演化的重要因素。分析涂层系统的高温蠕变行为时,常采用如下满足幂次规律的蠕变法则[45,48]:

$$\frac{\mathrm{d}\varepsilon_{cr}}{\mathrm{d}t} = A_0 \bar{\sigma}^n \exp\left(-\frac{\Delta H}{RT}\right) \tag{4-120}$$

其中,$\mathrm{d}\varepsilon_{cr}/\mathrm{d}t$ 是等效蠕变应变率;A_0 是蠕变常数;$\bar{\sigma}$ 是等效应力;n 是蠕变指数;ΔH 是活化能;R 是通用气体常数;T 是绝对温度。考虑到涂层服役过程中降温和升温阶段的时间相对较短,且该阶段温度相对较低,因此材料的蠕变行为相对较弱。所以,常忽略升温和降温阶段的蠕变,只考虑高温恒温阶段的蠕变行为。在此假设下,温度 T 将变为一常数,上式可进一步简化为:

$$\frac{\mathrm{d}\varepsilon_{cr}}{\mathrm{d}t} = A\bar{\sigma}^n \tag{4-121}$$

式中的 A 是一包含式(4-120)中指数项的重新定义的蠕变常数。因此,在蠕变模拟中,我们只需明确蠕变常数 A 和指数 n 即可,而该两常数的值均可以通过实验测量来获取。

采用上述氧化层蠕变模型,Ruan 等[46]发展了考虑材料蠕变的生长应力模型,并利用氧化过程中圆盘试件的曲率变化来反推生长应变及其相关参数[47]。Su 等[48]考察了氧化层蠕变对高温生长局部应力演化的影响规律。需要指出的是,Su 等采用了模拟 TGO 生长的第一种方法,即控制沿厚度方向的生长应变使 TGO 厚度在一定时间内增加到其给定值,见 4.6.1 节。图 4-56 显示了涂层系统在经历 24 次热循环后,陶瓷层内正应力 σ_{22} 的分布情

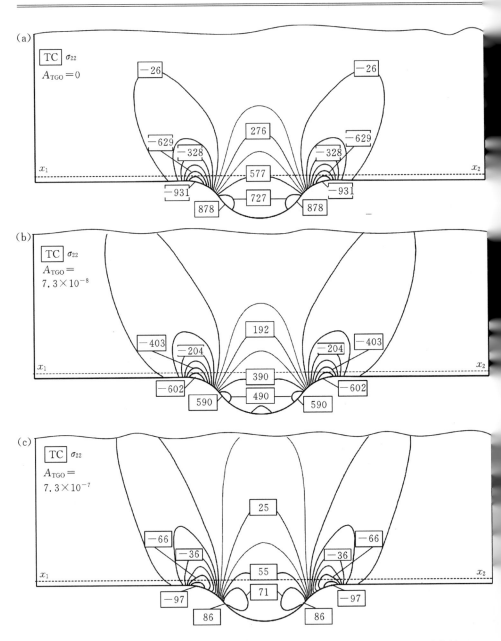

图 4-56 24 次热循环后,陶瓷层内的正应力 σ_{22} 在不同氧化层蠕变系数下的分布情况

(a)$A_{TGO}=0$;(b)$A_{TGO}=7.3\times10^{-8}$;(c)$A_{TGO}=7.3\times10^{-7}$

况。此处我们给出了三种氧化层蠕变系数下的应力结果。从图中可以清楚地看到,不管是没有考虑氧化层蠕变的情形($A_{TGO}=0$),还是考虑其蠕变的情

形($A_{TGO}=7.3\times10^{-8}$ 或 $A_{TGO}=7.3\times10^{-7}$),正应力 σ_{22} 在失稳区域中心的正上方都处于拉伸状态,而在靠近失稳区域边缘的地方处于明显压缩的状态。同时,在远离失稳区域的地方,应力基本趋于零。这与之前其他模型[49,50]预测的应力趋势保持一致,保证了我们模型的正确性。需要指出,当不考虑氧化层蠕变时,即 $A_{TGO}=0$ 的情形,涂层内的应力水平非常高,最大拉应力值接近GPa 量级,这对于抗拉强度较低的脆性陶瓷表层来讲是十分危险的应力状态。但是当考虑氧化层蠕变时,涂层内应力水平有了大幅的降低。特别是在较强的蠕变下($A_{TGO}=7.3\times10^{-7}$),正应力处于非常低的水平(最高处只有数十 MPa)。这表明,当有氧化层的蠕变存在时,陶瓷层内的正应力 σ_{22}(不管处于拉伸还是压缩)随着热循环的发展和积累将被极大限制,这将极大降低其内部被拉开裂纹的风险,阻止了初始裂纹的萌生。

　　图 4-57 显示了 24 次热循环后剪应力 σ_{12} 在陶瓷表层内的分布情况,为了方便比较,这里同样给出了三种不同蠕变系数下的结果。与正应力不同的是,剪应力主要分布于失稳区域的边缘区域,正应力 σ_{22} 在该区域处于压缩状态。而在正应力为拉伸状态的失稳区域中心处,剪应力基本趋近为零。由剪应力和正应力分布特点可知,在中心的拉伸区域,由 σ_{22} 主导裂纹萌生和扩展,而在边缘的压缩区域,由于显著的剪应力 σ_{12} 存在,将由其驱动裂纹扩展。需要指出,剪应力会在失稳边缘区域变得显著,与该区域的氧化层发生扭曲的变形特点有关,这将在后续讨论中结合变形云图详细分析。与正应力的情形类似,此处的剪应力分布再次证明了氧化层蠕变的作用。当氧化层内有蠕变存在时($A_{TGO}=7.3\times10^{-8}$),剪应力被抑制,并且随着蠕变系数的增加($A_{TGO}=7.3\times10^{-7}$),该抑制效果更显著,剪应力的水平将降至数十 MPa。可以看到,与正应力演化相似,当氧化层蠕变出现时($A_{TGO}=7.3\times10^{-8}$ 或 $A_{TGO}=7.3\times10^{-7}$),剪应力在各阶段的积累和发展都将受到严重制约,因而维持在一个较低的水平。不管是对正应力 σ_{22} 还是剪应力 σ_{12},这种抑制作用将在很大程度上延缓裂纹的萌生,为涂层延长寿命做出贡献。

　　图 4-58 所示为氧化层在不同蠕变强度下的变形特征。对于沿着涂层厚度方向的位移 U_2,不管有没有氧化层蠕变,其在失稳区域的中心区域表现为向下方粘结层的移动,而在失稳区域的边缘表现为向上方陶瓷层的挤压移动。该变形特点是在该两区域分别诱发拉应力 σ_{22} 和剪应力 σ_{12} 的根源。考虑氧化层蠕变时,失稳区域中心向下方的位移将减小,并随着蠕变强度的增大,该位移减小得更明显,这与应力 σ_{22} 随蠕变强度变化的特点一致。这是由于向下位移的减小将直接降低对上面陶瓷层的拉伸作用,从而造成拉应力的降

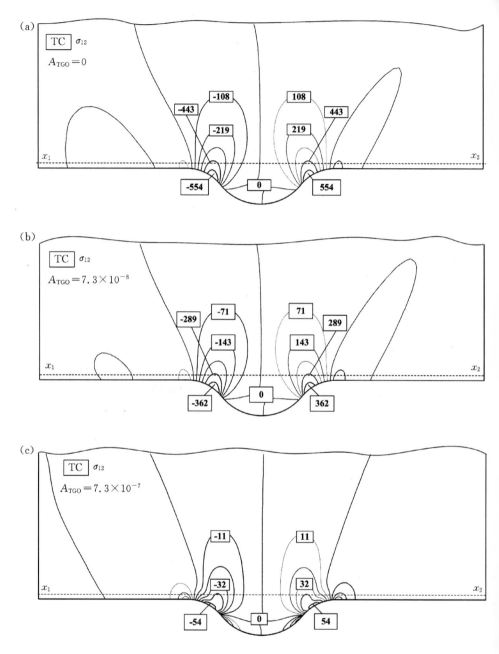

图 4 - 57　24 次热循环后,陶瓷层内的剪应力 σ_{12} 在不同氧化层蠕变系数下的分布情况
(a)$A_{TGO} = 0$;(b)$A_{TGO} = 7.3 \times 10^{-8}$;(c)$A_{TGO} = 7.3 \times 10^{-7}$

低。然而,在失稳区域边缘的向上位移却呈现出随蠕变强度增大而增大的趋势。结合水平方向位移 U_1 的分布特点可以发现,不管是位移 U_1 还是位移 U_2,当氧化层内没有蠕变时,即 $A_{TGO}=0$ 时,变形主要集中于失稳区域的中心和边缘地带,而其他地方的变形相对很小,变形集中现象非常明显,这使得局部产生畸变。而当有蠕变发生时($A_{TGO}=7.3\times10^{-8}$),将降低变形集中程度,使位移的分布趋于均匀。随着蠕变强度的进一步增加($A_{TGO}=7.3\times10^{-7}$),变形基本均匀地分布于氧化层内部,局部的畸变也随之消失。由于陶瓷层内靠近失稳区域边缘的剪切应力主要是由于热循环过程中该区域的局部畸变所导致[11],当抑制该区域的畸变时,剪应力也将随之得到抑制。因此,氧化层的蠕变正是起到了抑制局部畸变的作用,从而使得剪应力水平大幅度降低。

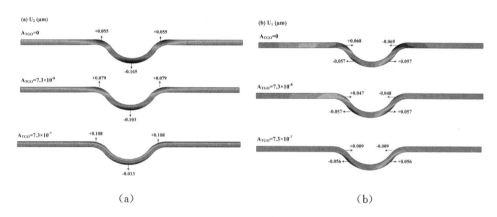

图 4-58　不同蠕变强度下,氧化层在 24 次热循环后的位移云图
(a)U_2 为沿厚度方向的位移;(b)U_1 为沿水平方向的位移

该影响机理可以概括如下:氧化层的蠕变一方面使失稳区域中心向下方粘结层的位移减弱,从而减小对上方陶瓷层的拉伸;另一方面使氧化层的变形更加趋于均匀化,抑制失稳区域边缘的局部畸变。该变形特点在一定程度上分别抑制了正应力和剪应力的产生。因此,氧化层的蠕变能够降低上述的应力和能量释放率的增加。

4.7　TGO 生长应力的热-力-化学耦合分析

TGO 高温生长是一个十分复杂的热力学过程,涉及离子浓度平衡、离子扩散、力平衡、能量平衡、材料本构等。在 TBC 系统内取体积为 V 的微元体作为研究对象,并忽略惯性和动能的影响,考虑单位时间内系统热力学状态,林[44]给出了如下基于微元体的热力学方程。

1. 氧离子摩尔浓度平衡方程

对于大多数 TBC 系统而言,TGO 生长主要受氧离子扩散主导,故这里只考虑微元体内氧离子浓度的变化。氧离子浓度变化包括扩散驱动的氧离子流和氧化反应导致的氧离子消耗。因此,氧离子摩尔浓度平衡方程可写为

$$\int_V \dot{c}\, \mathrm{d}v = -\int_{\partial V} \boldsymbol{j} \cdot \boldsymbol{n}\, \mathrm{d}s - \int_V \kappa \dot{\xi}\, \mathrm{d}v \tag{4-122}$$

式中,c 是氧离子摩尔浓度,$\mathrm{mol} \cdot \mathrm{m}^{-3}$;右边第一项是氧离子净流入微元体的摩尔数,$\mathrm{mol} \cdot \mathrm{s}^{-1}$;$\boldsymbol{j}$ 为氧离子扩散摩尔通量,$\mathrm{mol} \cdot \mathrm{m}^{-2} \cdot \mathrm{s}^{-1}$;$\boldsymbol{n}$ 为微元体表面单位法向量(向外为正)。第二项是微元体内参与氧化反应所消耗的氧离子摩尔数,$\mathrm{mol} \cdot \mathrm{s}^{-1}$;$\kappa$ 为完全氧化单位体积粘结层材料所消耗的氧离子摩尔数,$\mathrm{mol} \cdot \mathrm{m}^{-3} \cdot \mathrm{s}^{-1}$;$\xi$ 为 TGO 的无量纲摩尔含量分数。结合高斯公式,可得到微分形式的氧离子浓度平衡方程

$$\dot{c} = -\mathrm{div}(\boldsymbol{j}) - \kappa \dot{\xi} \tag{4-123}$$

2. 氧扩散方程

根据 Fick 第一定律,扩散通量 $\boldsymbol{j}$ 与化学势 μ 之关系为

$$\boldsymbol{j} = -\frac{Dc}{RT}\nabla\mu \tag{4-124}$$

式中,D 是扩散系数,$\mathrm{m}^2 \cdot \mathrm{s}^{-1}$;$R$ 是理想气体常数,$\mathrm{J} \cdot \mathrm{mol}^{-1} \cdot \mathrm{K}^{-1}$;$T$ 是温度,K。

3. 力平衡方程

$$\mathrm{div}(\boldsymbol{\sigma}) + \boldsymbol{b} = 0 \tag{4-125}$$

式中,$\boldsymbol{\sigma}$ 是应力张量;$\boldsymbol{b}$ 是单位体积内的体力向量。

4. 能量平衡方程

考虑机械变形、氧离子扩散、氧化反应以及热量对微元体内能的影响,可得能量平衡方程如下

$$\int_V \dot{e}\, \mathrm{d}v = \int_{\partial V} (\boldsymbol{\sigma} \cdot \boldsymbol{n}) \cdot \dot{\boldsymbol{u}}\, \mathrm{d}s + \int_V \boldsymbol{b} \cdot \dot{\boldsymbol{u}}\, \mathrm{d}v - \int_{\partial V} \boldsymbol{q} \cdot \boldsymbol{n}\, \mathrm{d}s + \int_V Q\, \mathrm{d}v - \int_{\partial V} \mu \boldsymbol{j} \cdot \boldsymbol{n}\, \mathrm{d}s \tag{4-126}$$

式中,左边是内能变化,$\mathrm{J} \cdot \mathrm{s}^{-1}$;右边第一项是微元体表面力所做的功,$\mathrm{J} \cdot \mathrm{s}^{-1}$;$\boldsymbol{u}$ 为位移矢量,m;第二项是微元体内体积力所做的功,$\mathrm{J} \cdot \mathrm{s}^{-1}$;第三项是由微元体表面流入热量,$\mathrm{J} \cdot \mathrm{s}^{-1}$;第四项是微元体内产生热量,$\mathrm{J} \cdot \mathrm{s}^{-1}$;第五

项是微元体内净流入的氧离子所携带的能量,$J \cdot s^{-1}$,它包含了氧离子扩散做功和参与氧化所产生的能量,μ 为氧离子的化学势,$J \cdot mol^{-1}$。如果忽略热量,并利用高斯公式,能量平衡方程可写为

$$\int_V \{e - [\mathrm{div}(\boldsymbol{\sigma} + \boldsymbol{b})]\dot{\boldsymbol{u}} - \boldsymbol{\sigma} : \dot{\boldsymbol{\varepsilon}} + [\mu\mathrm{div}(\boldsymbol{j}) + \nabla\mu \cdot \boldsymbol{j}]\}\mathrm{d}v = 0 \qquad (4-127)$$

考虑力平衡方程(4-125)和氧离子摩尔浓度平衡方程(4-123),则能量平衡方程(4-127)可进一步表示为

$$\dot{e} = \boldsymbol{\sigma} : \dot{\boldsymbol{\varepsilon}} + \mu(\dot{c} + \kappa\dot{\xi}) - \nabla\mu \cdot \boldsymbol{j} \qquad (4-128)$$

5. 熵不等式

$$\int_V \dot{s}\mathrm{d}v \geqslant -\int_{\partial V} \frac{\boldsymbol{q} \cdot \boldsymbol{n}}{T}\mathrm{d}s + \int_V \frac{Q}{T}\mathrm{d}v \qquad (4-129)$$

式中,$\dot{s}$ 是单位体积内的熵变化率,$J \cdot K^{-1} \cdot m^{-3} \cdot s^{-1}$;$\boldsymbol{q}$ 为热流矢量,$J \cdot m^{-2} \cdot s^{-1}$;$Q$ 为热源,$J \cdot m^{-3} \cdot s^{-1}$。引入 Helmholtz 自由能

$$\psi = e - sT \qquad (4-130)$$

式中,ψ 是单位体积内 Helmholtz 自由能,$J \cdot m^{-3}$。忽略热流矢量 $\boldsymbol{q}$ 和热源 Q,并考虑局部能量平衡方程(4-128),则熵不等式(4-129)可改写为

$$\boldsymbol{\sigma} : \dot{\boldsymbol{\varepsilon}} + \mu(\dot{c} + \kappa\dot{\xi}) - \nabla\mu \cdot \boldsymbol{j} - \dot{\psi} - s\dot{T} \geqslant 0 \qquad (4-131)$$

6. 材料本构关系

TGO 应力可由下式得到

$$\boldsymbol{\sigma}_{TGO} = \boldsymbol{D}^e_{TGO} : (\boldsymbol{\varepsilon}_{TGO} - \boldsymbol{\varepsilon}^{th}_{TGO} - \boldsymbol{\varepsilon}^p_{TGO} - \boldsymbol{\varepsilon}^c_{TGO} - \boldsymbol{\varepsilon}^g_{TGO}) \qquad (4-132)$$

式中,$\boldsymbol{D}^e_{TGO}$ 是弹性刚度张量;$\boldsymbol{\varepsilon}_{TGO}$、$\boldsymbol{\varepsilon}^{th}_{TGO}$、$\boldsymbol{\varepsilon}^p_{TGO}$、$\boldsymbol{\varepsilon}^c_{TGO}$ 和 $\boldsymbol{\varepsilon}^g_{TGO}$ 分别为 TGO 总应变、热应变、塑性应变、蠕变应变、生长应变。总应变可由位移场确定,热应变为热膨胀系数与温度差之积,塑性应变取决于屈服准则、强化条件和流动法则,蠕变应变则需考虑率相关的流动法则并受温度影响,确定生长应变的方法参见 4.1 节。

以上构成了求解 TGO 生长应力的控制方程,结合具体问题的边界条件和初始条件,即可进行求解。

TGO 生长应力的热-力-化学耦合分为弱耦合和强耦合,前者只考虑温度、化学变量对材料性能和应力响应的影响,而后者不仅考虑热-化变量对力学变量的影响,还考虑应力状态对传热或化学过程的影响。基于弱耦合有限元模型,Caliez 等[51,52]利用离子扩散模型首先计算一个时间增量内 TGO 的厚度变化,然后再将扩散模型结果输入到结构分析模型中进行力学计算,结构分析模型中考虑了 TGO 的体积膨胀,并比较了 TGO 无应力生长和生长应

力等于 1 GPa 两种不同情况下系统冷却过程中的应力变化。Busso 等[53-56]系统研究了 TGO 同时向内与向外生长时涂层系统的应力状态,考虑了 TGO 体积膨胀、BC 蠕变、陶瓷烧结、涂层界面形貌等因素对系统应力的影响。此外,Busso 等[57,58]还全面考虑了涂层系统内各组成材料的力学性能对结构应力演化的影响,研究了 TGO 增厚速率不同时系统局部应力的变化。Panicaud 等[59]建立了等温氧化条件下元素(或空位)扩散与 TGO 应力之间的耦合模型,分析了相应的生长应力。

　　基于强耦合的 TGO 生长模拟并不多见。Suo 等[60,61]指出生长应变率由氧化速率和应力状态共同决定,并分析了应力演化。林晨[44]考虑了化学膨胀对自由能的贡献,发现应力显著影响 TGO 的生长,这主要由气-固界面处的化学势平衡条件控制,而应力对氧化反应的微弱影响和仅存在于极薄的氧化前沿的应力梯度对 TGO 生长不会产生实质影响。

　　TGO 生长应力的理论模型以及数值模型的文献比较分别见表 4-1 与表 4-2。

表 4-1　TGO 生长应力理论模型比较

	耦合化学过程		不耦合化学过程	
	氧扩散主导	铝扩散主导(或其他)	BC 随时间渐变为 TGO	给定 TGO 厚度
连续介质模型	[29,30]	—	—	[16]
梁板模型	—	[59,60,61]	[20,21]	[10]
圆柱对称模型	—	—	[46,47]	[19]
球对称模型	—	—	[27]	[17]

表 4-2　计算 TGO 生长应力的典型数值模型

	耦合化学过程		不耦合化学过程	
	氧扩散主导	铝扩散主导(或其他)	BC 逐渐转化为 TGO	TGO 单元膨胀增厚
等向膨胀生长	[44,30]	[39,57,58]	[36,43]	[22]
非等向膨胀生长	[30]	—	[37,41]	[48,31,32]
考虑蠕变	[44,30,62]	[39,57,58]	[43,41]	[48]
不考虑蠕变	[44]	—	[37,42]	[31]

4.8　TGO 生长应力诱发的微裂纹萌生机制

4.8.1　凸形 TGO 附近微裂纹的萌生机制

凸形 TGO 附近涂层系统的局部应力状态决定了微裂纹可能萌生的位置与形式(图 4-59 和图 4-60)。由于 TBC 和 TGO 都是脆性材料,抗拉能力较差,通常主要考察拉应力导致的材料开裂与层离。尽管 BC 也可能受到拉伸作用,但考虑到 BC 为合金材料,塑性变形是其主要的应力松弛机制,通常假设 BC 断裂韧性足够强而不萌生裂纹。

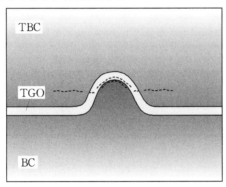

图 4-59　凸形 TGO 附近微裂纹萌生机制

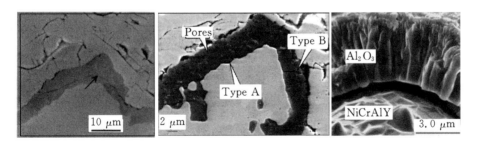

图 4-60　热循环和高温载荷作用下凸形 TGO 附近微裂纹[3,12,63]

当 $\varepsilon_r^g / \varepsilon_\theta^g$ 较大时,即 TGO 径向生长应变占优势时,TGO/BC 和 TGO/TBC 界面均受压缩作用,处于安全状态,但靠近 TGO/TBC 界面的 TGO 受到环向拉伸作用(较大的 ε_θ^g 梯度也具有同样的后果),可能会造成 TGO 在靠近 TBC 一侧开裂。同时,TBC 在拉应力作用下也可能开裂。由于 APS 制备的 TBC 是由陶瓷熔融微滴沿垂直表面方向喷涂堆叠而成,故在垂直于表面方向材料断裂韧性较低,导致微裂纹主要沿平行于 TBC 表面方向萌生和扩展(见图 4-59)。

当 $\varepsilon_r^g / \varepsilon_\theta^g$ 较小时,即 TGO 环向生长应变占优势时,TGO/TBC 界面受径向压缩作用,处于安全状态,但 TGO/BC 界面及其附近的 TGO 均受到径向拉伸作用,可能发生脱粘或开裂;同时,TBC 受环向拉伸作用,且越靠近TGO,应力水平越大,故容易在 TGO 附近萌生微裂纹。

根据 R/h 与系统应力水平的关系,R/h 越小,拉伸应力水平越高,说明对于一定的涂层系统(R 固定),在 TGO 较厚时(长时间氧化之后,h 增大,R/h 减小)系统更容易萌生裂纹。若能增大 R(提高界面平整程度),则拉伸应力会减小,材料的开裂和层离可得到一定程度的抑制。

根据 TBC 和 TGO 塑性变形对系统应力状态的影响,降低 TBC 屈服强度会使其环向拉应力减小,甚至变为环向受压,从而抑制材料微裂纹的萌生;降低 TGO 屈服强度会使 TGO/BC 界面拉应力减小,从而抑制界面脱粘。

4.8.2　凹形 TGO 附近微裂纹的萌生机制

凹形 TGO 附近涂层系统的局部应力可能导致的微裂纹萌生位置与形式如图 4-61 和图 4-62 所示。当 $\varepsilon_r^g / \varepsilon_\theta^g$ 较大时,即 TGO 径向生长应变占优势时,TGO/BC 界面和 TGO/TBC 界面以及 TBC 均受压缩作用,处于安全状态;但是,TGO 靠近 BC 的区域环向受拉,可能开裂,若 ε_θ^g 梯度比较大,则 TGO 靠近 TBC 的区域也环向受拉,容易萌生微裂纹。

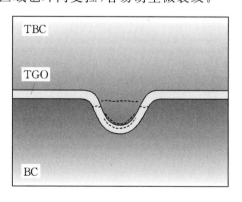

图 4-61　凹形 TGO 附近微裂纹萌生机制

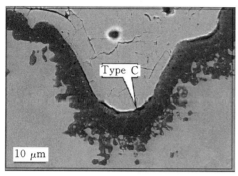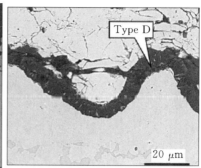

图 4-62　热循环和高温载荷作用下凹形 TGO 附近微裂纹[63]

当 $\varepsilon_r^g / \varepsilon_\theta^g$ 较小时,即 TGO 环向生长应变占优势时,TGO/BC 界面受压,处于安全状态,但 TGO/TBC 界面及其附近的 TGO 均径向受拉,可能发生脱粘或开裂;同时,TBC 在拉伸应力作用下也可能开裂;若 ε_θ^g 梯度比较大,则 TGO 靠近 TBC 的区域也容易萌生微裂纹。

R/h 对凹形 TGO 和凸形 TGO 附近应力状态的影响相同,故对局部微裂纹萌生的影响也相同。由于 BC 塑性区主要影响 BC 应力状态和 TGO/BC 界面应力,而 BC 断裂韧性足够,TGO/BC 界面又仅受压缩作用,故 BC 塑性变形对提高凹形 TGO 附近涂层系统的断裂性能帮助不大;TGO 塑性变形则会使 TGO/TBC 界面拉应力减小,故能抑制材料层离。

4.8.3　凸凹形 TGO 连接区域微裂纹的萌生与汇聚

当凸凹形 TGO 相邻时,所诱发的微裂纹可能发生汇聚(图 4-63 和图 4-64),使裂纹长度快速增加。当大量微裂纹贯通之后就会形成大尺寸的宏观裂纹,使涂层剥落。由于凸形 TGO 主要在 TGO/BC 界面发生脱粘,而凹形 TGO 主要在 TGO/TBC 界面发生脱粘,TBC 和 TGO 的开裂位置则基本一致,因此微裂纹可能的汇聚过程包括:①凸凹形 TGO 相连位置的 TGO 开裂后,凸形 TGO/BC 界面裂纹或凸形 TGO 顶端裂纹与 TBC 裂纹汇聚;②凸凹形 TGO 相连位置的 TGO 开裂后,凸形 TGO/BC 界面裂纹或凸形 TGO 顶端裂纹与凹形 TGO/TBC 界面裂纹或凹形 TGO 底端裂纹汇聚(图 4-63)。

需要指出微裂纹的萌生位置和形式取决于系统的实际受载状况和材料强度,因此,多重载荷作用下不同涂层系统的裂纹萌生模式会有差异。即便在同一涂层系统内,对于特定的 $\varepsilon_r^g / \varepsilon_\theta^g$ 和 ε_θ^g 梯度,界面和材料内部不一定同时受到拉伸作用,且界面和材料的断裂韧性差别较大,图 4-63 中的微裂纹萌生类型也不一定同时出现。

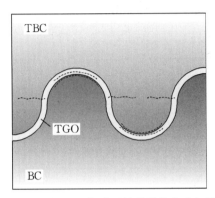

图 4-63　凸凹形 TGO 相连区域微裂纹萌生与聚合机制

　　对于热循环载荷,涂层系统还会受到热失配应力的作用,即使对于恒高温载荷,也会受到温度梯度应力的作用,而这些应力都可能诱发系统微裂纹。对比不同温度载荷,已有实验表明承受长时间恒高温作用后涂层系统微裂纹会穿透 TGO 而扩展,而热循环作用下微裂纹则主要在 TBC 内发生汇聚[64]。由于恒高温载荷下 TGO 生长应力是系统主要应力源,因此生长应力在 TGO 开裂过程中发挥着关键作用。

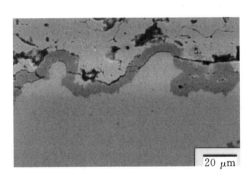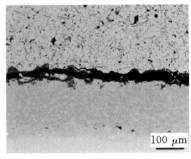

图 4-64　热循环和高温载荷作用下凸凹形 TGO 相连区域微裂纹萌生与汇聚[64,65]

4.9　小　结

　　本章介绍了 TGO 氧元素扩散主导的生长机制、TGO 抛物线生长动力学模型、氧化物 Pilling-Bedworth 比值、Clarke 横向生长应变率理论、TGO 高温蠕变等 TGO 生长相关研究成果,分析了不规则形状(如凸凹形)TGO 高温生长导致的涂层系统局部应力问题及其力学模型的构建以及多种参数(物理、力学、几何参数等)对系统局部应力场的影响规律。

通过研究 TGO 特定生长阶段(厚度和生长应变均为定值)涂层系统对 TGO 生长应变的力学响应以及 TGO 高温生长过程中(厚度和生长应变均随时间改变)涂层系统的局部应力演化,得到以下主要结论:

(1)TGO 径向与环向生长应变比值和 TGO 环向生长应变梯度是影响涂层系统局部区域拉压状态的关键因素。

(2)TGO 半径与厚度的比值,材料塑性变形,以及 TGO 起伏形貌对系统局部区域生长应力水平具有重要影响。

(3)涂层系统内材料或界面的拉应力会诱发凸凹形 TGO 附近萌生微裂纹,而 TGO 的开裂则会导致相邻微裂纹的汇聚。

(4)在 TGO 高温生长过程中,TGO 生长应变促使系统应力水平升高,材料蠕变则导致系统应力松弛,初始生长阶段前者起主导作用,但随着生长时间的增加,后者的作用越来越显著;当应力松弛机制开始占优势时,应力演化曲线出现极值点,且极值点对应的应力值和时间受到多种参数的影响;当应力诱发作用与松弛作用相互平衡时,应力水平趋于稳定。

(5)TGO 径向生长应变和环向生长应变以及涂层材料蠕变,对涂层系统部分区域的应力状态具有相反的影响效果;由于生长应变和蠕变应变均会随时间发生改变,致使在应力演化过程中可能出现由一种因素占优势到另一种因素占优势的转变,由此导致应力演化曲线在 TGO 不同生长阶段可能具有不同的特征。

(6)TGO 径向生长应变率系数、环向生长应变率系数、增厚系数、初始厚度以及不同材料的蠕变系数对涂层系统局部应力的大小、拉压性质、应力极值特性与演化过程等具有重要影响。

(7)在涂层系统局部区域,TGO 凸起部分的曲率半径主要影响顶部位置的应力状态,而凹陷部分的曲率半径主要影响底部位置的应力状态,中部位置则受到两者共同影响。

本章介绍的分析方法拓展了热障涂层的高温氧化生长应力理论模型,可描述各向异性和非均匀性生长应变、涂层屈服、TGO 蠕变等对涂层局部应力状态的影响,克服了已有经典模型(如 Evans 模型[19,28]和 Clarke 模型[5,26])的不足,预测的微裂纹萌生位置与实验相符。但需要注意,本章总结的研究成果尚未充分考虑力学变量与物理变量、力学变量与氧化动力学变量之间的耦合效应。而实际 TGO 生长应变的大小会受到应力状态的影响[1,26]；同时，材料系统的应力状态会直接改变 TGO 生长速率的快慢[66]。系统应力演化和 TGO 高温生长过程的耦合问题是目前研究的难点，但尚未见到比较明确和成熟的研究结论。

此外，TBC 系统的失效实际上是众多机制共同作用的结果。制备残余应力、热膨胀失配应力、温度梯度应力、TGO 生长应力、机械载荷应力以及其他应力可能相互促进，诱发同样的失效模式，也可能相互抵消，使实际失效模式与不同应力单独作用下的失效模式不同。因此，只有综合考虑各种应力，建立涂层系统完整的寿命评估模型，才能对系统的失效机理形成全面的认识。

参考文献

[1] Evans A G, Mumm D R, Hutchinsion J W, Meier G H, Pettit F S. Mechanisms controlling the durability of thermal barrier coatings [J]. Progress in Materials Science, 2001, 46(5)：505 – 553.

[2] Evans A G, Clarke D R, Levi C G. The influence of oxides on the performance of advanced gas turbines [J]. Journal of the European Ceramic Society, 2008, 28：15.

[3] Haynes J A, Ferber M K, Porter W D, Rigney E D. Characterization of alumina scales formed during isothermal and cyclic oxidation of plasma-sprayed TBC systems at 1150 C [J]. Oxidation of Metals, 1999, 52 (1/2)：31 – 76.

[4] Zhao X, Hashimoto T, Xiao P. Effect of the top coat on the phase transformation of thermally grown oxide in thermal barrier coatings [J]. Scripta Materialia, 2006, 55(11)：1051 – 1054.

[5] Tolpygo V, Clarke D. Competition between stress generation and relaxation during oxidation of an Fe-Cr-Al-Y alloy [J]. Oxidation of Metals, 1998, 49(1/2)：187 – 212.

[6] Schumann E, Sarioglu C, Blachere J R, Pettit F S, Meier G H. High-temperature stress measurements during the oxidation of NiAl [J]. Oxidation of Metals, 2000, 53(3/4)：259 – 272.

[7] Veal B W, Paulikas A P. Growth strains and creep in thermally grown alumina：Oxide growth mechanisms [J]. Journal of Applied Physics,

2008, 104(9): 093525 - 15.

[8] Pilling N B, Bedworth R E. The oxidation of metals at high temperatures [J]. Journal of Institute of Metal, 1923, 29(3): 529 - 582.

[9] Rhines F, Wolf J. The role of oxide microstructure and growth stresses in the high-temperature scaling of nickel [J]. Metallurgical Transactions, 1970, 1(6): 1701 - 1710.

[10] Tolpygo V, Dryden J, Clarke D. Determination of the growth stress and strain in α-Al_2O_3 scales during the oxidation of Fe-22Cr-4.8 Al-0.3Y alloy [J]. Acta Materialia, 1998, 46(3): 927 - 937.

[11] Karlsson A M, Hutchinson J W, Evans A G. A fundamental model of cyclic instabilities in thermal barrier systems [J]. Journal of the Mechanics and Physics of Solids, 2002, 50(8): 1565 - 1589.

[12] Schlichting K W, Padture N P, Jordan E H, Gell M. Failure modes in plasma-sprayed thermal barrier coatings [J]. Materials Science and Engineering: A, 2003, 342(1/2): 120 - 130.

[13] Eshelby J D. The determination of the elastic field of an ellipsoidal inclusion, and related problems [J]. Proceedings of the Royal Society of London, 1957, 241(1226): 376 - 396.

[14] Eshelby J D. The elastic field outside an ellipsoidal inclusion [J]. Proceedings of the Royal Society of London, 1959, 252(1271): 561 - 569.

[15] Eshelby J D. Elastic inclusions and inhomogeneities [J]. Progress in Solid Mechanics, 1961, 2(1): 89 - 140.

[16] Mura T. Micromechanics of defects in solids [M]. Netherlands: Martinus Nijhoff Publishers, 1987.

[17] Sun Y, Zhang W, Li J, Wang T J. Local stress around cap-like portions of anisotropically and nonuniformly grown oxide layer in thermal barrier coating system [J]. Journal of Materials Science, 2013, 48 (17): 5962 - 5982.

[18] Ambrico J M, Begley M R, Jordan E H. Stress and shape evolution of irregularities in oxide films on elastic-plastic substrates due to thermal cycling and film growth [J]. Acta Materialia, 2001, 49(9): 1577 - 1588.

[19] Hsueh C H, Evans A G. Oxidation induced stresses and some effects

on the behavior of oxide films [J]. Journal of Applied Physics, 1983, 54(11): 6672 - 6686.

[20] Panicaud B, Grosseau-Poussard J L, Dinhut J F. On the growth strain origin and stress evolution prediction during oxidation of metals [J]. Applied Surface Science, 2006, 252(16): 5700 - 5713.

[21] Maharjan S, Zhang X C, Xuan F Z, Wang Z D, Tu S T. Residual stresses within oxide layers due to lateral growth strain and creep strain: analytical modeling [J]. Journal of Applied Physics, 2011, 110 (6): 063511.

[22] Sun Y L, Zhang W, Tian M, Wang T J. Thermal cycling induced crack nucleation and propagation in thermal barrier coating system [J]. Key Engineering Materials, 2011, 462: 383 - 388.

[23] Wagner C. Diffusion and high temperature oxidation of metals in atom movements [J]. Cleveland (OH): American Society for Metals, 1951: 21.

[24] Schulz U, Menzebach M, Leyens C, Yang Y Q. Influence of substrate material on oxidation behavior and cyclic lifetime of EB-PVD TBC systems [J]. Surface and Coatings Technology, 2001, 146: 117 - 123.

[25] Tolpygo V, Clarke D, Murphy K. Oxidation-induced failure of EB-PVD thermal barrier coatings [J]. Surface and Coatings Technology, 2001, 146: 124 - 131.

[26] Clarke D R. The lateral growth strain accompanying the formation of a thermally grown oxide [J]. Acta Materialia, 2003, 51(5): 1393 - 1407.

[27] Sun Y, Li J, Zhang W, Wang T J. Local stress evolution in thermal barrier coating system during isothermal growth of irregular oxide layer [J]. Surface and Coatings Technology, 2013, 216(0): 237 - 250.

[28] Evans A G, He M Y, Hutchinson J W. Mechanics-based scaling laws for the durability of thermal barrier coatings [J]. Progress in Materials Science, 2001, 46(3/4): 249 - 271.

[29] Loeffel K, Anand L. A chemo-thermo-mechanically coupled theory for elastic-viscoplastic deformation, diffusion, and volumetric swelling due to a chemical reaction [J]. International Journal of Plasticity, 2011, 27

(9): 1409 - 1431.

[30] Loeffel K, Anand L, Gasem Z M. On modeling the oxidation of high-temperature alloys [J]. Acta Materialia, 2013, 61(2): 399 - 424.

[31] Karlsson A M, Evans A G. A numerical model for the cyclic instability of thermally grown oxides in thermal barrier systems [J]. Acta Materialia, 2001, 49(10): 1793 - 1804.

[32] Karlsson A M, Levi C, Evans A. A model study of displacement instabilities during cyclic oxidation [J]. Acta Materialia, 2002, 50(6): 1263 - 1273.

[33] Karlsson A M, Hutchinson J, Evans A. The displacement of the thermally grown oxide in thermal barrier systems upon temperature cycling [J]. Materials Science and Engineering: A, 2003, 351(1): 244 - 257.

[34] Białas M. Finite element analysis of stress distribution in thermal barrier coatings [J]. Surface and Coatings Technology, 2008, 202(24): 6002 - 6010.

[35] Ranjbar-Far M, Farrahi G H, Azadi M, Ghodrati M. Simulation of the effect of material properties and interface roughness on the stress distribution in thermal barrier coatings using finite element method [J]. Materials and Design, 2010, 31(2): 772 - 781.

[36] Schwarzer J, Löhe D, Vöhringer O. Influence of the TGO creep behavior on delamination stress development in thermal barrier coating systems [J]. Materials Science and Engineering: A, 2004, 387 - 389(49): 692 - 695.

[37] He M Y, Evans A G, Hutchinson J W. The ratcheting of compressed thermally grown thin films on ductile substrates [J]. Acta Materialia, 2000, 48(10): 2593 - 2601.

[38] Caliez M, Chaboche J L, Feyel F, Kruch S. Numerical simulation of EBPVD thermal barrier coatings spallation [J]. Acta Materialia, 2003, 51(4): 1133 - 1141.

[39] Busso E P, Lin J, Sakurai S, Nakayama M. A mechanistic study of oxidation-induced degradation in a plasma-sprayed thermal barrier coating system, Part I: model formulation [J]. Acta Materialia, 2001, 49(9): 1515 - 1528.

[40] Busso E P, Lin J, Sakurai S. A mechanistic study of oxidation-induced degradation in a plasma-sprayed thermal barrier coating system, Part II: Life prediction model [J]. Acta Materialia, 2001, 49(9): 1529 - 1536.

[41] Jun D, Xia H, Song C, Chuan Y E. Numerical simulation procedure for modeling TGO crack propagation and TGO growth in thermal barrier coatings upon thermal-mechanical cycling [J]. Advances in Materials Science and Engineering, 2014, 31: 1 - 14.

[42] Ding J, Li F X, Kang K J. Numerical simulation of displacement instabilities of surface grooves on an alumina forming alloy during thermal cycling oxidation [J]. Journal of Mechanical Science and Technology, 2009, 23(8): 2308 - 2319.

[43] Freborg A M, Ferguson B L, Brindley W J, Petrus G J. Modeling oxidation induced stresses in thermal barrier coatings [J]. Materials Science and Engineering A, 1998, 245(2): 182 - 190.

[44] 林晨. 热障涂层力-化耦合作用下热氧化物生长和界面应力演化研究 [D]. 西安交通大学: 西安, 2016.

[45] Evans H E, Taylor M P. Creep relaxation and the spallation of oxide layers [J]. Surface and Coatings Technology, 1997, 94 - 95(0): 27 - 33.

[46] Ruan J L, Pei Y, Fang D. Residual stress analysis in the oxide scale/metal substrate system due to oxidation growth strain and creep deformation [J]. Acta Mechanica, 2012, 223(12): 2597 - 2607.

[47] Ruan J L, Pei Y, Fang D. On the elastic and creep stress analysis modeling in the oxide scale/metal substrate system due to oxidation growth strain [J]. Corrosion Science, 2013, 66(1): 315 - 323.

[48] Su L C, Zhang W X, Sun Y, Wang T J. Effect of TGO creep on topcoat cracking induced by cyclic displacement instability in a thermal barrier coating system [J]. Surface and Coatings Technology, 2014, 254: 410 - 417.

[49] Xu T, He M Y, Evans A G. A numerical assessment of the durability of thermal barrier systems that fail by ratcheting of the thermally grown oxide [J]. Acta Materialia, 2003, 51(13): 3807 - 3820.

[50] Xu T, He M, Evans A. A numerical assessment of the propagation and coalescence of delamination cracks in thermal barrier systems [J]. Interface Science, 2003, 11(3): 349 – 358.

[51] Caliez M, Feyel F, Kruch S, Chaboche J-L. Oxidation induced stress fields in an EB PVD thermal barrier coating [J]. Surface and Coatings Technology, 2002, 157(2/3): 103 – 110.

[52] Caliez M, Chaboche J L, Feyel F, Kruch S. Numerical simulation of EBPVD thermal barrier coatings spallation [J]. Acta Materialia, 2003, 51(4): 1133 – 1141.

[53] Busso E P, Lin J. A mechanistic study of oxidation-induced degradation in a plasma-sprayed thermal barrier coating system, Part II: Life prediction model [J]. Acta Materialia, 2001, 49(9): 8.

[54] Busso E P, Lin J, Nakayama M. A mechanistic study of oxidation-induced degradation in a plasma-sprayed thermal barrier coating system, Part I: Model formulation [J]. Acta Materialia, 2001, 49(9): 1515 – 1528.

[55] Busso E P, Qian Z Q. A mechanistic study of microcracking in transversely isotropic ceramic-metal systems [J]. Acta Materialia, 2006, 54(2): 325 – 338.

[56] Busso E P, Wright L, Evans H E, McCartney L N, Saunders S R J, Osgerby S, Nunn J. A physics-based life prediction methodology for thermal barrier coating systems [J]. Acta Materialia, 2007, 55(5): 1491 – 1503.

[57] Busso E P, Qian Z Q, Taylor M P, Evans H E. The influence of bondcoat and topcoat mechanical properties on stress development in thermal barrier coating systems [J]. Acta Materialia, 2009, 57(8): 2349 – 2361.

[58] Busso E P, Evans H E, Qian Z Q, Taylor M P. Effects of breakaway oxidation on local stresses in thermal barrier coatings [J]. Acta Materialia, 2010, 58(4): 1242 – 1251.

[59] Panicaud B, Grosseau-Poussard J L, Dinhut J F. General approach on the growth strain versus viscoplastic relaxation during oxidation of metals [J]. Computational Materials Science, 2008, 42(2): 286 – 294.

［60］Suo Y H，Shen S P. General approach on chemistry and stress coupling effects during oxidation ［J］. Journal of Applied Physics，2013，114 (16)：164905.

［61］Suo Y H，Yang X，Shen S P. Residual stress analysis due to chemomechanical coupled effect，intrinsic strain and creep deformation during oxidation ［J］. Oxidation of Metals，2015，84(3/4)：413 - 427.

［62］Al-Athel K，Loeffel K，Liu H，Anand L. Modeling decohesion of a top-coat from a thermally-growing oxide in a thermal barrier coating ［J］. Surface and Coatings Technology，2013，222(6)：68 - 78.

［63］Echsler H，Shemet V，Schütze M，Singheiser L，Quandakker W J. Cracking in and around the thermally grown oxide in thermal barrier coatings：A comparison of isothermal and cyclic oxidation ［J］. Journal of Materials Science，2006，41(4)：1047 - 1058.

［64］Trunova O，Beck T，Herzog R，Steinbrech R W，Singheiser L. Damage mechanisms and lifetime behavior of plasma sprayed thermal barrier coating systems for gas turbines，Part I：Experiments ［J］. Surface and Coatings Technology，2008，202(20)：5027 - 5032.

［65］Rabiei A，Evans A G. Failure mechanisms associated with the thermally grown oxide in plasma-sprayed thermal barrier coatings ［J］. Acta Materialia，2000，48(15)：3963 - 3976.

［66］Zhao X，Yang F，Shinmi A，Xioa P，Molchan I S，Thompson G E. Stress-enhanced growth rate of alumina scale formed on FeCrAlY alloy ［J］. Scripta Materialia，2010，63(1)：117 - 120.

第 5 章　热障涂层系统中的裂纹问题

TBC 服役过程中受到机械载荷、环境载荷和高温气流冲刷等作用,同时各材料组元间的热失配、粘结层高温氧化生长等复杂因素会诱发涂层内部和/或界面处的裂纹萌生、扩展和聚合,最终导致涂层剥落。陶瓷涂层过早开裂、脱粘等直接影响结构部件的安全使用,是制约 TBC 应用的瓶颈。因此,研究 TBC 中的裂纹问题对于揭示其失效机理,建立可靠的寿命预测模型具有重要的意义。

本章主要介绍 TBC 中的表面裂纹问题、界面裂纹问题以及表面裂纹与界面裂纹之间的竞争。

5.1　热障涂层中的裂纹形式

典型膜/基结构中,薄膜与基底通常具有显著不同的热膨胀系数。在热循环载荷作用下,热失配等因素会导致薄膜内积蓄较高的应变能密度和残余应力,膜结构常处于拉伸或压缩应力状态,为裂纹萌生和扩展提供了驱动力。拉、压两种应力状态会引起截然不同的失效机理:拉应力主要导致薄膜中内聚裂纹的萌生和扩展(扩展至界面后,也会诱发伴随界面裂纹,并导致涂层剥落);而压应力则主要导致界面分层或脱粘,当分层扩展到一定长度满足屈曲失稳条件时,系统发生屈曲失稳,涂层剥落[1]。Bialas[2] 总结了膜/基结构的典型失效模式,如图 5-1 所示。王铁军等[3] 详细介绍了传统二元和梯度结构 TBC 系统中的表面裂纹、界面裂纹及其相互竞争相关的国内外研究进展。

如前所述,制备和服役环境下,TBC 系统受到淬火应力、热膨胀失配应力、热梯度应力和高温氧化生长应力等。上述应力驱动 TBC 系统的失效,即各组元材料内部及不同组元界面间的开裂。根据裂纹形态的不同,可以将实验观测到的 TBC 系统的主要裂纹形式分为两类:表面裂纹和界面裂纹,如图 5-2 所示[4]。TBC 系统内各组元材料性能的显著不同,导致涂层服役过程中承受拉应力作用,从而形成表面裂纹。而热生长氧化层与粘结层的位移失

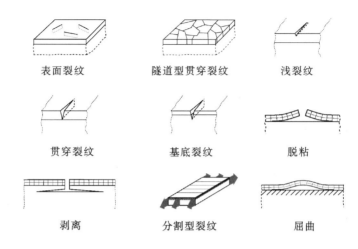

图 5-1　膜基结构的典型失效模式[2]

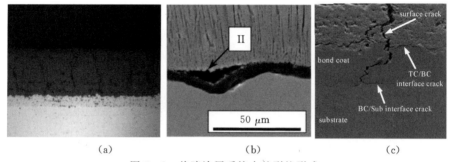

（a）　　　　　　　　（b）　　　　　　　　（c）

图 5-2　热障涂层系统中的裂纹形式：
（a）表面裂纹；（b）界面裂纹[4]；（c）表面裂纹与界面裂纹

稳、粘结层的蠕变效应等均可能产生垂直于界面的拉应力。此外，高温氧化生长及冷却过程中，热生长氧化层经历平面内压缩，从而导致陶瓷层屈曲，以平面外位移变形的方式释放高温生长过程中所积蓄的应变能密度。这两种机制均会引起界面裂纹的形成。因此，界面裂纹又主要包括边缘层离或屈曲层离两类。

5.2　热障涂层中的表面裂纹

5.2.1　表面裂纹模型

当涂层受到面内拉应力时，微裂纹首先在微缺陷等应力集中处形核、扩展,直至穿透薄膜,形成隧道型贯穿裂纹(Channelling crack),如图 5-3 所示;随着载荷的持续增加,更多的表面裂纹在已形成的表面裂纹间萌生并扩展,最终形成周期性表面裂纹[5,6]。

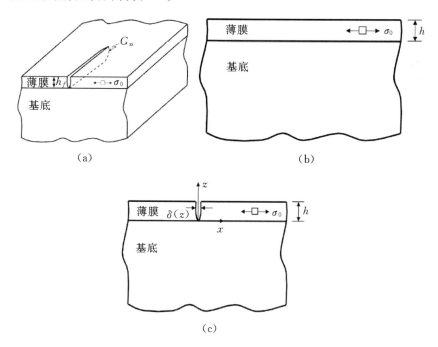

图 5-3　三维稳态隧道型贯穿裂纹(a)及其等效二维平面应变问题的裂尖前方远端场(b)和裂尖后方远端场(c)[5,6]

　　对图 5-3(a)所示无限大基底上厚度为 h,受到大小为 σ_0 的等双轴拉应力作用的薄膜,贯穿薄膜的表面裂纹(即裂尖位于薄膜与基底界面处)由于受到基底的约束而在面外方向扩展。此时,由于裂纹前沿各点处的应变能存在差异,因此裂纹前沿为曲线,所研究的问题为三维裂纹体。假设某时刻裂纹长度远大于薄膜厚度,那么可以认为裂纹的扩展达到稳态[7],即裂纹前沿形状在后续扩展过程中将维持不变,此时裂纹的扩展驱动力与裂纹长度无关,与初始缺陷的大小也无关。达到稳态后,该问题可等效为图 5-3(b)和(c)所示的二维问题。图 5-3(a)中裂纹前沿处稳态扩展应变能释放率 G_{ss} 可由裂纹前方无穷远处(b)与后方无穷远处单位长度结构体所存储的能量之差求得。而裂纹后方远处应力状态与(c)中所示平面应变状态下贯穿裂纹问题等价。因而,所研究问题可以简化为对图 5-3(c)所示结构进行分析。稳态裂纹扩展概念可将三维问题简化为二维平面应变问题,极大降低了计算难度。

尽管结果相对而言略有保守,但对绝大多数工程问题而言,仍具有足够精度,可用于工程结构的定限设计。

以典型双层膜/基结构为例,考虑到涂层内的表面裂纹通常呈周期性分布,可基于上述稳态裂纹扩展概念[7]将其简化为二维结构,如图 5-4 所示。其中,涂层厚度为 h,表面裂纹长度为 a,沿 x 方向等间距分布,裂纹间距为 $2c$。Erdogan 和 Schulze 等人[8,9]较早开展了非均匀弹性体内周期性裂纹问题的理论研究。图 5-4 所示问题的控制方程可写为[9,10]

$$\begin{cases} (\kappa-1)\nabla^2 u + 2\left(\dfrac{\partial^2 u}{\partial x^2} + \dfrac{\partial^2 v}{\partial x \partial y}\right) = 0 \\ (\kappa-1)\nabla^2 v + 2\left(\dfrac{\partial^2 v}{\partial y^2} + \dfrac{\partial^2 u}{\partial x \partial y}\right) = 0 \end{cases} \tag{5-1}$$

式中,u 和 v 分别为沿 x 轴和 y 轴的位移分量;κ 为 Muskhelishvili 常数(平面应变假设下,$\kappa=3-4\nu$;平面应力假设下 $\kappa=(3-\nu)/(1+v)$,其中,ν 为泊松比)。方程(5-1)同时适用于基底和薄膜。

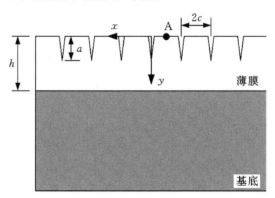

图 5-4　含周期性表面裂纹膜/基结构示意图

考虑对称性和周期性,可通过对单个周期模型(如 $0<x<c$)施加均匀边界条件(Homogenous boundary condition)进行求解:

$$\begin{cases} \sigma_{xy}(0,y)=0, \sigma_{xy}(c,y)=0, u(c,y)=0, & 0<y<h \\ \sigma_{xy}(x,0)=0, \sigma_{yy}(x,0)=0, \sigma_{xy}(x,h)=0, \sigma_{yy}(x,h)=0, & 0<x<c \end{cases} \tag{5-2}$$

然而,均匀位移边界条件下所求得的问题解通常过于保守;而均匀力边界条件下的解通常偏于危险,采用周期边界条件则更加准确(见图 5-5):

$$x_i - x_c = x_{i'} - x_d \tag{5-3}$$

$$y_i - y_c = y_{i'} - y_d \tag{5-4}$$

$$u_{i'} - u_i = u_d - u_c \tag{5-5}$$

$$v_{i'} - v_i = v_d - v_c \tag{5-6}$$

其中,i 为模型中左边界 ac 上的节点;i' 为右边界 bd 上对应的节点。

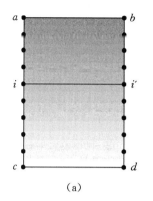 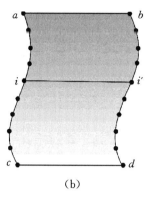

(a) (b)

图 5-5　周期边界条件

(a)变形前;(b)变形后

对于图 5-4 所示坐标系,$x=0$ 面内应满足

$$\begin{cases} \sigma_{xy}(0,y) = -\sigma_0(y), & 0 < y < a \\ u(0,y) = 0, & a < y < h \end{cases} \tag{5-7}$$

式中,$\sigma_{ij}(i,j=x,y)$ 为应力分量;σ_0 为系统所受到的外载荷。

此外,在薄膜与基底界面处,位移和应力应满足连续性条件

$$\begin{cases} u(x,h-0) = u(x,h+0) \\ v(x,h-0) = v(x,h+0) \\ \sigma_{yy}(x,h-0) = \sigma_{yy}(x,h+0) \\ \sigma_{xy}(x,h-0) = \sigma_{xy}(x,h+0) \end{cases} \tag{5-8}$$

联合以上方程即可得到膜/基结构控制方程的解[6,7]。

采用傅里叶变换,控制方程(5-1)式可以变换为

$$u_1(x,y) = \sum_{n=0}^{\infty} \left[(A_1 + A_2 x)\mathrm{e}^{-\alpha_n x} + (A_3 + A_4 x)\mathrm{e}^{\alpha_n x} \right] \cos(\alpha_n y)$$
$$+ \frac{1}{2\pi} \int_{-\infty}^{\infty} \left[(B_1 + B_2 y)\mathrm{e}^{-|\beta|y} + (B_3 + B_4 y)\mathrm{e}^{|\beta|y} \right] \mathrm{e}^{ix\beta} \mathrm{d}\beta \tag{5-9}$$

$$v_1(x,y) = \sum_{n=1}^{\infty} \left[\left(A_1 - \frac{\kappa_1}{\alpha_n} A_2 + A_2 x \right) \mathrm{e}^{-\alpha_n x} + \left(A_3 + \frac{\kappa_1}{\alpha_n} A_4 + A_4 x \right) \mathrm{e}^{\alpha_n x} \right] \sin(\alpha_n y)$$
$$+ \frac{1}{2\pi} \int_{-\infty}^{\infty} \left[(|\beta| B_1 + \kappa_1 B_2 + |\beta| B_2 y) \mathrm{e}^{-|\beta|y} \right.$$

$$-(\,|\,\beta\,|\,B_3 - \kappa_1 B_4 + |\,\beta\,|\,B_4 y)\mathrm{e}^{|\beta|y}\mathrm{e}^{ix\beta}\,]\,\frac{i}{\beta}\mathrm{d}\beta \tag{5-10}$$

$$u_2(x,y) = \sum_{n=0}^{\infty}(C_{1n} + C_{2n}x)\mathrm{e}^{-\alpha_n x}\cos(\alpha_n y) \tag{5-11}$$

$$v_2(x,y) = \sum_{n=1}^{\infty}\left(C_{1n} - \frac{\kappa_2}{\alpha_n}C_{2n} + C_{2n}x\right)\mathrm{e}^{-\alpha_n x}\sin(\alpha_n y) \tag{5-12}$$

式中，$\alpha_n = \pi n/c$，c 为半表面裂纹间距；下标 f、s 分别表示薄膜和基底。

采用文献[9]中的方法求得位移场 u 及应力场 σ。在求得位移场和应力场后，即可求解 Ⅰ 型应力强度因子（Stress intensity factor，SIF）K_{I}

$$K_{\mathrm{I}} = \sigma_{xx}\sqrt{2\pi r} \tag{5-13}$$

式中，r 为该点到裂尖的距离。考虑到模型中表面裂纹为 Ⅰ 型开裂，所以此处仅给出了 Ⅰ 型裂纹裂尖应力强度因子。

在线弹性断裂力学假设下，根据 Irwin 应变能能量释放率（Strain energy release rate，SERR）与应力强度因子间的关系，可得

$$G_{\mathrm{I}} = K_{\mathrm{I}}^2/\bar{E} \tag{5-14}$$

其中，

$$\bar{E} = \begin{cases} E/(1-\nu^2) & （平面应变） \\ E & （平面应力） \end{cases} \tag{5-15}$$

至此，可求得周期性分布表面裂纹断裂参数——裂尖应力强度因子和应变能释放率。

陶瓷层内表面裂纹的存在，可缓解热失配所产生的残余应力，其中形成新的裂纹面消耗一部分能量，同时裂尖区域局部塑性变形也会消耗掉一部分能量。从能量平衡的角度出发求解断裂控制参量则更为方便。

假设图 5-3(c)所示裂纹体中表面裂纹的张口位移为 $\delta(z)$，所对应的隧道型裂纹前沿稳态应变能释放率可以表示为

$$G_{ss} = \frac{\sigma_0}{2a}\int_0^a \delta(z)\mathrm{d}z \tag{5-16}$$

其中，a 为表面裂纹长度。因此，求解图 5-3(a)所示裂纹体断裂参数最终可转化为求解表面裂纹的张口位移 $\delta(z)$。

同时，可通过图 5-3(c)所示裂纹前缘后方无穷远处的能量释放率 $G(h)$ 获得稳态裂纹扩展单位长度系统所释放的能量 G

$$G = \int_0^a G(a)\mathrm{d}a \tag{5-17}$$

其中，$G(a)$ 可通过线弹性断裂力学知识求解，可由下式近似[11]

$$G(a) = \begin{cases} \dfrac{1.1215^2 \pi a \sigma_0^2}{\bar{E}_f}, & 0 < a \leqslant h \\[4mm] \dfrac{4a\sigma_0^2}{\pi \bar{E}_f}\left[1.69 - 0.47\,\dfrac{h}{a} + 0.032\left(\dfrac{h}{a}\right)^2\right]\arcsin^2\dfrac{h}{a}, & h < a \end{cases}$$

$$(5-18)$$

由式(5-18)可知,表面裂纹自顶部萌生并向界面扩展过程中(裂纹长度 a 小于等于薄膜厚度 h),应变能释放率随着裂纹长度的增加而增加;穿透界面后(裂纹长度大于薄膜厚度),裂纹扩展驱动力随裂纹长度变化而呈抛物线形式变化。

裂纹扩展过程中受到一定的阻力作用。表面裂纹垂直于界面方向每扩展单位长度所需要的功为

$$R = \begin{cases} \Gamma_f a, & a \leqslant h \\ \Gamma_f h + (a-h)\Gamma_s, & a > h \end{cases} \qquad (5-19)$$

式中,Γ_f、Γ_s 分别为薄膜和基底材料的断裂能。表面裂纹长度 a 可以小于、等于或大于薄膜厚度。由上式可知,表面裂纹向界面扩展过程中(裂纹长度小于等于薄膜厚度),裂纹扩展阻力随着裂纹长度的增加而线性增大。当裂尖驱动力大于扩展阻力时,裂纹扩展。

对于含周期表面裂纹情形,平面应变假设下裂尖应变能释放率为[12]

$$G(a) = F(W)\,\frac{\sigma_0^2 \pi a (1 - \nu_f^2) h}{E_f} \qquad (5-20)$$

式中,$a \leqslant h$ 为表面裂纹长度;h 为涂层厚度;E_f 和 ν_f 分别为涂层弹性模量和泊松比;σ_0 为涂层内所受外载荷;F 为裂纹间距 W 的函数,由应力分析得到[13]。

若多个表面裂纹沿稳态扩展方向长度相同,则可以得到每个表面裂纹裂尖能量释放率

$$G_{ss} = \frac{G(a)}{h} = F(W)\,\frac{\sigma_0^2 \pi a (1 - \nu_f^2)}{E_f} \qquad (5-21)$$

可见,除材料及外载条件外,表面裂纹断裂行为还受到裂纹长度 a 和裂纹密度 W 的影响。

5.2.2 表面裂纹密度的影响

众所周知,表面裂纹的存在会降低涂层的等效弹性模量。早在 20 世纪 80 年代,Ruckle[14]就发现涂层中的表面裂纹可降低涂层内应力水平。在涂

层制备时,可通过改变喷涂参数或者控制稳定剂含量来实现对表面裂纹形貌进行控制的目的。近年来,表面裂纹对 TBC 系统寿命及耐久性的影响受到了较多关注。研究表明:表面裂纹有助于提高涂层的应变韧性,进而提高涂层寿命[7,15]。然而,目前对于 TBC 中的表面裂纹研究尚不系统,缺少可直接应用于工程实际的实质性研究成果。以涂层厚度为例,理论及数值计算中涂层厚度是无限制的。而实际工程中,对于转动叶片上的涂层而言,其厚度要足够厚以达到足够强的隔热效果,同时考虑到长寿命要求则要尽量薄。而对于静止部件而言,则可以适当选取较厚的涂层。因而,需要系统研究 TBC 中的表面裂纹断裂行为及其影响因素,以便为工程实践提供更加切实可行的建议。

根据图 5-4 所示的 TBC 系统简化力学模型可建立相应的有限元模型,如图 5-6 所示。模型两侧边界布置相同节点数,对应节点具有相同的纵坐标,以便施加周期性边界条件。此处采用扩展有限元法(见附录 A.4)计算表面裂纹裂尖驱动力。由于采用扩展有限元法时,全局结构与裂纹可分开建模,因此可大大简化数值计算,尤其是分网的难度,并显著提高效率。裂尖区域采用了传统的二次三角形奇异单元。对于线弹性问题,奇异单元与常规单元差异在于奇异单元将二次常规单元中间节点位置由 1/2 处移到 1/4 处,这

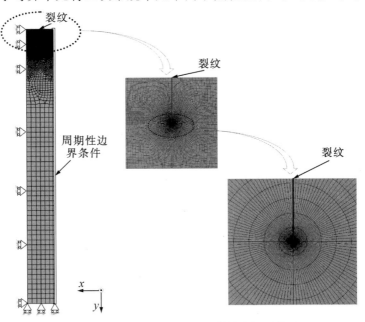

图 5-6　含表面裂纹薄膜/基底结构有限元模型

样计算得到的等参单元拉格朗日形函数所对应的位移场恰好包含 $1/\sqrt{r}$ 项,实现了对裂纹尖端奇异性的描述。为了兼顾计算精度和计算效率,仅在靠近裂纹尖端区域采用精细网格,基底内采用相对稀疏网格划分。

薄膜和基底材料均假设为各向同性、线弹性、均匀材料。其中薄膜的弹性模量为 E_0 = 200 GPa,选取基底的弹性模量使其与薄膜弹性模量比值位于区间 $[0.2,5]$,此区间基本涵盖实际工程中多层结构可能的弹性失配情形。定义参考模型为:薄膜厚度 h_0,裂纹长度 $0.5h_0$,表面裂纹间距 h_0。考虑到无限大基底假设,基底厚度选为 20 倍薄膜参考厚度 h_0,同时约束模型的旋转自由度。

表面裂纹在向界面扩展过程中,基底及相邻表面裂纹的影响均会越来越显著。因此,裂纹长度对裂尖驱动力有着显著影响。图 5-7 所示为表面裂纹裂尖驱动力随裂纹长度的变化曲线。当裂纹长度很小时,相邻裂纹及界面对其影响可以忽略不计,因此裂尖应力强度因子随着裂纹长度的增加呈线性增长;随着裂纹向界面进一步扩展,相邻裂纹及基底约束效应愈加显著。对于硬基底软薄膜的情况,裂纹扩展驱动力存在最大值,其后随着表面裂纹趋近界面而逐渐减小。研究表明,均质、弹性材料系统中,角裂纹长度为薄膜厚度的约 20 倍时达到稳态;而内部裂纹长度为薄膜厚度的 6 倍时就达到稳态。对于角裂纹,需要更大的初始缺陷尺寸以达到稳态;对于软基底而言,达到稳态所对应的裂纹长度要远大于薄膜厚度(40 倍甚至更大)。

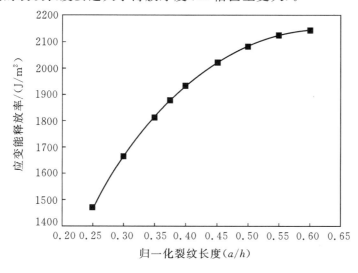

图 5-7　表面裂纹裂尖应变能释放率随裂纹长度变化

薄膜厚度对表面裂纹扩展驱动力也有着显著的影响。对于软薄膜/硬基底体系,存在某个薄膜厚度,使得表面裂纹裂尖驱动力最大。而当裂纹长度小于此值时,裂纹驱动力随着表面裂纹长度的增大近似线性增加;当裂纹长度大于此值时,裂纹驱动力反而降低。此结果与 Zhou 和 Kokini[16]的实验结果一致,可用于涂层的抗断裂设计。Choules 等[17]指出减小涂层厚度会引起表面裂纹的数量增加和/或表面裂纹间距的减小。表面裂纹可用于提高涂层热循环寿命这一特性尤其适用于厚涂层,这是由于厚涂层通常具有更高的残余应力水平并且更容易出现涂层的剥离。

表面裂纹间距为涂层中两个相邻表面裂纹之间的距离,是影响表面裂纹断裂行为乃至涂层耐久性的重要因素之一[18]。建立含不同密度表面裂纹的力学模型,并通过对应力水平及裂纹扩展驱动力进行分析,可以得到表面裂纹间距的影响规律。采用图 5-6 所示的有限元模型,可分析裂纹间距对涂层应力分布(此处选取涂层表面相邻裂纹中间位置处为特征点)及裂尖应力强度因子的影响。随着表面裂纹密度的增加,涂层内应力及表面裂纹扩展驱动力均显著降低,即高密度表面裂纹可有效降低涂层内应力水平及裂纹扩展驱动力,如图 5-8 所示[19],其中用参数 $K_0 = \sigma_0 \sqrt{\pi a}$ 对应力强度因子进行无量纲化,$\sigma_0 = E_f \varepsilon_0 / (1 - \nu^2)$,$\varepsilon_0$ 为裂纹体所受到的应变,a 为表面裂纹长度,E_f 为薄膜弹性模量,ν 为薄膜泊松比。图 5-8 中带圆点的线为涂层表面 A 点处(图 5-4)应力随裂纹间距 c 的变化曲线。

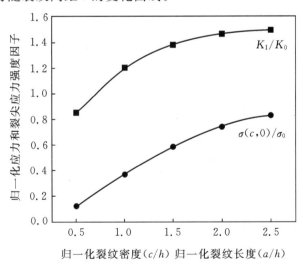

图 5-8　表面裂纹间距对应力和裂尖应力强度因子的影响[19]

Kokini 等[20]从实验和数值出发研究了表面裂纹密度对应力分布及应变能释放率的影响规律,得到以下结论:

(1)对于不含表面裂纹的涂层系统,应力水平最高,界面裂纹最易形成。

(2)随着每英寸表面裂纹数量(Crack per Inch,CPI)的增加(5≤CPI≤20),应力水平和应变能释放率均降低。

(3)当表面裂纹密度继续增加(CPI>20),应变能释放率缓慢降低,而应力下降依然比较明显。

Guo 等[15]对制备的具有不同表面裂纹密度的陶瓷涂层试样件进行热震试验发现,表面裂纹密度较大的试样,其热震寿命高于表面裂纹密度较少的试样。Zhou 和 Kokini[16]研究了热冲击载荷下表面裂纹形貌对薄膜/基底界面脱粘的影响。结果表明,较短及高密度的表面裂纹可以延缓涂层的脱落,有助于提高涂层寿命。图 5-9 为裂纹间距及裂纹长度对涂层内表面裂纹裂尖应力强度因子的共同影响[20]。高密度表面裂纹有助于降低涂层内应力水平,因而可用于提高涂层寿命及耐久性。

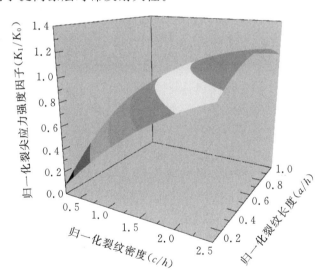

图 5-9　裂纹长度及间距对表面裂纹扩展驱动力的影响

5.2.3　曲界面形貌的影响

为提高基底的抗高温氧化性,缓解陶瓷层与金属基底的热失配应力、避免陶瓷涂层的早期剥离,通常在高温合金基底和陶瓷涂层间制备金属粘结层。对于 APS 制备涂层,粘结层与陶瓷层界面是凸凹不平的,如图 5－10 所示[21,22]。对于平直界面,垂直于界面方向的应力分量为零;而对于曲界面,垂直于界面方向的应力分量非零,粗糙界面对其附近区域的应力场产生显著影响[23,24]。Hille 采用内聚力单元法研究了粘结层与陶瓷层界面形貌对 TGO 内裂纹形成的影响,认为粗糙界面会导致更多裂纹的形成[25]。Beck 等[26]针对不同基底材料、不同界面粗糙度的试验件进行了热循环寿命试验。Ye 等[1]研究了界面裂纹扩展过程中的驱动力演化过程,分析了界面及基底对表面裂纹的影响。同时,还研究了涂层材料断裂韧性和界面结合强度对界面裂纹形成的影响,分析了涂层开裂、界面脱粘的必要条件。

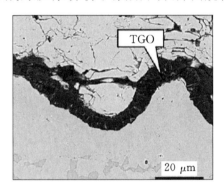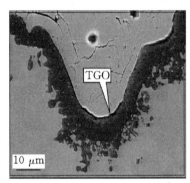

图 5－10　TBC 系统中凹凸不平的界面形貌[21,22]

由图 5－10 可知微观结构中曲界面幅值、波长以及 TGO 的厚度不仅随着服役而变化,且在不同位置也存在明显差异。由于曲界面附近通常是应力梯度较大区域,在数值分析时,通常提取其中的关键参数(如波长 L、振幅 A)对复杂界面形貌进行表征,将其简化为规则的周期性形貌,如圆弧、矩形、正弦曲线等,并在界面附近定义不同特征区域,如图 5－11 所示,分析曲界面附近的应力分布及裂纹萌生。

图 5－12 为表面裂纹裂尖能量释放率随裂纹长度变化曲线,其中 h 为薄膜顶部距离曲界面中性轴的距离。对于软薄膜/硬基底系统,裂尖距离界面越近,其能量释放率越低。当表面裂纹位于波峰上方时,其应变能释放率大于平直裂纹;位于波谷上方时,其应变能释放率逐渐增大,大于平直界面情形,随着裂纹向界面趋近会逐渐减小;位于过渡区域时,结果与平直界面接近[27]。

由图 5－13 可以更清楚地看到应变能释放率随界面形貌的变化曲线。当表面裂纹位于波峰上方时($-x/L＝-0.5$,坐标轴定义见图 5－4),裂尖距离

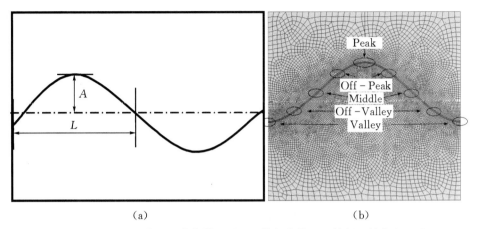

（a）　　　　　　　　　　　　　　　　（b）

图 5-11　（a）曲界面简化模型及界面特征参数；（b）特征区域定义

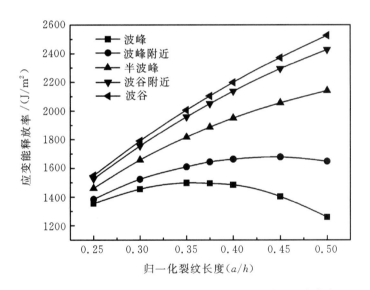

图 5-12　不同位置处表面裂纹扩展驱动力随裂纹长度演变

界面非常近，曲界面形貌下的能量释放率小于平直界面情况，并且随着裂纹向界面扩展过程中会急速降低；当裂纹位于波谷上方时（$-x/L=0.5$），表面裂纹在向界面扩展过程中驱动力呈增加趋势，随着裂尖趋近界面而出现与裂纹位于波峰上方时裂尖驱动力相同的变化趋势。当表面裂纹位于波峰上方时，弹性模量相对较大的基底凸入到较软的薄膜中，施加于系统的载荷多由基底承担，故降低了波峰上方处的表面裂纹裂尖奇异性；而当表面裂纹位于波谷上方时，薄膜要比平直界面时承受更多的载荷，应力奇异性也就更加明显。

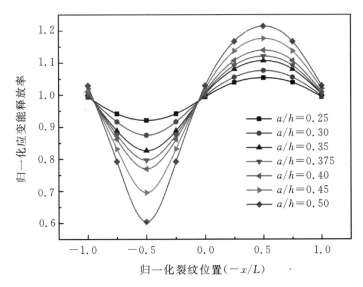

图 5-13 裂纹位置及尺寸对应变能释放率的影响

5.2.4 底层约束的效应

服役过程中,在陶瓷涂层与粘结层之间形成以 $\alpha\text{-}Al_2O_3$ 为主要物质成分的 TGO 层。由于 TGO 层弹性模量远高于多孔疏松陶瓷涂层(完好 TGO 弹性模量约为 400 GPa)[28],而且热膨胀系数与周边组元相差较大,因而服役过程中 TGO 层内会产生相当大的残余应力。TGO 层内应变能密度是时间的函数,裂纹驱动力随时间交变。在此过程中,微缺陷形核、扩展和贯通使得 TGO 内部可能出现严重损伤(如图 5-14 所示),导致 TGO 层的材料性能退

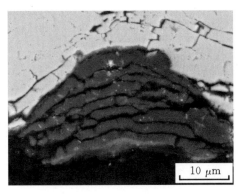

图 5-14 TGO 增厚及热冲击过程中的内部损伤

化,降低对陶瓷涂层的约束作用,对表面裂纹断裂力学行为产生影响。

图 5 - 15 所示为考虑 TGO 损伤后的表面裂纹驱动力演化曲线。此处假设完好和严重损伤 TGO 的弹性模量分别为 400 GPa 和 40 GPa,涂层模量为 20 GPa。与图 5 - 12 对比不难发现:随着表面裂纹向界面扩展,TGO 损伤导致底层约束效应降低,表面裂纹驱动力增大;尤其当裂尖趋近界面时,裂纹扩展驱动力趋于无穷大,极易形成贯穿裂纹;而对于图 5 - 12 所示完好 TGO 情况,随着表面裂纹向界面的扩展,其能量释放率逐渐降低,这是 TBC 失效通常在涂层内部靠近于 TGO 的界面处,而非在界面上的原因之一。

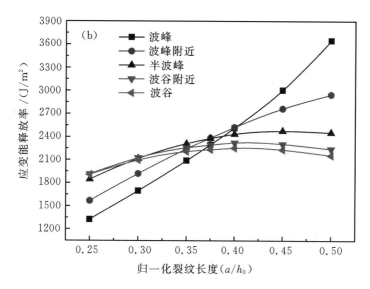

图 5 - 15　TGO 损伤对表面裂纹断裂参数影响

为进一步说明 TGO 层损伤对表面裂纹的影响,图 5 - 16 给出了不同 TGO 损伤状况下的应变能释放率 G 变化对比。其中,Dundurs 参数 $\alpha = (\bar{E}_1 - \bar{E}_2)/(\bar{E}_1 + \bar{E}_2)$,平面应变时,$\bar{E}_i \equiv E_i/(1 - \nu_i^2)$;平面应力时,$\bar{E}_i \equiv E_i$,而 E_1 和 E_2 分别为界面上方和下方材料的弹性模量。在表面裂纹长度非常小的时候,底层约束基本可以忽略不计,应变能释放率解逼近半无限大板单边裂纹裂尖应变能释放率解;但在趋近界面过程中,裂纹扩展驱动力有着显著变化。对于较硬底层($\alpha < 0$),约束较强,G 趋向于零。这意味着表面裂纹很难贯穿到界面,除非在裂纹下方界面处含有初始微缺陷等诱因;对于较软底层($\alpha > 0$),约束较弱,G 趋向于无穷大,会导致贯穿裂纹的形成。在界面结合较弱情况下,可能诱发界面裂纹的萌生。这与 Hutchinson 和 Suo[7] 的结论一致。同时,此结论不仅进一步解释了表面裂纹常在界面上方某个位置处偏折,而非抵达界面的原因,而且为多层结构设计提供了新的思路,如通过增加缓冲层来改变结构的断裂失效位置及断裂模式等。

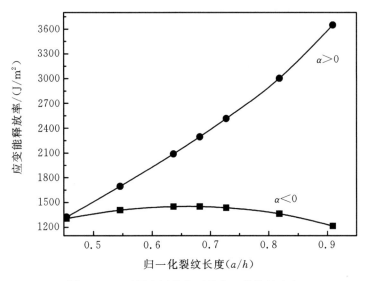

图 5 - 16　不同底层约束下的表面裂纹驱动力

　　Tsui 等[29]研究了中间夹层对表面裂纹扩展驱动力及扩展速度的影响。当采用较软的中间夹层时,由于基底施加于薄膜的约束受到明显的弱化,因而表面垂直裂纹更容易形成并扩展。而对于较软的薄膜沉积在相对较硬的基底情况,表面垂直裂纹很难贯穿涂层,裂纹会在趋近界面过程中被抑制,如图 5 - 17 所示[29]。其研究结果与 Beuth[30] 及 Zhang 等[27] 所预测的结果一致。Thouless 等[31] 研究了软基底上的周期性表面裂纹问题,结果表明基底失效

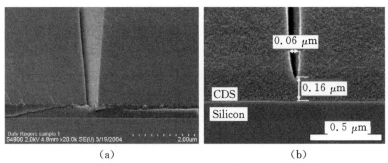

(a)　　　　　　　　　　(b)

图 5 - 17　基底对表面裂纹约束效应[29]

(a)软基底;(b)硬基底

会加速表面裂纹的形成,软基底尤为明显。

　　实际服役工况下,粘结层会出现屈服,并产生不可逆塑性,影响表面裂纹断裂行为。Qian 等[32]研究了粘结层塑性(与时间相关及不相关情形)对涂层内应力及界面裂纹驱动力的影响,指出粘结层塑性可以显著降低陶瓷层和粘结层间界面裂纹的驱动力。因而,只要其塑性变形没有引起自身的失效,则有利于整个陶瓷系统的耐久性。Kim 等[33]数值研究了不同组元塑性失配对表面裂纹扩展驱动力的影响。当裂纹从屈服强度较高的材料向屈服强度较低的材料扩展时,裂尖驱动力会增大。而相对于梯度变化过渡层而言,具有均匀材料属性的过渡层(即过渡层属性为上下层材料属性的平均值),能够更好地抑制表面裂纹向界面扩展的驱动力。图 5-18 所示为粘结层屈服强度对表面裂纹裂尖驱动力的影响。对于给定裂纹长度,应力强度因子随着粘结层屈服强度的增大而降低。若假设粘结层为理想弹塑性材料,会导致应力强度因子的急剧增大。这种情况类似于 TGO 层出现严重损伤的情形,在裂纹趋近界面过程中,表面裂纹裂尖应力强度因子理论上会趋向于无穷大。

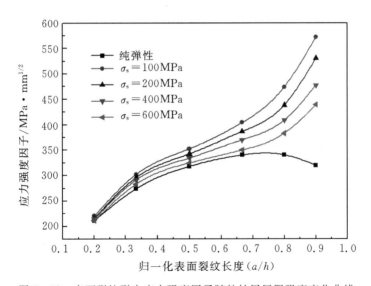

图 5-18　表面裂纹裂尖应力强度因子随粘结层屈服强度变化曲线

5.2.5　TGO 生长的影响

　　非均匀材料内部缺陷的随机性对传统断裂力学和损伤力学提出了挑战,材料构型力学为此提供了新思路。材料构型力学理论最重要的两个基本概念为:构型力和守恒积分。拉格朗日函数的梯度所定义的 Eshelby 构型力 b_{ij},代表着无限小质量单元沿坐标平移所对应的势能变化量;通过其散度所定义的构型力 M_j,代表质量单元自相似扩展的势能变化量;其旋度所定义的构型力 L_{ml},代表质量单元旋转的系统势能变化量。在含复杂缺陷的材料系中,选取围绕缺陷群的闭合曲线作为积分路径,对相应的构型力进行数值积分,可分别定义著名的守恒积分,即 J_k、M 和 L-积分,其中断裂力学中著名的 $J(J_1)$ 积分即是源于 Eshelby 构型力概念的一种材料构型力学基本物理量。

材料构型力学的基本框架中,构型力的概念尤为重要,可以追溯到 1951 年 Eshelby 提出的能量动量张量,其最直接的定义是通过对拉格朗日能量密度函数进行梯度计算得到。其一般表示式为:

$$b_{ji} = (W + V)\delta_{ji} - \sigma_{jk}u_{k,i} \qquad (5-22)$$

其中,δ_{ji} 为 Kronecker 符号;σ_{jk} 为介质体所受的应力场张量;u_k 为位移分量,下标 $\{\}_{,i}$ 表示相应的物理量对坐标 x_i 的偏导数;$W = W(x_{k,j}, u_{i,j})$ 为应变能密度函数;$V = V(x_k, u_i) = -\int f_i(x_k)\mathrm{d}u_i$ 为外力势函数,其中 $f_i(x_k)$ 为连续介质体所受的体力。

类似于传统的 Cauchy 应力 σ_{jk} 所满足的平衡方程:

$$\sigma_{jk,j} + f_k = 0 \qquad (5-23)$$

对于任意介质体的构型力平衡方程可写为:

$$b_{ji,j} + g_i = 0 \qquad (5-24)$$

其中

$$g_i = -\frac{\partial(W + V)}{\partial x_i} \qquad (5-25)$$

为材料构型力学的"损伤源项",来源于材料中存在缺陷而导致的介质不连续性。TBCs 研究中可以由 TGO 的氧化生长行为诱发。

一般情况下,在不考虑体力的情况下(即 $V = 0$),著名的 Eshelby 构型应力张量通常定义为:

$$b_{ji} = W\delta_{ji} - \sigma_{jk}u_{k,i} \qquad (5-26)$$

断裂力学中著名的 J_k-积分正是通过对材料中裂纹的裂尖构型应力场在闭合路径上的积分得到

$$\begin{cases} J = J_1 = \oint_\Gamma b_{j1}n_j\mathrm{d}s = \oint_\Gamma (Wn_1 - \sigma_{jk}u_{k,1}n_j)\mathrm{d}s \\ J_2 = \oint_\Gamma b_{j2}n_j\mathrm{d}s = \oint_\Gamma (Wn_2 - \sigma_{jk}u_{k,2}n_j)\mathrm{d}s \end{cases} \qquad (5-27)$$

其中，Γ 是起始于裂纹下表面并终止于上表面的绕裂尖逆时针旋转的闭合积分路径。

在裂纹尖端附近发生构型改变时，例如夹杂的存在、材料介质的相变、氧化等出现时，这种介质的不连续性会改变裂尖的局部应变能场，相应改变裂尖的构型应力场，进而导致裂尖 J_k-积分的改变。为了描述这种由于裂尖材料介质的不连续性影响效果，我们定义裂尖断裂参数 J_{ktip}-积分，它表示环绕裂尖的无穷小的闭合积分路径 Γ_ε 上的 J_k-积分，如图 5-19 所示。另外，我们定义 $J_{k\infty}$-积分，它表示相同载荷条件下，连续均质介质体中裂尖的 J_k-积分，很显然，它是一个仅与远场载荷和连续介质体的几何外形相关的量：

$$J_{1\infty} = \frac{(K_{\mathrm{I}\infty}^2 + K_{\mathrm{II}\infty}^2)}{E}, \quad J_{2\infty} = -\frac{2K_{\mathrm{I}\infty}K_{\mathrm{II}\infty}}{E} \qquad (5-28)$$

其中，$K_{\mathrm{I}\infty}$ 和 $K_{\mathrm{II}\infty}$ 分别是给定远端载荷及介质体几何构型条件下的裂尖 Ⅰ、Ⅱ型应力强度因子，E 为材料的弹性模量，平面应变条件下其值取 $E/(1-\nu^2)$。

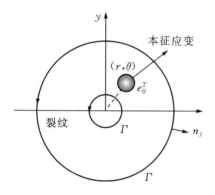

图 5-19　环绕裂尖的极小路径 Γ_ε 上的裂尖 J_k-积分与
包围非均质区路径 Γ 上的远场 J_k-积分

基于以上分析，在裂尖附近存在额外的本征应变（非均质性）时，绕裂尖闭合积分路径 Γ 包围的区域内会包含不连续的材料介质，这时裂尖的 J_k-积分变成了一个与积分路径 Γ 相关的非定常积分。那么，在 $\Gamma-\Gamma_\varepsilon$ 所包围的区域 A 内应用格林定理以及构型力的平衡方程，我们可以得到：

$$J_{ktip} = \lim_{\varepsilon \to 0} \int_{\Gamma_\varepsilon} b_{kj} n_j \,\mathrm{d}s = \int_{\Gamma} b_{kj} n_j \,\mathrm{d}s - \int_A b_{kj,j} \,\mathrm{d}A$$

$$= \underbrace{\int_{\Gamma} (W\delta_{kj} - \sigma_{ij} u_{i,k}) n_j \,\mathrm{d}s}_{J_{k\infty}} + \underbrace{\int_A g_k \,\mathrm{d}A}_{G_k} = J_{k\infty} + G_k \qquad (5-29)$$

其中，g_k 由式(5-25)定义，$\mathrm{d}A$ 是不连续介质的积分元，$G_k(k=1,2)$ 表示不连

续介质区域的构型力分量的积分总和。

由式(5-29)可知，G_k 为裂尖 J_{tip}-积分较远场 $J_{k\infty}$-积分的改变量，即有：

$$G_k = \Delta J_k = J_{ktip} - J_{k\infty} \qquad (5-30)$$

它将材料"损伤源项"与守恒积分直接关联起来，可用于表征裂尖材料非均质本征应变对裂纹扩展的屏蔽/反屏蔽影响。

TGO 生长是诱发陶瓷层内裂纹的萌生、扩展的主要因素之一。TGO 生长所导致的应变能密度改变为：

$$dW = (\sigma_{11}e_{11}^T + \sigma_{22}e_{22}^T)dA \qquad (5-31)$$

其中，σ_{11} 和 σ_{22} 是无 TGO 情况下远端载荷作用下 I - II 复合型裂尖应力场，由下式表示：

$$\begin{cases} \sigma_{11} = \dfrac{K_{I\infty}}{\sqrt{2\pi r}}\cos\dfrac{\theta}{2}\left(1 - \sin\dfrac{\theta}{2}\sin\dfrac{3\theta}{2}\right) - \dfrac{K_{II\infty}}{\sqrt{2\pi r}}\sin\dfrac{\theta}{2}\left(2 + \cos\dfrac{\theta}{2}\cos\dfrac{3\theta}{2}\right) \\[3mm] \sigma_{22} = \dfrac{K_{I\infty}}{\sqrt{2\pi r}}\cos\dfrac{\theta}{2}\left(1 + \sin\dfrac{\theta}{2}\sin\dfrac{3\theta}{2}\right) + \dfrac{K_{II\infty}}{\sqrt{2\pi r}}\sin\dfrac{\theta}{2}\cos\dfrac{\theta}{2}\cos\dfrac{3\theta}{2} \end{cases}$$

$$(5-32)$$

其中，(r,θ) 是位于裂尖的局部极坐标；$K_{I\infty}$ 和 $K_{II\infty}$ 表示远场 I 型、II 型应力强度因子(SIFs)。

对于有限宽、无限长板中的斜裂纹受远场载荷 σ 作用时，如图 5-20 所示，其 SIFs 可以由下式计算得到：

$$\begin{cases} K_{I\infty} = F_I(S,\beta)\sigma\sqrt{\pi l_c} \\ K_{II\infty} = F_{II}(S,\beta)\sigma\sqrt{\pi l_c} \end{cases} \qquad (5-33)$$

其中，F_I 和 F_{II} 是修正系数，它们是裂纹初始倾斜角 β 和裂纹长度参数 $S =$

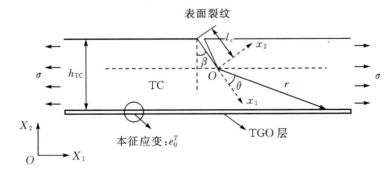

图 5-20　陶瓷层表面裂纹纵向生长及 TGO 力学简化模型

l_c/h_{TC} 的函数，S 表示初始裂纹的长度 l_c 与陶瓷顶层厚度 h_{TC} 的比值。

由式(5-31)～式(5-33)可得 TGO 生长引起的 TC 中裂纹裂尖 J_{tip}-积分的改变[34]：

$$\Delta J_1 = G_1 = \frac{a h_{TGO} \sigma \sqrt{S}}{2\sqrt{2}(1-S\cos\beta)} \cdot \int_{-\frac{\pi}{2}-\beta}^{\frac{\pi}{2}-\beta} \left[\left(2\cos\frac{3\theta}{2} - 3\frac{b}{a}\sin\theta\sin\frac{5\theta}{2} \right) F_{\mathrm{I}} \right.$$
$$\left. - \left(2\sin\frac{3\theta}{2} + 2\frac{b}{a}\sin\frac{3\theta}{2} + 3\frac{b}{a}\sin\theta\cos\frac{5\theta}{2} \right) F_{\mathrm{II}} \right] / (\sqrt{\cos(\theta+\beta)}) \mathrm{d}\theta$$

$$(5-34)$$

$$\Delta J_2 = G_2 = \frac{a h_{TGO} \sigma \sqrt{S}}{2\sqrt{2}(1-S\cos\beta)} \cdot \int_{-\frac{\pi}{2}-\beta}^{\frac{\pi}{2}-\beta} \left\{ \left[2\sin\frac{3\theta}{2} + \frac{b}{a}\left(\cos\theta\sin\frac{5\theta}{2} \right. \right. \right.$$
$$\left. \left. + \sin\frac{7\theta}{2} \right) \right] F_{\mathrm{I}} + \left(2\cos\frac{3\theta}{2} + 2\frac{b}{a}\cos\frac{3\theta}{2} + \frac{b}{a}\cos\theta\cos\frac{5\theta}{2} \right.$$
$$\left. \left. + \frac{b}{a}\cos\frac{7\theta}{2} \right) F_{\mathrm{II}} \right\} / (\sqrt{\cos(\theta+\beta)}) \mathrm{d}\theta$$

$$(5-35)$$

其中，h_{TGO} 是 TGO 厚度，$a=(e_{11}^T+e_{22}^T)/2$，$b=(e_{11}^T-e_{22}^T)/2$。定义 $c=b/a=(e_{11}^T-e_{22}^T)/(e_{11}^T+e_{22}^T)$，可用来表征 TGO 侧向生长本征应变与沿厚氧化生长本征应变值的差异程度。

根据式(5-34)我们可以分析 TGO 生长本征应变 e_{11}^T 和 e_{22}^T 对 TC 表面裂纹的屏蔽/反屏蔽影响[34]。如图 5-21 所示，我们可定性分析 e_{22}^T 对裂尖 J-积分的影响、裂纹初始长度 S 以及裂纹初始倾斜角 β 的影响，其中 $\beta=0°$ 表示表面裂纹垂直于 TGO/TC 界面方向。由图 5-21 可见，ΔJ_1 在倾斜角在 $0°$～$52.5°$ 范围时值为负，这表明 TGO 沿厚本征应变使得裂尖的 J-积分减小，对裂纹扩展具有屏蔽作用；ΔJ_1 在倾斜角在 $52.5°$～$90°$ 范围时呈现出相对较小的正值，即促进表面裂纹扩展，具有反屏蔽作用。另外，这里出现了一个临界角 $52.5°$，表示表面裂纹纵向扩展的初始倾斜角等于该值时，本征应变 e_{22}^T 对裂尖 J-积分没有影响。当然，裂纹初始长度越长，即 S 越大，屏蔽/反屏蔽影响越明显。

图 5-22 表述了 e_{11}^T 对裂尖 J-积分的影响，据此可分析裂纹初始长度($S=l_c/h_{TC}$)以及裂纹初始倾斜角 β 对构型力的影响[34]。由图可见，TC 层表面裂纹的初始倾角对裂尖 J-积分的影响很大，初始倾角在 $0°$～$22°$ 范围内，TGO 侧向生长使 J-积分呈现出增大的趋势，可促进裂纹扩展，且 $0°$ 是最大反屏蔽角，这与 TC 表面裂纹纵向扩展机理有关；倾斜角为 $22°$～$90°$ 时，ΔJ_1 参数恒为负值，并且裂尖 J-积分呈现出先减小后增大的趋势，最大屏蔽角在 $40°$～

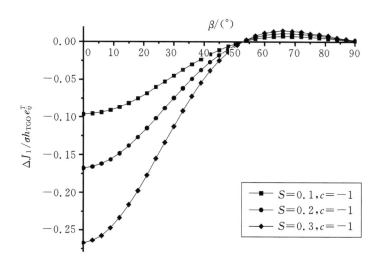

图 5-21　TGO 厚度方向本征应变 e_{22}^T 及初始裂纹长度对 TC 层表面裂纹的屏蔽/
反屏蔽影响(其中 $S=l_c/h_{TC}$,$c=-1$,即 $e_{11}^T=0$,$e_{22}^T\neq0$)[34]

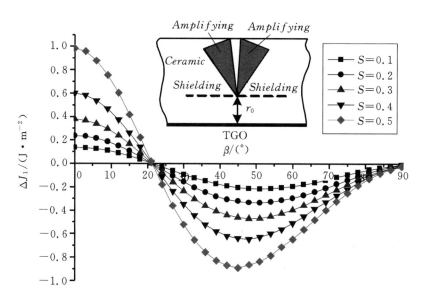

图 5-22　TGO 层的侧向本征应变 e_{11}^T 及初始裂纹长度对 TC 层表面裂纹的影响规律[34]

$50°$,这取决于裂纹的初始长度 S。另外,$22°$ 是一个临界角,TGO 侧向生长的
影响在此处由反屏蔽到屏蔽效应之间过渡。同样,初始裂纹越长,TGO 生长
对 TC 表面裂纹的屏蔽/反屏蔽影响越明显。

5.3　热障涂层中的界面裂纹

5.3.1　界面裂纹模型

在多层涂层系统中,不同组元间的界面是最容易破坏的地方,所引起的涂层剥离也是最具危害性的一种失效模式。对于 TBC 而言,陶瓷层的剥离将导致高温合金基底直接暴露于高温环境下,会严重影响发动机的运行安全。图 5-23 所示为界面裂纹及局部坐标系定义。其中,材料失配可由 Dundur 参数来表征。对于平面应变问题,Dundur 参数 α、β 可以表示为[36]

$$\alpha = \frac{\overline{E}_1 - \overline{E}_2}{\overline{E}_1 + \overline{E}_2} \tag{5.36}$$

$$\beta = \frac{1}{2}\frac{\mu_1(1-2\nu_2) - \mu_2(1-2\nu_1)}{\mu_1(1-\nu_2) - \mu_2(1-\nu_1)} \tag{5.37}$$

其中,$\overline{E}_i = E_i/(1-\nu_i^2)$;$E_i$、$\nu_i$ 和 $\mu_i(i=1,2)$分别为各层的平面应变模量、杨氏模量、泊松比和剪切模量。

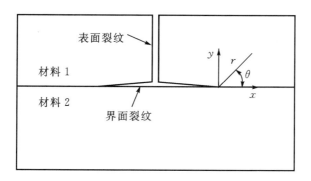

图 5-23　界面裂纹及相应的局部坐标系

对于界面裂纹,计算 K_{I} 和 K_{II} 相对复杂,常采用能量释放率 SERR 来描述裂纹的断裂行为。应变能释放率的解析解可基于裂尖场进行求解。界面裂纹的裂尖应力场具有以下形式[7,37]:

$$\sigma_{yy} = \frac{1}{\sqrt{2\pi r}}\{K_{\mathrm{I}}\cos[\epsilon\ln(r/l)] - K_{\mathrm{II}}\sin[\epsilon\ln(r/l)]\} \tag{5-38}$$

$$\sigma_{xy} = \frac{1}{\sqrt{2\pi r}}\{K_{\mathrm{I}}\sin[\epsilon\ln(r/l)] + K_{\mathrm{II}}\cos[\epsilon\ln(r/l)]\} \tag{5-39}$$

裂尖位移场为：

$$\delta_2 = m \sqrt{r} \{ (K_I + 2\varepsilon K_{II}) \cos[\varepsilon \ln(r/l)] - (K_{II} - 2\varepsilon K_I) \sin[\varepsilon \ln(r/l)] \}$$
$$(5-40)$$

$$\delta_1 = m \sqrt{r} \{ (K_I + 2\varepsilon K_{II}) \sin[\varepsilon \ln(r/l)] + (K_{II} - 2\varepsilon K_I) \cos[\varepsilon \ln(r/l)] \}$$
$$(5-41)$$

其中，振荡指数 $\varepsilon = \dfrac{1}{2\pi} \ln\left[\dfrac{1-\bar{\beta}}{1+\bar{\beta}}\right]$；$m = \dfrac{8}{\sqrt{2\pi} E^* (1+4\varepsilon^2) \cos(\pi\varepsilon)}$；$E^* = \dfrac{2\bar{E}_1 \bar{E}_2}{\bar{E}_1 + \bar{E}_2}$。

平面应力时，$\bar{E}_j = E_j$；平面应变时，$\bar{E}_j = E_j/(1-\nu_j^2)$。

将上述裂尖场代入能量释放率分量表达式，可以得到：

$$G_I = \frac{m}{4\sqrt{2\pi}} \text{Re}\{ [(1-2i\varepsilon)K^2]A_1 + [(1+2i\varepsilon)(K_I^2 + K_{II}^2)]A_2 \} \quad (5-42)$$

$$G_{II} = \frac{m}{4\sqrt{2\pi}} \text{Re}\{ -[(1-2i\varepsilon)K^2]A_1 + [(1+2i\varepsilon)(K_I^2 + K_{II}^2)]A_2 \}$$
$$(5-43)$$

其中

$$A_1 = 2\left(\frac{\Delta}{l}\right)^{2i\varepsilon} \int_0^{\pi/2} \sin^2\beta (\cos\beta \sin\beta)^{2i\varepsilon} \,\mathrm{d}\beta$$

$$A_2 = 2 \int_0^{\pi/2} \sin^2\beta (\cos\beta/\sin\beta)^{2i\varepsilon} \,\mathrm{d}\beta$$

根据线弹性断裂力学，应力强度因子和应变能释放率与 J 积分值之间可相互转换，即可以通过求解裂尖的 J 积分来得到裂尖能量释放率。

裂纹能否扩展取决于断裂所需要的能量及裂纹扩展过程中系统释放的能量的相对大小。裂纹扩展判据可以表述为：当裂纹扩展过程中系统释放的弹性能 G 大于或等于该过程中新裂纹形成所需要的能量 R 时，则裂纹扩展，即

$$G = G_c(\psi) \geqslant R \quad (5-44)$$

相角（Mode mixity，也称模式混合度）的概念常被用以描述界面裂纹不同断裂模式间的耦合作用，并与应变能释放率总量一起被用于研究不同材料间的界面断裂特性。相角描述了各应变能释放率分量（或应力强度因子、裂尖应力场、裂尖位移场）之间的相对比值，是研究界面裂纹问题的一个关键参数。对于不同材料之间的界面裂纹，裂尖场具有 $r^{i\varepsilon}$ 形式的振荡性。在靠近裂尖区域时（即 $r \rightarrow 0$），σ_{xy} 与 σ_{yy} 及 δ_1 与 δ_2 的比值随着与裂尖的距离 r 的变化而显著变化。因此，相角值也不是唯一的。通常采用的处理办法是在距离裂纹

尖端某处(定义为特征长度 $\hat{L}$)进行定义。

基于应变能释放率分量

$$\psi = \arctan\sqrt{G_{\mathrm{II}}/G_{\mathrm{I}}} \tag{5-45}$$

基于应力强度因子

$$\psi = \arctan\left(\frac{\mathrm{Im}\mid K r^{i\varepsilon}\mid}{\mathrm{Re}\mid K r^{i\varepsilon}\mid}\right)_{r=L} \tag{5-46}$$

基于裂尖应力场

$$\psi = \arctan\left(\frac{\sigma_{xy}}{\sigma_{yy}}\right)_{r=L} \tag{5-47}$$

基于裂尖位移场

$$\psi = \arctan\left(\frac{\delta_1}{\delta_2}\right)_{r=L} \tag{5-48}$$

相角 ψ 可以用来描述裂纹扩展过程中Ⅰ型和Ⅱ型的相对大小。当 ψ 小于 45°时,界面脱粘以拉伸断裂,即Ⅰ型断裂为主,当 ψ 大于 45°时,剪切断裂,即Ⅱ型断裂占主导。

应用断裂力学知识分析异质材料界面断裂特性时,基于应力强度因子的方法需要精确计算裂纹尖端场,而各向异性材料界面裂纹裂尖场的形式异常复杂;同时,裂尖场的振荡奇异性使得裂尖区域网格划分严重影响各应力强度因子分量值 K_{I} 和 K_{II}。当裂尖处单元尺寸趋于零时,各分量是不收敛的;混合模式下材料的断裂韧性值与各断裂模式之间的比值密切相关。因此,对于界面裂纹而言,通过求解各应力强度因子分量并与相应的断裂韧性值对比以判断裂纹扩展的方法具有局限性。然而,尽管异质材料界面裂纹的应变能释放率分量不收敛,但是其总量具有确定性和收敛性,因此在界面断裂分析中采用总应变能释放率、模式混合度的方法相对于应力强度因子而言更具优势。

5.3.2　界面裂纹能量释放率

实验发现,陶瓷层和粘结层的厚度会直接影响涂层系统的失效模式。对于较厚陶瓷层系统,主要以界面脱粘失效为主;而对于较薄陶瓷层系统,则以表面裂纹开裂为主。同样,改变 TBC 各组元材料属性时,失效模式也会发生明显改变。因此,如何选取合适的几何和材料参数来获得更优异的 TBC 力学性能成为了重要的研究课题。

陶瓷层和粘结层的几何厚度是影响系统服役寿命和可靠性的关键因素

之一。陶瓷隔热层的隔热效果与应力水平等均与陶瓷层的材料、微结构和厚度等密切相关。陶瓷涂层的隔热效果随着其厚度的增加而增加。但是,陶瓷涂层越厚,则服役过程中由于热膨胀失配引起的热应力就越大,涂层也越容易出现剥离。因此,考虑到隔热效果及耐久性要求,陶瓷涂层厚度一般在 $100\sim500\ \mu m$(燃气轮机静叶陶瓷涂层厚度有时可高达 $1\sim2\ mm$)。同时,粘结层的厚度也会显著影响其抗氧化性能及应力缓和作用。陶瓷层和粘结层厚度对系统性能的影响规律尚不十分明确,而通过实验方法进行参数研究不仅周期长、费用高,也不可能对所有情况进行分析。为此,常采用数值方法分析 TBC 系统里各组元几何参数对其失效机理的影响。

　　这里使用有限元软件 ABAQUS 分析上述问题。建立三层平面应变模型,相应的边界条件如图 5-24(a)所示。考虑到模型的周期性特性,可采用周期性边界条件,将单元模型两侧的节点按照一定的变形关系进行约束,使得模型两侧边界的变形程度相互协调。模型中除了裂纹尖端场外均采用八节点线性平面应变二次缩减积分单元,裂纹尖端场采用奇异单元。模型所受到的载荷为拉伸载荷,如图 5-24(a)所示。此外,采用非均匀的网格划分来保证裂尖区域 J 积分计算的精确,裂尖加密的网格划分如图 5-24(b)所示。当裂尖的网格划分足够细时,就可以认为 J 积分的值与网格的划分相互独立,确保网格的收敛性。

　　假设各层的组分都是各向同性、均匀材料。初始的几何和材料属性分别为 $h_{TC}=200\ \mu m$,$h_{BC}=100\ \mu m$,$h_S=3\ mm$,$E_{TC}=50\ GPa$,$E_{BC}=100\ GPa$,$E_S=211\ GPa$,$\nu_S=\nu_{BC}=\nu_{TC}=0.3$,$W/h_{TC}=20$,其中的下标 TC、BC 和 S 分别代表陶瓷层、粘结层和基底,W 为表面裂纹间距。在分析界面脱粘时,预制的界面裂纹长度大约从零到一半的粘结层厚度。当界面裂纹长度达到粘结层厚度的一半时,可以认为界面裂纹达到稳态扩展,此时的裂纹扩展驱动力保持在较为稳定的值。

　　图 5-25(a)所示为陶瓷层厚度对界面裂纹驱动力的影响。界面裂纹驱动力在裂纹扩展过程中存在振荡现象。从裂纹萌生阶段时的较小值快速增大到最大值,随着裂纹的进一步扩展,达到稳态值,即当裂纹扩展到某长度时,裂纹扩展驱动力将不再受到裂纹长度的影响[38]。驱动力变化趋势与陶瓷层厚度无关。然而,无论是驱动力的最大值还是稳态值都与陶瓷层厚度密切相关。最大驱动力 G_{max} 对分析界面裂纹的断裂行为具有重要意义,它决定了界面裂纹的萌生和扩展。当 G_{max} 超过界面断裂韧性时,界面裂纹就会萌生。而稳态值 G_s 则决定了裂纹稳定扩展阶段的驱动力大小。稳态裂纹扩展驱动

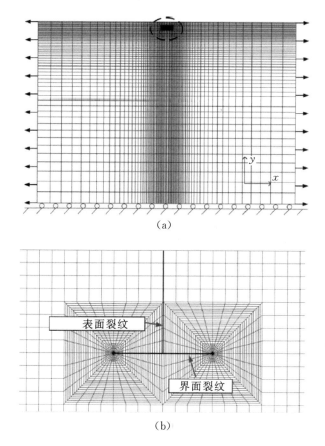

(a)

(b)

图 5 - 24　(a)含界面裂纹 TBC 系统的有限元模型；(b)裂尖处加密网格

力对于系统强度评价极为重要，当该值大于界面断裂韧性时，会形成失稳扩展界面裂纹，导致系统很快出现涂层剥离失效。

如图 5 - 25(a)所示，随着陶瓷层厚度的增加，最大裂纹驱动力 G_{max} 不仅会更早出现，而且也会随着陶瓷层厚度的增加而增大。因此，厚陶瓷层 TBC 系统更容易出现界面裂纹及涂层的早期剥离失效。同样，随着陶瓷层厚度的增加，稳态裂纹扩展驱动力 G_{ss} 会加速增大。因而，厚陶瓷层会在 TBC 中诱发更大的界面裂纹驱动力，包括最大值 G_{max} 和稳态值 G_{ss}。

相角 ψ 表征了裂纹扩展过程中Ⅰ型和Ⅱ型断裂所占的比重。当 ψ 小于 45°时，界面以Ⅰ型断裂为主；当 ψ 大于 45°时，界面开裂则以剪切模式为主导，也就是Ⅱ型断裂为主。陶瓷层厚度对相角 ψ 的影响如图 5 - 25(b)所示。在界面裂纹萌生阶段，相角较小，此时界面以张开型失效为主；随着界面裂纹的

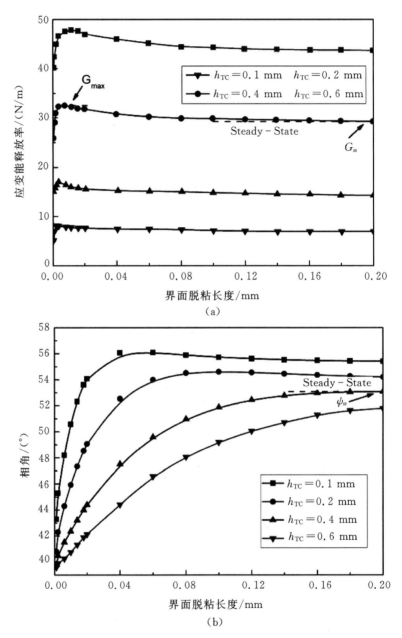

图 5-25　陶瓷层厚度对界面裂纹(a)能量释放率和(b)相角影响

扩展,ψ 迅速增大并且达到稳态值。对于不同陶瓷层厚度,稳态相角均大于 45°,也就是说界面裂纹在后期扩展阶段主要以剪切模式为主。同时,对于不同的陶瓷层厚度,界面裂纹萌生阶段的 ψ 值亦显著不同。通过图 5-25 可以看出,对于较薄的陶瓷层,Ⅱ型断裂所占比重较大,此时剪切破坏在界面脱粘过程中占有更决定性的作用;而对于含较厚陶瓷层的 TBC,表面垂直裂纹在贯穿到界面后很快引起Ⅰ型开裂为主导的界面裂纹的萌生,然后随着裂纹扩展,Ⅱ型裂纹开始慢慢占据主导。在这个过程中,相对于薄陶瓷层而言,其稳态相角更接近于 45°,开裂过程中Ⅰ型开裂所占比重增加。Qian 等[39]和 Zhou 等[40]得到了类似的实验结果。

在传统的双层薄膜基底结构中,通常假设基底厚度足够大,并认为膜厚是影响界面脱粘的因素之一。而在多层 TBC 系统中,粘结层同样对界面裂纹有一定的影响。对于含不同厚度粘结层的 TBC,界面裂纹驱动力随裂纹长度的变化曲线如图 5-26(a)所示。与陶瓷层厚度影响类似,随着粘结层厚度的增加,界面裂纹驱动力也随之增加。图 5-26(b)是 TBC 界面开裂过程中,粘结层厚度对相角 ψ 的影响。与图 5-25(b)对比可知,粘结层厚度对界面开裂过程中相角变化的影响趋势与陶瓷层厚度相似,ψ 都是从较小的初值增大到稳态值。但是,与改变陶瓷层厚度情况不同的是,减小粘结层厚度会降低Ⅱ型破坏在界面脱粘中所占的比值。但是各种厚度情况下的稳态 ψ 值仍然维持在 45°以上,因此,此时界面仍以Ⅱ型破坏为主。

尽管陶瓷层与粘结层厚度对界面开裂行为的影响趋势是类似的,但其影响程度有着显著的不同,如图 5-27 所示,其中,几何参数 κ(平面应变时 $\kappa = 3-4\nu$,平面应力时 $\kappa = (3-\nu)/(1+\nu)$)同时代表了陶瓷层和粘结层的厚度。从图 5-27 中可以发现,无论是增加陶瓷层还是粘结层厚度均会导致界面裂纹的裂尖驱动力增大,两者的差异在于对裂尖驱动力影响程度的不同[38]。G_{ss} 随着厚度的增大(κ 增大)而增大。在保持粘结层厚度不变情况下,由于陶瓷层增厚导致的 κ 增大,G_{ss} 值剧烈上升,使得界面裂纹较快出现。若保持陶瓷层厚度不变而增大粘结层,G_{ss} 增加不显著。因此,界面裂纹脱粘对陶瓷层厚度变化要远敏感于对粘结层厚度的改变。因此,在保证热障功能下,尽可能减小陶瓷层的厚度,更有利于提高 TBC 耐久性;而减小粘结层的厚度尽管也可以降低界面裂纹萌生的可能,但其影响则非常有限。

TBC 系统中各组元材料参数匹配对系统性能有着显著的影响。图 5-28 所示为陶瓷层弹性模量对界面裂纹驱动力的影响曲线。裂纹驱动力随着陶瓷层弹性模量的增加显著增大。对于较硬的陶瓷顶层,稳态应变能释放率显著大于较软的陶瓷顶层。同时,对于含较软陶瓷层的 TBC,应变能释放率会在初始阶段出现振荡[38]。Ye 等[41]和 Mei 等[42]得到了类似的研究结果,即硬薄膜软基底系统中的界面裂纹驱动力在裂纹初始扩展阶段存在很大的值;然

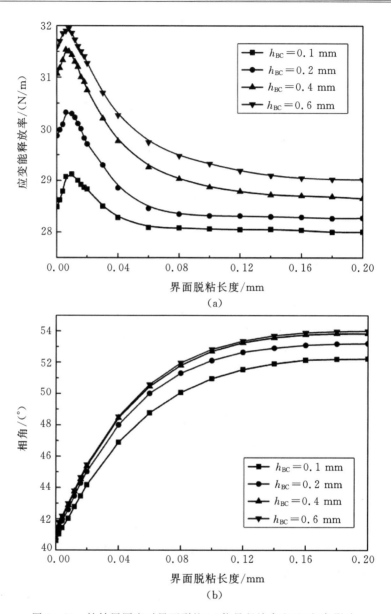

图 5-26　粘结层厚度对界面裂纹(a)能量释放率和(b)相角影响

　　而对于软薄膜硬基底组成的系统则存在振荡现象。

　　图 5-29 是粘结层弹性模量对界面裂纹驱动力的影响。随着粘结层弹性模量的增大,裂纹扩展驱动力降低。在此过程中,曲线的整体变化趋势也发生改变:由软粘结层时的单调衰减逐渐转变为硬粘结层时的振荡曲线。对比

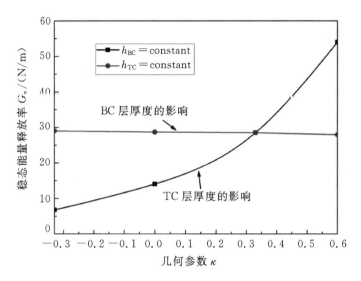

图 5 - 27 界面裂纹稳态能量释放率 G_{ss} 随几何参数 κ 的变化曲线

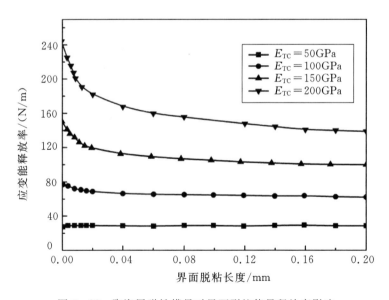

图 5 - 28 陶瓷层弹性模量对界面裂纹能量释放率影响

发现,增大粘结层弹性模量和增大陶瓷层弹性模量具有完全相反的效果。前者会导致裂纹驱动力上升,而后者则会降低裂纹驱动力。以材料失配参数 Dundurs 参数 α 进行描述的话,增大 α 会加速裂纹的萌生和扩展,而减小 α 则有助于抑制裂纹扩展。

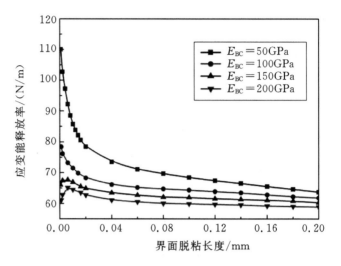

图 5 - 29　粘结层弹性模量对界面裂纹能量释放率影响

　　图 5 - 30 通过统一的 Dundurs 参数 α 描述了陶瓷层和粘结层的弹性模量对界面裂纹驱动力稳态值的影响。随着材料失配参数 α 增加(陶瓷层弹性模量增加或者粘结层的弹性模量降低引起),G_{ss} 呈上升趋势。此过程中,陶瓷层弹性模量的影响要远大于粘结层材料属性影响。例如,改变 E_{TC} 使得 α 从-0.6上升到 0.33 时,G_{ss} 会从 13.6 N/m 上升到 132.6 N/m,增加了 875%。然而当改变 E_{BC} 使得 α 上升同样的值时,G_{ss} 仅仅从 56.2 N/m 上升到 61.2 N/m,只增加了

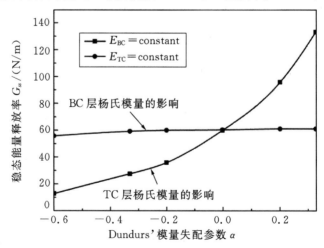

图 5 - 30　界面裂纹稳态能量释放率 G_{ss} 随失配参数 α 的变化曲线

8.9%。由此可知,TBC 中裂纹的萌生和扩展更容易通过改变陶瓷层的材料属性进行控制。

5.3.3 混合氧化物致界面脱粘

TBC 在高温环境中服役时会在陶瓷层和粘结层界面附近形成热生长氧化物(TGO),影响陶瓷层、粘结层及两者界面上的应力分布,导致陶瓷层脱粘和剥落。TGO 主要是由以下几种氧化物组成的:α-Al_2O_3、Cr_2O_3、NiO 和 $(Ni,Co)(Cr,Al)_2O_4$(尖晶石)。α-Al_2O_3 具有均匀、致密的微结构,能够有效地保护粘结层不被氧化;同时,其较低的热生长率决定了生长过程中不会伴随很大的热生长应力。因此通常认为界面上 α-Al_2O_3 的存在能够有效地保证TBC 的耐久性[43]。然而,界面上 α-Al_2O_3 不连续或者粘结层中 Al 元素的不足,会在界面上生成其他的氧化物,例如 Cr_2O_3、NiO 和 $(Ni,Co)(Cr,Al)_2O_4$(尖晶石),这些氧化物通常被称为混合氧化物(Mixed oxides,MO)。混合氧化物的生成对粘结层及陶瓷层与粘结层的界面都有不利的影响。由于 NiO在高温空气中具有非常高的热生长率(一般认为比 α-Al_2O_3 热生长率高三个数量级[44]),因此其快速热生长会导致系统内产生非常大的热应力,易引起涂层失效。同时尖晶石是一种非常脆、疏松且具有非常高热生长率的氧化物,不利于陶瓷层和粘结层界面的完整性。

近年来,许多研究关注于 MO 对于 TBC 强度与寿命的影响。Chen 等[45]实验发现低压氧环境中能够有效地抑制 MO 的生成,从而能够提高 TBC 的热震寿命。Li 等[46]制备了具有不同 MO 含量的 TBC 试件,通过热震实验发现当界面上存在较多的 MO 时,TBC 的热震寿命要显著降低。然而,目前对MO 的生长如何影响陶瓷层和粘结层界面的应力分布和损伤扩展从而导致界面脱粘及涂层剥落的认识尚不清楚。

1. MO 生长以及界面脱粘的力学描述

为了分析 MO 生长对涂层界面断裂的影响,假设 TGO 由两部分组成,MO(Cr_2O_3、NiO 和尖晶石)和 α-Al_2O_3,后者可以认为是存在于陶瓷层和粘结层之间的一层均匀平整的材料。由于 TGO 中主要成分都是 α-Al_2O_3,所以下面除非特殊说明,提到 TGO 时均是指这一层均匀平整的 α-Al_2O_3 层。可以将 MO 视为周期分布在陶瓷层和粘结层界面上且凸入陶瓷层中的孤立的、半圆型的夹杂物,如图 5-31 所示。

研究高温氧化生长导致的 TBC 界面失效问题时,对 TGO 和 MO 在高温环境下生长进行恰当的数学描述是非常重要的。比如,可以通过对氧化物所加热应变(通常认为主要包含两个部分:ε_t 和 ε_g 分别为平行于和垂直于 TGO 和粘结层的界面的生长应变)来定义氧化物的热生长[47]。其中,一般假定生长应变变化范围为 $10^{-4} < \varepsilon_g < 5 \times 10^{-3}$,而增厚应变约为热生长应变的十分之一[47,48]。

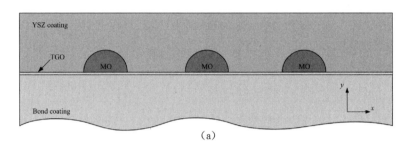

（a）

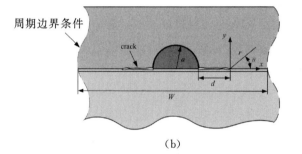

（b）

图 5-31　（a）界面含 MO 的 TBC 模型;(b)简化胞元模型

2. MO 生长而引起的界面破坏过程

图 5-32 为考虑 MO 的界面裂纹萌生和扩展过程示意图。此过程主要可以分为两个阶段:升温阶段和保温阶段[49]。

第一个阶段为升温阶段。加热过程中由于 MO 和陶瓷层热膨胀系数不同会产生较大的热失配应力。由于 MO 具有较低的热膨胀系数,因此 MO 和陶瓷层界面上产生的主要是拉伸和剪切应力,导致 MO 和陶瓷层的界面易出现脱粘,在后续的热循环过程会出现类似屈曲脱粘的现象[50],对 TBC 剥落有很大的影响。此时,陶瓷层中会产生一个压缩区域,同时在界面上形成一个拉伸区域,如图 5-32A 所示,即在 MO 热氧化生长前沿上就会存在预拉应力,这个拉应力会大大促进界面出现脱粘。

第二阶段是保温阶段。在加热过程结束后,TBC 在高温环境下进行长时间保温,TGO 和 MO 都会有不同程度的氧化生长。在保温阶段,可以认为

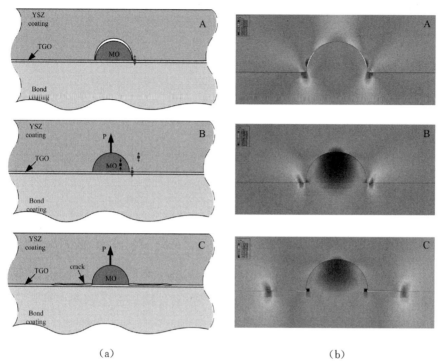

（a）　　　　　　　　　　　　（b）

图 5-32　（a）MO 生长及界面脱粘示意图；（b）MO 附近的应力分布

TGO 整体增厚对界面上正应力分布的影响可以忽略不计，而垂直于周向快速生长的 MO 则会显著增大界面的拉伸应力，使得界面出现脱粘。具体而言，TGO 层和陶瓷层的拉应力会随着 MO 的生长进一步增大，很快达到界面强度值，界面裂纹萌生（图 5-32B）并扩展（图 5-32C）。在第二个阶段中，MO 和陶瓷层中都会出现压缩区域，此时的 TBC 变形类似于薄膜基底系统中的薄膜被界面上的夹杂顶起来的现象。界面裂纹在 MO 附近萌生并扩展，当相邻的界面裂纹汇聚时，陶瓷层就会出现块状剥落，使得 TBC 失效。图 5-33 示意了界面裂纹自 MO 附近萌生，随后汇聚，最后导致陶瓷层剥落的全过程，并给出了相应的应力分布。

3. MO 生长速率对界面脱粘的影响

MO 生长率对界面脱粘速度有着显著影响。图 5-34 所示为不同 MO 生长率下界面裂纹长度随着加载时间变化曲线，其中 W 定义见图 5-31（b）。当 MO 热生长速率较大时，裂纹扩展速率很大。更为严重的是，当 MO 中 NiO 的含量很高时，由于 NiO 具有非常高的热生长率[44,46]，MO 的热氧化生长就会变得更快，这样就会导致 TBC 中的界面非常快地出现脱粘。相反，致

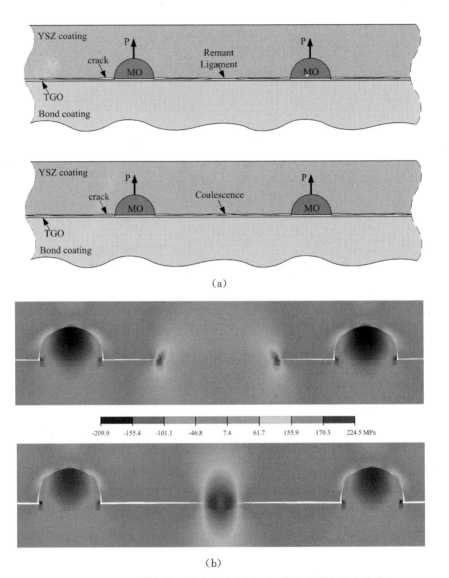

图 5 - 33　(a)界面裂纹萌生及聚合示意图；(b)聚合过程中的应力分布

密的 α-Al$_2$O$_3$ 有着较低的热生长率，即使界面是不平整的，也不容易出现界面裂纹。因此，改进热喷涂技术和前处理工艺，使得在陶瓷层和粘结层界面上形成均匀连续的 α-Al$_2$O$_3$ 是有效延长 TBC 寿命的方法之一。

从图 5 - 34 可以看到，对于较大的 MO 间距，也就是界面 MO 覆盖率较小时，界面裂纹出现较晚（$t/T \approx 0.2 \sim 0.3$）。对于界面 MO 覆盖率较大时，界面裂纹会在更早的加载时间内萌生（$t/T \approx 0.1$）。因而，当界面上存在较多

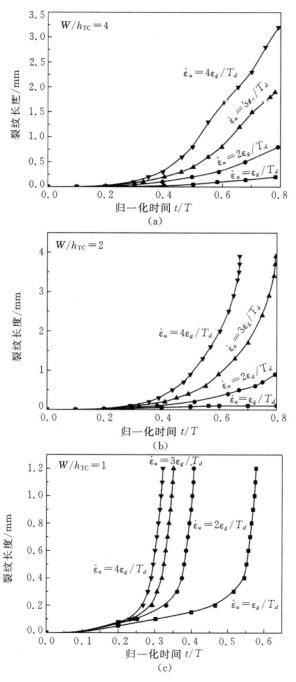

图 5-34　MO 生长率对界面裂纹影响

(a)$W/h_{TC}=4$；(b)$W/h_{TC}=2$；(c)$W/h_{TC}=1$

MO 时,界面脱粘会更早地出现。图 5-34 显示当裂纹扩展到一定长度时,其扩展速率就会急剧加快。扩展速度的增加与 MO 间距是相关的,当 MO 间距较小时,加速扩展就会更快地出现;相反,当 MO 间距较大时,裂纹扩展相对缓慢。

4. MO 含量对界面脱粘的影响

可以通过改变 MO 间距实现对不同 MO 含量的描述。不同 MO 间距下的界面裂纹长度变化曲线如图 5-35 所示。对于较小的 MO 间距,界面裂纹扩展很快。其中,对于 MO 间距为 $W/h_{TC}=1$ 的情况,当界面裂纹长度达到约 0.2 mm 时,界面裂纹明显加速扩展,直到与相邻裂纹汇聚。系统失效时的裂纹长度和加载时间可以由图 5-35 中每条曲线得到。MO 覆盖率越高,陶瓷层剥落失效越早,涂层寿命就越短。对于较大的 MO 间距,可明显降低界面裂纹的扩展速率。这可以很好解释 TBC 寿命会随着 MO 覆盖率增大而下降的实验现象[46]。

从图 5-35 中还可以看到,对于很大的 MO 间距,裂纹长度变化曲线存在渐近线。即存在某临界 MO 间距,当 MO 间距小于此临界值时,界面裂纹会加速扩展。比如,当 MO 间距 $W/h_{TC}=1$ 时,界面裂纹长度达到 0.2 mm 后就开始加速扩展。此外,临界 MO 间距(稳定阶段和不稳定阶段的过渡点)是随着界面裂纹长度的改变而动态变化的。当裂纹开始萌生,也就是裂纹长度较短时,如图 5-35 中的 $d=0.04$ mm,临界 MO 间距大概不到 2 倍的陶瓷层厚度($W/h_{TC}=1.8$);而当裂纹长度扩展到 0.2 mm 时,临界裂纹长度增加到约 2 倍的陶瓷层厚度($W/h_{TC}=2$);随着裂纹继续增长 $d=0.5$ mm,临界 MO

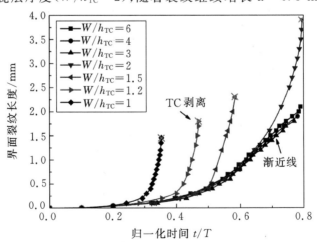

图 5-35　不同 MO 间距下界面裂纹长度随加载时间变化曲线

值增加到了 $W/h_{TC}=3$。对于给定的 MO 间距,例如 $W/h_{TC}=2,3$ 时,界面裂纹在较短时($d=0.04$ mm)不会出现加速扩展现象,而是首先缓慢扩展,达到较大的长度时($d=0.5$ mm)才会出现加速扩展的可能。在制备 TBC 的过程中尽可能控制 MO 的生成,有以下几点可供参考:

(1)陶瓷层和粘结层界面上允许　定的 MO 覆盖率。只要保证 MO 覆盖率低于临界值,对界面脱粘的影响就非常小。

(2)所允许的 MO 覆盖率会随着界面裂纹的萌生和扩展而减小,要求尽量保持较低的 MO 覆盖率,从而尽量延缓 TBC 在服役过程中 MO 引起的界面裂纹加速扩展的出现。

TBC 的界面脱粘率可以作为衡量 TBC 是否失效的一个标准,即当界面脱粘率达到一定值时,认为 TBC 失效。目前,TBC 的脱粘率可以通过无损检测方法测量,如超声检测、红外无损检测等。图 5-36 给出了不同 MO 间距时的 TBC 界面脱粘率随加载时间的变化曲线。MO 间距较小时的 TBC 界面脱粘率要显著大于 MO 间距较大的 TBC。在给定涂层失效的衡量标准时候(实际工程中,定义 TBC 失效的标准一般为 30% 到 60% 的脱粘率),则可以在图 5-36 中 MO 间距与界面脱粘率之间的关系曲线图中绘制相应的直线,该水平线和不同曲线的交点就代表着在给定脱粘率情况下不同 MO 间距下的TBC 寿命。

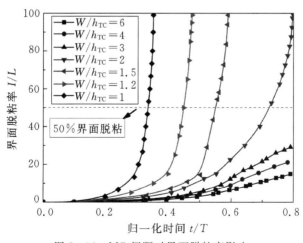

图 5-36　MO 间距对界面脱粘率影响

从图 5-37 可以看出,TBC 的寿命随着界面 MO 覆盖率的增加而迅速降低。40% 的 MO 覆盖率的 TBC 中 MO 的间距大约等于陶瓷层的厚度($W/h_{TC}=1$),对应的涂层寿命大约只有不存在 MO(MO 覆盖率为 0%)的

TBC 寿命的 33.6％。当 MO 覆盖率为 20％时,也就是 MO 间距为 2 倍膜厚时($W/h_{TC}=2$),TBC 寿命为 0.7。可以认为 TBC 寿命与 MO 覆盖率近似成反比(图 5 - 37 所示),可通过降低 TBC 中陶瓷层和粘结层界面上的 MO 获得较长的 TBC 寿命。

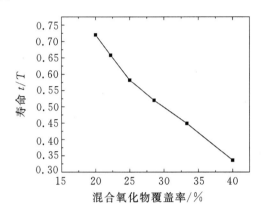

图 5 - 37　TBC 寿命随界面 MO 覆盖率变化曲线

5.3.4　TGO 蠕变的影响

氧化层在 TBC 内的生长是涂层脱粘的主要诱因。除了混合氧化物的局部不规则生长会诱发开裂外,氧化层在热循环作用下的位移失稳也是诱发涂层脱粘开裂的重要因素。所谓位移失稳即是在热循环载荷作用下,氧化层在热生长的同时,又由于与其他层的热膨胀失配(各层之间的热膨胀系数差异所致),会承受极大的面内压缩应力,为了释放这些应力,在氧化层的局部区域会不断向着较软的粘结层凹陷的过程[51,52]。而随着失稳区域的不断向下方扩展,将在上方靠近界面处的陶瓷层内诱发较大的拉应力,并导致开裂。一般来讲,要发生显著的位移失稳,必须具备以下条件[51]:①循环的热载荷;②各层之间的热膨胀失配;③粘结层内的不可恢复变形(主要为塑性变形);④氧化层自身的高温氧化生长;⑤氧化层与粘结层界面上的初始缺陷。

抑制涂层系统内的位移失稳及其诱发的开裂脱粘一直是关注的焦点,该过程受涂层内多种几何和材料参数的共同影响[53,54]。研究表明,可以通过控制基底材料内 Y(yttrium)等元素百分比的方式实现改变氧化层的蠕变强度的目的,也就是说这为实现人为调控氧化层的蠕变强度在不同的涂层系统内变化提供了可能。因此,阐明氧化层的蠕变对陶瓷层开裂的影响,即可通过人为调控蠕变强度为涂层寿命的延长提供帮助。

基于实验观察,可以假设失稳区域及其诱发的陶瓷层裂纹的分布是周期性的,图 5 - 38 为宽度是 W 的平面应变周期单胞模型[55]。同时,假定涂层内部在多次热循环下已经出现宽度为 L 的失稳区域。通常地,当涂层系统受到热循环作用时,层间热膨胀失配将在氧化层内引起面内压缩应力 σ_{11}(1 轴方向),当该应力足够大时,伴随着粘结层在高温下的软化(屈服强度降低),将促使失稳区域向下方粘结层内扩展,在正上方的陶瓷层内(图 5 - 38 中的 Zone-I)引起较大的拉应力(σ_{22}),进而 Ⅰ 型的裂纹将在该拉应力作用下萌生。同时,随着热循环进行,失稳区域不断向下扩展,拉应力不断增大,裂纹将向失稳区域边缘扩展(Zone-II),该区域内氧化层具有与失稳区域中心相反的位移(向着上方陶瓷层移动),因而处于压缩状态,但是剪应力在该区域却极为显著,因此成为剪应力驱动的 Ⅱ 型裂纹[56,57]。一旦裂纹跨过剪应力区并进入靠近相邻失稳区域的位置(Zone-III),由 Zone-II 的裂纹面接触导致的楔入效应(Contact wedge effect)[56]会在该区域引发极大的拉应力,使裂纹再次变为Ⅰ型。

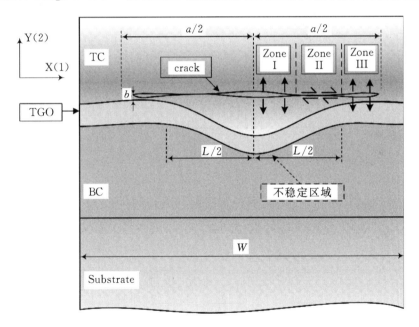

图 5 - 38 TBC 系统内氧化层位移失稳及其诱发陶瓷表层开裂的物理模型[55]

氧化层蠕变行为通常满足如下的幂次规律[58]:

$$\frac{\mathrm{d}\varepsilon_{cr}}{\mathrm{d}t} = A_0 \bar{\sigma}^n \exp\left(-\frac{\Delta H}{RT}\right) \tag{5-49}$$

式中,$\mathrm{d}\varepsilon_{cr}/\mathrm{d}t$ 是等效蠕变应变率;A_0 是蠕变常数;$\bar{\sigma}$ 是等效应力;n 是蠕变指

数;ΔH 是活化能;R 是通用气体常数;T 是绝对温度。考虑到热循环中的降温和升温阶段的时间相对较短,且该阶段温度较低,因此材料的蠕变行为相对较弱。所以,可以忽略升温和降温阶段的蠕变,只考虑高温恒温阶段的蠕变行为。在此假设下,式中的温度 T 将视为常数,上式可进一步简化为:

$$\frac{d\varepsilon_{\sigma}}{dt} = A\bar{\sigma}^n \tag{5-50}$$

式中的 A 是一包含式(5-44)中指数项的重新定义的蠕变常数。因此,在蠕变模型中,只需明确蠕变常数 A 和指数 n 即可,而这两常数的值均可以通过实验测量来获取。

如前所述,氧化层高温生长行为可通过分别对其施加沿厚度方向和平行于界面方向的生长应变进行数学描述。当失稳区域扩展诱发陶瓷层内裂纹萌生时,氧化层蠕变会影响裂尖能量释放率[55]。图 5-39 给出了裂纹长度为 $a=0.3L$ 时,能量释放率随热循环过程的变化情况。当没有氧化层的蠕变时 ($A_{\text{TGO}}=0$),能量释放率数值在每次热循环中都有十分显著的增长,当增长到临界值时(即断裂韧性),裂纹开始扩展。而当考虑蠕变时($A_{\text{TGO}}=7.3\times 10^{-8}$),不管是在升温、降温还是保温阶段,能量释放率随热循环的增长速率将放缓。而当蠕变进一步增强时($A_{\text{TGO}}=7.3\times 10^{-7}$),能量释放率的增长将被极大的抑制,其值随着循环次数的增加呈现出非常缓慢的增长。在这种增

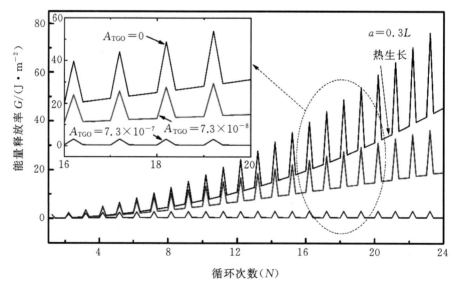

图 5-39　当陶瓷层内有失稳裂纹萌生时($a=0.3L$),在不同的氧化层蠕变强度下,裂尖能量释放率随热循环过程的演化规律[55]

长下,G 值要达到临界的断裂值,将需要较长的循环过程,这相对于没有蠕变的情形而言,将极大延缓裂纹扩展的速率。图 5 - 40 给出了在 24 次热循环后,不同氧化层蠕变强度下,能量释放率值随着裂纹长度值的变化情况。蠕变强度的增加会极大降低其扩展驱动力,进而抑制裂纹的扩展,提高涂层的热疲劳寿命。

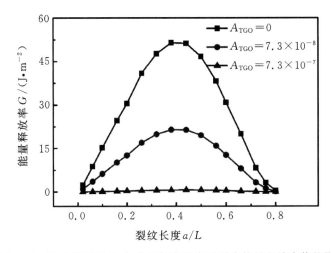

图 5 - 40　24 次热循环后,氧化层蠕变强度对裂尖能量释放率值的影响

5.3.5　界面多裂纹问题

TGO 层与陶瓷层及粘结层的界面是影响材料性能的一个关键因素。TBC 的失效与这些界面上的微缺陷特性密切相关,在服役环境下,界面微缺陷形核、扩展、聚合,并与宏观裂纹贯通,引起涂层大尺度屈曲和剥落失效。

采用薄膜屈曲理论分析涂层失效时发现,宏观尺寸(约 1 mm)层离的形成是涂层从基底上完全剥离的必要条件。然而,高温氧化实验结果表明,尽管在热震循环寿命试验中,界面缺陷数目及尺寸均随着热循环数的增加而增长,但从未在试验中观测到采用力学理论所预测的宏观尺寸的界面裂纹,而实际试验中观测到的却是众多分布于界面上的微小缺陷,如图 5 - 41 所示。由此,Clarke 及其合作者[59,60]认为,采用单一界面裂纹模型分析 TBC 失效机制不是十分恰当的,而应采用考虑微缺陷形态的等效界面裂纹长度或最大界面裂纹长度来定义涂层的剥离失效。

假设陶瓷层和 TGO 层界面上存在一个自左向右扩展的主界面裂纹,在其扩展路径上存在多个微裂纹。本节采用 ABAQUS 中的自定义用户单元

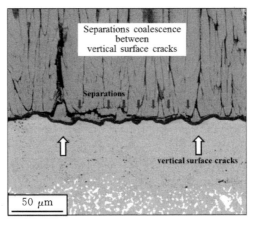

图 5-41　含表面裂纹及多界面缺陷 TBC 扫描电镜图[59,60]

(UEL)分析多裂纹问题。图 5-42 所示为主界面裂纹与扩展路径上界面微裂纹聚合过程中的裂尖驱动力演变曲线。这里 $\sigma_f^2 h_f / \bar{E}_f$ 对应变能释放率进行了无量纲化，其中 σ_f 为作用于涂层的应力值，h_f 为涂层厚度，$\bar{E}_f = E_f / (1 - \nu_f^2)$ 是涂层的平面应变模量。对比图 5-42(a)和(b)可以明显看出[61]：在界面裂纹稳态扩展阶段，局部最大能量释放率随着界面缺陷的增大而增加，且近似有线性关系。当界面裂纹扩展至靠近右边界时，由于模型几何尺寸效应及所施加的边界条件影响，局部最大能量释放率呈指数增长趋势，这一现象与均匀拉伸载荷下各向同性材料裂纹扩展过程相似。

　　同时，对于相同的界面微裂纹尺寸，其稳态扩展阶段的局部最大能量释放率是确定的，在固定外载荷情况下，该值对应于裂纹扩展特定长度（微裂纹尺寸），该外载荷所做的功。仔细观察图 5-42 还可以发现，在主界面裂纹扩展到前方的微裂纹之前，其裂纹扩展路径上的相邻界面缺陷可能已经发生了扩展及聚合。

　　图 5-42 中数据是在假定粘结率均为 50% 的情况下得到的。而实际工程应用中，界面缺陷是随机产生和分布的，不仅具有显著不同的尺寸和分布位置，也具有显著不同的脱粘率。图 5-43 为不同粘结率时，主界面裂纹与前方微裂纹聚合过程中的载荷位移曲线。该曲线具有以下特征：主界面裂纹扩展过程中遇到前方微裂纹，载荷出现突降；界面脱粘率越低，则涂层越不容易完全剥离，且剥离所需要的能量（即曲线下面积）也就越大。需要指出，由于这里假定主界面裂纹萌生于表面垂直裂纹根部，且在初始阶段根部区域粘结完好。因此粘结率越高，初始粘结区域就越大，主界面裂纹的萌生及其与相

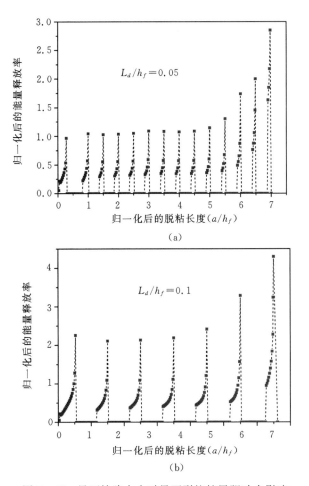

图 5-42　界面缺陷大小对界面裂纹扩展驱动力影响

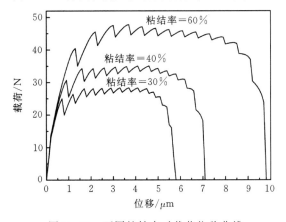

图 5-43　不同粘结率时载荷位移曲线

邻脱粘间的聚合所需要的能量就越多,其载荷位移曲线也就越靠近上方。

图 5-44 为不同粘结率下,随着主界面裂纹自左向右扩展过程中的裂纹

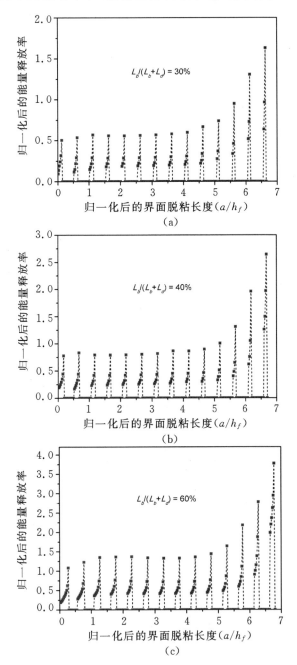

图 5-44　粘结率对界面裂纹扩展驱动力影响

扩展驱动力变化曲线。对比图 5-42 和图 5-44 可知,粘结率影响与界面缺陷尺寸影响类似,界面粘结程度越高,主界面裂纹扩展阻力越大,也就越难以与扩展路径前方的缺陷发生聚合。

5.4　热障涂层中的表/界面裂纹间的竞争

5.4.1　裂纹扩展路径选择判据

在 TBC 服役过程中,陶瓷层内表面裂纹与陶瓷层/粘结层界面处的界面裂纹常同时存在。因而,尽管表面裂纹具有增韧功能,但其存在对界面裂纹萌生和扩展的影响以及两者之间的竞争机理,尚不十分明确。研究表面垂直裂纹与界面裂纹间的竞争机理可为涂层的抗剥落和长寿命设计提供基础。当表面裂纹贯穿薄膜后,其扩展路径是进入基底还是会偏折到薄膜与基底间的界面,取决于两种情况下的裂纹扩展驱动力及阻力大小。

对于表面裂纹扩展进入基底情形(图 5-45(a)),裂纹以张开型(纯 I 型)扩展,其裂尖应力强度因子可以表示为

$$K_p = C(\alpha, \beta) k_1 a^{1/2-\lambda} \tag{5-51}$$

式中,k_1 是与外载荷有关的比例因子;λ 和 C 是与 Dundurs 参数 α 和 β 有关的无量纲值,λ 可由下式求得

$$\cos\lambda\pi = \frac{2(\beta-\alpha)}{1+\beta}(1-\lambda^2) + \frac{\alpha+\beta}{1-\beta^2} \tag{5-52}$$

相应的应变能释放率为[36]

$$G_p = \frac{1-\nu_2}{2\mu_2} K_{\mathrm{I}}^2 = \frac{1-\nu_2}{2\mu_2} c^2 k_1^2 a^{1-2\lambda} \tag{5-53}$$

对于表面裂纹向薄膜/基底界面偏折情形(图 5-45(b)),裂纹以混合 I、II 型扩展,其裂尖应力场可表示为[37]

图 5-45　(a)穿透型裂纹;(b)偏折型裂纹

$$\sigma_{yy}(x,0) + i\sigma_{xy}(x,0) = (K_1 + iK_2)(2\pi r)^{-1/2} r^{i\varepsilon} \tag{5-54}$$

式中，r 为到裂尖的距离，$i = \sqrt{-1}$ 为复数，振荡因子 ε 定义为

$$\varepsilon = \frac{1}{2\pi} \ln \frac{1-\beta}{1+\beta} \tag{5-55}$$

则偏折裂纹裂尖应力强度因子为

$$K = K_1 + iK_2 = k_1 d^{1/2-\lambda} \left[D(\alpha,\beta) d^{i\varepsilon} + E(\alpha,\beta) d^{-i\varepsilon} \right] \tag{5-56}$$

式中，D 和 E 是与 α 和 β 相关的无量纲复函数。

应变能释放率为

$$G_d = \left(\frac{1}{\bar{E}_1} + \frac{1}{\bar{E}_2} \right) \frac{K_1^2 + K_2^2}{2\cosh^2 \pi\varepsilon} = \left(\frac{1}{\bar{E}_1} + \frac{1}{\bar{E}_2} \right) \frac{k_1^2 \left[|C|^2 + 2\mathrm{Re}(CD) + |D|^2 \right]}{2\cosh^2 \pi\varepsilon} d^{1-2\lambda} \tag{5-57}$$

假设基底材料的 Ⅰ 型断裂韧性值为 G_{pc}，薄膜和基底间界面断裂韧性为 G_{ic}，那么表面裂纹贯穿薄膜后沿着界面扩展的条件为

$$\frac{G_{ic}}{G_{pc}} < \frac{G_d}{G_p} \tag{5-58}$$

5.4.2　材料失配的影响

在研究涂层内含有多个表面垂直裂纹时，可以首先将三维隧道型贯穿裂纹问题转化为等价的二维平面应变问题再进行研究。同理，在分析同时含有表面裂纹和界面裂纹的三维问题时也可以将其等价为二维问题进行研究，如图 5-46 所示。考虑到图 5-46 所示模型的周期性特征，建立周期性有限元

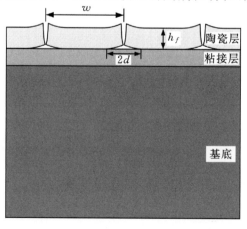

图 5-46　含表面裂纹和界面裂纹问题的二维平面应变模型

模型,如图 5 - 47 所示。

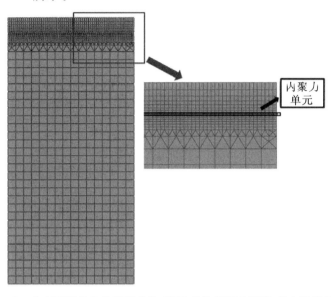

图 5 - 47　含表面裂纹和界面裂纹的 TBC 系统有限元模型,其中陶瓷层与
粘结层界面处布有内聚力单元

　　研究表/界面裂纹相互影响时需要模拟界面裂纹自表面裂纹根部萌生及
扩展的整个过程,采用 ABAQUS 中的内聚力单元(见附录 A. 3)法数值研究
表界面裂纹之间的相互影响,界面处所设置的内聚力单元材料属性见表
5 - 1。选取混合模式裂纹萌生准则用于预测界面裂纹自表面垂直裂纹根部
的萌生,同时选择 B-K 准则用于描述材料的损伤过程。陶瓷层、粘结层及基
底材料均假设为各向同性、线弹性、均质材料。各层材料属性分别为 $E_f =$
$48\ \mathrm{GPa}, E_{\mathrm{BC}} = 200\ \mathrm{GPa}, E_s = 211\ \mathrm{GPa}, \nu_f = 0.1, \nu_s = \nu_{\mathrm{BC}} = 0.3$,其中下标 f、s 和
BC 分别表示涂层、基底和粘结层。通过改变涂层的弹性模量和泊松比获得
不同涂层与粘结层间弹性失配。

表 5 - 1　内聚力单元材料属性

τ_n^0/MPa	τ_s^0/MPa	$G_n^c/(\mathrm{J/m^2})$	$G_s^c/(\mathrm{J/m^2})$	η
30	30	3	3	1. 45

　　为了描述界面裂纹对表面裂纹扩展行为的影响,Mei 等[62]在表面裂纹驱
动力基础上给出了表面裂纹根部的界面伴随裂纹裂尖驱动力表达式

$$G_d = Z_d \left(\frac{d}{h_f}, \alpha, \beta \right) \frac{\sigma_f^2 h_f}{E_f} \qquad (5-59)$$

其中,无量纲参数 Z_d 不仅与 Dundurs 参数 α 和 β 相关,而且是界面裂纹长度与薄膜厚度比值的函数。

由式(5-59)可知,当存在表面裂纹时,界面裂纹驱动力不仅与裂纹长度、薄膜应力水平、薄膜厚度、薄膜材料属性有关,也与薄膜/基底弹性匹配等参数密切相关。尤其在存在多个周期性表面裂纹的时候,表面裂纹间距也是影响界面裂纹行为的一个主要参数。

当表面裂纹间距非常大时,相邻表面裂纹间相互影响可忽略。此时,界面裂纹断裂行为主要受材料失配影响。图 5-48 所示为三种典型材料匹配时,界面裂纹扩展过程中的裂纹驱动力变化情况[63]。

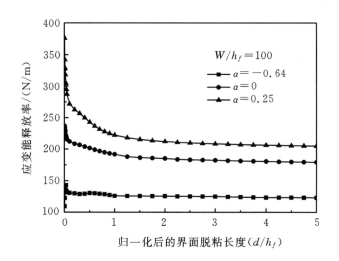

图 5-48　材料匹配对界面裂纹应变能释放率演化影响

当 $\alpha<0$ 时,即涂层软于粘结层(常用 TBC 系统多属于此情形),在裂纹萌生初期应变能释放率随裂纹长度变化曲线呈现振荡趋势。在界面裂纹长度比较小时,存在某个极大值,该值对界面裂纹的扩展会产生显著的影响,与界面结合强度相对值决定了是否会出现界面脱粘的萌生及失稳扩展。此外,对于 $\alpha<0$ 情形,当界面裂纹长度 $d \to 0$ 时,裂纹驱动力趋向于零,这意味着此时在表面裂纹根部不会驱动界面裂纹的萌生。

当 $\alpha>0$ 时,在界面裂纹长度趋近于零的过程中,即 $d \to 0$,驱动界面裂纹萌生的能量释放率理论上是趋于无穷大的,说明此时只要表面裂纹贯穿了陶瓷涂层,总会伴随着界面裂纹的出现。

当 $\alpha=0$ 时,如预期相同,界面裂纹驱动力介于前两种情况之间,不过对于所研究的模型,其值更趋向于 $\alpha>0$ 时的结果。

此外,对于三种不同材料失配,当界面裂纹长度足够大时,其驱动力最终总是会稳定而与裂纹长度无关,也就是最终都趋向于某个稳态值。Mei 等[62]的研究得到了类似的结论。

在界面裂纹断裂分析中,由于各应力强度因子(或应变能释放率)分量与裂纹尖端单元划分乃至与裂尖距离等都密切相关,因而不能像各向同性材料内部裂纹那样凭借各分量值来描述裂纹在不同模式下的断裂行为。此时,模式混合度是个重要的参数,它可以有效地描述不同断裂模式下相对值。图 5-49 所示为三种典型材料失配时模式混合度随界面裂纹扩展的变化曲线。需要注意,当 $\alpha>0$ 时,模式混合度 ψ 的稳态值趋近于 $\alpha=0$ 的稳态值;而当 $\alpha<0$ 时,模式混合度最终也会趋近某个稳态值,但是该值会比 $\alpha=0$ 的稳态值要大得多。这说明,当涂层比粘结层软时,所萌生的界面裂纹在扩展过程中,滑开型开裂要比涂层硬于粘结层时所占主导性更强,也即 $\alpha<0$ 时更容易诱发 II 型开裂;此外会导致更严重的界面接触甚至嵌入现象。

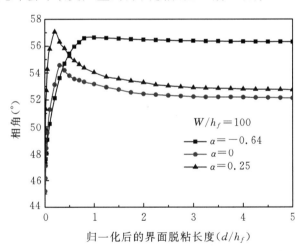

图 5-49　材料失配对界面裂纹扩展过程中的模式混合度影响

图 5-50 为应力强度因子分量随界面裂纹长度变化的演变曲线。图中,采用 $\sigma_f\sqrt{h_f}$ 对应力强度因子分量 K_1 和 K_2 进行正则化,σ_f 为涂层内应力。可以更清楚地看到不同断裂模式在界面裂纹扩展过程中的相对变化。

Rangaraj 和 Kokini[64] 研究了涂层结构及表面裂纹对涂层脱粘的影响。认为较薄的涂层有助于抑制界面脱粘。由于热障需要,涂层厚度通常是有限

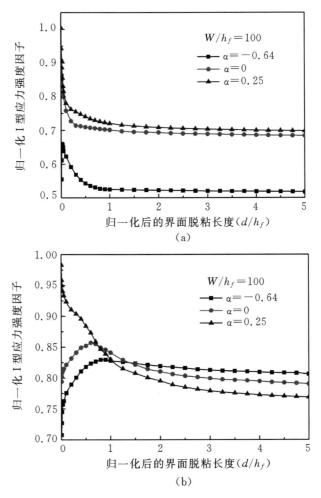

图 5-50　材料失配对界面裂纹扩展过程中各应力强度因子分量影响
(a)张开型分量 K_1;(b)剪开型分量 K_2

制的,因此可以通过改变涂层的结构,如在陶瓷层内增加莫来石(mullite)等,实现延缓甚至抑制界面裂纹的目的。Mei 等[62]通过比较界面裂纹裂尖驱动力与界面断裂韧性,得到了当陶瓷涂层内存在表面裂纹时,伴随界面裂纹的萌生及失稳扩展条件,如图 5-51 所示。结果表明,薄膜与基底材料的弹性模量及断裂韧性差异对其失效方式有着显著的影响。

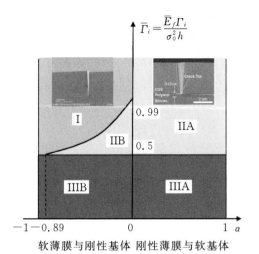

图 5-51　TBC 失效模式图[62]：区域（Ⅰ），仅有表面裂纹；区域（Ⅱ），表面裂纹与
稳态界面裂纹共存；区域（Ⅲ），表面裂纹与失稳扩展界面裂纹共存。
A 表示界面裂纹易于萌生，B 表示不易出现界面裂纹

5.4.3　表面裂纹间距对界面裂纹的影响

图 5-52 是不同表面裂纹间距下，界面裂纹能量释放率随裂纹长度的变化曲线。考虑到 TBC 中，陶瓷涂层弹性模量常小于粘结层及基底，因此这里主要针对 $\alpha < 0$ 的情形。

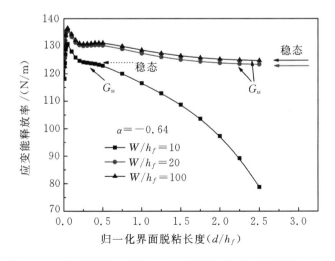

图 5-52　表面裂纹间距 W/h_f 对界面裂纹能量释放率影响曲线

　　显然,表面裂纹间距对界面裂纹的萌生及扩展有着明显影响,尤其是对界面裂纹稳态扩展阶段的影响尤为显著,甚至会改变系统的最终失效模式[63]。当表面裂纹间距较大时,例如 $W/h_f = 20$ 和 100,裂纹萌生初期应变能释放率变化具有振荡性;并且随着界面裂纹的扩展逐渐达到稳态值。但是,对于表面裂纹间距很小的情况,如 $W/h_f = 10$,由于相邻表面裂纹之间及表、界面裂纹之间的相互干涉,此时已经不存在严格意义上的稳态概念。随着界面裂纹长度的增大,应变能释放率首先呈小幅振荡,然后出现较为短暂的相对稳态阶段,之后随着裂纹长度的增大而急剧下降。方便起见,这里将演变过程中的相对稳态阶段裂纹驱动力定义为稳态值(图 5-52)。对于所研究的三种表面裂纹密度,$W/h_f = 20$ 和 100 基本相同,即此时可以忽略其他表面裂纹对界面裂纹的影响。而 $W/h_f = 10$ 时,应变能释放率显著低于其他两种情形,即此时表面裂纹间距对界面裂纹存在显著影响。

　　为了确定表面裂纹间距对界面裂纹萌生及扩展产生影响的临界尺寸,我们对不同表面裂纹间距下的界面裂纹稳态应变能释放率进行了计算,结果如图 5-53 所示。

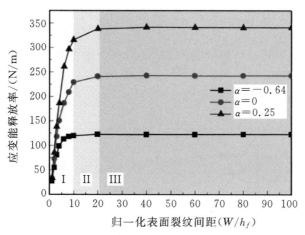

图 5-53　稳态应变能释放率 G_{ss} 随表面裂纹间距变化曲线

　　对于三种不同弹性匹配,表面裂纹密度的影响大致可分为三个区间[63]。区间Ⅰ:表面裂纹间距对界面裂纹驱动力有着非常显著的影响,此时必须考虑两者间的干涉作用。区间Ⅱ:裂纹间距的影响逐渐由显著过渡为可忽略不计,为过渡区域。区间Ⅱ的右边界,即表面裂纹间距对界面裂纹影响可忽略不计时所对应的裂纹间距值,对于研究两者相互影响有着重要的意义。可将其定义为临界表面裂纹间距,根据计算其值约为 $W/h_f = 20$。区间Ⅲ:此区间内表面裂纹间距对界面的影响可以忽略不计。

图 5-54 是三种不同表面裂纹密度（$W/h_f = 10,20$ 和 30）时，界面裂纹萌生及扩展演化历程。当 $W/h_f = 10$（位于图 5-53 区间 I）时，表面裂纹间距对界面裂纹萌生及扩展有着显著影响，应变能释放率数值远小于稳态值；并且当界面裂纹长度增大时，应变能释放率递减。因此，若振荡过程中的能量释放率最大值小于界面结合强度，此时不会出现界面裂纹，见图 5-54(a)。图 5-54 应力云图结果表明增加裂纹密度可有效降低界面应力，进而可延缓或避免涂层的脱粘。当 $W/h_f = 20$（位于图 5-53 区间 II）时，表面裂纹间距对界面裂纹萌生及扩展有一定的影响，但不足以诱发界面裂纹的失稳扩展，如图 5-54(b)所示，界面裂纹自表面裂纹根部萌生，在扩展一定长度后受到抑制而停止扩展。当 $W/h_f = 30$（位于图 5-53 区间 III）时，表面裂纹间距对界面裂纹的影响可以忽略不计。当稳态应变能释放率大于界面结合强度时，界面裂纹扩展，最终导致大面积分层，甚至涂层剥离，如图 5-54(c)所示。

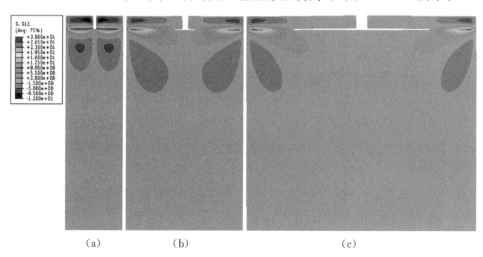

图 5-54　不同表面裂纹间距时界面裂纹扩展行为
(a)$W/h_f = 10$；(b)$W/h_f = 20$；(c)$W/h_f = 30$

Kokini 等[16,65-69]分析了具有不同表面裂纹形貌的 TBC 在高温服役时界面裂纹的驱动力演变，得到了表面裂纹对界面脱粘的影响。他们发现对于周期性表面裂纹，存在某表面裂纹长度，使得界面裂纹驱动力最小。Mei 等[42]研究了界面裂纹对表面裂纹的影响规律，给出了伴随界面裂纹出现的条件。这些研究均证明了 TBC 中的表面垂直裂纹能够有效地延缓或抑制界面脱粘的出现。当表面裂纹间距较大时，在表面裂纹根部易引起界面脱粘，从而导致涂层的剥落。Rangaraj 和 Kokini[70]研究了功能梯度材料中多表面裂纹对界面裂纹的影响。结果表明，多表面裂纹使得陶瓷涂层具有更优异的应变韧性，而梯度涂层有益于表面裂纹的萌生。对于一定的表面裂纹数量，随着其长度的增加，界面裂纹驱动力增大。而对于给定的裂纹长度，增大表面裂纹的数量会降低界面裂纹的驱动力。

5.5　小　结

本章重点介绍了热障涂层系统中的裂纹问题相关研究进展，具体包括以下三个方面：

其一，陶瓷涂层内表面裂纹增韧机理。通过建立含多表面裂纹薄膜/基底结构物理及力学模型，采用计算断裂力学方法研究陶瓷涂层内表面裂纹的断裂行为及其主要影响因素，分析影响表面裂纹扩展驱动力的参数，包括表面裂纹间距、裂纹长度、陶瓷涂层厚度及材料参数等。

其二，热障涂层界面裂纹断裂行为及其影响因素。建立界面裂纹的萌生及扩展分析数值模型，采用能量释放率对界面裂纹扩展驱动力进行表征，分析影响界面脱粘的主要因素，研究界面混合氧化物快速生长及蠕变对界面脱粘行为的影响规律。

其三，陶瓷涂层内表面裂纹与陶瓷层/粘结层界面裂纹间的相互影响。根据含周期性表面裂纹热障涂层系统的结构特征，并结合隧道型贯穿裂纹稳态扩展概念，建立含周期性表面裂纹与界面裂纹的力学模型，研究表面裂纹间距、材料匹配等因素对界面裂纹萌生及扩展的影响。根据表/界面裂纹间的影响程度差异，定义不同区间对其影响加以识别和判断。

主要研究进展及结论如下：

（1）裂纹间距及裂纹长度对表面裂纹扩展驱动力大小有着重要影响；当表面裂纹趋近界面时，弹性失配会决定表面裂纹扩展驱动力的变化趋势，直接决定了表面裂纹是否会贯穿涂层并导致伴随界面裂纹的出现。

（2）复杂界面形貌对表面裂纹裂尖应力分布及扩展路径都有显著影响。界面的周期性起伏特性决定了不同位置处表面裂纹应变能释放率的振荡特性。

（3）当热生长氧化层严重受损时，会导致表面裂纹贯穿涂层并诱发界面裂纹的出现；而当热生长氧化层完好无损时，界面初始缺陷是表面裂纹贯穿涂层的必要条件，仅热生长氧化层增厚并不会直接导致表面裂纹贯穿涂层并进入热生长氧化层内而导致涂层脱落。

（4）粘结层和陶瓷层间形成的混合氧化物在服役过程中的快速生长极易诱发界面裂纹萌生、扩展直至贯通,最终导致陶瓷层剥落。且混合氧化物的高温生长速率越高,界面裂纹萌生和扩展速度就越快,热障涂层寿命就越短。同时,混合氧化物含量越高,界面裂纹扩展速率越快,热障涂层寿命也越低。

（5）增加表面裂纹密度可降低表面裂纹扩展驱动力、减缓或抑制界面裂纹的萌生及扩展,因而有利于延长涂层寿命及耐久性,可用于涂层的抗剥落及长寿命设计。

参考文献

［1］Shenoy V B, Schwartzman A F, Freund L B. Crack patterns in brittle thin films [J]. International Journal of Fracture, 2000, 103(1): 1 - 17.

［2］Bialas M. Mechanical modelling of thin films: stress evolution, degradation, characterization [R]. IPPT Reports on Fundamental Technological Research, 2012, 1: 3 - 238.

［3］王铁军,范学领,孙永乐,苏罗川,宋岩,吕伯文. 重型燃气轮机高温透平叶片热障涂层系统中的应力和裂纹问题研究进展 [J]. 固体力学学报, 2016, 37(6): 477 - 517.

［4］Padture N P, Gell M, Jordan E H. Thermal barrier coatings for gas-turbine engine applications [J]. Science, 2002, 296(5566): 280 - 284.

［5］Huang R, Prevost J H, Huang Z Y, Suo Z. Channel-cracking of thin films with the extended finite element method [J]. Engineering Fracture Mechanics, 2003, 70(18): 2513 - 2526.

［6］Freund L B, Suresh S. Thin film materials: stress, defect formation and surface evolution [M]. Cambridge University Press, 2003.

［7］Hutchinson J W, Suo Z. Mixed-mode cracking in layered materials [J]. Advances in Applied Mechanics, 1992, 29: 63 - 191.

［8］Erdogan F, Ozturk M. Periodic cracking of functionally graded coatings [J]. International Journal of Engineering Science, 1995, 33(15): 2179 - 2195.

［9］Schulze G W, Erdogan F. Periodic cracking of elastic coatings [J]. International Journal of Solids and Structures, 1998, 35(28/29): 3615 -

3634.

[10] Wang B L, Han J C. Multiple surface cracking of elastic coatings subjected to dynamic load [J]. Mechanics of Materials, 2007, 39(5): 445 - 457.

[11] Tada H, Paris P, Irwin G. The stress analysis of cracks handbook [M]. Del Research Corp. , St. Louis, 1985.

[12] Thouless M. Crack spacing in brittle films on elastic substrates [J]. Journal of the American Ceramic Society, 1990, 73(7): 2144 - 2146.

[13] Zhu D, Miller R A. Investigation of thermal high cycle and low cycle fatigue mechanisms of thick thermal barrier coatings [J]. Materials Science and Engineering A, 1998, 245(2): 212 - 223.

[14] Ruckle D L. Plasma-sprayed ceramic thermal barrier coatings for turbine vane platforms [J]. Thin Solid Films, 1980, 73(2): 455 - 461.

[15] Guo H B, Vassen R, Stover D. Atmospheric plasma sprayed thick thermal barrier coatings with high segmentation crack density [J]. Surface and Coatings Technology, 2004, 186(3): 353 - 363.

[16] Zhou B, Kokini K. Effect of pre-existing surface crack morphology on the interfacial thermal fracture of thermal barrier coatings: a numerical study [J]. Materials Science and Engineering: A, 2003, 348(1): 271 - 279.

[17] Choules B D, Kokini K, Taylor T A. Thermal fracture of ceramic thermal barrier coatings under high heat flux with time-dependent behavior, Part 1. Experimental results [J]. Materials Science and Engineering: A, 2001, 299(1/2): 296 - 304.

[18] Bao G, Wang L. Multiple cracking in functionally graded ceramic-metal coatings [J]. International Journal of Solids and Structures, 1995, 32 (19): 2853 - 2871.

[19] Fan X L, Zhang W X, Wang T J, Liu G W, Zhang J H. Investigation on periodic cracking of elastic film/substrate system by the extended finite element method [J]. Applied Surface Science, 2011, 257 (15): 6718 - 6724.

[20] Kokini K, Banerjee A, Taylor T A. Thermal fracture of interfaces in precracked thermal barrier coatings [J]. Materials Science and Engi-

neering：A，2002，323，13.

[21] Schlichting K W，Padture N P，Jordan E H，Gell M. Failure modes in plasma-sprayed thermal barrier coatings [J]. Materials Science and Engineering A，2003，342(1/2)：120 - 130.

[22] Echsler H，Shemet V，Schütze M，Singheiser L，Quadakkers W J. Cracking in and around the thermally grown oxide in thermal barrier coatings：A comparison of isothermal and cyclic oxidation [J]. Journal of Materials Science，2006，41(4)：1047 - 1058.

[23] He M Y，Evans A G，Hutchinson J W. Effects of morphology on the decohesion of compressed thin films [J]. Physica Status Solidi，1998，245(2)：168 - 181.

[24] Evans A G，He M Y，Hutchinson J W. Mechanics-based scaling laws for the durability of thermal barrier coatings [J]. Progress in Materials Science，2001，46(3/4)：249 - 271.

[25] Hille T S，Nijdam T J，Suiker A S，Turteltaub S，Sloof W G. Damage growth triggered by interface irregularities in thermal barrier coatings [J]. Acta Materialia，2009，57(9)：2624 - 2630.

[26] Beck T，Schweda M，Singheiser L. Influence of interface roughness，substrate and oxide-creep on damage evolution and lifetime of plasma sprayed zirconia-based thermal barrier coatings [J]. Procedia Engineering，2013，55：191 - 198.

[27] Zhang W X，Fan X L，Wang T J. The surface cracking behavior in air plasma sprayed thermal barrier coating system incorporating interface roughness effect [J]. Applied Surface Science，2011，258(2)：811 - 817.

[28] Evans A G，Mumm D R，Hutchinson J W，Meier G H，Pettit F S. Mechanisms controlling the durability of thermal barrier coatings [J]. Progress in Materials Science，2001，46(5)：505 - 553.

[29] Tsui T Y，McKerrow A J，Vlassak J J. Constraint effects on thin film channel cracking behavior [J]. Journal of Materials Research，2005，20(9)：2266 - 2273.

[30] Beuth J L. Cracking of thin bonded films in residual tension [J]. International Journal of Solids and Structures，1992，29(13)：1657 - 1675.

[31] Thouless M D, Li Z, Douville N J, Takayama S. Periodic cracking of films supported on compliant substrates [J]. Journal of the Mechanics and Physics of Solids, 2011, 59(9): 1927 - 1937.

[32] Qian G, Nakamura T, Berndt C C. Effects of thermal gradient and residual stresses on thermal barrier coating fracture [J]. Mechanics of Materials, 1998, 27(2): 91 - 110.

[33] Kim A S, Suresh S, Shih C F. Plasticity effects on fracture normal to interfaces with homogeneous and graded compositions [J]. International Journal of Solids and Structures, 1997, 34(26): 3415 - 3432.

[34] Lv J N, Fan X L, Li Q. The impact of the growth of thermally grown oxide layer on the propagation of surface cracks within thermal barrier coatings [J]. Surface and Coatings Technology, 2016, 309: 1033 - 1044.

[35] Yang L, Zhou Y C, Mao W G, Lu C. Real-time acoustic emission testing based on wavelet transform for the failure process of thermal barrier coatings [J]. Applied Physics Letters, 2008, 93: 231906.

[36] Dugdale D. Yielding of steel sheets containing slits [J]. Journal of the Mechanics and Physics of Solids, 1960, 8(2): 100 - 104.

[37] Rice J R. Elastic fracture-mechanics concepts for interfacial cracks [J]. Journal of Applied Mechanics-Transactions of the ASME, 1988, 55(1): 98 - 103.

[38] Xu R, Fan X L, Zhang W X, Song Y, Wang T J. Effects of geometrical and material parameters of top and bond coats on the interfacial fracture in thermal barrier coating system [J]. Materials and Design, 2013, 47: 566 - 574.

[39] Qian G, Nakamura T, Berndt C C, Leigh S H. Tensile toughness test and high temperature fracture analysis of thermal barrier coatings [J]. Acta materialia, 1997, 45(4): 1767 - 1784.

[40] Zhou Y C, Tonomori T, Yoshida A, Liu L, Bignall G, Hashida T. Fracture characteristics of thermal barrier coatings after tensile and bending tests [J]. Surface and Coatings Technology, 2002, 157(2): 118 - 127.

[41] Ye T, Suo Z, Evans A G. Thin film cracking and the roles of substrate

and interface [J]. International Journal of Solids and Structures, 1992, 29(21): 2639 - 2648.

[42] Mei H, Pang Y, Huang R. Influence of interfacial delamination on channel cracking of elastic thin films [J]. International Journal of Fracture, 2007, 148(4): 331 - 342.

[43] Matsumoto M, Hayakawa K, Kitaoka S, Matsubara H, Takayama H, Kagiya Y, Sugita Y. The effect of preoxidation atmosphere on oxidation behavior and thermal cycle life of thermal barrier coatings [J]. Materials Science and Engineering: A, 2006, 441(1/2): 119 - 125.

[44] Maier R D, Scheuermann C M, Andrews C W. Degradation of a two-layer thermal barrier coating under thermal cycling [J]. American Ceramic Society Bulletin, 1981, 60(5): 555 - 560.

[45] Chen W R, Wu X, Marple B R, Patnaik P C. Oxidation and crack nucleation/growth in an air-plasma-sprayed thermal barrier coating with NiCrAlY bond coat [J]. Surface and Coatings Technology, 2005, 197 (1): 109 - 115.

[46] Li Y, Li C J, Zhang Q, Yang G J, Li C X. Influence of TGO composition on the thermal shock lifetime of thermal barrier coatings with cold-sprayed mcraly bond coat [J]. Journal of thermal spray technology, 2010, 19(1): 168 - 177.

[47] Karlsson A M, Evans A G. A numerical model for the cyclic instability of thermally grown oxides in thermal barrier systems [J]. Acta Materialia, 2001, 49(10): 1793 - 1804.

[48] Mumm D, Evans A G, Spitsberg I. Characterization of a cyclic displacement instability for a thermally grown oxide in a thermal barrier system [J]. Acta Materialia, 2001, 49(12): 2329 - 2340.

[49] Xu R, Fan X L, Zhang W X, Wang T J. Interfacial fracture mechanism associated with mixed oxides growth in thermal barrier coating system [J]. Surface and Coatings Technology, 2014, 253(9): 139 - 147.

[50] Lu T Q, Zhang W X, Wang T J. The surface effect on the strain energy release rate of buckling delamination in thin film-substrate systems [J]. International Journal of Engineering Science, 2011, 49(9): 967 - 975.

［51］ Karlsson A M，Hutchinson J W，Evans A G. A fundamental model of cyclic instabilities in thermal barrier systems ［J］. Journal of the Mechanics and Physics of Solids，2002，50(8)：1565 - 1589.

［52］ Mumm D R，Evans A G，Spitsberg I T. Characterization of a cyclic displacement instability for a thermally grown oxide in a thermal barrier system ［J］. Acta Materialia，2001，49(12)：2329 - 2340.

［53］ Bhatnagar H，Ghosh S，Walter M E. A parametric study of damage initiation and propagation in EB-PVD thermal barrier coatings ［J］. Mechanics of Materials，2010，42(1)：96 - 107.

［54］ Kang K J，Mercer C. Creep properties of a thermally grown alumina ［J］. Materials Science and Engineering：A，2008，478(1/2)：154 - 162.

［55］ Su L，Zhang W，Sun Y，Wang T J. Effect of TGO creep on top-coat cracking induced by cyclic displacement instability in a thermal barrier coating system ［J］. Surface and Coatings Technology，2014，254(0)：410 - 417.

［56］ Chen X，Hutchinson J W，He M Y，Evans A G. On the propagation and coalescence of delamination cracks in compressed coatings：with application to thermal barrier systems ［J］. Acta Materialia，2003，51(7)：2017 - 2030.

［57］ Xu T，He M Y，Evans A G. A numerical assessment of the durability of thermal barrier systems that fail by ratcheting of the thermally grown oxide ［J］. Acta Materialia，2003，51(13)：3807 - 3820.

［58］ Evans H E，Taylor M P. Creep relaxation and the spallation of oxide layers ［J］. Surface and Coatings Technology，1997，94 - 95(0)：27 - 33.

［59］ Clarke D，Phillpot S. Thermal barrier coating materials ［J］. Materials Today，2005，8(6)：22 - 29.

［60］ Tolpygo V K，Clarke D R，Murphy K S. Evaluation of interface degradation during cyclic oxidation of EB-PVD thermal barrier coatings and correlation with TGO luminescence ［J］. Surface and Coatings Technology，2004，188 - 189：62 - 70.

［61］ Fan X L，Jiang W，Li J G，Suo T，Wang T J，Xu R. Numerical study on interfacial delamination of thermal barrier coatings with multiple separations [J]. Surface and Coatings Technology, 2014, 244: 117 - 122.

[62] Mei H X, Pang Y Y, Huang R. Influence of interfacial delamination on channel cracking of elastic thin films [J]. International Journal of Fracture, 2007, 148(4): 331 - 342.

[63] Fan X L, Xu R, Zhang W X, Wang T J. Effect of periodic surface cracks on the interfacial fracture of thermal barrier coating system [J]. Applied Surface Science, 2012, 258(24): 9816 - 9823.

[64] Rangaraj S, Kokini K. Interface thermal fracture in functionally graded zirconia-mullite-bond coat alloy thermal barrier coatings [J]. Acta Materialia, 2003, 51(1): 251 - 267.

[65] Kokini K, Banerjee A, Taylor T A. Thermal fracture of interfaces in precracked thermal barrier coatings [J]. Materials Science and Engineering: A, 2002, 323(1/2): 70 - 82.

[66] Zhou B, Kokini K. Effect of pre-existing surface crack morphology on the interfacial thermal fracture of thermal barrier coatings: a numerical study [J]. Materials Science and Engineering A, 2003, 348(1/2): 271 - 279.

[67] Zhou B, Kokini K. Effect of surface pre-crack morphology on the fracture of thermal barrier coatings under thermal shock [J]. Acta Materialia, 2004, 52(14): 4189 - 4197.

[68] Kokini K, Zhou B. Effect of preexisting surface cracks on the interfacial thermal fracture of thermal barrier coatings: an experimental study [J]. Surface and Coatings Technology, 2004, 187(1): 17 - 25.

[69] Zhou B, Kokini K. Effect of preexisting surface cracks on the interfacial thermal fracture of thermal barrier coatings: an experimental study [J]. Surface and Coatings Technology, 2004, 187(1): 17 - 25.

[70] Rangaraj S, Kokini K. Multiple surface cracking and its effect on interface cracks in functionally graded thermal barrier coatings under thermal shock [J]. Journal of Applied Mechanics-Transactions of the Asme, 2003, 70(2): 234 - 245.

第 6 章　梯度热障涂层中的裂纹问题

随着对航空发动机推重比和燃气轮机燃烧效率要求的不断提高，燃气温度也在大幅度提高，这对传统 YSZ 材料提出了严峻的挑战。新材料、新结构及新的制备工艺是先进 TBC 系统的主要发展方向。梯度结构 TBC 系统由于能够较好地兼顾高效热障和长寿命的功能需求，近年来受到极大的关注，被认为是实现未来面向 1600 ℃的先进 TBC 系统最有效的途径之一。

本章主要介绍梯度 TBC 中的裂纹问题，包括梯度结构概念的提出、梯度结构材料性能的描述、TBC 新材料与结构形式、层级 TBC 中的应力和裂纹问题。

6.1　梯度涂层结构的基本概念

燃气轮机性能的不断提升对热端部件材料性能提出了越来越高的要求。传统的材料均难以满足如此苛刻的服役环境。为了使涂层在满足承受机械载荷和温度梯度引起的热应力的同时，具有足够的耐久性和使用寿命，人们试图将金属与热防护材料复合，或在金属基底涂覆隔热材料，如图 6-1 所示[1]。然而，由于起隔热功能的涂层材料往往与起承载作用的金属基底有着显著不同的热物性参数，在服役过程中容易引起界面的脱粘失效。成分梯度变化的材料或结构是消除叠层结构中宏观界面，进而缓和热应力、提高材料性能的重要途径。

为了寻求新的隔热材料，以适应航空、航天等高技术领域的需要和金属陶瓷叠层复合材料的热应力失配问题，20 世纪 80 年代，日本科学家首先提出了功能梯度材料的概念（Functionally graded materials，FGM）[2]。所谓功能梯度材料，就是材料组分在一定的空间方向上连续变化的一种复合材料，图6-2是CrNi/Zirconia功能梯度材料的微观结构图[3]。相对于传统均匀介质或均匀介质的叠层复合材料，功能梯度材料是一种连续的非均匀介质。功能梯度材料具有可设计，即可根据工程结构不同部位对材料性能的不同要求，

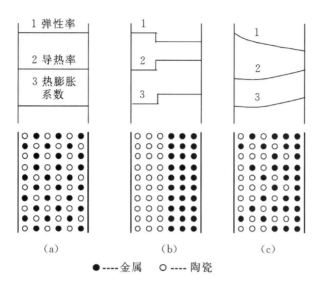

图 6-1　复合材料与功能梯度材料结构模型[1]

(a)均匀复合材料；(b)叠层复合材料；(c)功能梯度材料

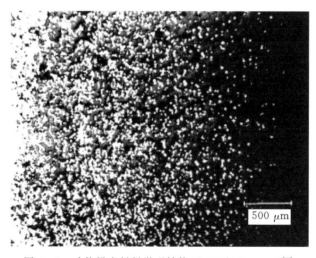

图 6-2　功能梯度材料微观结构(CrNi 和 Zirconia)[3]

对材料结构进行合理地设计，最大限度地利用材料的性能，因而其材料设计与结构设计往往同步进行。

　　功能梯度材料因兼具良好的耐热性与较高的强度，已成为继单组分材料、传统纤维增强复合材料之后的一代新型材料，被认为是高温环境中最有前途的材料之一[4]。在航天等高温环境下应用的功能梯度材料，一般由耐高温陶瓷和承载金属复合而成。在材料制备过程中,通过控制陶瓷和金属的体积含量使其连续变化,从而使材料的宏观性能在空间位置上连续变化,不存在明显的材料性能界面,以达到高温使用环境下缓解内部热应力的目的。

作为高温环境下的新型热防护材料,功能梯度材料的热弹性问题受到广泛的关注。研究功能梯度结构热弹性问题的前提是定量描述连续变化的物性参数。应用传统的细观力学方法和高阶理论,国内外学者先后提出了一系列模型,用以描述功能梯度结构中材料性能的连续变化。由于梯度结构中材料热弹性性能的非均匀性,热传导方程和热弹性控制方程都是变系数的微分方程,从而给热弹性问题的数学求解带来了很大的困难。这些理论模型往往有着十分复杂的形式,有些甚至无法给出显式的函数表达式。为了克服材料性能的连续变化所带来的数学求解的困难性,研究人员相继发展了一些线性均匀化模型来描述功能梯度结构中材料性能的连续变化,从而可以采用解析的方法研究功能梯度结构中的热弹性问题。

对于复合材料物性参数的描述,主要有以下几种模型:①算术平均模型,即采用线性插值的办法估算材料的物性参数;②两点模型,即通过已知两点的物性参数来估算复合材料的物性参数;③可调参数模型;④抛物线模型。借助于复合材料层合板的研究成果,可沿材料性能变化的方向将梯度结构化分成若干子层,采用分层均匀函数来近似描述梯度材料性能的连续变化,进而研究梯度结构的热、力学响应[5-8]。然而,由于采用了分层均匀化的假设,层合板模型并不能充分的反映材料性能变化的连续性,对于材料性能变化比较剧烈的情况,该模型的应用更是受到很大的限制。

Huang 等[9,10]采用分段连续的直线段来逼近任意变化的材料性能曲线的方法,将层合板模型推广应用于材料性能变化比较剧烈的情况。在改进的层合板模型中,由于在每个子层中,材料性能按线性函数规律变化,因而在子层之间的界面上,材料性能连续且等于该处材料的实际性能。

在不考虑材料细观结构的基础上,国内外一些学者采用某些先验函数的方法对梯度材料中材料性能的连续变化进行了描述。Delale 和 Erdogan[11]采用指数函数对非均匀材料中材料弹性模量的变化进行描述。Wang 等[12]和 Han 等[13]在研究梯度材料或者非均匀界面层的力学行为时,采用幂函数来描述其材料性质的变化规律。Selvadurai 和 Lan[14]在研究非均材料的混合边界问题时,采用三角函数来描述材料性质的变化规律。针对分层模型无法充分反映梯度结构中材料性质连续变化的问题,Shao 和 Wang[15,16]采用先验函数对梯度结构中材料性质的连续变化进行描述,利用微分方程的级数求解理论,对于功能梯度结构中的稳态和瞬态热弹性问题,提出了一种直接的级数求解方法。也有学者采用基于等应变假设的混合率模型来描述材料性能的变化梯度,如 Erdogan[17]、Noda[18]、Ootao 和 Tanigawa[19]。

层级 TBC 是一种特殊的梯度涂层结构,在其发展早期,人们曾设想出一种具有多层结构的 TBC。这种设计从外到内包含了抗腐蚀层、隔热层、抗氧化层、热应力控制层、防止金属原子扩散的阻碍层及粘结层。但是,TBC 结构中太多的层数并不利于延长涂层的服役寿命,层与层之间的界面往往成为热应力集中和裂纹萌生的地方。基于这些考虑,研究者们在多层结构设计的基础上发展出了一系列具有较长服役寿命的梯度 TBC 系统。

图 6-3 中是几种双陶瓷层或多陶瓷层的 TBC 设计。其中图 6-3(a)中所示的双陶瓷层(Double-ceramic-layer,DCL)结构设计较为简单,制备时较

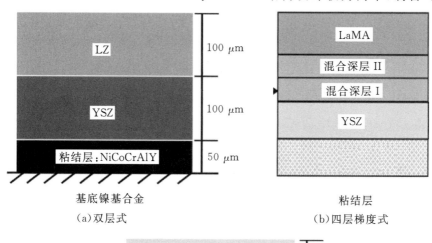

（a）双层式　　　　　　　　　（b）四层梯度式

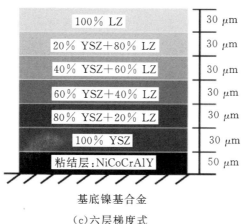

（c）六层梯度式

图 6-3　三种常见的梯度热障涂层系统结构[20,21]

为方便,因此得到了广泛的使用和研究。Guo 等[22]采用梯度结构以实现涂层与基体间的最佳性能匹配,并提出了通过控制界面提高涂层服役寿命的方法,还开展了关于双陶瓷层(DCL)TBC 的高温热物理性能和热冲击寿命等研究。Wang 等[23]考察了 $La_2Zr_2O_7$ 和 YSZ 所组成的 DCL-TBC 的制备及高温氧化行为,验证了 DCL-TBC 的长寿命及高效热障特性。然而,尽管 DCL-TBC 兼顾了高温服役性能和较长服役寿命的优点,两个陶瓷层界面仍然是发生失效剥离的危险区域。双陶瓷层较差的物理相容性是导致双陶瓷层间界面失效的主要原因。将同时含有两种陶瓷层混合涂层作为界面缓冲层,形成梯度结构 TBC,可以有效缓解界面失配效应。图 6-3(b)是一种常见的多层梯度结构 TBC。Chen 等[21]等离子喷涂方法制备了 LZ 与 YSZ 组成的梯度陶瓷涂层,涂层分为 6 层,按质量分数:100% YSZ,80% YSZ+20% LZ,60% YSZ +40% LZ,40% YSZ+60% LZ,20% YSZ+80% LZ,100% LZ 逐渐过渡(图 6-3(c))。实验结果证明了梯度涂层较长的热循环寿命。Ramachandran[24]的实验结果也表明,混合了上下两种材料的界面缓冲层的存在显著提高了层级 TBC 的热循环寿命。曹学强等[25]也考察了一系列使用温度大于等于 1250 ℃的层级 TBC,同时研究了不同陶瓷层厚度比对双陶瓷层 TBC 热震寿命的影响,证明了层级 TBC 结构是未来设计寿命更长、工作温度更高的新型涂层的主要研究方向。

6.2　热障涂层新材料体系

目前先进燃气轮机的温度已经达到 1600 ℃以上,在这种极端高温的环境中,传统 YSZ 材料长期高温服役时存在较多不足[26],极大地限制了传统 YSZ 涂层在极端高温环境中的服役性能,对面向更高进口燃气温度(1600 ℃)的先进重型燃气轮机的设计和发展提出了挑战。

新材料、新结构及新的制备工艺研究是先进 TBC 系统的主要发展方向。近年来,世界各国都在努力研发可替代常规 YSZ 在更高温度下使用、导热系数更低、具有更强抗烧结和热变形能力的新型材料或结构。其中,烧绿石结构稀土锆酸盐 $R_2Zr_2O_7$、钙钛矿结构 $SrZrO_3$ 以及镧系等均是可供选择的材料体系[25,27,28]。

国外研究机构在梯度结构 TBC 材料体系选择方面开展了初步研究工作。TBC 材料成分主要分布于元素周期表的 ⅢB、ⅣB、ⅢA 和 ⅣA 区域,稀土锆酸盐、六铝酸盐和钙钛矿等由于在高温下具有较好的相稳定性、较低的烧结速度,成为开发高温隔热涂层材料体系的主要选择。

6.2.1 稀土锆酸盐

具有烧绿石结构的稀土锆酸盐 $R_2Zr_2O_7$($R=La,Pr,Nd,Sm,Eu,Gd$)是目前研究中关注度最高的高温结构材料,通常具有很高的熔点和化学稳定性。常用于 TBC 的稀土锆酸盐主要包括锆酸镧 $La_2Zr_2O_7$(LZ)、铈酸镧 $La_2Ce_2O_7$(LC)和锆酸钆 $Gd_2Zr_2O_7$(GZ)。锆酸镧由于其在高温下具有较好的相稳定性、较低的烧结速度,成为开发高温隔热涂层材料的首选之一。$La_2Zr_2O_7$ 的熔点为 2573 K,从室温到融化状态均无相变。并且,其中的 ZrO_2 组分增加或减少 15% 均不会影响材料的晶体结构。同时,其晶格可容纳大量其他离子,为通过掺杂元素调控材料的热学和力学性质提供了巨大的空间。Stover 等[29]在对下一代 TBC 展望中提出了使用 LZ 作为外层陶瓷的 LZ/YSZ双陶瓷层 TBC 结构(图 6 - 4(a))。其中,LZ 层起耐高温、抗烧结、无相变及耐腐蚀的功能。与 YSZ 相比,LZ 的热膨胀系数更小(LZ 约为 9.1×10^{-6} K^{-1},YSZ 约为 11.0×10^{-6} K^{-1})、断裂韧性更低(LZ 约为 1.1 MPa·$m^{1/2}$,YSZ 约为 2.4 MPa·$m^{1/2}$)。铈酸镧是另一种受到关注的稀土锆酸盐高温材料。用 Ce^{4+} 取代 LZ 中的 Zr^{4+} 可以有效降低材料的热导率,提高材料的热膨胀系数[30]。这是因为在陶瓷这类隔热材料中,热导率主要取决于晶格振动,如果材料中掺杂了离子半径大和相对原子质量大的元素,其热导率自然会降低。Guo 等[22]提出了铈酸镧作为外部陶瓷层的双陶瓷层 TBC。锆酸钆是另一种有前景的高温材料。这种材料具有与 YSZ 材料相当的热膨胀系数(约为 $9\times10^{-6}\sim11\times10^{-6}$ K^{-1}),同时具有更低的热导率(约为 $1.2\sim1.7$ W·m^{-6} K^{-1})。Bakan等[31]开发了 $Gd_2Zr_2O_7$(GZ)作为外部陶瓷层的双陶瓷层 TBC,并对其进行了较为系统的研究。

6.2.2 六铝酸盐

近些年来,六铝酸盐材料由于其特有的层状晶体结构和良好的物理、化学稳定性,得到了 TBC 研究领域的广泛关注。六铝酸盐包括 β-氧化铝和磁铅石两类。其中,磁铅石结构的稀土六铝酸盐 $RMAl_{11}O_{19}$($R=La\sim Gd;M=Mg,Mn\sim Zn$)具有热导率低、热膨胀系数高、抗烧结、2273 K 以下无相变以及高温透氧性低等优点,成为了 TBC 领域的另一个研究热点。Friedrich 等[32]

和 Schafer 等[33]的研究表明,以 Al_2O_3 为基质的稀土六铝酸盐 TBC 材料在 1673 K 以下具有良好的热稳定性和较低的热导率。曹学强课题组的研究也发现,六铝酸盐 $LaMgAl_{11}O_{19}$(LMA)比经典 YSZ 材料具有更高的使用温度,同时具有可媲美经典 YSZ 涂层的燃气热循环寿命[20]。曹学强课题组等[20,34]还将 $LaMgAl_{11}O_{19}$ 涂层与经典 YSZ 涂层复合,组成 LMA/YSZ 双陶瓷层 TBC。热循环试验表明,LMA/YSZ 双陶瓷层 TBC 具有非常好的热循环寿命,是目前文献报道中热循环寿命最长的层级 TBC 系统。Pracht 等人[35]还研究了六铝酸盐 $LaLiAl_{11}O_{18.5}$ 材料,其在保持六铝酸盐耐高温、低热导率、低热膨胀系数、抗烧结相变等优点的同时,还具有在服役过程中萌生大量垂直微裂纹的特性,这种微裂纹可以进一步提高涂层系统的应变容限,延长涂层寿命。

6.2.3 钙钛矿

钙钛矿是一种陶瓷氧化物,其典型组成为 ABO_3。随着 A 位元素和 B 位元素的不同,钙钛矿化合物呈现不同的性质。在所有的钙钛矿氧化物中,碱土金属锆酸盐 $AZrO_3$(A=Mg,Ca,Sr,Ba)常被用于高温结构材料的研究。其中,$CaZrO_3$ 是研究较多的 TBC 材料,其熔点为 2823 K,热膨胀系数为 $9×10^{-6}$ K^{-1},对腐蚀性燃气环境(KOH、$NaVO_2$、Na_2SO_4 等)具有良好的抗腐蚀性。同时,这种材料具有廉价和低耗能的特点。有研究表明[36,37],等离子喷涂的 $CaZrO_3$ 涂层用于直喷式柴油机时,油料燃烧效率提高,油耗和散热降低;与没有涂层的机器相比,粉末排放量减少了 48%。

然而,尽管上述潜在的替代材料具有热稳定性更高等显著优点,但其热膨胀系数和断裂韧性通常低于传统 YSZ 材料,导致热循环过程中各层之间产生较大的热失配应力,严重影响系统热力学性能。试验研究表明[30],单一新型材料制备的涂层热循环寿命通常较短,即便通过改性可提高其热震寿命,但仍然要比传统 YSZ 涂层寿命短很多。目前没有任何一种已知的材料在超过 1200 ℃ 的高温服役环境下既具有 YSZ 的高热膨胀系数、低热导率、高热震寿命等优点,又能抵抗相变、烧结、腐蚀及氧扩散。

将新型陶瓷材料(TC1)或其改性系列涂层涂覆在 YSZ 层(TC2)之上形成层级 TBC,一方面可为 YSZ 和基底提供高温保护,另一方面也可缓解各组元间的热失配应力。在这种层级 TBC 中,表面陶瓷层具有低热导率、抗高温相变、抗烧结、热稳定性好、抗腐蚀等优点,但该材料热膨胀系数小、断裂韧性低；内部的陶瓷层的热膨胀系数大、断裂韧性高，但热稳定性差，并且存在抗烧结腐蚀性能差、易相变及热导率高等缺点。在层级 TBC 中，综合利用两种热障陶瓷层在相稳定性、热导率和热膨胀系数等方面的差异，可提高 TBC 的工作温度、隔热效果、抗高温腐蚀和抗热循环等性能。一系列实验研究表明，梯度 TBC 在高于 1200 ℃ 的温度下仍然具有较长的热循环寿命，成为兼顾高温稳定性、抗烧结、高效热障和长寿命要求的重要发展方向[25,28]，被认为是实现未来面向 1600 ℃ 的先进 TBC 系统最有效的途径之一。图 6-4 所示为几种常见的层级 TBC 材料体系微观结构图。

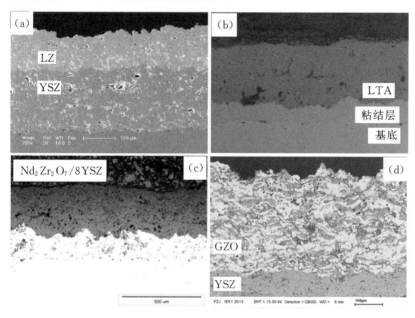

图 6-4　几种常见的层级 TBC 材料体系
(LZ/YSZ、LTA/YSZ、NZ/YSZ、GZ/YSZ)[22,29,31,34]

6.3　双陶瓷涂层热障涂层系统制备过程中的热应力

如前所述，透平前燃气温度是燃气轮机技术水平的重要标志，国际上先进燃气轮机的燃气温度已经达到 1600 ℃ 以上，未来还将达到 1700 ℃ 以上，这种极端高温环境对透平叶片的热障提出了更高要求，近年来，世界各国都在努力研发先进 TBC 系统，烧绿石结构稀土锆酸盐 $R_2Zr_2O_7$、钙钛矿结构

$Sr_2Zr_2O_3$ 以及镧系氧化物等是可供选择的材料体系,尽管这些潜在的替代材料具有高热稳定性等特点,但其热胀系数和断裂韧性通常低于传统 YSZ 体系,会严重影响 TBC 系统热应力性能。实验表明,上述单一新材料制备的涂层热循环寿命通常较短。新型陶瓷材料与传统 YSZ 相结合形成层级 TBC 系统,一方面可达到高效热障效果,另一方面也可缓解各组元间的热失配应力,是高温稳定性、抗烧结、高效热障和长寿命热障涂层系统的重要发展方向[38,39]。

有人提出了一种双陶瓷涂层热障涂层系统。该 DCL-TBCs 系统包括:镍基高温合金基底、过渡层、YSZ 陶瓷层和 $La_2Zr_2O_7$ 陶瓷层。LZ 可为 TBC 系统提供较高的隔热性能以及抗烧结能力,YSZ 除热障外还可缓解涂层内热应力。

与 YSZ 涂层一样,LZ 涂层也是采用大气等离子喷涂法进行制备,$La_2Zr_2O_7$ 粒子在被沉积到基底表面之前,会被加热到熔点(2300 ℃),因此会在制备过程中产生较大的热应力。同时,DCL-TBCs 系统的结构比传统单 YSZ 涂层 TBC 系统更为复杂,其顶层 LZ 涂层与内层 YSZ 涂层的厚度比是一个重要参量[39-42]。Song 等[38]建立一个理论模型,分析了制备过程中 DCL-TBCs 系统的热应力,研究了 LZ 与 YSZ 厚度比的影响。

6.3.1　模型建立

在 DCL-TBCs 系统的制备过程中,热应力主要有 5 个来源,其中 3 个来源(过渡层沉积过程、"过渡层＋基底"整体预热过程、"YSZ 陶瓷层＋过渡层＋基底"整体冷却过程)已经在 3.3 节中介绍过了,这里着重介绍第四以及第五个热应力来源,如图 6-5 所示:第四步,在"YSZ 陶瓷层＋过渡层＋基底"整体预热过程中,热应力主要来自于 YSZ 陶瓷层、过渡层和基底之间的热失配应力;第五步,在"LZ 陶瓷层＋YSZ 陶瓷层＋过渡层＋基底"整体冷却过程中,热应力主要来自于 LZ 陶瓷层、YSZ 陶瓷层、过渡层和基底之间的热失配应力。

1."YSZ 陶瓷层＋过渡层＋基底"整体预热过程

在 LZ 层沉积之前,"YSZ 陶瓷层＋过渡层＋基底"整体将会被预热到指定温度(如 500 ℃)。如图 6-6 所示,根据力和力矩平衡原理[43],可计算在基底、过渡层和 YSZ 层间的热失配应力。

如图 6-6 所示,在 YSZ 陶瓷层,过渡层和基底预热前,它们的长度是相

图 6-5　双陶瓷热障涂层制备过程流程图

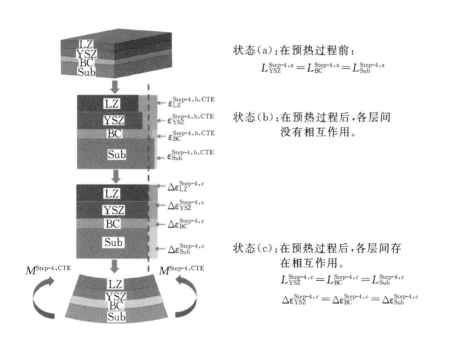

图 6-6　"YSZ+BC+substrate"整体预热过程热变形原理图。(A)"YSZ+BC+substrate"整体从室温加热到给定温度(如 500 ℃)。(B)从状态(a)到状态(c)依次是:"YSZ+BC+substrate"整体预热前;各层无约束热变形;"YSZ+BC+substrate"整体预热最终阶段

等的,即 $L_{\mathrm{YSZ}}^{\mathrm{Step-4,a}} = L_{\mathrm{BC}}^{\mathrm{Step-4,a}} = L_{\mathrm{Sub}}^{\mathrm{Step-4,a}}$。随后整体被预热到指定温度,在这个过程中自由热应变 $\varepsilon_{\mathrm{YSZ}}^{\mathrm{Step-4,b,CTE}}$、$\varepsilon_{\mathrm{BC}}^{\mathrm{Step-4,b,CTE}}$ 和 $\varepsilon_{\mathrm{Sub}}^{\mathrm{Step-4,b,CTE}}$ 分别为:

$$\varepsilon_{\mathrm{YSZ}}^{\mathrm{Step-4,b,CTE}} = \int_{T_{\mathrm{room}}}^{T_{\mathrm{YSZ-CET4}}} \alpha_{\mathrm{YSZ}}(T)\mathrm{d}T \qquad (6-1)$$

$$\varepsilon_{\mathrm{BC}}^{\mathrm{Step-4,b,CTE}} = \int_{T_{\mathrm{room}}}^{T_{\mathrm{BC-CET4}}} \alpha_{\mathrm{BC}}(T)\mathrm{d}T \qquad (6-2)$$

$$\varepsilon_{\mathrm{Sub}}^{\mathrm{Step-4,b,CTE}} = \int_{T_{\mathrm{room}}}^{T_{\mathrm{Sub-CET4}}} \alpha_{\mathrm{Sub}}(T)\mathrm{d}T \qquad (6-3)$$

基底的约束作用会在 YSZ 陶瓷层、过渡层和基底中分别产生力 $F_{\mathrm{YSZ}}^{\mathrm{Step-4}}$、$F_{\mathrm{BC}}^{\mathrm{Step-4}}$ 和 $F_{\mathrm{Sub}}^{\mathrm{Step-4}}$。与此同时,会产生一个弯矩 $M^{\mathrm{Step-4,CTE}}$ 来平衡这些平面力。在预热之后,YSZ 过渡层和基底的最终应变($\Delta\varepsilon_{\mathrm{YSZ}}^{\mathrm{Step-4,c}}$、$\Delta\varepsilon_{\mathrm{BC}}^{\mathrm{Step-4,c}}$ 和 $\Delta\varepsilon_{\mathrm{Sub}}^{\mathrm{Step-4,c}}$)分别为:

$$\Delta\varepsilon_{\mathrm{YSZ}}^{\mathrm{Step-4,c}} = \int_{T_{\mathrm{room}}}^{T_{\mathrm{YSZ-CET4}}} \alpha_{\mathrm{YSZ}}(T)\mathrm{d}T + \frac{F_{\mathrm{YSZ}}^{\mathrm{Step-4}}}{bh_{\mathrm{YSZ}}E_{\mathrm{YSZ}}} \qquad (6-4)$$

$$\Delta\varepsilon_{\mathrm{BC}}^{\mathrm{Step-4,c}} = \int_{T_{\mathrm{room}}}^{T_{\mathrm{BC-CET4}}} \alpha_{\mathrm{BC}}(T)\mathrm{d}T + \frac{F_{\mathrm{BC}}^{\mathrm{Step-4}}}{bh_{\mathrm{BC}}E_{\mathrm{BC}}} \qquad (6-5)$$

$$\Delta\varepsilon_{\mathrm{Sub}}^{\mathrm{Step-4,c}} = \int_{T_{\mathrm{room}}}^{T_{\mathrm{Sub-CET4}}} \alpha_{\mathrm{Sub}}(T)\mathrm{d}T + \frac{F_{\mathrm{Sub}}^{\mathrm{Step-4}}}{bh_{\mathrm{Sub}}E_{\mathrm{Sub}}} \qquad (6-6)$$

"YSZ 陶瓷层 + 过渡层 + 基底"整体的曲率变化为 $\Delta\kappa^{\mathrm{Step-4}}$,平面力 $F_{\mathrm{YSZ}}^{\mathrm{Step-4}}$、$F_{\mathrm{BC}}^{\mathrm{Step-4}}$ 和 $F_{\mathrm{Sub}}^{\mathrm{Step-4}}$ 分别为:

$$F_{\mathrm{YSZ}}^{\mathrm{Step-4}} = \left[\frac{E_{\mathrm{YSZ}}^{*}(1+\varepsilon_{\mathrm{YSZ}}^{\mathrm{Step-4,b,CTE}})h_{\mathrm{YSZ}} + E_{\mathrm{BC}}^{*}(1+\varepsilon_{\mathrm{BC}}^{\mathrm{Step-4,b,CTE}})h_{\mathrm{BC}} + E_{\mathrm{Sub}}^{*}(1+\varepsilon_{\mathrm{Sub}}^{\mathrm{Step-4,b,CTE}})h_{\mathrm{Sub}}}{E_{\mathrm{YSZ}}^{*}h_{\mathrm{YSZ}} + E_{\mathrm{BC}}^{*}h_{\mathrm{BC}} + E_{\mathrm{Sub}}^{*}h_{\mathrm{Sub}}} \right.$$
$$\left. -1 - \varepsilon_{\mathrm{YSZ}}^{\mathrm{Step-4,b,CTE}} \right] A_{\mathrm{YSZ}} E_{\mathrm{YSZ}}^{*} \qquad (6-7)$$

$$F_{\mathrm{BC}}^{\mathrm{Step-4}} = \left[\frac{E_{\mathrm{YSZ}}^{*}(1+\varepsilon_{\mathrm{YSZ}}^{\mathrm{Step-4,b,CTE}})h_{\mathrm{YSZ}} + E_{\mathrm{BC}}^{*}(1+\varepsilon_{\mathrm{BC}}^{\mathrm{Step-4,b,CTE}})h_{\mathrm{BC}} + E_{\mathrm{Sub}}^{*}(1+\varepsilon_{\mathrm{Sub}}^{\mathrm{Step-4,b,CTE}})h_{\mathrm{Sub}}}{E_{\mathrm{YSZ}}^{*}h_{\mathrm{YSZ}} + E_{\mathrm{BC}}^{*}h_{\mathrm{BC}} + E_{\mathrm{Sub}}^{*}h_{\mathrm{Sub}}} \right.$$
$$\left. -1 - \varepsilon_{\mathrm{BC}}^{\mathrm{Step-4,b,CTE}} \right] A_{\mathrm{BC}} E_{\mathrm{BC}}^{*} \qquad (6-8)$$

$$F_{\mathrm{Sub}}^{\mathrm{Step-4}} = \left[\frac{E_{\mathrm{YSZ}}^{*}(1+\varepsilon_{\mathrm{YSZ}}^{\mathrm{Step-4,b,CTE}})h_{\mathrm{YSZ}} + E_{\mathrm{BC}}^{*}(1+\varepsilon_{\mathrm{BC}}^{\mathrm{Step-4,b,CTE}})h_{\mathrm{BC}} + E_{\mathrm{Sub}}^{*}(1+\varepsilon_{\mathrm{Sub}}^{\mathrm{Step-4,b,CTE}})h_{\mathrm{Sub}}}{E_{\mathrm{YSZ}}^{*}h_{\mathrm{YSZ}} + E_{\mathrm{BC}}^{*}h_{\mathrm{BC}} + E_{\mathrm{Sub}}^{*}h_{\mathrm{Sub}}} \right.$$
$$\left. -1 - \varepsilon_{\mathrm{Sub}}^{\mathrm{Step-4,b,CTE}} \right] A_{\mathrm{Sub}} E_{\mathrm{Sub}}^{*} \qquad (6-9)$$

在"YSZ 陶瓷层 + 过渡层 + 基底"预热之后 YSZ、BC 和基底各层的热应力为:

$$\sigma_{\mathrm{YSZ}\mid y}^{\mathrm{Step-4}} =$$

$$\left[\frac{E_{\mathrm{YSZ}}^{*}(1+\varepsilon_{\mathrm{YSZ}}^{\mathrm{Step-4,b,CTE}})h_{\mathrm{YSZ}}+E_{\mathrm{BC}}^{*}(1+\varepsilon_{\mathrm{BC}}^{\mathrm{Step-4,b,CTE}})h_{\mathrm{BC}}+E_{\mathrm{Sub}}^{*}(1+\varepsilon_{\mathrm{Sub}}^{\mathrm{Step-4,b,CTE}})h_{\mathrm{Sub}}}{E_{\mathrm{YSZ}}^{*}h_{\mathrm{YSZ}}+E_{\mathrm{BC}}^{*}h_{\mathrm{BC}}+E_{\mathrm{Sub}}^{*}h_{\mathrm{Sub}}}\right.$$

$$\left.-1-\varepsilon_{\mathrm{YSZ}}^{\mathrm{Step-4,b,CTE}}\right]E_{\mathrm{YSZ}}^{*}+\Delta\kappa^{\mathrm{Step-4}}E_{\mathrm{YSZ}}^{*}(y-\delta^{\mathrm{Step-4}}) \tag{6-10}$$

$$\sigma_{\mathrm{BC}\mid y}^{\mathrm{Step-4}} =$$

$$\left[\frac{E_{\mathrm{YSZ}}^{*}(1+\varepsilon_{\mathrm{YSZ}}^{\mathrm{Step-4,b,CTE}})h_{\mathrm{YSZ}}+E_{\mathrm{BC}}^{*}(1+\varepsilon_{\mathrm{BC}}^{\mathrm{Step-4,b,CTE}})h_{\mathrm{BC}}+E_{\mathrm{Sub}}^{*}(1+\varepsilon_{\mathrm{Sub}}^{\mathrm{Step-4,b,CTE}})h_{\mathrm{Sub}}}{E_{\mathrm{YSZ}}^{*}h_{\mathrm{YSZ}}+E_{\mathrm{BC}}^{*}h_{\mathrm{BC}}+E_{\mathrm{Sub}}^{*}h_{\mathrm{Sub}}}\right.$$

$$\left.-1-\varepsilon_{\mathrm{BC}}^{\mathrm{Step-4,b,CTE}}\right]E_{\mathrm{BC}}^{*}+\Delta\kappa^{\mathrm{Step-4}}E_{\mathrm{BC}}^{*}(y-\delta^{\mathrm{Step-4}}) \tag{6-11}$$

$$\sigma_{\mathrm{Sub}\mid y}^{\mathrm{Step-4}} =$$

$$\left[\frac{E_{\mathrm{YSZ}}^{*}(1+\varepsilon_{\mathrm{YSZ}}^{\mathrm{Step-4,b,CTE}})h_{\mathrm{YSZ}}+E_{\mathrm{BC}}^{*}(1+\varepsilon_{\mathrm{BC}}^{\mathrm{Step-4,b,CTE}})h_{\mathrm{BC}}+E_{\mathrm{Sub}}^{*}(1+\varepsilon_{\mathrm{Sub}}^{\mathrm{Step-4,b,CTE}})h_{\mathrm{Sub}}}{E_{\mathrm{YSZ}}^{*}h_{\mathrm{YSZ}}+E_{\mathrm{BC}}^{*}h_{\mathrm{BC}}+E_{\mathrm{Sub}}^{*}h_{\mathrm{Sub}}}\right.$$

$$\left.-1-\varepsilon_{\mathrm{Sub}}^{\mathrm{Step-4,b,CTE}}\right]E_{\mathrm{Sub}}^{*}+\Delta\kappa^{\mathrm{Step-4}}E_{\mathrm{Sub}}^{*}(y-\delta^{\mathrm{Step-4}}) \tag{6-12}$$

"YSZ 陶瓷层＋过渡层＋基底"的中性轴 $\delta^{\mathrm{Step-4}}$、弯矩 $M^{\mathrm{Step-4,CTE}}$、抗弯刚度 $D^{\mathrm{Step-4}}$、曲率变化 $\Delta\kappa^{\mathrm{Step-4}}$ 可参见参考文献[38,43,44],这里不再赘述。

2. DCL-TBCs 系统的自然冷却过程

在 LZ 喷涂到 YSZ 表面之后,DCL-TBCs 整体冷却至 23℃。根据力和力矩平衡原理,在这个冷却过程中,产生的热失配应力如图 6-7 所示。在初始冷却阶段(a),DCL-TBCs 各层长度相等,即 $L_{\mathrm{LZ}}^{\mathrm{Step-5,a}}=L_{\mathrm{YSZ}}^{\mathrm{Step-5,a}}=L_{\mathrm{BC}}^{\mathrm{Step-5,a}}=L_{\mathrm{Sub}}^{\mathrm{Step-5,a}}$。考虑到热膨胀系数受温度影响,自由热失配应变 $\varepsilon_{\mathrm{LZ}}^{\mathrm{Step-5,b,CTE}}$、$\varepsilon_{\mathrm{YSZ}}^{\mathrm{Step-5,b,CTE}}$、$\varepsilon_{\mathrm{BC}}^{\mathrm{Step-5,b,CTE}}$ 和 $\varepsilon_{\mathrm{Sub}}^{\mathrm{Step-5,b,CTE}}$ 分别为:

$$\varepsilon_{\mathrm{LZ}}^{\mathrm{Step-5,b,CTE}} = \int_{T_{\mathrm{LZ-CET5}}}^{T_{\mathrm{room}}}\alpha_{\mathrm{LZ}}(T)\mathrm{d}T \tag{6-13}$$

$$\varepsilon_{\mathrm{YSZ}}^{\mathrm{Step-5,b,CTE}} = \int_{T_{\mathrm{YSZ-CET5}}}^{T_{\mathrm{room}}}\alpha_{\mathrm{YSZ}}(T)\mathrm{d}T \tag{6-14}$$

$$\varepsilon_{\mathrm{BC}}^{\mathrm{Step-5,b,CTE}} = \int_{T_{\mathrm{BC-CET5}}}^{T_{\mathrm{room}}}\alpha_{\mathrm{BC}}(T)\mathrm{d}T \tag{6-15}$$

$$\varepsilon_{\mathrm{Sub}}^{\mathrm{Step-5,b,CTE}} = \int_{T_{\mathrm{Sub-CET5}}}^{T_{\mathrm{room}}}\alpha_{\mathrm{Sub}}(T)\mathrm{d}T \tag{6-16}$$

由于基底的约束,在 DCL-TBCs 各层产生的力 $F_{\mathrm{LZ}}^{\mathrm{Step-5}}$、$F_{\mathrm{YSZ}}^{\mathrm{Step-5}}$、$F_{\mathrm{BC}}^{\mathrm{Step-5}}$ 和 $F_{\mathrm{Sub}}^{\mathrm{Step-5}}$,同时为了平衡平面力会产生一个弯矩 $M^{\mathrm{Step-5,CTE}}$。冷却之后各层的最终应变分别为:

$$\Delta\varepsilon_{\mathrm{LZ}}^{\mathrm{Step-5,c}} = \int_{T_{\mathrm{LZ-CET5}}}^{T_{\mathrm{room}}}\alpha_{\mathrm{LZ}}(T)\mathrm{d}T+\frac{F_{\mathrm{LC}}^{\mathrm{Step-5}}}{bH_{\mathrm{LZ}}E_{\mathrm{LZ}}} \tag{6-17}$$

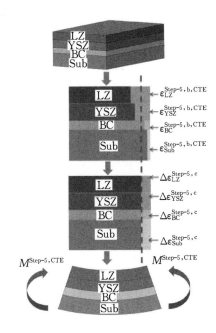

状态(a)：在冷却前：
$$L_{\text{LZ}}^{\text{Step-5,a}} = L_{\text{YSZ}}^{\text{Step-5,a}} = L_{\text{BC}}^{\text{Step-5,a}} = L_{\text{Sub}}^{\text{Step-5,a}}$$

状态(b)：在冷却后，各层间没有相互作用。

状态(c)：在冷却后，各层间存在相互作用。
$$L_{\text{LZ}}^{\text{Step-5,c}} = L_{\text{YSZ}}^{\text{Step-5,c}} = L_{\text{BC}}^{\text{Step-5,c}} = L_{\text{Sub}}^{\text{Step-5,c}}$$
$$\Delta\varepsilon_{\text{LZ}}^{\text{Step-5,c}} = \Delta\varepsilon_{\text{YSZ}}^{\text{Step-5,c}} = \Delta\varepsilon_{\text{BC}}^{\text{Step-5,c}} = \Delta\varepsilon_{\text{Sub}}^{\text{Step-5,c}}$$

图 6-7 "LZ+YSZ+BC+substrate"整体冷却过程中热变形原理图。从状态(a)到状态(c)依次是："LZ+YSZ+BC+substrate"冷却过程的初始阶段，自由变形阶段和"LZ+YSZ+BC+substrate"冷却过程的最终阶段

$$\Delta\varepsilon_{\text{YSZ}}^{\text{Step-5,c}} = \int_{T_{\text{YSZ-CET5}}}^{T_{\text{room}}} \alpha_{\text{YSZ}}(T)\mathrm{d}T + \frac{F_{\text{YSZ}}^{\text{Step-5}}}{bH_{\text{YSZ}}E_{\text{YSZ}}} \tag{6-18}$$

$$\Delta\varepsilon_{\text{BC}}^{\text{Step-5,c}} = \int_{T_{\text{BC-CET5}}}^{T_{\text{room}}} \alpha_{\text{BC}}(T)\mathrm{d}T + \frac{F_{\text{BC}}^{\text{Step-5}}}{bH_{\text{BC}}E_{\text{BC}}} \tag{6-19}$$

$$\Delta\varepsilon_{\text{Sub}}^{\text{Step-5,c}} = \int_{T_{\text{Sub-CET5}}}^{T_{\text{room}}} \alpha_{\text{Sub}}(T)\mathrm{d}T + \frac{F_{\text{Sub}}^{\text{Step-5}}}{bH_{\text{Sub}}E_{\text{Sub}}} \tag{6-20}$$

热障涂层的曲率变化为 $\Delta\kappa^{\text{Step-5}}$，平面力 $F_{\text{LZ}}^{\text{Step-5}}$、$F_{\text{YSZ}}^{\text{Step-5}}$、$F_{\text{BC}}^{\text{Step-5}}$ 和 $F_{\text{Sub}}^{\text{Step-5}}$ 分别为：

$$
\begin{aligned}
F_{\text{LZ}}^{\text{Step-5}} = \Big\{ &\Big[E_{\text{LZ}}^{*}(1+\varepsilon_{\text{LZ}}^{\text{Step-5,b,CTE}})h_{\text{LZ}} + E_{\text{YSZ}}^{*}(1+\varepsilon_{\text{YSZ}}^{\text{Step-5,b,CTE}})h_{\text{YSZ}} \\
&+ E_{\text{BC}}^{*}(1+\varepsilon_{\text{BC}}^{\text{Step-5,b,CTE}})h_{\text{BC}} + E_{\text{Sub}}^{*}(1+\varepsilon_{\text{Sub}}^{\text{Step-5,b,CTE}})h_{\text{Sub}} \Big] \Big/ (E_{\text{LZ}}^{*}h_{\text{LZ}} \\
&+ E_{\text{YSZ}}^{*}h_{\text{YSZ}} + E_{\text{BC}}^{*}h_{\text{BC}} + E_{\text{Sub}}^{*}h_{\text{Sub}}) - 1 - \varepsilon_{\text{LZ}}^{\text{Step-5,b,CTE}} \Big\} A_{\text{LZ}}E_{\text{LZ}}^{*}
\end{aligned}
\tag{6-21}
$$

$$F_{\text{YSZ}}^{\text{Step-5}} = \Big\{ \Big[E_{\text{LZ}}^{*}(1+\varepsilon_{\text{LZ}}^{\text{Step-5,b,CTE}})h_{\text{LZ}} + E_{\text{YSZ}}^{*}(1+\varepsilon_{\text{YSZ}}^{\text{Step-5,b,CTE}})h_{\text{YSZ}}$$

$$+ E_{BC}^*(1 + \varepsilon_{BC}^{Step-5,b,CTE}) h_{BC} + E_{Sub}^*(1 + \varepsilon_{Sub}^{Step-5,b,CTE}) h_{Sub} \Big] \Big/ (E_{LZ}^* h_{LZ}$$

$$+ E_{YSZ}^* h_{YSZ} + E_{BC}^* h_{BC} + E_{Sub}^* h_{Sub}) - 1 - \varepsilon_{YSZ}^{Step-5,b,CTE} \Big\} A_{YSZ} E_{YSZ}^*$$

$$(6-22)$$

$$F_{BC}^{Step-5} = \left\{ \left[E_{LZ}^*(1 + \varepsilon_{LZ}^{Step-5,b,CTE}) h_{LZ} + E_{YSZ}^*(1 + \varepsilon_{YSZ}^{Step-5,b,CTE}) h_{YSZ} \right. \right.$$

$$+ E_{BC}^*(1 + \varepsilon_{BC}^{Step-5,b,CTE}) h_{BC} + E_{Sub}^*(1 + \varepsilon_{Sub}^{Step-5,b,CTE}) h_{Sub} \Big] \Big/ (E_{LZ}^* h_{LZ}$$

$$+ E_{YSZ}^* h_{YSZ} + E_{BC}^* h_{BC} + E_{Sub}^* h_{Sub}) - 1 - \varepsilon_{BC}^{Step-5,b,CTE} \Big\} A_{BC} E_{BC}^*$$

$$(6-23)$$

$$F_{Sub}^{Step-5} = \left\{ \left[E_{LZ}^*(1 + \varepsilon_{LZ}^{Step-5,b,CTE}) h_{LZ} + E_{YSZ}^*(1 + \varepsilon_{YSZ}^{Step-5,b,CTE}) h_{YSZ} + \right. \right.$$

$$E_{BC}^*(1 + \varepsilon_{BC}^{Step-5,b,CTE}) h_{BC} + E_{Sub}^*(1 + \varepsilon_{Sub}^{Step-5,b,CTE}) h_{Sub} \Big] \Big/ (E_{LZ}^* h_{LZ}$$

$$+ E_{YSZ}^* h_{YSZ} + E_{BC}^* h_{BC} + E_{Sub}^* h_{Sub}) - 1 - \varepsilon_{Sub}^{Step-5,b,CTE} \Big\} A_{Sub} E_{Sub}^*$$

$$(6-24)$$

因此在冷却过程中,各层的热应力分别为:

$$\sigma_{LZ|y}^{Step-5} = \left\{ \left[E_{LZ}^*(1 + \varepsilon_{LZ}^{Step-5,b,CTE}) h_{LZ} + E_{YSZ}^*(1 + \varepsilon_{YSZ}^{Step-5,b,CTE}) h_{YSZ} \right. \right.$$

$$+ E_{BC}^*(1 + \varepsilon_{BC}^{Step-5,b,CTE}) h_{BC} + E_{Sub}^*(1 + \varepsilon_{Sub}^{Step-5,b,CTE}) h_{Sub} \Big] \Big/ (E_{LZ}^* h_{LZ}$$

$$+ E_{YSZ}^* h_{YSZ} + E_{BC}^* h_{BC} + E_{Sub}^* h_{Sub}) - 1 - \varepsilon_{LZ}^{Step-5,b,CTE} \Big\} E_{LZ}^*$$

$$+ \Delta\kappa^{Step-5} E_{LZ}^*(y - \delta^{Step-5}) \qquad (6-25)$$

$$\sigma_{YSZ|y}^{Step-5} = \left\{ \left[E_{LZ}^*(1 + \varepsilon_{LZ}^{Step-5,b,CTE}) h_{LZ} + E_{YSZ}^*(1 + \varepsilon_{YSZ}^{Step-5,b,CTE}) h_{YSZ} \right. \right.$$

$$+ E_{BC}^*(1 + \varepsilon_{BC}^{Step-5,b,CTE}) h_{BC} + E_{Sub}^*(1 + \varepsilon_{Sub}^{Step-5,b,CTE}) h_{Sub} \Big] \Big/ (E_{LZ}^* h_{LZ}$$

$$+ E_{YSZ}^* h_{YSZ} + E_{BC}^* h_{BC} + E_{Sub}^* h_{Sub}) - 1 - \varepsilon_{YSZ}^{Step-5,b,CTE} \Big\} E_{YSZ}^*$$

$$+ \Delta\kappa^{Step-5} E_{YSZ}^*(y - \delta^{Step-5}) \qquad (6-26)$$

$$\sigma_{BC|y}^{Step-5} = \left\{ \left[E_{LZ}^*(1 + \varepsilon_{LZ}^{Step-5,b,CTE}) h_{LZ} + E_{YSZ}^*(1 + \varepsilon_{YSZ}^{Step-5,b,CTE}) h_{YSZ} \right. \right.$$

$$+ E_{BC}^*(1 + \varepsilon_{BC}^{Step-5,b,CTE}) h_{BC} + E_{Sub}^*(1 + \varepsilon_{Sub}^{Step-5,b,CTE}) h_{Sub} \Big] \Big/ (E_{LZ}^* h_{LZ}$$

$$+ E_{YSZ}^* h_{YSZ} + E_{BC}^* h_{BC} + E_{Sub}^* h_{Sub}) - 1 - \varepsilon_{BC}^{Step-5,b,CTE} \Big\} E_{BC}^*$$

$$+ \Delta\kappa^{\text{Step-5}} E_{\text{BC}}^* (y - \delta^{\text{Step-5}}) \qquad (6-27)$$

$$\sigma_{\text{Sub}|y}^{\text{Step-5}} = \left\{ \left[E_{\text{LZ}}^* (1 + \varepsilon_{\text{LZ}}^{\text{Step-5,b,CTE}}) h_{\text{LZ}} + E_{\text{YSZ}}^* (1 + \varepsilon_{\text{YSZ}}^{\text{Step-5,b,CTE}}) h_{\text{YSZ}} \right. \right.$$

$$+ E_{\text{BC}}^* (1 + \varepsilon_{\text{BC}}^{\text{Step-5,b,CTE}}) h_{\text{BC}} + E_{\text{Sub}}^* (1 + \varepsilon_{\text{Sub}}^{\text{Step-5,b,CTE}}) h_{\text{Sub}} \left] / (E_{\text{LZ}}^* h_{\text{LZ}} \right.$$

$$\left. + E_{\text{YSZ}}^* h_{\text{YSZ}} + E_{\text{BC}}^* h_{\text{BC}} + E_{\text{Sub}}^* h_{\text{Sub}}) - 1 - \varepsilon_{\text{Sub}}^{\text{Step-5,b,CTE}} \right\} E_{\text{Sub}}^*$$

$$+ \Delta\kappa^{\text{Step-5}} E_{\text{Sub}}^* (y - \delta^{\text{Step-5}}) \qquad (6-28)$$

双陶瓷 TBC 的中性轴 $\delta^{\text{Step-5}}$、抗弯刚度 $D^{\text{Step-5}}$、弯矩 $M^{\text{Step-5,CTE}}$、曲率变化 $\Delta\kappa^{\text{Step-5}}$ 可参见参考文献[38]。

3. DCL-TBCs 系统制备过程总的热应力

在制备过程完成之后，DCL-TBCs 总的热应力可通过将制备过程中五个步骤中产生的热应力叠加来得到，各步及最终过程产生的热应力通过 Matlab 编程计算。为了研究 YSZ 与 LZ 层不同厚度比对热应力的影响，选取了一系列不同厚度的陶瓷层进行讨论（如 LZ:50 μm，YSZ:250 μm；LZ:100 μm，YSZ:200 μm；LZ:150 μm，YSZ:150 μm；LZ:200 μm，YSZ:100 μm；LZ:250 μm，YSZ:50 μm）。除此之外，本节也对不同预热温度（如 23 ℃，250 ℃，500 ℃，1000 ℃）对热应力的影响进行了讨论。LZ 涂层的热力学参数如表 6-1所示[45]，其他各层材料参数可以在第 3 章表 3-1 查询。

表 6-1　双陶瓷热障涂层的物性参数[45].

	$T/$℃	$E/$GPa	$K/$(W/m·℃)	$C/$(J/kg·℃)	$\rho/$(kg/m³)	$\alpha \times 10^{-6}/$℃$^{-1}$	Y
	3	175	0.81	219	4810	4.5	0.12
LZ	400	167	0.78	455		9.85	
	800	150	0.74	475			
	1200	135	0.77	515		10.17	

6.3.2　数值分析

Song 等[38]还采用有限元方法来验证理论模型的正确性。为了描述 DCL-TBCs 的平面应力状态，采用了二维线性平面应力单元 CPS4R，用等效杨氏模量 $E^* = E/(1-\nu)$ 来描述等双轴状态。LZ、YSZ 和 BC 层的单元也进行了优化，单元的长度和厚度均为 0.01 μm，总单元数为 70000。在计算前检查了网格的灵敏度。除此之外，DCL-TBCs 的热力学性能与建立的理论模型保持一致,均受温度影响。

6.3.3　DCL-TBCs 系统制备过程中产生的热应力

假设 DCL-TBCs 系统中,基底,过渡层,YSZ 陶瓷层及 LZ 陶瓷层各层的厚度分别为 1500 μm、100 μm、150 μm 和 150 μm。可以得到有限元模拟结果如图 6-8 所示。通过理论模型计算的 DCL-TBCs 系统制备过程的热应力结果如图 6-9,同时在图 6-9 中,还将有限元结果和理论结果进行了对比,表明两种结果有着较好的一致性。

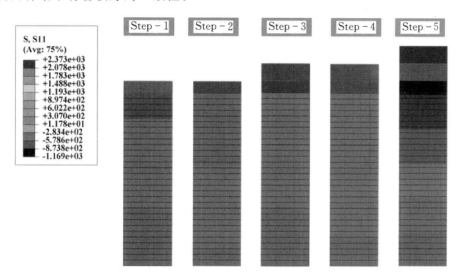

图 6-8　有限元方法模拟的各步热应力

从图 6-9 可见:

(1)由于基底和 BC 有着相似的热、力学特性,因此在第二步产生的热应力较小,对总的热应力的贡献较少。

(2)YSZ 层中产生的热应力主要来自第三步。在这一步中,YSZ 层从 2680 ℃ 的沉积温度冷却至室温,较大的温度变化导致 YSZ 中产生一个幅值很大的拉应力。

(3)在第四步中,基底、BC 和 YSZ 层被预热到相同的温度,由于预热温度较小,各层材料的热失配也较小,因此,产生的热应力对总热应力贡献也较小。

(4)LZ 层中的热应力全部是第五步产生的,在这一步中,LZ 层从 2300 ℃

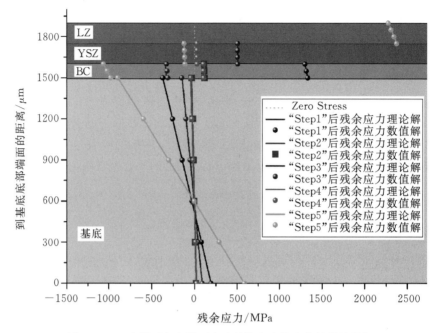

图 6-9 理论模型与有限元方法计算各步热应力的结果分析

的沉积温度冷却至室温,温度变化明显,且 LZ 的弹性模量也较大,最终导致 LZ 层中产生一个较大的拉应力。

综上所述,在第二和第四步中产生的热应力对总热应力的影响较小,但是这并不意味着预热处理对总热应力影响较小,相反,预热处理对涂层制备过程中产生的热应力有着重要影响,特别是 LZ 层,在后面会重点分析。

6.3.4 总的热应力

通过将五个步骤中的热应力叠加,可以得到 DCL-TBCs 的总的热应力,如图 6-10 所示。

由图 6-10 可知:

(1)LZ 层中的热应力是拉应力,且沿着厚度方向,LZ 层中的拉应力从底部到顶层是逐渐减小的。

(2)如 3.1 节所述,YSZ 层最终的热应力是拉应力,该拉应力由 3 个部分构成,分别是第三步和第四步中产生的拉应力和第五步中产生的压应力,而第三步中产生的拉应力大约是第五步中压应力的 5 倍,因此 YSZ 层最终的热应力表现为拉应力,且主要来源于第三步中。

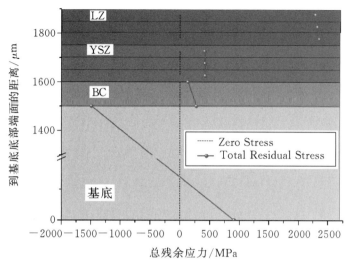

图 6-10　双陶瓷热障涂层制备过程中的热应力

（3）BC 中的热应力也是拉应力，YSZ 层与 BC 和 BC 与基底界面存在明显的应力差，这很好地说明了沉积在基底和 YSZ 之间的 BC 对整个系统的调节作用。

（4）在基底和 BC 界面有明显的应力降低。

（5）如前所述，基底顶部中的热应力为压应力，而底部则表现为拉应力。整个涂层弯向 LZ 层，基底顶部的弯曲应力为压应力，且越靠近基底顶部，压应力值也越大。同时，基底底部的弯曲应力是拉应力，且越靠近基底底部，拉应力的值也越大。

6.3.5　预热处理的影响

预热处理是改善涂层内热应力的有效方法。在 DCL-TBCs 制备过程的第二步和第四步中，"基底＋过渡层"和"基底＋过渡层＋YSZ 陶瓷层"整体在 YSZ 陶瓷层和 LZ 陶瓷层喷涂前被预热至 500 ℃。为了研究预热处理的影响，选取了一组预热温度（23 ℃，250 ℃，500 ℃，1000 ℃）来进行分析，结果如图 6-11 所示。可见：

（1）提高预热温度可显著降低基底、YSZ 层和 LZ 层中的热应力，但是 BC 中的热应力却有所增加。

（2）预热处理降低了 LZ 层中的热应力，平均热应力从无预热时的 3226 MPa 降到预热温度为 1000 ℃时的 1251 MPa。

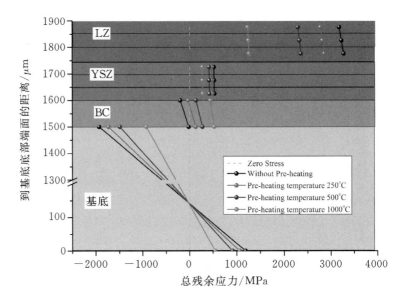

图 6 - 11　　不同预热温度(23 ℃ ,250 ℃ ,500 ℃ ,1000 ℃)下涂层热应力的比较

(3)预热处理可以降低 YSZ 层中的热应力。

(4)提高预热温度增加了 BC 中的热应力,但是考虑到 BC 强度较高,因此热应力对 BC 的性能并没有较大的负面影响。

6.3.6　YSZ 与 LZ 层厚度比的影响

为了研究 YSZ 与 LZ 层厚度比对热应力的影响,选取了一系列不同厚度比来进行研究(如,YSZ:250 μm,LZ:50 μm;YSZ:200 μm,LZ:100 μm;YSZ:150 μm,LZ:150 μm;YSZ:100 μm,LZ:200 μm;YSZ:50 μm,LZ:250 μm),每层的热应力分布如图 6 - 12(a)、(b)和(c)中所示。

从图 6 - 12 可见:

(1)随着 YSZ 与 LZ 层厚度比的增加,LZ、YSZ 和 BC 中的热应力均有所增加。YSZ 层厚度的增加会导致"LZ 层＋YSZ 层＋BC"整体刚度的降低(LZ 的杨氏模量比 YSZ 要大得多),基底限制"LZ 陶瓷层＋YSZ 陶瓷层＋BC"整体收缩的约束效果也会降低,因此,各层间相对拉应变有所降低,拉伸应力也相应降低。

(2)对于任意一个 YSZ 和 LZ 厚度比的 DCL-TBCs 系统,在 BC、YSZ 和 LZ 层中的热应力从各层顶部到底部幅值是逐渐降低的。由于整个涂层系统

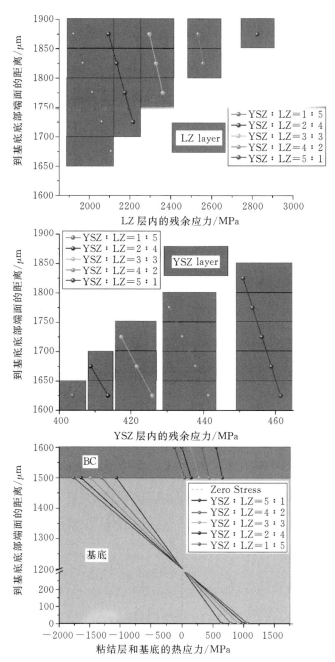

图 6-12　不同 YSZ 与 LZ 厚度比对 LZ 层(a)、YSZ 层(b)和"基底＋BC"整体(c)中热应力的
　　　　影响。YSZ 与 LZ 的厚度分别为 YSZ:250 μm,LZ:50 μm;YSZ:200 μm,LZ:100
　　　　μm;YSZ:150 μm,LZ:150 μm;YSZ:100 μm,LZ:200 μm;YSZ:50 μm,LZ:250 μm

弯向 LZ 层且中性轴在基底中,因此 LZ、YSZ 和 BC 层中的弯曲应力是压应力,且压应力从各层的底部至顶部是逐渐增大的。

(3)随着 YSZ 与 LZ 层厚度比的减小,基底中的热应力是增加的。

6.4　层级热障涂层中的裂纹问题

迄今关于层级 TBC 的研究可得到以下结论:层级 TBC 结构可较好兼顾高温稳定、抗烧结、高效热障和长寿命等功能要求,是未来先进航机、燃机提高涡前温度的主要发展方向;陶瓷面层热力学、几何参数及其与内部陶瓷材料间界面是影响层级 TBC 性能演变及破坏模式的重要因素。在层级 TBC 服役过程中,较为常见的失效模式是界面脱粘,其主要诱因是热膨胀系数失配诱导出较大的热失配应力。在热失配应力作用下界面产生一系列的裂纹并扩展、汇合,导致最终的陶瓷层剥落。Chen 等[20]通过热震实验观测到 DCL TBC 的主要失效是由于界面裂纹引起的,如图 6-13 所示。同时他们通过在 LZ 和 YSZ 中添加复合层来缓解热失配,从而提高了 DCL TBC 的寿命。

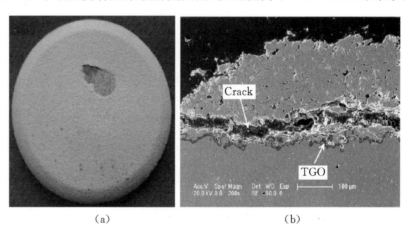

(a)　　　　　　　　　　　(b)

图 6-13　双陶瓷层热障涂层系统界面脱粘失效[20]

在 DCL TBC 中,虽然 YSZ 层具有缓解热失配应力的作用,但是裂纹还是很容易在 LZ/YSZ 和 YSZ/BC 界面上形成。Dai 等[39]研究了层级陶瓷组元几何尺寸对 DCL-TBC 热循环性能及失效模式的影响,不同厚度比的 DCL TBC 系统具有显著不同的失效模式,如图 6-14 所示。LZ/YSZ 和 YSZ/BC 界面裂纹的萌生和扩展对 TBC 的失效有着关键性的影响,会导致陶瓷层的整体剥落,使得粘结层直接暴露在外界高温气体中,从而限制 DCL TBC 的使

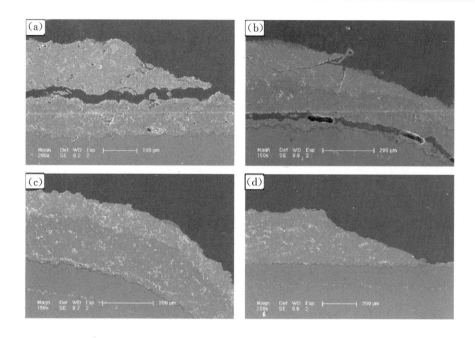

图 6 – 14　不同厚度比双陶瓷层热障涂层失效模式电镜图[39]：(a)LZ/YSZ 200/100 μm；(b)LZ/YSZ 150/150 μm；(c)LZ/YSZ 100/200 μm；(d)YSZ 310 μm

用寿命。因此，对两个弱界面裂纹断裂力学行为进行深入研究，有利于制定延长涂层寿命的设计方案和制备方法。

　　弯曲法是工程领域评价制备态层级 TBC 质量与性能的主要方法之一。在弯曲载荷下，单个微裂纹自涂层片段的表面萌生(图 6 – 15(a))，并向基底方向扩展(图 6 – 15(b))[45]。由于大气等离子喷涂 TBC 断裂韧性较低，表面裂纹通常会穿透涂层进入粘接层，到达粘接层与基底界面，形成一条新的贯穿涂层厚度方向的垂直裂纹(图 6 – 15(c))。由于新垂直裂纹的形成，初始的涂层片段被分为两段。随着载荷的持续增加，新的表面裂纹不断在已有的相邻裂纹间形成(图 6 – 15(d))，涂层被分割为多个距离近似相等的分段。在此过程中，由于垂直裂纹尖端的应力集中，也可能在粘接层和基底界面处发生偏转，形成界面裂纹(图 6 – 15(e))。然而，这些界面裂纹只有在满足稳态扩展条件的前提下才会发生扩展。当满足稳态裂纹扩展条件时，界面裂纹发生快速扩展，导致相邻界面裂纹发生聚合，最终使得涂层自基底剥离(图 6 – 15(f))。可以发现，当界面裂纹发生稳态扩展时，一定对应着一个临界表面垂直裂纹密度。考虑到界面裂纹通常很难被有效检测而表面裂纹较容易被检测，因此，可根据表面裂纹密度判断界面裂纹失稳扩展及涂层剥离情况。

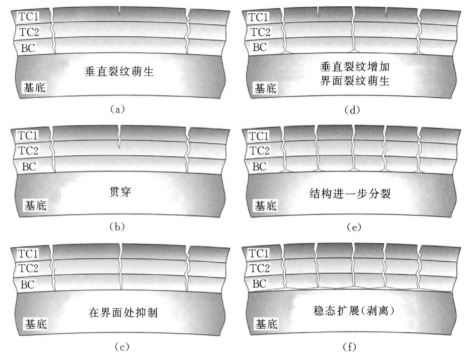

图 6 - 15　双陶瓷层热障涂层断裂过程示意图[45]

6.4.1　双陶瓷层热障涂层中的表面裂纹

相对于传统单陶瓷层 TBC 而言,DCL TBC 包含陶瓷面层、陶瓷内层、粘接层和基底,为典型的多层结构。图 6 - 16(a)为弯曲载荷下,含表面裂纹 DCL TBC 示意图,其中表面裂纹间距为 $2l$。考虑到周期性,可以取其中的一个涂层片段进行分析,如图 6 - 16(b)所示,其中基底、粘接层、陶瓷内层、陶瓷面层分别表示为 Sub、BC、TC2、TC1,厚度分别为 h_s、h_{bc}、h_2、h_1。假设各层均为均匀各向同性材料,TC1 和 TC2 为线弹性,粘接层为理想弹塑性。弯矩 M 施加于基底,在 BC/Sub 界面 x 方向形成大小为 ε_i 的应变。考虑到 TBC 系统中,基底厚度远大于脆性涂层,起到主要承载作用,可以忽略涂层内的裂纹对基底应力分布的影响。基底承受的载荷以剪应力的形式传递至其上逐层,当陶瓷面层内的正应力达到其拉伸强度时,涂层萌生垂直裂纹,并迅速穿透涂层。由于 TC1、TC2、BC 的断裂韧性均较低,该垂直裂纹属于典型脆性裂纹,可忽略自顶部贯穿至粘接层底部的时间,认为 TC1 内形成表面裂纹瞬间贯穿至 BC 与 Sub 界面。

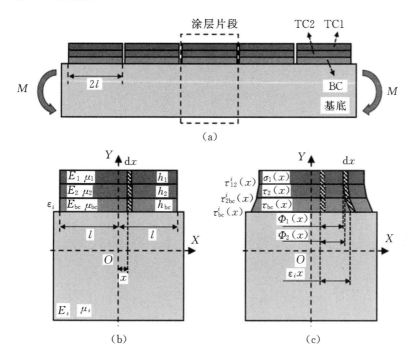

图 6 - 16 (a)弯曲载荷作用下的双陶瓷层热障涂层断裂示意图;(b)间距
为 $2l$ 的代表体元;(c)各层内变形及应力传递示意图[45]

在上述假设下,可得 TC1 层的平衡方程:

$$\frac{\mathrm{d}\sigma_1(x)}{\mathrm{d}x} = \frac{-\tau_{12}^i(x)}{h_1} \tag{6-29}$$

其中,$\sigma_1(x)$ 为 TC1 内沿 x 方向正应力;$\tau_{12}^i(x)$ 为经由 TC2 层剪切变形传递至
TC1/TC2 界面处的剪应力。

TC2 层内剪应力可表示为:

$$\tau_2(x) = \mu_2 \cdot \frac{\Phi_2(x) - \Phi_1(x)}{h_2} \tag{6-30}$$

其中,μ_2 为 TC2 层的剪切模量;$\Phi_1(x)$ 和 $\Phi_2(x)$ 分别为 TC1 和 TC2 层的位
移。TC2 层内剪应力可由 BC 层剪切变形得到。

BC 层内剪应力为:

$$\tau_{bc}(x) = \mu_{bc} \cdot \frac{\varepsilon_i \cdot x - \Phi_2(x)}{h_{bc}} \quad (x < x_{bc}^*) \tag{6-31}$$

$$\tau_{bc}(x) = \mu_{bc} \cdot \gamma_{bc}^* = \tau_{bc}^* \quad (x \geqslant x_{bc}^*) \tag{6-32}$$

其中，μ_{bc} 为 BC 层的剪切模量；ε_i 为 BC/Sub 界面处应变；τ_{bc}^* 为 BC 层的剪切屈服强度；l 为典型代表体元的半长度；γ_{bc}^* 为 BC 层的塑性剪切应变；当 $x = x_{bc}^*$ 时取剪切应力达到临界值 τ_{bc}^*。

根据胡克定律，TC1 层内正应力可表示为：

$$\sigma_1(x) = E_1 \cdot \frac{\mathrm{d}\Phi_1(x)}{\mathrm{d}x} \tag{6-33}$$

其中，E_1 为 BC 层弹性模量。

考虑到涂层较薄，有如下假设：

$$\tau_{12}^i(x) = \tau_2(x) = \tau_{bc} = \tau_x \tag{6-34}$$

对于 BC 层处于完全弹性状态的情况（$l < x_{bc}^*$），如图 6-17(a) 所示，由公式 (6-30)、(6-31)、(6-33) 和 (6-34) 可得

$$\Phi_1(x) = \alpha_1 \sinh(\beta x) + \varepsilon_i x \quad (0 \leqslant x \leqslant l) \tag{6-35}$$

$$\sigma_1(x) = E_1[\alpha_1 \beta \cosh(\beta x) + \varepsilon_i] \quad (0 \leqslant x \leqslant l) \tag{6-36}$$

$$\tau(x) = \frac{1}{\left(\dfrac{h_{bc}}{\mu_{bc}} + \dfrac{h_2}{\mu_2}\right)} \cdot [\varepsilon_i x - \Phi_1(x)] \quad (0 \leqslant x \leqslant l) \tag{6-37}$$

其中，α_1 为常数，$\beta = \left[E_1 h_1 \left(\dfrac{h_{bc}}{\mu_{bc}} + \dfrac{h_2}{\mu_2}\right)\right]^{-\frac{1}{2}}$。

考虑如下边界条件

$$\sigma_1(x)\big|_{x=l} = 0 \tag{6-38}$$

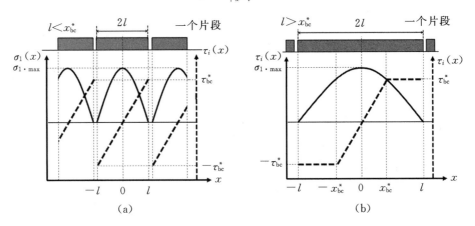

图 6-17　典型代表体元内应力分布示意图

(a)BC 层为完全弹性假设，即 $l < x_{bc}^*$；(b)BC 层为弹塑性假设，即 $l \geqslant x_{bc}^*$

可以得到

$$\alpha_1 = \frac{-\varepsilon_i}{\beta \cosh(\beta l)} < 0 \qquad (6-39)$$

对于所研究的典型代表体元，x 方向的最大拉伸应力出现在涂层片段的中间位置，所以

$$\sigma_1(x)_{max} = \sigma_1(0) \qquad (6-40)$$

在任意分段中间位置的拉伸应力为：

$$\sigma_1(0) = \frac{-1}{h_1} \int_0^l \tau(x) \, \mathrm{d}x \qquad (6-41)$$

当上述拉伸应力与 TC1 层拉伸强度相等时，涂层开裂，形成表面裂纹，即

$$\sigma_1(x)_{max} = \sigma_1^* \qquad (6-42)$$

其中，σ_1^* 为 TC1 层的断裂强度。

由式(6-40)、(6-41)和(6-42)可得

$$l = \frac{1}{\beta} \cosh^{-1}\left[\frac{1}{1 - \dfrac{\sigma_1^*}{E_1 \varepsilon_i}}\right] \quad (l < x_{bc}^*) \qquad (6-43)$$

定义表面裂纹密度为

$$\rho = \frac{1}{2l} \qquad (6-44)$$

因此，对于 BC 层处于完全弹性状态时($l < x_{bc}^*$)，可得

$$\rho = \frac{\beta}{2}\left[\cosh^{-1}\left(\frac{1}{1 - \dfrac{\sigma_1^*}{E_1 \varepsilon_i}}\right)\right]^{-1} \qquad (6-45)$$

其中，ρ 为裂纹密度；β 为常数；σ_1^* 为 TC1 层的拉伸强度。

对于 BC 层处于弹塑性状态的情况($l \geqslant x_{bc}^*$，如图 6-17(b)所示，由式(6-30)、(6-32)、(6-33)和(6-34)可得

$$\Phi_1(x) = \begin{cases} \alpha_2 \sinh(\beta x) + \varepsilon_i \cdot x & (0 \leqslant x < x_{bc}^*) \\ \dfrac{-\tau_{bc}^*}{2E_1 h_1} x^2 + C_1 x + C_2 & (x_{bc}^* \leqslant x \leqslant l) \end{cases} \qquad (6-46)$$

$$\sigma_1(x) = \begin{cases} E_1[\alpha_2 \beta \cosh(\beta x) + \varepsilon_i] & (0 \leqslant x < x_{bc}^*) \\ E_1\left[\dfrac{-\tau_{bc}^* x}{E_1 h_1} + C_1\right] & (x_{bc}^* \leqslant x \leqslant l) \end{cases} \qquad (6-47)$$

$$\tau_i(x) = \begin{cases} \dfrac{1}{\left(\dfrac{h_{bc}}{\mu_{bc}} + \dfrac{h_2}{\mu_2}\right)} \cdot [\varepsilon_i x - \Phi_1(x)] & (0 \leqslant x < x_{bc}^*) \\[3mm] \tau_{bc}^* & (x_{bc}^* \leqslant x \leqslant l) \end{cases} \qquad (6-48)$$

其中，α_2、C_1 和 C_2 为常数。

根据 $x = x_{bc}^*$ 处正应力的连续性，可以由公式(6-38)和(6-47)确定常数 α_2：

$$\alpha_2 = \frac{1}{\beta\cosh(\beta x_{bc}^*)}\left[\frac{(l-x_{bc}^*)\tau_{bc}^*}{E_1 h_1} - \varepsilon_i\right] \tag{6-49}$$

因此，可由公式(6-40)、(6-42)、(6-47)和(6-49)得到半长度：

$$l = \frac{E_1 h_1}{\tau_{bc}^*}\left[\left(\frac{\sigma_1^*}{E_1} - \varepsilon_i\right)\cosh(\beta x) + \varepsilon_i\right] + x_{bc}^* \tag{6-50}$$

根据 $x = x_{bc}^*$ 处剪应力的连续性，由式(6-48)和式(6-49)可得：

$$x_{bc}^* = \frac{1}{\beta}\sinh^{-1}\left[\frac{\tau_{bc}^*}{\beta E_1 h_1\left(\varepsilon_i - \dfrac{\sigma_1^*}{E_1}\right)}\right] \tag{6-51}$$

将式(6-51)代入式(6-50)可得

$$l = \frac{E_1 h_1}{\tau_{bc}^*}\left[\left(\frac{\sigma_1^*}{E_1} - \varepsilon_i\right)\cosh(\beta x) + \varepsilon_i\right] + \frac{1}{\beta}\sinh^{-1}\left[\frac{\tau_{bc}^*}{\beta E_1 h_1\left(\varepsilon_i - \dfrac{\sigma_1^*}{E_1}\right)}\right]$$

$$\tag{6-52}$$

由此可得粘接层为弹塑性时($l \geqslant x_{bc}^*$)的裂纹密度：

$$\rho = \frac{1}{2}\times\left\{\frac{E_1 h_1}{\tau_{bc}^*}\left[\left(\frac{\sigma_1^*}{E_1} - \varepsilon_i\right)\cosh(\beta x) + \varepsilon_i\right] + \frac{1}{\beta}\sinh^{-1}\left[\frac{\tau_{bc}^*}{\beta E_1 h_1\left(\varepsilon_i - \dfrac{\sigma_1^*}{E_1}\right)}\right]\right\}^{-1}$$

$$\tag{6-53}$$

上述双陶瓷层表面裂纹密度求解公式，可退化到两层膜基系统解[46,47]。

6.4.2　双陶瓷层热障涂层中的界面裂纹

原位实验观测发现，在弹性阶段早期，当表面裂纹达到稳态扩展时界面裂纹将会萌生。Williams[48]、Suo 和 Hutchinson[49]研究了四点弯曲载荷下双层膜基系统中的界面裂纹稳态扩展条件。由于 DCL TBC 系统是典型的多层结构体系，有必要推导 N 层系统中任意界面裂纹的稳态扩展条件。如图 6-18所示，假设在 i 和 $i-1$ 层间存在界面裂纹，界面裂纹上方和下方分别受到 M_U 和 M_L 弯矩的作用。

对于 N 层系统中，位于 i 层和 $i-1$ 层间的界面裂纹裂尖能量释放率可表示为[45]：

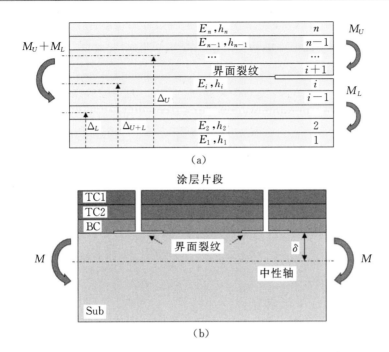

图 6-18　(a)弯矩作用下的 N 层系统界面裂纹问题；(b)双陶瓷层
热障涂层系统中的界面裂纹问题示意图[45]

$$G_i = \frac{1}{2}\left[\frac{M_L^2}{\sum\limits_{k=1}^{i} \int_{(\sum\limits_{j=0}^{k-1} h_j)-\Delta_L}^{(\sum\limits_{j=0}^{k} h_j)-\Delta_L} E_k y^2 \mathrm{d}y} + \frac{M_U^2}{\sum\limits_{k=i+1}^{n} \int_{(\sum\limits_{j=0}^{k-1} h_j)-\Delta_U}^{(\sum\limits_{j=0}^{k} h_j)-\Delta_U} E_k y^2 \mathrm{d}y} + \frac{(M_L^2 + M_U)^2}{\sum\limits_{k=1}^{n} \int_{(\sum\limits_{j=0}^{k-1} h_j)-\Delta_{U+L}}^{(\sum\limits_{j=0}^{k} h_j)-\Delta_{U+L}} E_k y^2 \mathrm{d}y} \right]$$

$$(6-54)$$

其中，Δ 为中性轴到系统底部的距离；h 为各层厚度；i 和 k 为常数；下标 U、L 和 $U+L$ 分别代表界面裂纹上侧、下侧及整个系统，如图 6-18(a)所示。

对于图 6-18(b)所示承受弯矩 M 的四层组元 TBC 系统而言，由式(6-54)可得 $M_U = 0$，$M_L = M$ 时，BC/Sub 界面处裂纹裂尖能量释放率为：

$$G_i = \frac{M^2}{2}\left(\frac{1}{E_s I_s} - \frac{1}{EI} \right) = \frac{M^2}{2E_s}\left(\frac{1}{I_s} - \frac{1}{\Sigma^*} \right) \tag{6-55}$$

其中，E_s 为基底弹性模量；$I_2 = \dfrac{h_s^3}{12}$ 为基底惯性矩；$\overline{EI}$ 为整个系统的抗弯刚度；Σ^* 为系统的等效抗弯刚度：

$$\Sigma^* = \frac{1}{3}\left\{ \left[\delta^3 - (\delta - h_s)^3 \right] + \lambda_{bc}\left[(\delta + h_{bc})^3 - \delta^3 \right] + \lambda_2\left[(\delta + h_{bc} + h_2)^3 \right. \right.$$

$$-(\delta+h_{bc})^3\big]+\lambda_1\big[(\delta+h_{bc}+h_2+h_1)^3-(\delta+h_{bc}+h_2)^3\big]\big\} \quad (6-56)$$

其中,下标1、2、bc 和 s 分别代表 TC1、TC2、粘接层和基底;δ 为中性轴到 BC/Sub 界面的距离;λ 为杨氏模量比。

$$\delta=\frac{h_s^2-\lambda_{bc}h_{bc}^2-\lambda_2(h_s^2+2h_2h_{bc})-\lambda_1\big[h_1^2+2h_1(h_2+h_{bc})\big]}{h_s+\lambda_{bc}h_{bc}+\lambda_2h_2+\lambda_1h_1} \quad (6-57)$$

$$\lambda_1=\frac{E_1}{E_s}, \quad \lambda_2=\frac{E_2}{E_s}, \quad \lambda_{bc}=\frac{E_{bc}}{E_s} \quad (6-58)$$

6.4.3　双陶瓷层热障涂层失效模式

当界面能量释放率 G_i 与界面韧性 Γ_i 相等时

$$G_i=\Gamma_i \quad (6-59)$$

界面裂纹发生稳态扩展。

BC/Sub 界面应变可以表示为

$$\varepsilon_i=\frac{M\delta}{\overline{EI}}=\frac{M\delta}{E_s\Sigma^*} \quad (6-60)$$

由式(6-55)、(6-59)和(6-60)可得

$$\varepsilon_{ic}=\delta\sqrt{\frac{2\Gamma_i^*}{E_s\Sigma^*\left(\dfrac{\Sigma^*}{I_s}-1\right)}} \quad (6-61)$$

其中,ε_{ic} 为 BC/Sub 界面裂纹发生稳态扩展时的临界应变。

将式(6-61)分别代入方程(6-45)和(6-53),可以得到 DCL TBC 失效的临界裂纹密度表达式。

对于 BC 层为完全弹性状态时($l<x_{bc}^*$)[45]:

$$\rho_c=\frac{\beta}{2}\left[\cosh^{-1}\left(\frac{1}{1-\dfrac{\sigma_1^*}{E_1\delta\sqrt{\dfrac{2\Gamma_i^*}{E_s\Sigma^*\left(\dfrac{\Sigma^*}{I_s}-1\right)}}}}\right)\right]^{-1} \quad (6-62)$$

对于 BC 层为弹塑性状态时($l\geqslant x_{bc}^*$)[45]:

$$\rho_{Cr}=\frac{1}{2}\left\{\frac{E_1h_1}{\tau_P^*}\left[\left(\frac{\sigma_{TC1}^*}{E_1}-\delta\sqrt{\frac{2\Gamma_i^*}{E_s\Sigma^*\left(\dfrac{\Sigma^*}{I_s}-1\right)}}\right)\cosh\right.\right.$$

$$\times \left(\sinh^{-1}\left(\frac{\tau_P^*}{\beta E_1 h_1 \left(\delta \sqrt{\dfrac{2\Gamma_i^*}{E_s \Sigma^* \left(\dfrac{\Sigma_i^*}{I_s} - 1 \right)}} - \dfrac{\sigma_{\mathrm{TC1}}^*}{E_1} \right)} \right) \right) + \delta \sqrt{\frac{2\Gamma^*}{E_s \Sigma^* \left(\dfrac{\Sigma_i^*}{I_s} - 1 \right)}} \right.$$

$$\left. + \frac{1}{\beta} \sinh^{-1}\left[\frac{\tau_P^*}{\beta E_1 h_1 \left(\delta \sqrt{\dfrac{2\Gamma_i^*}{E_s \Sigma^* \left(\dfrac{\Sigma^*}{I_s} - 1 \right)}} - \dfrac{\sigma_{\mathrm{TC1}}^*}{E_1} \right)} \right] \right\}^{-1} \qquad (6\ \ 63)$$

图 6-19 至图 6-22 分别为 h_1/H 与 σ_1^*/E_1、τ_{bc}^*/E_1、$\Gamma_i^*/E_1 H$、E_2/E_1 变化时基于临界表面裂纹密度的失效机制图,其中危险区域与安全区间的边界为临界裂纹密度 ρ_G^* 保持常数所得到[45]。图 6-19 表明,随着 h_1/H 和 σ_1^*/E_1 的增加,ρ_{G}^* 降低。对于高的 ρ_G^* 值,可能由以下三种情况中的任意一种引起:①较低的 h_1/H 和较高的 σ_1^*/E_1;②较高的 h_1/H 和较低的 σ_1^*/E_1;③h_1/H 和 σ_1^*/E_1 均较低。这意味着 h_1/H 和 σ_1^*/E_1 对系统失效影响较弱。图 6-20 所示为 h_1/H 和 $\Gamma_i^*/E_1 H$ 对 DCL TBC 临界裂纹密度的影响机制。可以发现,较低的 h_1/H 比值和较高的 $\Gamma_i^*/E_1 H$ 比值会导致更大的 ρ_G^*。总体而言,h_1/H 对失效模式起到主要影响作用。此外,当 h_1/H 逐渐减小时 ρ_G^* 趋向于一个渐进值,当 h_1/H 值小于该渐近线的 x 坐标时,系统总处于安全区域。因

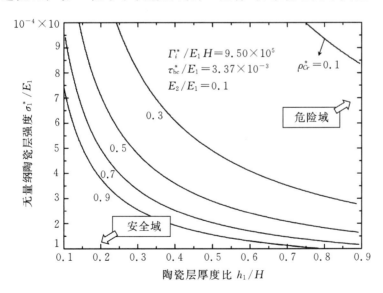

图 6-19　h_1/H 与 σ_1^*/E_1 对临界表面裂纹密度的影响机制图

（其中,$\nu_1 = 0.12, \nu_2 = 0.22, \nu_{\mathrm{bc}} = 0.3, \nu_s = 0.3$）

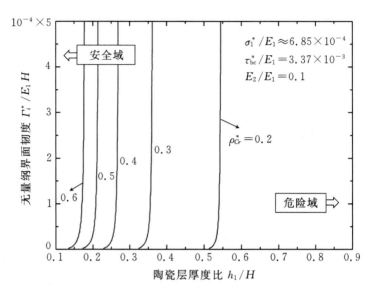

图 6-20　h_1/H 与 Γ_i^*/E_1H 对临界表面裂纹密度的影响机制图
（其中，$\nu_1=0.12$，$\nu_2=0.22$，$\nu_{bc}=0.3$，$\nu_s=0.3$）

此，h_1/H 的影响较 Γ_i^*/E_1H 更为显著。图 6-21 为不同 ρ_{Gr}^* 下，h_1/H 和 τ_{bc}^*/E_1 对 DCL TBC 失效模式的影响。结果表明，对于较小的 ρ_{Gr}^*，h_1/H 和

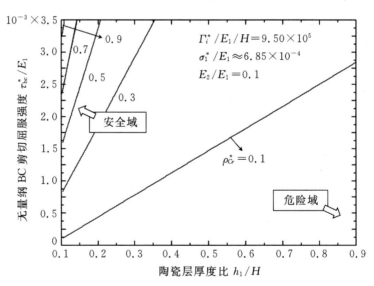

图 6-21　h_1/H 与 τ_{bc}^*/E_1 对临界表面裂纹密度的影响机制图
（其中，$\nu_1=0.12$，$\nu_2=0.22$，$\nu_{bc}=0.3$，$\nu_s=0.3$）

τ_{bc}^*/E_1 对系统失效均有明显影响；随着 ρ_{Cr}^* 的增大，h_1/H 的影响更加显著。h_1/H 对系统失效的影响略大于 τ_{bc}^*/E_1。图 6-22 为 h_1/H 和 E_2/E_1 对系统失效模式的影响规律。总体而言，h_1/H 有着较显著的影响。对于较小的 E_2/E_1 比值，系统失效主要受 h_1/H 影响。随着 E_2/E_1 的增加，其影响也越来越大。综合图 6-19 至图 6-22 可知，在 DCL TBC 系统中，安全区域主要位于左半部，随着临界裂纹密度的增加，系统转向安全的趋势越明显。对比几种影响因素，对 DCL TBC 系统临界裂纹密度的影响权重排序为 $h_1/H \approx \sigma_1^*/E_1 \approx \tau_{bc}^*/E_1 \geqslant \Gamma_i^*/E_1 H, E_2/E_1$。这进一步说明了双陶瓷层厚度比及各层组元材料参数对于系统失效模式的重要影响。

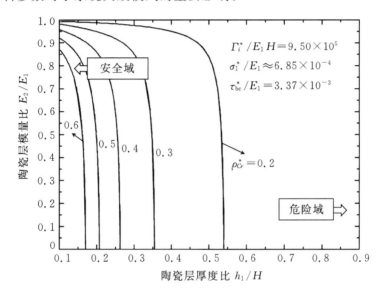

图 6-22　h_1/H 与 E_2/E_1 对临界表面裂纹密度的影响机制图

（其中，$\nu_1 = 0.12, \nu_2 = 0.22, \nu_{bc} = 0.3, \nu_s = 0.3$）

6.4.4　双陶瓷层热障涂层失效的影响参数分析

DCL TBC 中由于陶瓷面层（TC1，本文不加特殊说明情况下，以 LZ 替代）原料以及喷涂工艺的不同，陶瓷面层的弹性模量存在一定的变化范围。同时，由于 TBC 在极高的温度中服役，陶瓷层会出现或多或少的烧结和相变，这样就使得陶瓷层内孔隙率发生变化进而影响陶瓷层的弹性模量。一般认为 LZ 陶瓷层的弹性模量大约为 $60 \sim 150$ GPa[50-52]。当陶瓷层材料属性发生变化时,界面裂纹萌生和扩展的裂尖驱动力也会随之发生变化。为此需要研究 LZ 与 YSZ 弹性模量匹配对界面裂纹驱动力的影响情况。

　　双陶瓷层 TBC 系统中首先形成表面裂纹,表面裂纹随后扩展至 YSZ/BC 界面形成贯穿型裂纹,此时在贯穿裂纹的根部容易诱发界面裂纹的萌生及扩展,如图 6-23 所示。

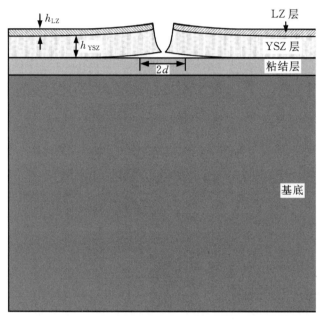

图 6-23　含表面裂纹和界面裂纹的双陶瓷层热障涂层系统示意图

　　本节采用等效区域积分方法(见附录 A.5),系统考察了影响 DCL TBC 失效模式的材料和几何参数。

　　图 6-24 给出了不同 LZ/YSZ 弹性模量比情况下裂纹扩展驱动力——应变能释放率 SERR 随裂纹长度的变化曲线。与单陶瓷层 TBC 相似,SERR 整体呈现震荡的趋势,即在裂纹较短时(大概为膜厚的 0.6 倍)SERR 会迅速增大至最大值,随后随着裂纹的扩展,SERR 趋于某稳态值,即图 6-24 中的稳态阶段。SERR 曲线与经典的薄膜基底系统中 Dundurs 参数 α 小于 0 时的界面裂纹驱动力的演化趋势相同。其原因在于,LZ 陶瓷层与 YSZ 陶瓷层的弹性模量均小于粘结层和基底的弹性模量,因此整体上可以看作为较软的薄膜(包括 LZ 陶瓷层和 YSZ 陶瓷层)粘结在较硬基底上(包括粘结层和金属基底)。尤其是当 LZ 陶瓷层的弹性模量等于 YSZ 陶瓷层的弹性模量时,即 $E_{LZ}/E_{YSZ}=1$ 时,则退化成单陶瓷层 TBC,其结果与传统单陶瓷层一致。

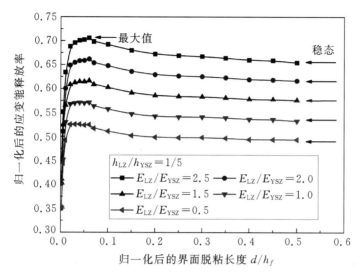

图 6 - 24　LZ/YSZ 弹性模量比对裂纹扩展驱动力的影响

　　图 6 - 24 结果表明,LZ/YSZ 弹性模量比对界面裂纹驱动力有很大的影响,当 E_{LZ}/E_{YSZ} 为最小值 0.5 时,图中 SERR 值曲线也呈现最小值,相反,当 E_{LZ}/E_{YSZ} 为最大值 2.5 时,SERR 曲线也呈现出最大值。因此,可以认为 LZ/YSZ 弹性模量比是决定裂纹萌生和扩展的一个关键性因素。图 6 - 25 得到了 SERR 曲线的两个特征值 G_{max} 和 G_{ss} 随弹性模量比 E_{LZ}/E_{YSZ} 变化的曲线。G_{max} 和 G_{ss} 都随着 LZ 陶瓷层弹性模量的增加而线性增加,这是由于较硬的 LZ

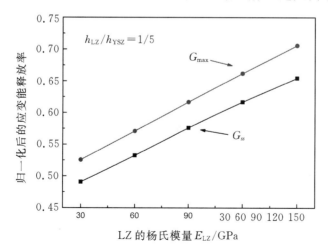

图 6 - 25　G_{ss} 和 G_{max} 随 LZ 弹性模量变化曲线

陶瓷层大大增加了存储在陶瓷层内部的能量,当有裂纹出现时系统所能释放的能量也随之增大,这就很好地解释了为什么界面裂纹的驱动力 SERR 随 LZ 随陶瓷层弹性模量增加而增加。在实际工况中,由于相变及烧结会直接导致陶瓷层的弹性模量增大,根据上述的研究结果,我们知道这种情况下会容易出现界面裂纹,因此寻找更好抗相变及烧结性能的新型热障材料对提高 TBC 系统的性能和寿命具有很大意义。

除了材料属性以外,LZ 与 YSZ 的厚度对 TBC 整体性能有着显著影响。TBC 在喷涂制备过程中在几何尺寸方面,特别是在陶瓷层厚度方面具有较为严格的要求:首先必须满足结构的要求,即不能影响到燃气轮机的正常工作,这就要求 TBC 的厚度不能太厚;其次要满足热障性能的要求,即陶瓷层必须能够保持一定的温度梯度,这就要求陶瓷层不能小于某一特定厚度。在满足上述两个基本要求以外,在制备 DCL TBC 时还要求通过最优的设计使得 DCL TBC 具有较高的强度,也就是尽可能避免服役过程中陶瓷层的剥落。针对上述需求,需要研究陶瓷层厚度对 DCL TBC 强度的影响,特别是对界面脱粘的影响,从而对制备高性能长寿命的 DCLTBC 提供参考。

图 6 - 26 给出了不同 LZ/YSZ 厚度比情况下 SERR 随裂纹长度变化曲线。其整体趋势为首先出现振荡,然后趋于稳态,符合经典软薄膜/硬基底系统中界面裂纹的 SERR 演化规律。这是由于 LZ 及 YSZ 的弹性模量均小于基底核粘结层,因此陶瓷层整体硬度小于基底,可以等效成陶瓷层模量小于基底和粘结层时的界面裂纹 SERR 曲线,因而两者趋势相同。

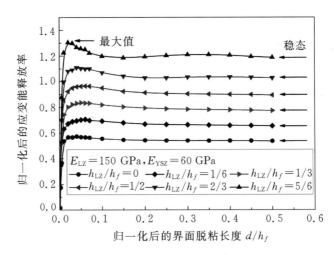

图 6 - 26　陶瓷面层厚度对界面裂纹驱动力的影响

从图 6-26 中还可以发现,随着 h_{LZ}/H 增大,即 LZ 在整体陶瓷层中所占的比重增加,SERR 最大值和稳态值也随之增加,裂纹萌生和扩展的驱动力增大,使得界面更容易出现脱粘,导致陶瓷层的剥落以及 TBC 整体的过早失效,这一结果和实验中观察得到的结果吻合。SERR 随 h_{LZ}/H 增大的是因为在模型中 LZ 的弹性模量要大于 YSZ 的弹性模量,随着 LZ 在整体陶瓷层中比重增大,陶瓷层呈现出一个变硬的趋势,此时,界面裂纹的能量释放率会随之增大,使得界面裂纹的萌生和扩展变得容易。

图 6-27 是 G_{max} 和 G_{ss} 随 h_{LZ}/h_f 的变化曲线,可以更直观地看出 LZ 和 YSZ 厚度比如何影响界面裂纹的驱动力。G_{max} 和 G_{ss} 随 LZ 陶瓷层厚度增加近似成线性增加关系,因此在设计 DCL TB 时应尽量在满足热障、抗烧结和相变的要求下减小 LZ 陶瓷层的厚度,从而减小界面裂纹萌生和扩展的驱动力,使得 TBC 具有较长的寿命。这一结果与 Dai 等不同 LZ/YSZ 厚度比情况下的 DCL TBC 热震寿命的实验结果吻合较好[39]。当 YSZ 较厚,即 LZ 较薄时,界面裂纹 SERR 值较小,有可能远小于界面断裂韧性,因此裂纹不会出现,TBC 具有较长的热震寿命。相反,当 YSZ 较薄,即 LZ 较厚时,DCL TBC 在较低的热循环次数下就发生界面脱粘失效,热震寿命急剧降低。

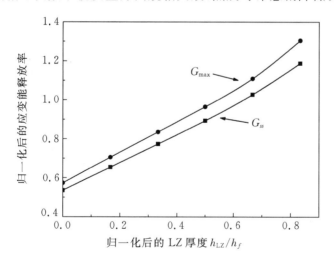

图 6-27　SERR 最大值和稳定值 G_{max}、G_{ss} 随 LZ 厚度变化曲线

图 6-28 所示为不同表面裂纹间距,即不同表面裂纹密度情况下,DCL TBC 中 YSZ/BC 界面裂纹驱动力演化规律。随着表面裂纹间距降低,即表面裂纹密度增加,界面裂纹裂尖驱动力显著下降。当 $W/H=40$ 时(W 为表面裂纹间距,H 为两层陶瓷层总厚度),表面裂纹间相互影响很小,界面裂纹驱

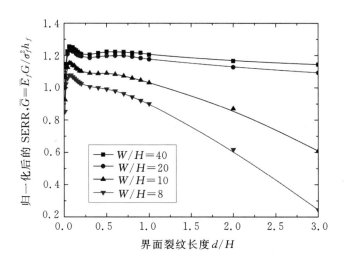

图 6-28　表面裂纹密度对双陶瓷层热障涂层系统中界面裂纹驱动力影响

动力处于较高水平,大约为 1.2;当 $W/H=8$ 时,界面裂纹萌生初期的无量纲 SERR 值大约为 1.0,同时在扩展后期 SERR 出现更明显的下降,这种情况下界面裂纹萌生和扩展的驱动力均显著降低,使得 DCL TBC 耐久性得到提高。

　　在界面裂纹萌生、扩展,直至陶瓷层自界面脱粘的全过程中,裂纹的前期萌生和稳定扩展阶段尤为重要(图 6-28 中虚线区域)。萌生初期和稳定扩展阶段,表面裂纹间距对界面裂纹驱动力影响如图 6-29 所示。根据图 6-28 和图 6-29 可知,表面裂纹密度对界面裂纹裂尖 SERR 的影响并不是线性的。在裂纹萌生初始阶段,不同表面裂纹密度范围对界面裂纹的影响不同,当表面裂纹间距小于 10 倍陶瓷层厚度时,其对表面裂纹驱动力的影响较大,SERR 随着表面裂纹间距呈线性变化;而当表面裂纹间距大于 10 倍厚度时,SERR 随表面裂纹间距变化基本不变,这说明如果要控制表面裂纹密度来减小界面裂纹驱动力,那么表面裂纹间距至少在 10 倍膜厚之下。同样,对于稳定扩展阶段的能量释放率 G_{ss} 也存在这样两个阶段,如图 6-29(b)所示。图 6-29(c)为不同表面裂纹密度时的界面裂纹萌生及扩展情况。当 $W/H=20$ 时,也就是图 6-29(a)和(b)中 SERR 不受表面裂纹影响的阶段,可以看出在这种情况下,表面裂纹会在载荷作用下萌生并且发生较大程度的扩展;而当 W/H 减小到 10 时,界面裂纹得到一定程度的抑制;当 W/H 继续减小到 6 时,SERR 在 $W/H=6$ 时大幅度降低,界面裂纹得到彻底的抑制,即界面上无裂纹萌生和扩展现象,证明了增加表面裂纹密度可以有效地抑制界面脱粘的出现,从而起到延长 DCL TBC 寿命的作用。

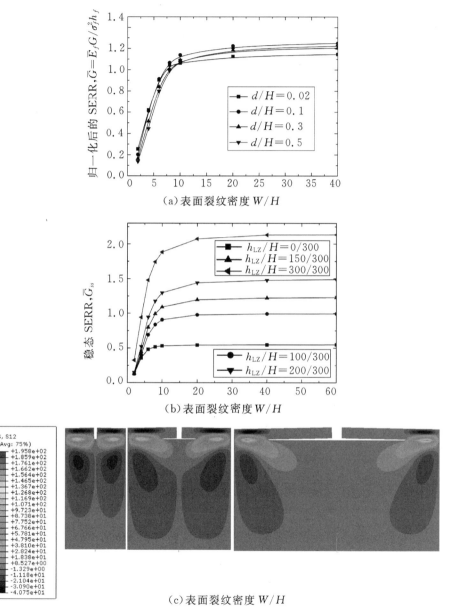

(a)表面裂纹密度 W/H

(b)表面裂纹密度 W/H

(c)表面裂纹密度 W/H

图 6-29　(a)界面裂纹扩展初期 SERR 随表面裂纹密度变化曲线;(b)界面裂纹稳定扩展时 SERR 随表面裂纹密度变化曲线;(c)不同表面裂纹密度时 DCLTBC 界面裂纹萌生和扩展数值模拟

不同 LZ 厚度比情况下表面裂纹密度对界面裂纹的抑制作用也具有较大差异(图 6-30),对于厚的 LZ 陶瓷层情况下,通过增加表面裂纹密度进行增

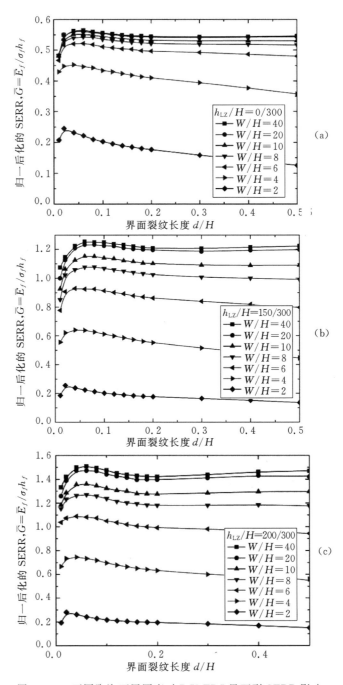

图 6-30　不同陶瓷面层厚度对 DCLTBC 界面裂 SERR 影响
(a)$h_{\mathrm{LZ}}/H=0/300$;(b)$h_{\mathrm{LZ}}/H=150/300$;(c)$h_{\mathrm{LZ}}/H=200/300$

韧的效果会更加明显。

图 6-31 是不同表面裂纹密度及 LZ 陶瓷层相对厚度对 DCL TBC 失效的影响,其中横坐标表示不同的 LZ 厚度,纵坐标表示不同的表面裂纹密度,不同颜色的实线代表不同的界面粘结强度。较厚的 LZ 陶瓷层会造成界面脱粘,而较大的表面裂纹密度则会抑制界面裂纹的出现。不同 LZ 厚度和表面裂纹密度的 DCL TBC 对应于图中某一坐标点,当坐标点位于实线左下方的区域时,界面裂纹驱动力小于界面粘结强度,这时界面不会出现脱粘,为安全区域。相反地,当界面裂纹驱动力落在实线上方时,界面裂纹驱动力就大于界面粘结强度,出现界面脱粘。从图 6-31 中可知,安全区域主要位于左下方,即 LZ 陶瓷层较薄、表面裂纹密度较大时界面趋向于安全;而脱粘区更容易发生在右上方区域,即 LZ 陶瓷层较厚、表面裂纹密度较小时界面趋向于脱粘。对于较小 LZ 层厚度的 DCL TBC,例如 $h_{LZ}/H=0.1$,其裂纹驱动力可能始终小于某界面粘结强度,如 $\Gamma=0.889$,此时表面裂纹所起的作用较小。当然,当界面强度较低时,例如 $\Gamma=0.444$,即使 $h_{LZ}/H=0.1$,界面裂纹的驱动力还是要大于界面粘结强度,此时表面裂纹可起到增韧作用。而对于 LZ 较厚的 DCL TBC,表面裂纹的增韧作用就显得尤为重要。例如当 $h_{LZ}/H=0.1$ 时,若没有一定密度的表面裂纹来降低界面裂纹驱动力,其驱动力远大于界面强度,界面容易出现脱粘。对于较厚 LZ 层的 DCL TBC,减小表面裂纹间距或增大表面裂纹密度可以有效降低界面裂纹驱动力,如图 6-31 中虚线及箭头所示,表面裂纹起到很好的增韧作用,可有效保护 DCL TBC 界面完

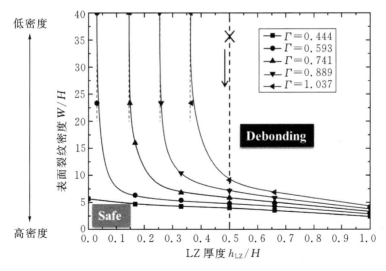

图 6-31　表面裂纹密度及陶瓷层相对厚度对双陶瓷层热障涂层系统失效的影响[51]

整性。

图 6-32 为不同陶瓷层厚度比和界面断裂韧性情况下的 LZ/YSZ DCL TBC 系统失效机制图,其中横坐标为 LZ 和 YSZ 层的厚度比,纵坐标为 LZ/ YSZ 和 YSZ/BC 界面断裂韧性比。当界面断裂韧性比 $\Gamma_{LZ/YSZ}/\Gamma_{YSZ/BC}$ 较低时,DCL TBC 系统失效以 LZ/YSZ 界面脱粘为主。当界面断裂韧性比 $\Gamma_{LZ/YSZ}/\Gamma_{YSZ/BC}$ 较高时,DCL TBC 系统失效以 YSZ/BC 界面脱粘为主。当界面断裂韧性比 $\Gamma_{LZ/YSZ}/\Gamma_{YSZ/BC}$ 处于前两者之间,会出现 LZ/YSZ 界面和 YSZ/BC 界面的混合脱粘,此时可同时发挥两个界面的作用。这与实验结果定性吻合[39]。

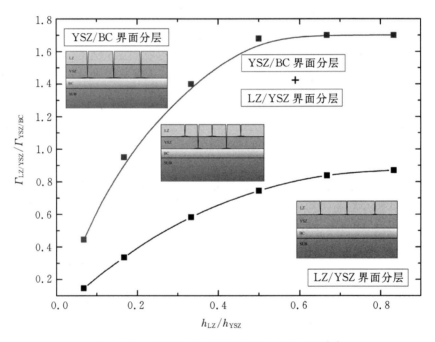

图 6-32 双陶瓷层热障涂层系统失效机制图[52]

6.5 小 结

随着燃气轮机燃气温度的不断提高,传统 YSZ 材料长期高温服役时存在较多易烧结、易相变、氧化加快等不足,极大限制了传统 YSZ 涂层在极端高温的环境中的服役性能。新型梯度结构成为先进 TBC 系统的主要发展方向。本章重点介绍了梯度 TBC 系统中的应力和裂纹问题。通过对先进 TBC 系统用新材料、新结构及系统中的应力和裂纹问题分析,得到如下结论:

（1）经典的 MClAlY/YSZ 双元涂层材料体系在未来重型燃气轮机中的应用受到了极大的限制，需要寻求具有高熔点、低热导率和优异的高温相变稳定性的 TBC 系统的新材料体系。

（2）由于用作陶瓷顶层的材料通常具有更小的热膨胀系数和更低的断裂韧性，因此，陶瓷顶层通常具有较短的寿命。如何在保证陶瓷层热障功能的前提下，提高层级 TBC 系统的服役寿命是亟需解决的关键问题。

（3）DCL-TBCs 制备过程中的热应力主要来源于制备过程中的多个冷却过程，LZ-YSZ 层的厚度比对 DCL-TBCs 制备过程中的热应力有着重要的影响。

（4）层级 TBC 中存在多个弱界面之间的竞争，对其失效机理分析应重点关注相邻陶瓷层间及陶瓷层与粘结层间弱界面的脱粘。

（5）多层结构、梯度结构或界面微区过渡结构可有效降低热失配应力，但往往并不能提高服役寿命，需要发展更加成熟的制备工艺。寻求真正的梯度 TBC 结构及合适的制备工艺仍需深入研究。

参考文献

[1] 李克平，张同俊. 新型梯度功能材料的研究现状与展望 [J]. 材料导报，1996(3)：11 - 15.

[2] 新野正之，平井敏雄，渡边龙三. 倾斜机能材料——宇宙机用超耐热材料を目指して [J]. 日本复合材料学会志，1987，13(6)：257 - 263.

[3] Ilschner B. Processing-microstructure-property relationships in graded materials [J]. Journal of the Mechanics and Physics of Solids，1996，44 (5)：647 - 656.

[4] 王保林，杜善义，韩杰才. 功能梯度材料的热/机械耦合分析研究进展 [J]. 力学进展，1999，29：528 - 548.

[5] Tanigawa Y，Akai T，Kawamura R，Oka N. Transient thermal stress analysis of a nonhomogeneous plate taking into account the relative heat transfer at boundary surfaces [J]. JSME International Journal Series A：Solid Mechanics and Material Engineering，1996，62(593)：131 - 137.

[6] Wang B L，Han J C，Du S Y. Dynamic fracture mechanics analysis for composite material with nonhomogeneity in thickness direction [J]. Acta Mechanica Solida Sinica，1998，11(1)：84 - 93.

［7］ Nozaki H，Shindo Y. Effect of interface layer on elastic wave propagation in a fiber-reinforced metal matrix composite ［J］. Internal Journal of Engineering Science，1998，36：383 - 394.

［8］ Sato H，Shindo Y. Multiple scattering of plane elastic waves in a fiber-reinforced composite medium with graded interfacial layers ［J］. International Journal of Solids and Structures，2001，38：2549 - 2571.

［9］ Huang G Y，Wang Y S，Gross D. Fracture analysis of functionally graded coatings：anti-plane deformation ［J］. European Journal of Mechanics A － Solids，2002，21(3)：391 - 400.

［10］ Huang G Y，Wang Y S. Fracture analysis of functionally graded coatings：plane deformation ［J］. European Journal of Mechanics A － Solids，2003，22(4)：535 - 544.

［11］ Delale F，Erdogan F. The crack problem for a nonhomogeneous plane ［J］. Journal of Applied Mechanics-Transaction ASME，1983，50：609 - 614.

［12］ Wang X L，Zou Z Z，Wang D. On the penny-shaped crack in a nonhomogeneous interlayer of adjoining two different elastic materials ［J］. International Journal of Solids and Structures，1997，34：3911 - 3921.

［13］ Han X，Liu G R，Lam K Y，Ohyoshi T. A quadratic layer element for analyzing stress waves in FGMs and its application in material characterization ［J］. Journal of Sound and Vibration，2000，236：307 - 321.

［14］ Selvadurai A P S，Lan Q. Axisymmetric mixed boundary value problems for an elastic half-space with a periodic nonhomogeneity ［J］. International Journal of Solids and Structures，1998，35：1812 - 1826.

［15］ Shao Z S，Wang T J. Three-dimensional solutions for the stress fields in functionally graded cylindrical panel with finite length and subjected to thermal/mechanical loads ［J］. International Journal of Solids and Structures，2006，43(13)：3856 - 3874.

［16］ Shao Z S. Mechanical and thermal stresses of a functionally graded circular hollow cylinder with finite length ［J］. International Journal of Pressure Vessels and Piping，2005，82：155 - 163.

［17］ Erdogan F. Fracture mechanics of functionally graded materials ［J］. Composites Engineering. 1995，5：753 - 770.

[18] Noda N. Thermal stresses intensity factor for functionally graded plates with an edge crack [J]. Journal of Thermal Stresses, 1997, 20(3−4): 373−387.

[19] Ootao Y, Tanigawa Y. Three-dimensional transient piezothermo- elasticity in functionally graded rectangular plate bonded to a piezo-electric plate [J]. International Journal of Solids and Structures, 2000, 37: 4377−4401.

[20] Chen X, Zhao Y, Fan X, Liu Y, Zou B, Wang Y, Ma H, Cao X. Thermal cycling failure of new $LaMgAl_{11}O_{19}/YSZ$ double ceramic top coat thermal barrier coating systems [J]. Surface and Coatings Technology, 2011, 205(10): 3293−3300.

[21] Chen H F, Liu Y, Gao Y F, Tao S Y, Luo H J. Design, preparation, and characterization of graded $YSZ/La_2Zr_2O_7$ thermal barrier coatings [J]. Journal of the American Ceramic Society, 2010, 93(6): 1732−1740.

[22] Guo H B, Wang Y, Wang L, Gong S K. Thermo-physical properties and thermal shock resistance of segmented $La_2Ce_2O_7/YSZ$ thermal barrier coatings [J]. Journal of Thermal Spray Technology, 2009, 18(4): 665−671.

[23] Wang L, Wang Y, Sun X G, He J Q, Pan Z Y, Wang C H. Thermal shock behavior of 8YSZ and double-ceramic-layer $La_2Zr_2O_7/8YSZ$ thermal barrier coatings fabricated by atmospheric plasma spraying [J]. Ceramics International, 2012, 38(5): 3595−3606.

[24] Ramachandran C S, Balasubramanian V, Ananthapadmanabhan P V, Viswabaskaran V. Influence of the intermixed interfacial layers on the thermal cycling behaviour of atmospheric plasma sprayed lanthanum zirconate based coatings [J]. Ceramics International, 2012, 38(5): 4081−4096.

[25] Cao X Q, Vassen R, Tietz F, Stoever D. New double-ceramic-layer thermal barrier coatings based on zirconia-rare earth composite oxides [J]. Journal of the European Ceramic Society, 2006, 26(3): 247−251.

[26] 王璟. 锆酸镧热障涂层研究[D]. 国防科学技术大学, 2009.

[27] Clarke D, Phillpot S. Thermal barrier coating materials [J]. Materials

Today，2005，8(6)：22－29.

[28] Vaßen R，Traeger F，Stoöver D. New thermal barrier coatings based on pyrochlore YSZ double-layer systems [J]. International Journal of Applied Ceramic Technology，2004，1(4)：12.

[29] Stöver D，Practh G，Lehmann H，Dietrich M，Döring J E，Vaßen R. New material concepts for the next generation of plasma-sprayed thermal barrier coatings [J]. Journal of Thermal Spray Technology，2004，13(1)：76－83.

[30] 曹学强. 热障涂层新材料和新结构[M]. 北京：科学出版社，2016.

[31] Bakan E，Mack D E，Mauer G，Vaßen R. Gadolinium zirconate/YSZ thermal barrier coatings：plasma spraying，microstructure，and thermal cycling behavior [J]. Journal of the American Ceramic Society，2014，97(12)：4045－4051.

[32] Friedrich C J，Gadow R，Schirmer T. Lanthane aluminate — a new material for atmospheric plasma spraying of advanced thermal barrier coatings [J]. Journal of Thermal Spray Technology，2001，10(4)：592－598.

[33] Schafer G W，Gadow R. Lanthane aluminate thermal barrier coating [C]. 23rd Annual Conference on Composites，Advanced Ceramics，Materials，and Structures：B：Ceramic Engineering and Science Proceedings，1988，20(4)：217－220.

[34] Cao X Q，Vassen R，Stoever D. Ceramic materials for thermal barrier coatings [J]. Journal of the European Ceramic Society，2004，24(1)：1－10.

[35] Pracht G，Vaßen R，Stöver D. Lanthanum-lithium hexaaluminate — a new material for thermal barrier coatings in magnetoplumbite structure-material and process development [J]. Ceramic Engineering and Science Proceedings，2009，27(3)：87－99.

[36] Taymaz I，Çakır K，Mimaroglu A. Experimental study of effective efficiency in a ceramic coated diesel engine [J]. Surface and Coatings Technology，2005，200(1－4)：1182－1185.

[37] Büyükkaya E，Engin T，Cerit M. Effects of thermal barrier coating on gas emissions and performance of a LHR engine with different injection

timings and valve adjustments [J]. Energy Conversion and Management, 2006, 47(9 - 10): 1298 - 1310.

[38] Song Y, Wu W J, Xie F, Liu Y L, Wang T J. A theoretical model for predicting residual stress generation in fabrication process of double-ceramic-layer thermal barrier coating system [J]. PLOS ONE, 2017, 12(1): e0169738.

[39] Dai H, Zhong X, Li J, Zhang Y, Meng J, Cao X. Thermal stability of double-ceramic-layer thermal barrier coatings with various coating thickness [J]. Materials Science and Engineering: A, 2006, 433(1): 1 - 7.

[40] Cao X, Vassen R, Tietz F, Stoever D. New double-ceramic-layer thermal barrier coatings based on zirconia-rare earth composite oxides [J]. Journal of the European ceramic society, 2006, 26(3): 247 - 251.

[41] Han M, Zhou G, Huang J, Chen S. A parametric study of the double-ceramic-layer thermal barrier coatings part I: Optimization design of the ceramic layer thickness ratio based on the finite element analysis of thermal insulation (take $LZ_7C_3/8YSZ/NiCoAlY$ DCL-TBC for an example) [J]. Surface and Coatings Technology, 2013, 236: 500 - 9.

[42] Xu R, Fan X L, Zhang W X, Song Y, Wang T J. Effects of geometrical and material parameters of top and bond coats on the interfacial fracture in thermal barrier coating system [J]. Materials and Design, 2013, 47: 566 - 74.

[43] Song Y, Zhuan X, Wang T J, Chen X. Evolution of thermal stress in a coating/substrate system during the cooling process of fabrication [J]. Mechanics of Materials, 2014, 74: 26 - 40.

[44] Song Y, Lv Z, Liu Y L, Zhuan X, Wang T J. Effects of coating spray speed and convective heat transfer on transient thermal stress in thermal barrier coating system during the cooling process of fabrication [J]. Applied Surface Science, 2015, 324: 627 - 633.

[45] Jiang P, Fan X L, Sun Y L, Li D J, Wang T J. Bending-driven failure mechanism and modelling of double-ceramic-layer thermal barrier coating system [J]. International Journal of Solids and Structures, 2017, under review (Ms. Ref. No.: IJSS-D-17-00219).

[46] Yanaka M, Tsukahara Y, Nakaso N, Takeda N. Cracking phenomena of brittle films in nanostructure composites analysed by a modified shear lag model with residual strain [J]. Journal of Materials Science, 1998, 33:2111 - 2119.

[47] McGuigan A P, Briggs G A D, Burlakov V M, Yanaka M, Tsukahara Y. An elastic-plastic shear lag model for fracture of layered coatings [J]. Thin Solid Films, 2003, 424:219 - 223.

[48] Williams J G. On the calculation of energy release rates for cracked laminates [J]. International Journal of Fracture, 1988,36:101 - 119.

[49] Suo Z, Hutchinson J W. Interface crack between two elastic layers [J]. International Journal of Fracture, 1990,43:1 - 18.

[50] Wang L, Wang Y, Sun X G, He J Q, Pan Z Y, Wang C H. Finite element simulation of residual stress of double-ceramic-layer $La_2Zr_2O_7/$ 8YSZ thermal barrier coatings using birth and death element technique [J]. Computational Materials Science, 2012, 53(1): 117 - 127.

[51] Fan X L, Xu R, Wang T J. Interfacial delamination of double-ceramic-layer thermal barrier coating system [J]. Ceramics International, 2014, 40(9): 13793 - 13802.

[52] Xu R, Fan X L, Wang T J. Mechanisms governing the interfacial delamination of thermal barrier coating system with double ceramic layers [J]. Applied Surface Science, 2016, 370:394 - 402.

第7章 热障涂层系统的烧结与冲蚀损伤

当 TBC 服役温度超过 1200 ℃时，涂层会发生快速烧结，存在于高温燃气和外界大气环境中的以 Calcium-Magnesium-Alumina-Silicate（CMAS）等为代表的微量元素混合氧化物也会以熔融态在涂层表面沉积并渗入微结构之中，引起涂层的热力学性能的退化，甚至引起涂层的早期剥离失效，严重威胁燃气轮机的服役安全。此外，在 TBC 服役过程中，不可避免地会受到燃烧室内各种杂质及外来物颗粒的撞击，引起 TBC 的冲蚀破坏，这是影响 TBC 系统寿命的另一主要因素。

本章主要介绍 TBC 系统的高温烧结、CMAS 渗入、外来颗粒冲蚀等对 TBC 系统性能和失效的影响。

7.1 涂层烧结现象

7.1.1 烧结初期实验观测

APS 涂层微观结构由氧化锆片层（splat）堆叠而成，其间夹杂微裂纹及孔洞，抛光截面如图 7-1 所示[1,2]。实验观测表明，片层取向基本为垂直于喷涂方向，厚度 $2h$ 及半径 R 通常分别为 $1\sim5$ μm 与 $10\sim50$ μm。片层内部具有以柱状晶为代表的特征结构，晶粒尺寸 d 约为 $0.1\sim0.2$ μm。片层之间存在大量界面微裂纹以及约占总体积 15% 的等轴孔洞，其直径主要分布于 $1\sim20$ μm。实验表明，片层间微裂纹对于涂层力、热学性能影响较孔洞更为显著。

APS 涂层微观结构除具备片层结构、片层间微裂纹和孔洞等特征，片层内部也存在微裂纹，如断面图 7-2 所示[3]。上述特征结构赋予 APS 涂层较低的面外热导率和面内弹性模量。前者有利于提高对基底的热防护性能，后者对于热循环过程中热失配应力的释放至关重要。实验观测表明，长期高温服役过程中，APS 涂层发生烧结，微观结构变化为：片层间接触面积增大引起热导率升高，微裂纹愈合及片层硬化使得弹性模量增加。APS 涂层烧结过程

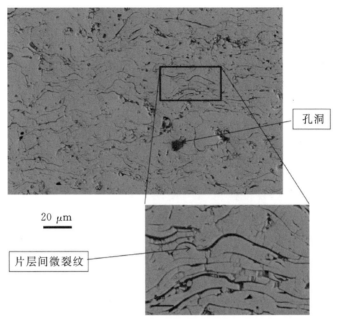

图 7-1　APS 涂层特征微观结构抛光截面扫描电镜照片

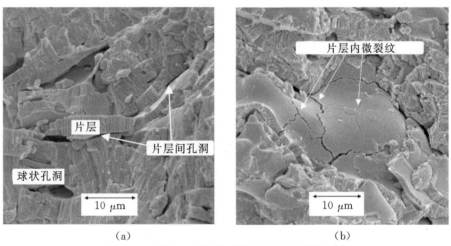

(a)　　　　　　　　　　　　　(b)

图 7-2　喷涂态 APS 涂层断面扫描电镜照片[3]

(a)片层间微观结构;(b)片层内微裂纹

中微观结构的演化及其对力、热学性能的影响具有重要研究价值。

　　烧结作用下陶瓷层微裂纹面间的颈连(necking)被普遍认为是热障涂层弹性模量迅速升高的重要原因。基于对烧结过程中 APS 涂层微观结构演化的实验观测,Siebert 等[4]、Funke 等[5]和 Shinmi 等[6]发现片层间烧结颈的形成会增加涂层杨氏模量,此过程无相变发生。Rätzer-Scheibe 等[7]、Di Girola-mo 等[8] 和 Yu 等[9] 的实验表明,烧结颈的形成加强了片层间的热传递,从而增加了涂层热导率。Lv 等[10] 在 APS 涂层片层表界面形貌演化的实验观测中发现,片层之间往往存在夹角,从而呈现出楔形结构(图 7-3(a)~(b)),而不是传统砖块模型中假设的平行片层结构。由于涂层高温烧结过程中片层表、界面粗糙化从而出现凹凸起伏,在靠近楔形尖角处较易形成片层桥连,即烧结颈(图 7-4(a)~(d))。

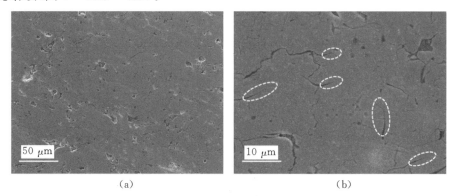

(a)　　　　　　　　　　　　　　　(b)

图 7-3　(a)APS 涂层片层结构;(b)微结构片层间的楔形孔洞

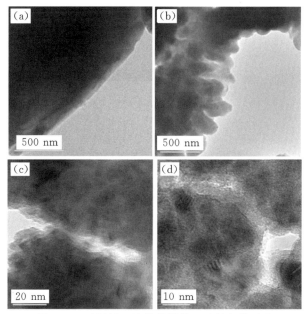

图 7-4　片层界面演化的横截面透射电镜照片

(a)喷涂态片层表面光滑;(b)随烧结进行片层表面出现起伏;(c)楔形角
附近片层上下表面连接形成烧结颈;(d)烧结进一步引起孔洞快速闭合[10]

7.1.2　烧结中后期实验观测

Lv 等[11]实验观测了 APS 涂层烧结过程中微观结构的演化。陶瓷层材料为 20wt％氧化钇稳定的氧化锆（YSZ）粉末，粒径分布为 $30\sim70~\mu m$，喷涂在不锈钢基底上。在盐酸中浸泡剥离基底，得到独立的陶瓷层。涂层经历 $50\sim500~h$ 的 1300 ℃高温保温处理。由扫描电子显微镜（SEM）得到涂层热处理前后的断面微观结构。采用图像法统计表观孔隙率。结果表明，表观孔隙率随烧结的进行而降低，尤其是在前 50 h 较为显著。断面微观结构分析表明，随着烧结的进行，涂层的片层状结构趋于消失，片层间微裂纹愈合，孔洞球状化，如图 7-5 所示。

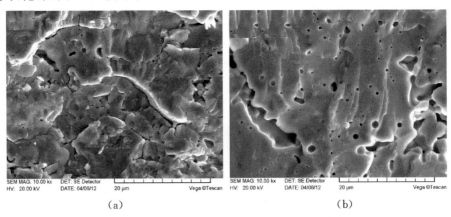

（a）　　　　　　　　　　　　　　　（b）

图 7-5　APS涂层微观结构扫描电镜照片[11]

（a）喷涂态片层状结构；（b）烧结中后期微裂纹愈合，孔洞球状化

7.2　砖块烧结模型

针对图 7-1 所示的 APS 涂层片层状微观结构，Cocks 等[2]建立了描述涂层烧结的砖块模型，它考虑了砖块状片层的整体弹性响应、蠕变行为，以及片层表面凸起（asperity）的扩散烧结。由于 APS 涂层逐层喷涂的制备工艺，其片层状微观结构可简化为砖块堆叠模型，如图 7-6 所示。片层上下表面之间和侧面分别存在半径为 b^T 和 b^S、高度为 w^T 和 w^S、间距为 l^T 和 l^S 的圆柱形凸起，在相邻两片层之间形成接触，片层半径和高度分别为 R 和 $2h$。

高温服役过程中，表面凸起附近的物质在表面能和界面能的共同作用下发生物质扩散，引起系统自由能 G_a 及耗散势 Ψ_a 的改变，从而使得系统总能

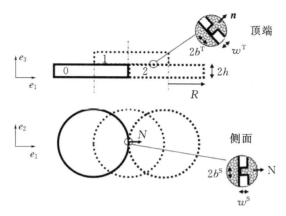

图 7-6　砖块模型示意图[2]；相邻砖块状片层上下表面之间和侧面存在半径为 b^T 和 b^S、高度为 w^T 和 w^S 的圆柱形表面凸起接触，片层半径和高度分别为 R 和 $2h$

量 $\Omega_a(\dot{w}) = \dot{G}_a + \Psi_a$ 趋于最低。系统自由能 G_a 及耗散势 Ψ_a 为：

$$G_a = \pi b^2(\gamma_G - 2\gamma_{SUR}) + 2\pi bw\gamma_{SUR} - fw \qquad (7-1)$$

$$\Psi_a = \left[\frac{\pi b^4}{16 D_G} + \frac{\pi w b^3}{12 D_{SUR}}\right] \qquad (7-2)$$

其中，γ_G 和 γ_{SUR} 分别为晶界能和表面能；f 为片层间接触力；D_G 和 D_{SUR} 分别为晶界和表面扩散系数。通过变分原理求解势能泛函极小值，即可得到片层间接触力 f 与表面凸起变形速率 $\dot{w}$ 之间以及表面凸起的粘性系数 λ、烧结应力 f_{SIN} 与凸起几何参数 b 和 w 的函数关系：

$$f = \lambda\dot{w} + f_{SIN} \qquad (7-3)$$

$$\lambda = \frac{\pi b^4}{8 D_G} + \frac{\pi w b^3}{8 D_{SUR}} \qquad (7-4)$$

$$f_{SIN} = \pi b\gamma_{SUR} + \pi(2\gamma_{SUR} - \gamma_G)\frac{b^2}{w} \qquad (7-5)$$

应用虚功原理对片层间接触力进行积分，解出烧结引起的宏观应力与应变速率之间的关系。进一步考虑弹性变形和蠕变对宏观响应的贡献，将三者进行叠加即可得到基于砖块模型的增量形式本构方程：

$$\dot{\varepsilon}_{ij} = (C^B_{ijkl} + K^{-1}_{ijkl})\dot{\sigma}_{ij} + \Lambda^{-1}_{ijkl}(\sigma_{kl} - \sigma^{SIN}_{kl}) + \Pi_{ijkl}\sigma_{kl} \qquad (7-6)$$

其中，C^B_{ijkl} 为表征片层弹性响应的块体柔度矩阵；K^{-1}_{ijkl} 为表征表面凸起弹性响应的刚度矩阵的逆；Λ^{-1}_{ijkl} 为与物质流动相关的粘性矩阵的逆；σ^{SIN}_{kl} 为与表界面扩散相关的烧结应力；Π_{ijkl} 为表征蠕变行为的蠕变系数矩阵。

采用该模型和四阶龙格-库塔方法对公式（7-6）进行时间积分，Cocks 等[2]分别讨论了自由及受限烧结过程中 APS 涂层的弹性行为。自由烧结情况下,宏观应力 $\sigma_{ij}=0$,涂层在烧结应力 σ_{ij}^{SIN} 作用下发生收缩。假设上下表面间凸起接触与片层表面夹角 $\omega=0$,则面内、外应变分量 ε_{11} 与 ε_{33},上下表面和侧面正则化凸起接触半径 $b^{\text{T}}/l^{\text{S}}$ 与 $b^{\text{S}}/l^{\text{S}}$,以及面内、外正则化弹性模量 E_1/E 与 E_3/E 随烧结时间的演化规律如图 7-7 所示。其中,τ_1 为片层侧面凸起接触自由烧结特征时间,在凸起接触高度上下限 $w^{\text{S}}=w_0^{\text{S}}$ 和 $w^{\text{S}}=0$ 间积分给出。令外力 $f=0$ 并假设接触半径 b 远大于高度 w,可得:

$$\tau_1 = \frac{(w_0^{\text{S}} b_0^{\text{S}})^2}{8 D_{\text{G}}(2\gamma_{\text{SUR}} - \gamma_{\text{G}})} \tag{7-7}$$

同理可得片层上下表面凸起接触自由烧结特征时间 τ_2 如下:

$$\tau_2 = \frac{(w_0^{\text{T}} b_0^{\text{T}})^2}{8 D_{\text{G}}(2\gamma_{\text{SUR}} - \gamma_{\text{G}})} \tag{7-8}$$

由上两式可知,假设上下表面间凸起接触与片层表面夹角 $\omega=0$ 时,片层上下表面和侧面的凸起接触的烧结响应相互独立,相对速率取决于特征时间之比:

$$\frac{\tau_2}{\tau_1} = \left(\frac{w_0^{\text{T}} b_0^{\text{T}}}{w_0^{\text{S}} b_0^{\text{S}}}\right)^2 \tag{7-9}$$

该比例仅为凸起接触几何参数的函数,不涉及力学参数。图 7-7 中考虑三种情况:$\tau_2/\tau_1=1$,上下表面凸起接触几何参数与侧面相同;$\tau_2/\tau_1=16$,上下表面凸起接触几何参数是侧面的两倍;$\tau_2/\tau_1=1/16$,上下表面凸起接触几何参数是侧面的一半。

从图 7-7(a)可见,当上下表面间凸起接触与片层表面夹角 $\omega=0$ 时,面内、外应变分量均随烧结时间线性增长,由公式(7-6)化简可得:

$$\dot{\varepsilon}_{11} = -\frac{4(2\gamma_{\text{SUR}} - \gamma_{\text{G}}) D_{\text{G}}}{R w^{\text{S}}(b^{\text{S}})^2} \tag{7-10}$$

$$\dot{\varepsilon}_{33} = -\frac{4(2\gamma_{\text{SUR}} - \gamma_{\text{G}}) D_{\text{G}}}{h w^{\text{T}}(b^{\text{T}})^2} \tag{7-11}$$

由于整个过程中质量守恒,凸起接触体积不变,即 $w^{\text{S}}(b^{\text{S}})^2$ 与 $w^{\text{T}}(b^{\text{T}})^2$ 不随时间演化。故面内、外应变率均为常数,且相互独立。考虑到片层上下表面和侧面的扩散驱动力相同,因此凸起接触的不同响应仅由几何尺寸和长径比 h/R 决定。例如,高长径比片层的面外烧结应变率远大于面内。

从图 7-7(b)和(c)可见,凸起接触半径以及面内、外模量在烧结末期均快速增大。此外,由于面外方向片层界面凸起接触较面内方向多,故初始模量亦对片层长径比 h/R 敏感。当上下表面间凸起接触与片层表面夹角 $\omega=0$ 时,面内、外模量分别仅取决于片层侧面以及上下表面凸起接触的烧结行为,

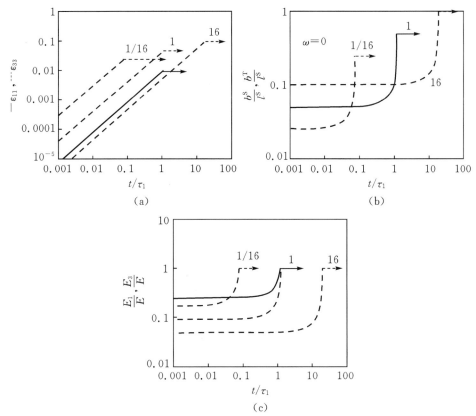

图 7-7 APS涂层自由烧结过程中(a)面内应变 ε_{11}(实线)与面外应变 ε_{33}(虚线);(b)上下表面和侧面正则化凸起接触半径 b^T/b^S 与 b^S/b^S;(c)正则化面内弹性模量 E_1/E(实线)与面外弹性模量 E_3/E(虚线)随烧结时间的变化规律,假设上下表面间凸起接触与片层表面夹角 $\omega=0$[2]

二者相互独立。因此,面内、外模量分别在 $t\approx\tau_1$ 和 $t\approx\tau_2$ 时达到密实块体模量值。

当上下表面间凸起接触与片层表面存在夹角 $\omega=20°$时,可以类似地得到应变、凸起接触半径、弹性模量随烧结时间的演化规律。此时,片层上下表面的相对滑移促进此处的凸起接触烧结,限制面内方向的烧结速率。片层上下表面首先烧结,此后面内烧结减缓。此外,片层上下表面烧结完成之前,面内模量略微升高。片层上下表面完全烧结后,面外方向模量不再变化,保持 $E_3=E$。此时,片层侧面退化为由凸起接触桥连的连续基体,与 Fleck 和 Cocks[12] 的多尺度烧结本构模型第二阶段相同。

考虑基底约束,当涂层和基底经历温度突变时,涂层在面内应力施加瞬间服从弹性响应,此后经历蠕变和烧结共同作用的应力释放过程。依据边界条件 $\dot{\varepsilon}_{11}=\dot{\varepsilon}_{22}=0$,可以类似地分析得到应变、凸起接触半径、弹性模量随烧结时间的演化规律。结果表明,基底对于涂层应变的限制会减缓烧结引起的模量增长。

该砖块烧结模型系统研究了 APS 涂层高温烧结过程中片层及其表面凸起在物质扩散作用下的应力应变关系,给出了考虑微观结构几何特征和宏观粘弹性的增量形式本构方程,预测了涂层微结构演化、宏观变形以及力学特性变化规律。然而该模型假设片层之间相互平行,难以研究片层间烧结颈的动态形成过程。此外,该本构模型适用于宏观力学响应,无法得到烧结颈内部应力分布特征。

7.3　圆柱烧结模型

针对图 7-2 所示的 APS 涂层微观结构,Cipitria 等[3,13] 基于变分原理提出了类似砖块模型的圆柱模型,如图 7-8 所示,它适用于分析高温烧结过程中扩散作用下的孔洞收缩过程。将片层等效为初始半径 r_{s0},高 $2z_{s0}$ 的圆柱,片层间存在半径为 r_{b0} 的桥连。片层间孔洞高度为 $2(h-z_s)$,其中 h 为片层表面到中心的距离。片层内部含有沿面外方向的柱状晶,截面等效为边长为 g_0

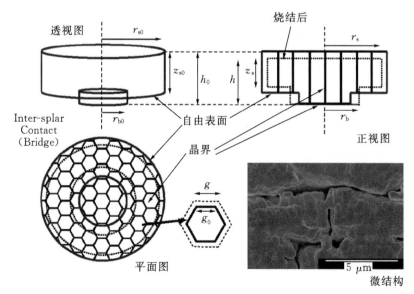

图 7-8　考虑烧结作用的圆柱模型示意图[3]

的正六边形。片层单位体积内柱状晶数量为 N_s。涂层微观结构演化可由以下 4 个独立几何参数描述：h, z_s, r_s, N_s。

对于开孔涂层自由烧结问题，弹性应变能及孔内气压对涂层自由能均无贡献，仅考虑表面扩散和晶界扩散对自由能的贡献：

$$G = \frac{1}{V}\left[\int_{A_S} \gamma_S \, dA_S + \int_{A_{gb}} \gamma_{gb} \, dA_{gb}\right] \qquad (7-12)$$

其中，V 为所选取单元的体积；A_S 和 A_{gb} 分别为表面积和晶界面积；γ_S 和 γ_{gb} 分别为表面能和晶界能。

考虑自由烧结过程中伴随微观结构演化的如下能量耗散过程：①晶界扩散，②表面扩散，③晶界迁移。单位体积内能量耗散速率为：

$$\Psi = \frac{1}{V}\left[\int_{A_{gb}} \frac{1}{2M_{gb}\Omega\delta_{gb}}(j_{gb})^2 \, dA_{gb} + \int_{A_S} \frac{1}{2M_S\Omega\delta_S}(j_S)^2 \, dA_S \right.$$
$$\left. + \int_{A_{gb}} \frac{1}{2m_m}(v_m)^2 \, dA_{gb}\right] \qquad (7-13)$$

其中，M 为原子迁移率；Ω 为扩散物体积；j 为单位长度体积通量；δ 为扩散层厚度；v_m 为晶界迁移速率；m_m 为晶界本征迁移率

$$M = \frac{D_0 \exp(-Q/RT)}{k_B T} \qquad (7-14)$$

$$m_m = \frac{D_{gb0} \exp(-Q_{gb}/RT)}{k_B T} \frac{\Omega}{\delta_{gb}} \qquad (7-15)$$

其中，D 为扩散系数；Q 为活化能；R 为普适气体常数；k_B 为波尔兹曼常量；T 为绝对温度。

物质扩散过程中通量 j 与迁移速率 v 满足质量守恒：

$$\nabla j + v = q \qquad (7-16)$$

其中，∇ 为散度算子；q 表征物质的源与湮灭。

烧结过程中，整个系统演化规律始终满足能量泛函 Π 最小，即：

$$\delta\Pi = \delta(\dot{G} + \Psi) = 0 \qquad (7-17)$$

采用四阶龙格-库塔方法对上式进行积分求解，即可得到独立几何参数随烧结时间的演化规律，从而预测涂层微观结构的演化。定义涂层面内、外线性收缩率分别为：

$$\left(\frac{\Delta L}{L_0}\right)_{ip} = -\frac{r_s - r_{s0}}{r_{s0}} - \frac{a - a_0}{a_0} \qquad (7-18)$$

$$\left(\frac{\Delta L}{L_0}\right)_{tt} = -\frac{h - h_0}{h_0} \qquad (7-19)$$

数值分析得到面、内外线性收缩率随烧结时间的演化规律如图 7-9(a)

所示。类似地可以得到涂层比表面积和孔隙率的演化规律，分别如图7-9
(b)和(c)所示。进一步考虑片层和孔洞的传热过程，可以得到涂层热导率随
烧结时间的演化规律，见图7-9(d)。分析过程中讨论了孔洞分布的影响，并
进行了敏感性分析。

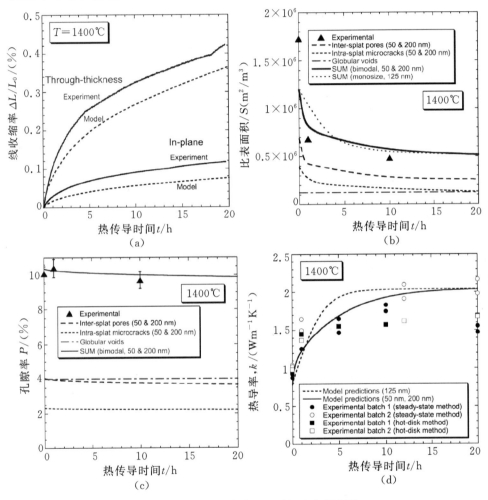

图7-9 烧结过程中涂层随时间变化规律[3]

(a)收缩率；(b)比表面积；(c)孔隙率；(d)热导率

从图7-9可见，该模型的预测结果与实验结果趋势和绝对数值均吻合较
好。比表面积呈现双阶段减小模式：初始阶段的快速收缩源于较小的孔洞和
微裂纹的迅速闭合，第二阶段的缓慢收缩主要与较大的孔洞和裂纹相关。单
一孔洞尺寸与多种孔洞尺寸分布的模型所预测的比表面积减小规律及热导

率演化规律均不同,表明表面扩散对微观结构演化及涂层性能影响较大。敏感性分析表明,较小孔洞和裂纹初始张开位移由于缩短了扩散路径,从而引起更快的孔洞球化和裂纹愈合;提高晶界扩散系数会导致涂层加速收缩,然而提高表面扩散系数则会间接使得涂层收缩减缓。此外,表面扩散促进片层间接触面积增大,同时减缓收缩和致密化速率,影响涂层面外热导率和面内弹性模量。

　　该圆柱烧结模型探讨了 APS 涂层高温烧结过程中圆柱片层及其桥连在表面扩散、晶界扩散与迁移的共同作用下,微观结构演化、涂层宏观收缩以及热学性能演化规律,并与实验结果吻合较好。然而该模型假设片层之间相互平行,且相邻两片层间仅与中心位置存在一处桥连,无法研究片层间烧结颈的动态形成过程。此外,该模型没有给出涂层的本构关系,难以开展烧结相关的涂层力学行为研究。

7.4　楔形烧结模型

　　实验观测表明,APS 涂层两相邻片层并非完全相互平行,之间往往存在夹角,形成楔形孔隙,如图 7-3 所示。烧结过程中,由于楔形角附近两相邻片层距离较近,较易形成烧结颈,如图 7-4 所示。基于楔形微观结构,Lv 等[10]建立了考虑烧结颈形成过程的热障涂层多尺度楔形烧结模型,如图 7-10 所示。

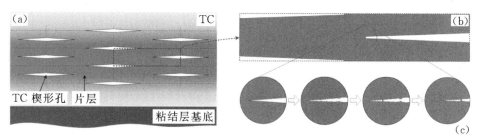

图 7-10　考虑烧结颈形成的 APS 涂层楔形烧结模型[10]

　　前期研究表明,涂层高温烧结过程可由力热耦合的弹粘塑性本构模型描述[14]:

$$\{d\varepsilon\} = \{d\varepsilon^{E}\} + \{d\varepsilon^{Vp}\} + \{d\varepsilon^{sint}\} + \{d(\alpha T)\} \qquad (7-20)$$

其中,$d\varepsilon$ 为总应变增量;$d\varepsilon^{E}$ 为弹性应变增量;$d\varepsilon^{Vp}$ 为粘塑性应变增量;$d\varepsilon^{sint}$ 为烧结应变增量;$d(\alpha T)$ 为热应变增量。

　　宏观等效烧结应力表达式为:

$$\sigma_s = \rho^N \frac{2\gamma}{r^*} \qquad (7-21)$$

式中，ρ 为相对密度；γ 为表面能；r^* 为等效孔径；N 为由实验确定的常数。然而，楔形模型中由于考虑了孔洞的微观形貌以及烧结颈等特征微观结构，不能再将其等效为均布球孔，因此式（7-21）不再适用。然而，由式（7-21）可知，烧结过程中微观结构演化主要由表面能驱动，可将烧结应力等效为施加在孔洞内表面的等双轴表面张力：

$$\begin{cases} \tau_{zx}^{\text{sinter}} = \sigma_0 \\ \tau_{zy}^{\text{sinter}} = \sigma_0 \\ \sigma_z^{\text{sinter}} = 0 \end{cases} \qquad (7-22)$$

其中，假设面内烧结应力 $\tau_{zx}^{\text{sinter}}$ 和 $\tau_{zy}^{\text{sinter}}$ 为常数，面外烧结应力 σ_z^{sinter} 为 0。因此，本构模型中总应变中不再包含烧结应变分量：

$$\{d\varepsilon\} = \{d\varepsilon^E\} + \{d\varepsilon^{Vp}\} + \{d(\alpha T)\} \qquad (7-23)$$

本构关系退化为：

$$\{d\sigma\} = [D^*](\{d\varepsilon\} - [\eta]^{-1}\{\sigma\}dt - d\{\alpha T\}) \qquad (7-24)$$

其中，弹性矩阵 $[D^*]$ 以及粘性矩阵 $[\eta]$ 表达式参见文献[10]。

基于该本构关系，Lv 等[10]考察了楔形模型烧结过程中的应变模式及应力分布规律，探讨了片层厚度方向及面内自由烧结收缩率，通过模拟循环压缩实验及稳态传热分析得到了烧结过程中表观弹性模量及热导率实时演化规律，从而阐明了烧结颈的形成对涂层力、热学行为的影响。

与传统砖块烧结模型（图 7-11(a)）相比，楔形烧结模型考虑了烧结颈的形成对涂层整体烧结行为的影响。通过将烧结过程离散为包含不同数量烧结颈的若干阶段（图 7-11(b)~(d)），分别考察各阶段的力、热学参数演化规律，即可对整个烧结过程进行预测。

从图 7-12 可见，随烧结的进行，模型中原有的尖角均出现钝化，印证了烧结实验中普遍报导的孔洞球化现象。由应力分布及演化规律可知，应力集中于烧结颈根部，其中距楔形角最近的烧结颈处（图 7-12 点 B）尤为严重。前人实验结果[15]也表明相似位置较易发生断裂。与传统砖块模型对比表明，烧结颈数量是烧结过程中涂层厚度方向整体收缩（图 7-13(a)）和面内孔洞缩小（图 7-13(b)）的决定因素。Yang 等[16]在实验中观察到涂层自由烧结过程中整体收缩停滞后的二次收缩现象，难以考虑烧结颈形成的传统砖块模型无法预测该现象[3]。烧结初期楔形模型遵循无烧结颈阶段收缩规律（图 7-13(a)阶段 0），当片层上下表面连接形成烧结颈后，楔形模型将遵循含烧

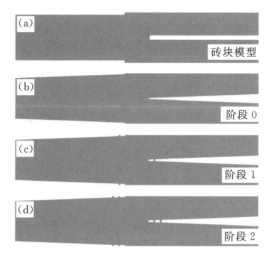

图 7 - 11　传统砖块烧结模型(a)及楔形烧结模型包含不同烧结颈数量的
各烧结阶段(b)～(d)

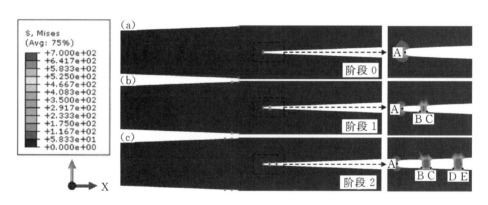

图 7 - 12　楔形模型烧结过程中的变形模式及应力分布[10]

结颈阶段收缩规律(图 7 - 13(a)阶段 1 和阶段 2),收缩率提高,形成二次收缩。此外,烧结颈的形成会导致杨氏模量的快速增长(图 7 - 13(c))以及热导率的加速升高。Shinozaki 等[17]在实验中观察到的二次硬化现象也可参照二次收缩由楔形模型合理解释。由各烧结阶段楔形模型稳态传热分析可知,烧结颈为片层间热传导提供通道(图 7 - 13(d)),并引起温度分布紊乱(图 7 - 14(b)～(d)),扩大温度分布的不均匀性,增大热应力引起涂层断裂和脱粘的概率。

该楔形烧结模型基于涂层高温下的弹粘塑性本构关系,考察了烧结初期烧结颈形成过程不同阶段中表面能作用下的微观结构演化、片层与烧结颈内

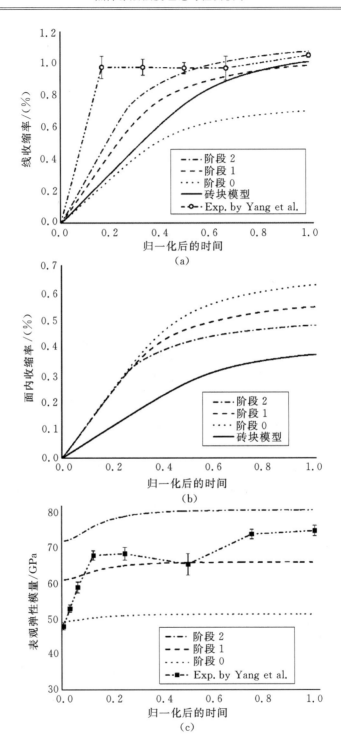

（a）

（b）

（c）

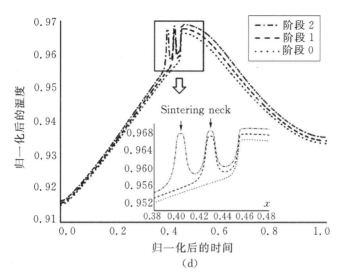

图7-13　(a)烧结颈形成不同阶段厚度方向收缩率变化；(b)面内收缩率变化；

(c)表观弹性模量演化；(d)楔形模型下界面温度分布规律[10]

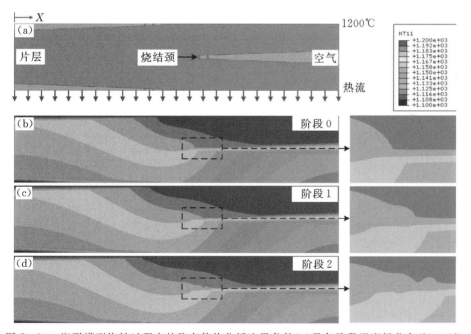

图7-14　楔形模型烧结过程中的稳态传热分析边界条件(a)及各阶段温度场分布(b)~(d)

部应力和温度分布、涂层宏观响应以及力、热学性能演化规律，与实验结果吻合较好。然而该模型将烧结颈动态形成过程离散为不同阶段进行讨论，未能模拟多个烧结颈的连续形成过程。

相较于前期研究[11],该模型将涂层中的宏观等效烧结应力替换为作用于微观结构孔洞表面的等双轴表面张力,可用于研究烧结过程中烧结颈的形成过程及其内部应力状态,克服了基于平行片层假设模型(如 Hutchinson-Fleck-Cocks 模型[1]和 Cipitria-Golosnoy-Clyne 模型[3])的不足。

7.5　球壳烧结模型

针对图 7-3 所示的 APS 涂层烧结中后期微裂纹的愈合及孔洞球状化,该阶段涂层微观结构可简化为夹杂随机分布孔洞的均匀材料。随着烧结的进行,这些孔洞趋向均匀。在保持相同的体积比例条件下,可以等效为球壳代表体积单元,如图 7-15 所示。

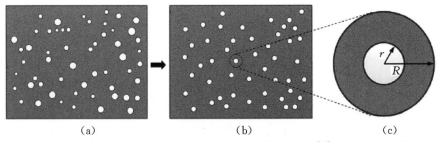

(a)　　　　　　　　　　(b)　　　　　　　　　(c)

图 7-15　热障涂层等效微观结构示意图[11]

(a)孔洞随机分布的理想化结构;(b)孔洞均一化等效结构;(c)球壳结构代表体积单元

Gasik 和 Zhang[14]基于球壳模型发展了粘弹塑性热力耦合本构模型,预测了烧结过程中面内和面外整体收缩规律,与实验结果吻合较好。该本构模型将总应变分解为弹性变形、烧结收缩、粘塑性蠕变和热膨胀。

在该模型的基础上,考虑烧结的本构方程可以表示如下:

$$\{\mathrm{d}\sigma\} = [D^*](\{\mathrm{d}\varepsilon\} - [\eta]^{-1}\{\sigma\}\mathrm{d}t - \{\mathrm{d}\varepsilon^{\mathrm{sint}}\} - \mathrm{d}\{\alpha T\}) \qquad (7-25)$$

其中,改写的弹性矩阵$[D^*] = \left([I] + \dfrac{1}{2}[D][\eta]^{-1}\{\sigma\}\mathrm{d}t\right)^{-1}[D]$,$[I]$为单位矩阵,$[\eta]$为粘性矩阵,$[D]$为弹性矩阵。

基于该本构模型,Lv 等[11]考虑烧结过程中质量守恒及微观结构几何关系,通过受力分析得到了相对密度 ρ 和烧结时间 t 之间的关系如下:

$$t = -\frac{2}{3}\left(\frac{\rho_0}{1-\rho_0}\right)^{\frac{1}{3}}\frac{\eta k R_0}{\gamma}\int_{\rho_0}^{\rho}(1-\rho)^{-\frac{2}{3}}\rho^{-\frac{11}{3}}\mathrm{d}\rho \qquad (7-26)$$

其中,ρ_0 为初始孔隙率;η 为粘性系数;k 为等效半径参数;R_0 为初始孔洞半径;γ 为表面能。

涂层烧结的本质是在表面张力作用下陶瓷片层之间的相互连接。依据孔洞形貌变化,将烧结过程划分为三个阶段[18]:烧结初期,烧结颈生长(见 7.4 节)导致粒子间接触面积增大;烧结中期,表现为晶粒生长及孔洞变形;烧结末期,孔洞最终闭合。对 APS 涂层而言,前两阶段可合并为片层间粘结率增加的阶段,由表面扩散和蒸发-凝聚机制主导,且相对迅速(小于 10 h)[19,20]。在随后的准稳态阶段中,大孔收缩且呈现球状化趋势[21]。该阶段由表面张力引起的烧结应力主导,且持续时间相对较长(几十至数百小时)。

基于实验观测,将烧结中后期含近似均布球形孔洞的 APS 涂层微观结构等效为球壳模型,Lv 等[11]改进了 Gasik 和 Zhang[14]的本构模型,分析了涂层相对密度随烧结时间的演化规律,并结合有限元方法数值考察了涂层长期服役过程中烧结和混合氧化物生长对界面裂纹的影响,如图 7 - 16 所示。结果表明,粘塑性仅减缓了界面裂纹扩展,但对裂纹起裂并无显著影响(图7 - 17(a))。

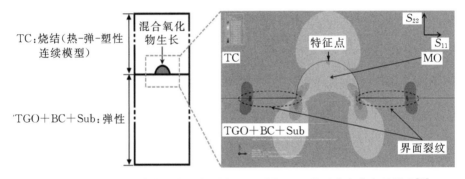

图 7 - 16　烧结和混合氧化物生长对含界面裂纹 APS 涂层应力分布的影响[11]

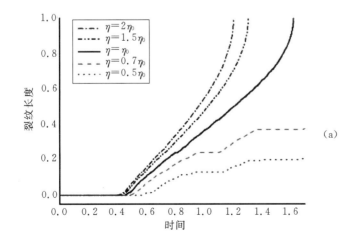

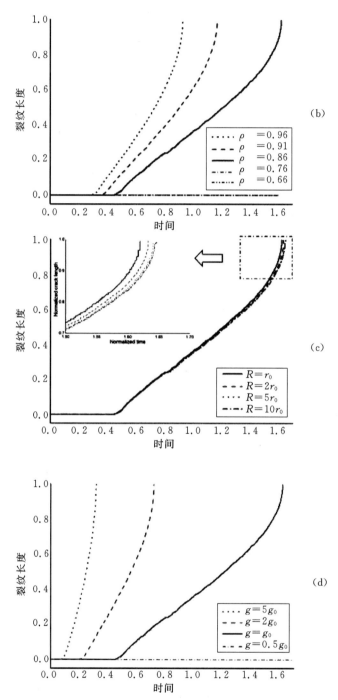

图 7-17　不同材料参数对 APS 涂层界面裂纹的影响[11]

（a）粘性系数；（b）初始孔隙率；（c）等效孔径；（d）MO 生长速率

　　高孔隙率和低混合氧化物生长速率有助于减缓界面裂纹的萌生和扩展（图 7－17(b)和(d)）。然而，初始孔洞大小对界面断裂行为影响可以忽略（图 7－17(c)）。此外，以混合氧化物与陶瓷层界面顶点（图 7－16）为特征点，考察了上述四因素影响下界面应力随烧结时间的演化规律。如图 7－18(a)～(d)所示，各因素对界面应力的影响规律基本与界面裂纹的情况一致，应力演化规律可以较好地解释界面裂纹的萌生及扩展。

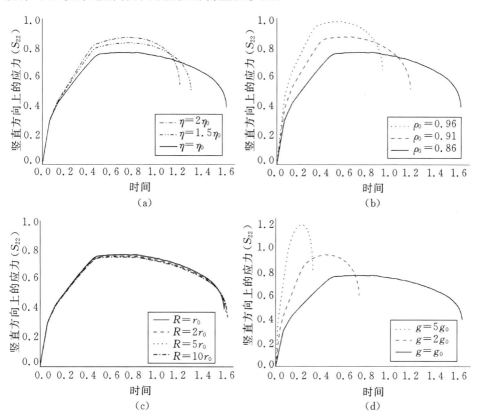

图 7－18　不同材料参数对 APS 涂层界面应力演化的影响[11]
(a)粘性系数；(b)初始孔隙率；(c)等效孔径；(d)MO 生长速率

　　该球壳烧结模型采用均一化假设，研究了烧结中后期涂层中微裂纹愈合和孔洞球状化后，陶瓷层烧结和热生长氧化物共同作用下的涂层界面断裂行为，并详细分析了相关的微结构、力学、氧化生长动力学等影响因素。该模型仅适用于考察涂层的宏观力学行为。

7.6 CMAS 渗入的连续介质力学分析

7.6.1 CMAS 渗入物理模型

Calcium-Magnesium-Alumina-Silicate(CMAS)混合氧化物渗入是影响 TBC 系统寿命的又一重要因素,特别是航空发动机难以避免随高温燃气进入的沙尘和火山灰。通常情况下,CMAS 混合氧化物会首先附着于涂层表面,其熔化温度大约在 1250 ℃。熔融状态 CMAS 具有非常优异的流动特性,能快速渗入涂层内的孔隙中[22]。当熔融的 CMAS 渗透到温度低于其熔点的区域时,将重新变为密实的固态而停止向下渗透。同时,当涂层整体温度降低时,渗入的熔融态 CMAS 也会全部转变为密实的固体,这将破坏涂层的疏松结构,进而引发界面失效。

图 7-19 给出了 EB-PVD 涂层中 CMAS 渗入及其引发界面脱粘的扫描电镜图,可见涂层表面存在明显的 CMAS 渗入现象,而改变了涂层的疏松多孔结构[23]。特别是在靠近表面的区域,渗入非常明显,密实化严重。此外,界面处出现了脱粘现象。在靠近涂层表面的区域内也会出现一些水平方向的裂纹[24]。图 7-19(b)为 CMAS 渗入涂层后引起的表层大面积剥落[22,25],靠近表面的柱状 YSZ 因 CMAS 渗入而出现大量断裂现象。

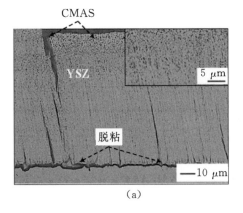

图 7-19 EB-PVD 涂层柱状晶间的 CMAS 沉积渗入(a)[23] 及其诱发的涂层脱粘(b)[22,25]

图 7-20 为 CMAS 渗入引发 EB-PVD 涂层界面脱粘的示意图。随着涂层系统在高温环境下的长时间暴露,柱状晶间的空隙会逐渐被渗入的 CMAS

填充,填充的高度主要由涂层内部的温度所决定。因此,涂层内 CMAS 的渗入高度随涂层系统的不同而变化。同时,CMAS 混合物的模量也会随着其组成物的比例不同而变化。

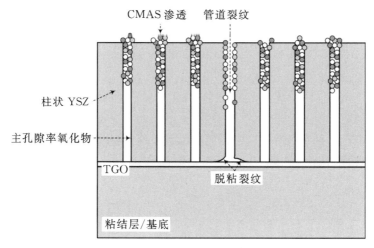

图 7 - 20　CMAS 渗入诱发涂层界面脱粘的示意图[26]

　　基于 EB-PVD 涂层微结构及 CMAS 渗入特点,建立图 7 - 21 所示的 CMAS 渗入诱发界面裂纹的物理模型[27]。模型中同时包含了涂层柱状晶微结构以及渗入的 CMAS,用以描述涂层的横观各向同性特征。假设所有的柱子均垂直于界面平行分布,柱子间间距均为 d,柱子宽度均为 D,高度均为 h_{YSZ},CMAS 渗入高度为 h_{CMAS},渗入宽度与柱状晶间距相同。由于不同涂层

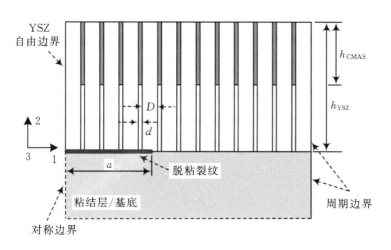

图 7 - 21　CMAS 渗入引发涂层界面裂纹的物理模型

内温度分布的差异,h_{CMAS}取值位于 0 和 h_{YSZ} 之间。需要特别指出,在实际的 CMAS 渗入过程中,在涂层表面也会沉积一薄层 CMAS 沉积物[28]。为简化分析,此处忽略了表层的 CMAS 层和 TGO 层。同时,忽略了不同柱状晶间 CMAS 渗入高度的差异,即认为所有区域 CAMS 渗入高度均相同。

7.6.2　CMAS 渗入引起的涂层宏观等效模量变化

将发生部分 CMAS 渗入的陶瓷层分为 CMAS 渗入和 CMAS 未渗入两部分,分别如图 7 - 22 中(A)和(B)所示。对于这两部分,可以简化为两相复合材料,即 YSZ 柱子为一相,柱子间空隙或 CMAS 为第二相。基于两相复合材料的混合律模型[28,29],可以求得等效模量。

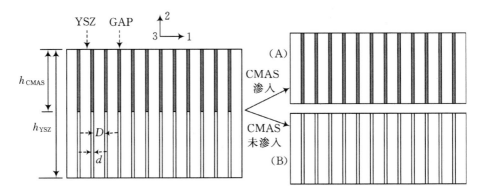

图 7 - 22　YSZ 柱状涂层分解示意图,分解成 CMAS 渗入和 CMAS 未渗入两部分

对于 CMAS 渗入部分(图 7 - 22 中(A)),其面内和面外等效模量 $E_{1,A}^{eq}$ 和 $E_{2,A}^{eq}$ 分别为:

$$E_{1,A}^{eq} = \frac{E_{CMAS}E_{YSZ}}{E_{CMAS}V_{YSZ} + E_{YSZ}V_{CMAS}} \tag{7-27}$$

$$E_{2,A}^{eq} = E_{YSZ}V_{YSZ} + E_{CMAS}V_{CMAS} \tag{7-28}$$

式中,E_{CMAS} 和 E_{YSZ} 分别为 CMAS 和 YSZ 柱子的杨氏模量;V_{CMAS} 和 V_{YSZ} 分别为 CMAS 和 YSZ 柱子两部分所占的体积分数,满足 $V_{CMAS}+V_{YSZ}=1$。根据几何特征参数,可以分别表示为:$V_{CMAS}=d/(D+d)$,$V_{YSZ}=D/(D+d)$。

对于 CMAS 未渗入部分(图 7 - 22 中(B)),其等效面内模量 $E_{1,B}^{eq}$ 和面外模量 $E_{2,B}^{eq}$ 分别为:

$$E_{1,B}^{eq} = \frac{E_{GAP}E_{YSZ}}{E_{GAP}V_{YSZ} + E_{YSZ}V_{GAP}} \tag{7-29}$$

$$E_{2,B}^{eq} = E_{YSZ}V_{YSZ} + E_{GAP}V_{GAP} \qquad (7-30)$$

式中，E_{GAP} 为柱子间空隙内高孔隙率氧化物的杨氏模量；V_{GAP} 为空隙所占体积分数，与 V_{CMAS} 具有相同的表达形式。

同理，整个柱状 YSZ 涂层也可以近似看作两相复合材料，即图 7-22 中 (A) 为一相，图 7-22 中 (B) 为另一相。采用同样方法，可以得到整个涂层的面内和面外等效模量为：

$$E_1^{eq} = E_{1,A}^{eq}V_A + E_{1,B}^{eq}V_B \qquad (7-31)$$

$$E_2^{eq} = \frac{E_{2,A}^{eq}E_{2,B}^{eq}}{E_{2,A}^{eq}V_B + E_{2,B}^{eq}V_A} \qquad (7-32)$$

其中，$V_A = h_{CMAS}/h_{YSZ}$，$V_B = 1 - h_{CMAS}/h_{YSZ}$。

将式 (7-27)~式 (7-30) 代入式 (7-31) 和式 (7-32) 可得：

$$E_1^{eq} = \frac{(D+d)E_{YSZ}}{h_{YSZ}}\left[\frac{E_{CMAS}h_{CMAS}}{DE_{CMAS} + dE_{YSZ}} + \frac{E_{GAP}(h_{YSZ} - h_{CMAS})}{DE_{GAP} + dE_{YSZ}}\right] \qquad (7-33)$$

$$E_2^{eq} = \frac{h_{YSZ}(DE_{YSZ} + dE_{CMAS})(DE_{YSZ} + dE_{GAP})}{(D+d)(Dh_{YSZ}E_{YSZ} + dh_{YSZ}E_{CMAS} - dh_{CMAS}E_{CMAS} + dh_{CMAS}E_{GAP})} \qquad (7-34)$$

由 YSZ 涂层的微结构特征可知，图 7-22 中沿着面内 3 方向的宏观等效模量与 1 方向的等效模量相等，即 $E_3^{eq} = E_1^{eq}$。当令 $h_{CMAS} = h_{YSZ}$ 和 $E_{CMAS} = E_{YSZ}$ 时，$E_1^{eq} = E_2^{eq} = E_{YSZ}$，即涂层整体为均匀密实的 YSZ 材料，表现为各向同性。

基于上述等效模量分析可知，对于可宏观描述为横观各向同性薄膜的涂层问题，只需考虑涂层面内等效模量、面外等效模量和泊松比这三个独立的材料参数。需要指出，在绝大多数涂层系统中，YSZ 柱子的泊松比与 CMAS 沉积物的泊松比相差很小，其影响相对较小[25]。

CMAS 渗入的影响主要体现在其对涂层宏观模量的改变，而涂层的面内模量和面外模量则是影响界面裂纹驱动力的关键因素。图 7-23 给出了涂层的面内等效模量 E_1^{eq} 和面外等效模量 E_2^{eq} 随 CMAS 模量和渗入高度的变化情况，其中 YSZ 柱子和空隙内高密度氧化物的模量分别取为 $E_{YSZ} = 100$ GPa 和 $E_{GAP} = 5$ GPa。考虑到 CMAS 混合物各组分相对含量及其导致的模量真实变化情况，假设 E_{CMAS} 取值范围为 5 GPa 到 120 GPa。图 7-23 给出了三个不同的 CMAS 渗入高度下（$h_{CMAS} = h_{YSZ}$，$h_{CMAS} = 0.5h_{YSZ}$ 以及 $h_{CMAS} = 0.3h_{YSZ}$）等效模量的变化结果。可见，CMAS 模量变化的影响主要体现在对面内模量 E_1^{eq} 的影响上。当 $h_{CMAS} = h_{YSZ}$ 时，在 E_{CMAS} 从 5 GPa 变到 120 GPa 过程中，面内模量 E_1^{eq} 增长高达三倍，而此时面外模量 E_2^{eq} 仅增长 10% 左右。当 $h_{CMAS} = 0.5h_{YSZ}$ 时，E_1^{eq} 也出现了两倍的增长，而 E_2^{eq} 的增长仅为 5% 左右。此外，在

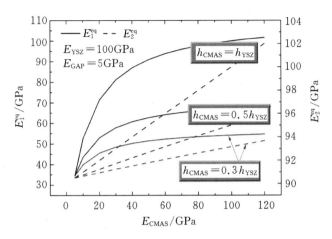

图 7-23 YSZ 柱状涂层宏观等效模量(E_1^{eq} 和 E_2^{eq})随 CMAS 模量及渗入深度的变化情况

E_{CMAS} 的值相对较小时,即图 7-23 中 E_{CMAS} 处于 5～50 GPa 的阶段,其增长对等效模量的影响更加显著。而随着 E_{CMAS} 值逐渐接近 E_{YSZ},增长速度将放缓。

7.6.3　CMAS 诱发的界面脱粘

Peng 等[23]、Wu 等[30,31]、Kramer 等[32,33]、Krause[34] 等人通过实验手段,观察了 CMAS 在涂层表面的沉积以及融化后往涂层内部的渗透过程,并对该过程中涂层内的化学反应、微结构和热物理性质演化,以及裂纹的形成位置做了详细讨论。而 Mercer 等[22]、Levi 等[35]、Kramer 等[36]、Chen[25] 等人通过应力和能量的分析,从力学的角度解释了实验中观察到的开裂位置和模式。

Su 等[26]采用 ABAQUS 分析了 CMAS 渗入所诱发的涂层脱粘行为,计算模型如图 7-24 所示的平面应变薄膜基底结构。薄膜的右侧边界施加一定常的均匀拉伸应变以模拟所受到的热失配应力。同时,考虑到模型的周期性

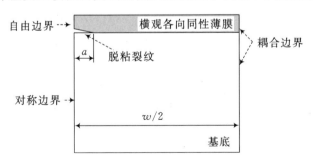

图 7-24　薄膜基底界面开裂的二维计算模型

和对称性,基底的左侧边界上施加对称边界条件,该边界上所有节点位移分量满足 $u_1=\theta_2=0$(θ 为角位移);薄膜左侧边界为裂纹面,满足自由边界条件。在整个模型的右侧边界施加耦合边界条件,使各结点在水平方向始终能保持位移一致,在该边界上的任意两结点 i 和 j 之间满足如下的位移关系:$u_1^{(i)}=u_1^{(j)}$。同时,为了防止刚体位移,约束模型底部在厚度方向的位移,即 $u_2=0$。假设所有组元均为线弹性材料,且薄膜为横观各向同性材料。为了分析面内和面外模量的影响,并考虑 EB-PVD 涂层的实际情况,假设面内模量 E_1^f 在 20 GPa 和 200 GPa 之间变化,而面外模量 E_2^f 位于 40 GPa 和 200 GPa 区间,泊松比为常数,$\nu_{13}^f=0.1$[37]。基底材料的杨氏模量和泊松比分别为:$E_s=210$ GPa,$\nu_s=0.3$。

图 7-25 为计算得到的界面裂纹裂尖能量释放率随裂纹长度的变化趋势,其中 $E_2^f=150$ GPa,归一化量 G_0 是裂纹长度 $a=5h_f$,薄膜为各向同性($E_1^f=E_2^f=150$ GPa)时的能量释放率值。可见,对于横观各向同性涂层,薄膜基底间界面裂纹裂尖能量释放率的变化趋势与各向同性涂层是一致的。即当裂纹长度相对较小时,能量释放率随着裂纹长度增加而单调变化;而当裂纹长度增加到足够大时,能量释放率基本不再变化,逐渐趋近于一常数值,此时,裂纹进入稳定状态。然而,与各向同性情形相比,在相同的裂纹长度下,当薄膜面内模量大于面外模量时,横观各向同性涂层/基底间的裂纹扩展驱动力明显增强;而当面内模量小于面外模量时,裂纹扩展驱动力降低。

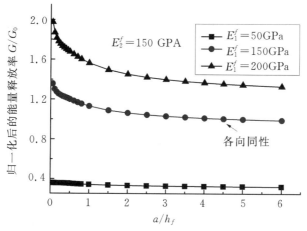

图 7-25　归一化的能量释放率 G/G_0 随裂纹长度 a/h_f 的变化趋势

CMAS 渗入对薄膜不同方向的模量的影响是不同的,可以从面内和面外模量两个方面分析其对界面脱粘的影响。图 7-26 为薄膜面外模量 E_2^f 保持为常数时,面内模量 E_1^f 从 20 GPa 变化到 200 GPa 时,能量释放率的变化情况。图中给出了三种裂纹长度下的计算结果,即 $a=0.5h_f$、$a=2h_f$ 和 $a=5h_f$。能量释放率随薄膜面内模量 E_1^f 的增加而连续单调地增加,这在很大程度上影响着涂层的剥离失效。

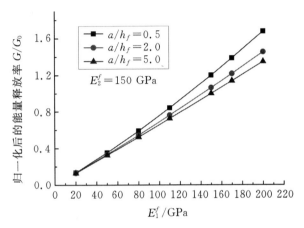

图 7-26　薄膜面内模量 E_1^f 变化对能量释放率的影响

　　图 7-27 为面外模量 E_2^f 对裂尖能量释放率的影响,其中 $E_1^f=50$ GPa,而 E_2^f 自 40～200 GPa 变化。当裂纹相对较长时($a=2h_f$ 或者 $a=5h_f$),能量释放率对面外模量 E_2^f 的变化不敏感,E_2^f 从 40 GPa 增加到 200 GPa 时,二者的值仅在极小的范围内变化,变化幅值不足 5%。而对于短裂纹的情形($a=$

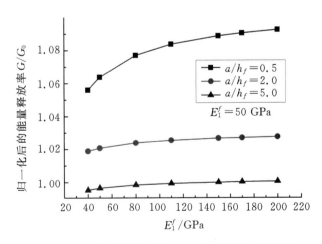

图 7-27　薄膜面外模量 E_2^f 变化对能量释放率的影响

$0.5h_f$),二者的变化相对较显著一些,这种变化主要是由于边界条件引发的。因为当裂纹较短时,驱动力还处于不稳定状态,对边界条件相对较敏感。总体上看,相比面内模量 E_1^f 而言,面外模量 E_2^f 的影响较弱。

7.7 CMAS 渗入的细观分析

Su 等[26]采用图 7-21 所示的模型分析了 CMAS 渗入后的涂层微结构的影响,其中陶瓷层、粘结层以及基底的厚度分别为:$h_{YSZ} = 100\ \mu m$,$h_{BC} = 100\ \mu m$ 和 $h_{Sub} = 2000\ \mu m$。所采用的有限元模型共包含 200 个 YSZ 柱子,每个柱子的宽度 $D = 9\ \mu m$。考虑到常见的 EB-PVD 涂层系统的孔隙率一般为 10%左右[38,39],假设柱子间的空隙宽度均设置为 $d = 1\ \mu m$。同时,假设界面裂纹从左侧的自由边界底部萌生,裂纹尖端均位于 YSZ 柱子正中心的下方,如图 7-21 所示。边界条件与前一节中的连续分析模型一致,即在粘结层和基底的左侧采用对称的边界条件,而在模型右侧采用耦合边界条件,底端边界在厚度方向的位移被约束。假设所有组分材料均为各向同性线弹性,材料参数如表 7-1 所示。一般认为没有渗入 CMAS 的柱子间空隙中填充着极高孔隙率的氧化物[25,40],为此,模型中假设没有填充 CMAS 部分的杨氏模量为 5 GPa[25]。为了讨论不同组分 CMAS 渗入的影响,假设其杨氏模量变化范围为 5~120 GPa。

表 7-1 微观结构模型的材料参数

	YSZ Columns	CMAS	Gap	Bond-coat	Substrate
杨氏模量 E/GPa	100	5~120	5	200	210
泊松比 ν	0.25	0.25	0.25	0.3	0.3

图 7-28 对比了采用细观和宏观连续介质力学分析获得的界面裂纹能量释放率随 CMAS 模量及厚度的变化情况。可见,两种方法得到的界面能量释放率均随着 CMAS 模量的增加而增加,并且当 CMAS 的模量值相对较小时(图中大约 5~60 GPa),其增加对能量释放率的影响更为显著,这与之前获得的 CMAS 模量对涂层等效模量的影响趋势是一致的(图 7-23)。而且,裂纹长度和渗入深度对整体变化趋势影响可忽略。当 $h_{YSZ} = h_{CMAS}$ 时,即 CMAS 完全渗入整个 YSZ 涂层,两种模型预测结果基本一致。但是,对于 CMAS 部分渗入情况,如 $h_{YSZ} = 0.5h_{CMAS}$ 或者 $h_{YSZ} = 0.3h_{CMAS}$ 时,由于柱子的弯曲效应导致结果存在一定差异。对于细观分析而言,仅柱子间上部的空隙区域填充

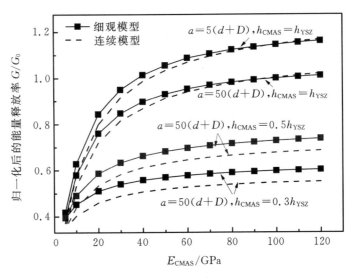

图 7-28　细观模型和连续模型预测的界面裂纹能量释放率分别随 CMAS 模量的变化情况

CMAS 时,未填充 CMAS 的下半部分区域的力学性质将和上半部分具有一定差异,此时,当涂层内出现热失配变形时,柱子不可避免的发生弯曲变形。对于连续分析来说,由于其忽略了涂层的微观结构,将涂层整体看作均匀材料,无法反映弯曲变形的影响,因此,在两个模型的预测值之间出现偏差。总体上看,细观与宏观连续分析的结果具有很好的一致性,即采用连续模型分析 EB-PVD 涂层问题,能够保证分析结果的准确性。

　　为了验证前述的柱子弯曲效应,Su 等[26]在保持 $D+d=10\ \mu m$ 为常数的情况下,考察了不同柱子宽度($D=9.5\ \mu m$,$D=9\ \mu m$ 和 $D=8.5\ \mu m$)对宏观连续和细观柱状模型预测值相对偏差 δ 的影响,如图 7-29 所示,其中 δ 定义为:$\delta=|G_{col}-G_{eq}|/G_{col}\times100\%$,$G_{col}$,$G_{eq}$ 分别柱状模型和连续模型预测的能量释放率值。当柱子宽度较大时($D=9.5\ \mu m$),相对偏差值 δ 一直保持在较低的水平;而当柱子宽度较小时($D=8.5\ \mu m$),δ 值则变得相对较大。这是因为,在柱子宽度 D 和空隙间距 d 的总和保持不变的情况下,柱子宽度越宽,其抗弯能力也越强,弯曲变形的影响也会相应减弱,从而降低两个模型预测值的相对偏差,因此会出现图 7-29 中的变化趋势。

　　图 7-30 为柱状模型中 CMAS 渗入的厚度和 CMAS 模量对界面裂纹能量释放率的综合影响。可见,随着 CMAS 模量或渗入厚度的增加,能量释放率均出现大幅度的增加。当 CMAS 模量和渗入深度自 $E_{CMAS}=5$ GPa,$h_{CMAS}=0$ 变化到分析所取最大值 $E_{CMAS}=120$ GPa,$h_{CMAS}=h_{YSZ}$ 时,能量释放率也达

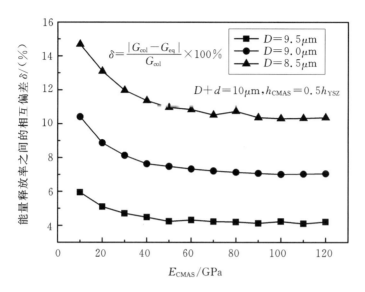

图 7 - 29　不同 YSZ 柱子宽度（D）下，细观柱状模型和连续模型预测的能量释放率值之间的相对偏差

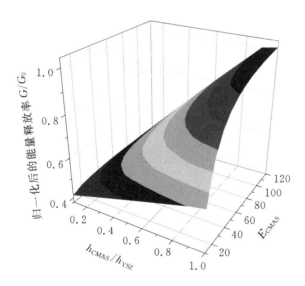

图 7 - 30　CMAS 的模量和渗入厚度对能量释放率的联合影响

到其最大值。也就是说，当柱状涂层的空隙内全部填满了密实的 CMAS 时，界面裂纹驱动力最大。这与图 7 - 23 中，CMAS 渗入对涂层宏观等效的面内模量影响趋势也是一致的。因此，对于 CMAS 渗入导致的 EB-PVD 涂层界

面脱粘问题,外界 CMAS 渗入显著增大了涂层的整体面内模量,而面内模量又是控制界面裂纹扩展驱动力的最主要因素,因而 CMAS 渗入会加速涂层界面脱粘。

7.8　热障涂层颗粒冲蚀

在复杂服役环境中,TBC 系统具有多种失效模式,其中冲蚀破坏是其最主要的失效模式之一。TBC 服役过程中,将不可避免地受到燃烧产生的颗粒及外来颗粒的撞击,层内出现密实区、凹坑等涂层变薄现象,甚至形成裂纹并从基底上剥落,即冲蚀失效,如图 7-31 所示。

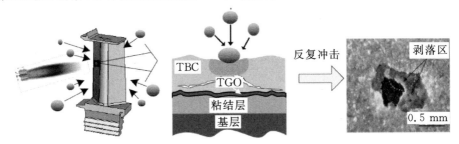

图 7-31　TBCs 的冲蚀损伤与剥落[41]

7.8.1　冲蚀实验

TBCs 冲蚀的实验研究主要是通过特殊燃烧装置,在一定温度下将硬质颗粒以一定的角度、速度喷至 TBCs 的陶瓷表面,再观察和分析影响其冲蚀性能的因素。目前搭建成形的实验平台有美国 Cincinatti 大学的风洞装置、英国 Cranfield 大学的恒温冲蚀模拟装置、美国的 NASA 研制的燃烧室加热冲蚀模拟装置(如图 7-32 所示)等[41,42]。

Cernuschia 等[43]实验研究了冲蚀角度(粒子运动方向与陶瓷表面的夹角)和粒子速度对冲蚀速率的影响,给出了冲蚀速率与冲蚀角度和粒子速度之间的函数关系。此外,Cernuschia 等[43]和 Janos 等[44]研究了陶瓷层的显微维氏硬度对 APS 涂层的冲蚀速率的影响规律。Wellman 等[42]对比研究了不同制备工艺的 TBC 的冲蚀性能,发现在冲蚀角度、速度和温度都相同的情况下,TBC 冲蚀性能的优劣按照制备工艺来排序依次是 EB-PVD,Segmented APS,PS-PVD,APS,如图 7-33 所示。

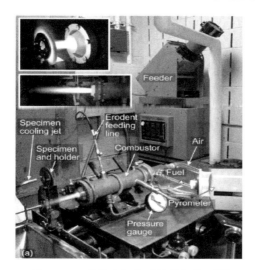

图 7-32　燃烧室加热冲蚀模拟装置[42]

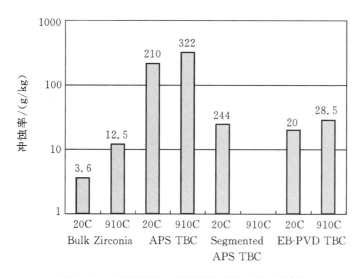

图 7-33　不同喷涂工艺涂层的冲蚀性能比较[42]

Wellman 等[42] 和 Nicholls 等[45] 的实验研究结果表明,根据颗粒速度、大小、温度和接触区域和柱状晶的相对大小等,EB-PVD 涂层的冲蚀失效可分为图 7-34 所示三种模式:涂层密实冲蚀模式,小尺寸、低速度的颗粒冲击时,只与个别柱状晶作用,陶瓷层仅在不超过 20 μm 的近表面形成密实层;涂层压缩损伤冲蚀模式,当较大尺寸的粒子以较大的速度撞击在陶瓷层的表面,被撞击的区域发生了少量的涂层剥离或是产生密实区,但陶瓷层内没有产生

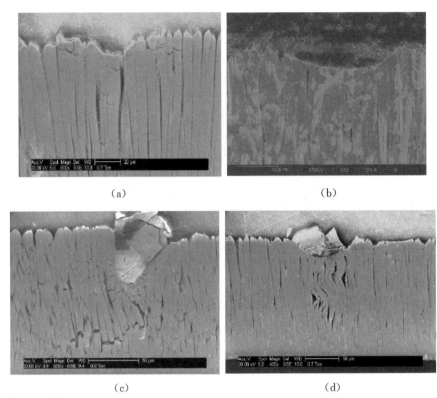

(a)　　　　　　　　　　　　(b)

(c)　　　　　　　　　　　　(d)

图 7-34　冲蚀失效模式图[42,45]

(a)涂层密实冲蚀模式;(b)涂层压缩损伤冲蚀模式;

(c)外来粒子冲蚀模式 1;(d)外来粒子冲蚀模式 2

任何的裂纹,也没有在整个陶瓷层中产生整体的塑性变形;外来粒子冲蚀模式,大尺寸高速度的颗粒撞击在陶瓷层表面时,较大范围的陶瓷层发生了变形,柱状晶单元可能发生弯曲、断裂,有的冲击甚至影响到了 BC 和 TGO 的应变场。

　　对于 APS 和 EB-PVD 制备的 TBC 系统,具有显著不同的微观结构,导致其抗冲蚀性能也具有巨大的差别[46]。比如,APS 涂层有大量孔洞和裂纹,其失效模式表现为层状单元的边界处形成裂纹并扩展,陶瓷层沿着这些边界成块、成片地剥落[42]。通常,将陶瓷层质量的减少量与参与冲蚀的粒子质量之比定义为 TBCs 的冲蚀速率,其主要的影响因素有粒子的质量(尺寸、密度)、速度、冲蚀角度,陶瓷层的物理、力学性能参数如密度、弹性模量、强度、硬度、断裂韧性等,陶瓷层微结构、冲蚀时 TBCs 以及撞击颗粒的温度等[41,42,46]。

受冲蚀颗粒的尺寸、速度、冲蚀角度以及受冲蚀材料的力学属性及内部微观结构的影响，TBC 系统颗粒冲蚀破坏主要包括：

(1)涂层薄化，多发生于冲蚀颗粒直径远小于涂层厚度的情况下。陶瓷涂层受微小颗粒冲蚀情况下，会引起涂层的表面局部塑性或脆性破坏，所产生的塑性变形或微裂纹会在持续冲击下不断增大，材料质量和体积被逐渐损耗，涂层变薄，甚至被穿透[47]。

(2)涂层分层开裂、剥落，多发生于冲蚀颗粒与涂层厚度在同一量级的情况。当直径与涂层厚度相当的颗粒冲击涂层时，会引起涂层内部的分层开裂，使得涂层表面有较大的质量损失率，严重时导致涂层剥落。此时通常可以采用单个颗粒撞击造成的损伤进行评估，也称为外来物冲蚀[48]。

(3)涂层整体脱落，多发生于颗粒尺寸大于涂层厚度的情况。在较大颗粒的高速冲击下，涂层发生大面积断裂破坏，导致涂层自基体上整体剥离，甚至基体也会受到损伤[45]。Chen 等[49]总结了颗粒冲蚀下 EB-PVD TBC 的主要失效模式，如图 7-35 所示。尽管过去一些年针对 TBC 系统的耐冲蚀性能开展了大量研究，然而受实验技术的限制和 TBC 系统自身微结构的复杂性，目前对于 TBC 系统颗粒冲蚀破坏机理的认识尚不是十分清楚。

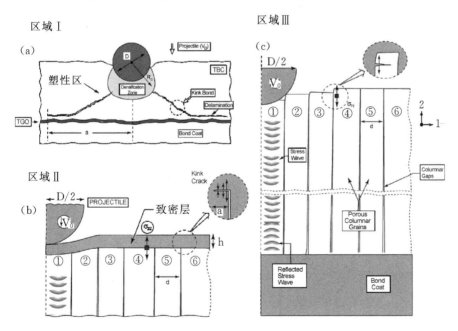

图 7-35　冲蚀失效机制图[49]

7.8.2　颗粒冲蚀理论模型

现有的冲蚀理论如微切削模型、变形磨损理论、锻压挤压理论等多适用于塑性材料,对热障涂层的冲蚀现象解释能力有限。Chen 等[46,49]对 EB-PVD TBC 的颗粒冲蚀机理进行了深入的研究,结合 EB-PVD TBC 柱状晶微观结构,深入研究了在不同尺度层次和区域中 EB-PVD TBC 的破坏方式和机理,归纳了颗粒冲蚀对 EB-PVD 涂层性能的不同影响区域:粒子的尺寸和动能都非常小时产生的动弹性区;中等程度尺寸和动能的冲蚀粒子产生的密实变形区,对应于涂层密实冲蚀模式;准静态的塑性压痕,发生在粒子速度和尺寸都很大的情况下,对应于外来粒子损伤模式,如图 7 - 35 所示。Chen 等[49]以有限元数值模拟的结果为基础,结合量纲分析的方法,建立了上述三种失效机制的失效准则和抵抗冲蚀失效的抗力指标。对于 EB-PVD TBC 系统冲蚀过程中的三个变形阶段,冲蚀表征量与相关物理量之间的函数关系式可以表示为[50]:

动弹性变形阶段:

$$\Delta \bar{v}_{ed} = -\frac{3}{4}\sqrt{\frac{\rho_{TBC}}{\rho_P}}\left(\frac{H_{TBC}}{R}\right)^2 \left[\Delta(\bar{\delta}^2)\right] \tag{7-35}$$

准静态弹性变形阶段:

$$\Delta \bar{v}_{es} = -\frac{1}{2}\left(\frac{H_{TBC}}{R}\right)^2 \left[\Delta(\bar{\delta}^3)\right] \tag{7-36}$$

准静态塑性变形阶段:

$$\Delta \bar{v}_{ps} = -\frac{3}{2}C\varepsilon_Y\left(\frac{H_{TBC}}{R}\right)^2 \left[\Delta(\bar{\delta}^2)\right] \tag{7-37}$$

其中,无量纲量 $\Delta \bar{v}_{ed}$、$\Delta \bar{v}_{es}$、$\Delta \bar{v}_{ps}$ 分别为粒子在动态弹性区、静态弹性区、静态塑性区的速度变化量;ρ_{TBC}、ρ_P 分别为陶瓷层、粒子的密度;H_{TBC} 为陶瓷层厚度;R 为压痕半径;$\bar{\delta}$ 为无量纲化的压入深度;C 为塑型约束因子;ε_Y 为塑性应变。

此外,Fleck 等[50]还给出了 TBCs 冲蚀后的应力场、凹坑深度、冲蚀粒子速度等参量的解析解。Oka 等[51]给出了冲蚀角度与体积冲蚀率的关系:

$$E' = k'(\sin\alpha)^{n_1}\left(\frac{k_2 - \sin\alpha}{k_2 - 1}\right)^{n_2} \tag{7-38}$$

式中,E' 为体积冲蚀率;k' 是正常情况下的冲蚀速率;n_1、n_2 是与颗粒硬度有关的常数;其中,$(H_p)^{-1.5} \leqslant k_2 \leqslant (H_p)^{0.5}$,$H_p$ 是颗粒的硬度。

7.8.3 颗粒冲蚀数值分析

决定损伤程度的参数可以分为 3 类：

(1)粒子的参数,包括粒子的密度、直径、初始速度、动能。

(2)TBCs 的参数:陶瓷层的密度、初始孔隙率、厚度、杨氏模量、陶瓷层因为孔洞、裂纹等缺陷的存在使得冲蚀时形成密实、凹坑所对应的临界应力或临界应变。

(3)表征损伤的参数:压痕深度、陶瓷层表面压痕的宽度、密实区的半径、应力状态、粒子的瞬时速度、时间无关的残余量等。如果陶瓷层内出现裂纹,则有裂纹长度。

Chen 等[46,48,49]采用 FEM 的方法对 EB-PVD 涂层的冲蚀过程进行了详细的分析,得到了冲击能量与压痕的残余深度、压痕堆积处的残余深度、陶瓷层表面压痕宽度、粒子的回弹速度的关系。他们还通过采用无量纲分析方法,将影响损伤程度的参数进行了无量纲化。其中,对于特定的 TBC 系统,密度、初始孔隙率、厚度、杨氏模量等是已经确定的参数。

Ma 等[52]采用扩展有限元方法模拟了颗粒冲蚀引起的 EB-PVD 内裂纹扩展行为,如图 7-36 所示。结果表明,随着速度增加,冲蚀过程中的最大压痕深、最大主应力、冲蚀速率基本成线性变化,当速度超过阈值后裂纹扩展长度随速度增大迅速增大;随着冲蚀角度增加,冲蚀深度逐渐增加,最大主应力先增加后减小,而裂纹扩展长度和冲蚀速率逐渐增加。

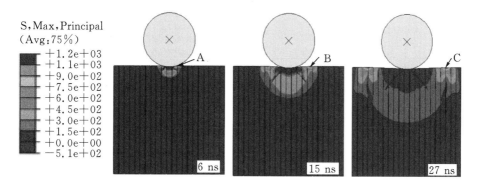

图 7-36 颗粒冲蚀引起的涂层内裂纹扩展路径[52]

Hamed 等[53]结合实验和数值研究了含涂层叶片的颗粒冲蚀行为,获得了三维颗粒运动轨迹(如图 7-37 所示),并且基于对颗粒冲击位置、速度和角度的统计分析,得到了涂层的冲蚀速率。

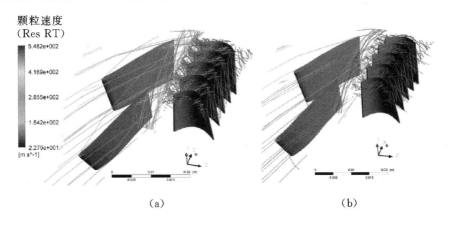

(a)　　　　　　　　　　　　　　　　　　(b)

图 7-37　颗粒冲蚀引起的涂层内裂纹扩展路径[53]
(a)初速 NASA 透平;(b)改进后的 NASA 透平

7.9　小　结

本章对 TBC 系统的烧结、CMAS 渗入及外来颗粒冲蚀行为作了介绍。

(1)目前针对 APS 涂层宏观、微观烧结机理,已初步探讨了涂层烧结的主要影响因素及烧结颈形成对涂层性能演变的影响规律,其中楔形烧结模型克服了 Hutchinson-Fleck-Cocks[1] 和 Cipitria-Golosnoy-Clyne[3] 等砖块模型难以研究烧结颈形成过程的不足。然而各研究中表征烧结的参量不尽相同,缺乏统一、全面的对涂层抗烧结特性进行表征的参数。此外,目前提高涂层抗烧结性能主要采用更换先进粉末,工艺复杂且成本昂贵。基于对涂层烧结机理的认识,设计廉价、易得的新结构抗烧结涂层,对于工业应用具有重大意义。

(2)CMAS 在涂层柱状空隙间的渗入显著增大了涂层的宏观面内模量,从而加速涂层界面开裂。需要指出,目前的分析均忽略了 CMAS 渗入的动态过程,不同的 CMAS 渗入过程对界面脱粘的影响也不尽相同,故需要进行 CMAS 渗入的动态力学,这对调控 CMAS 在涂层中的渗入过程,减轻其对界面脱粘的影响将具有重要意义。

(3)颗粒冲蚀是热障涂层系统失效的一个主要因素。涂层微结构、颗粒尺寸、速度及冲蚀角度等都会影响涂层的冲蚀破坏。目前,在冲蚀理论模型及实验方面研究尚明显不足,同时,未来更加苛刻的服役环境也使得颗粒冲蚀引起的涂层失效研究更加迫切。

参考文献

[1] Hutchinson R G, Fleck N A, Cocks A C F. A sintering model for thermal barrier coatings [J]. Acta Materialia, 2006, 54(5): 1297 - 1306.

[2] Cocks A, Fleck N, Lampenscherf S. A brick model for asperity sintering and creep of APS TBCs [J]. Journal of the Mechanics and Physics of Solids, 2014, 63: 412 - 431.

[3] Cipitria A, Golosnoy I O, Clyne T W. A sintering model for plasma-sprayed zirconia TBCs. Part I: Free-standing coatings [J]. Acta Materialia, 2009, 57(4): 980 - 992.

[4] Siebert B, Funke C, Vaβen R, Stöver D. Changes in porosity and Young's Modulus due to sintering of plasma sprayed thermal barrier coatings [J]. Journal of Materials Processing Technology, 1999, 92: 217 - 223.

[5] Funke C, Siebert B, Stoever D, Vassen R. Properties of ZrO_2-7wt pct Y_2O_3 thermal barrier coatings in relation to plasma spraying conditions [C]. Thermal spray: A united forum for scientific and technological advances, 1998: 277 - 284.

[6] Shinmi A. Characterization of the materials used in air plasma sprayed thermal barrier coatings [D]. The University of Manchester, 2011.

[7] Rätzer-Scheibe H J, Schulz U. The effects of heat treatment and gas atmosphere on the thermal conductivity of APS and EB-PVD PYSZ thermal barrier coatings [J]. Surface and Coatings Technology, 2007, 201 (18): 7880 - 7888.

[8] Girolamo G D, Blasi C, Schioppa M, Tapfer L. Structure and thermal properties of heat treated plasma sprayed ceria-yttria co-stabilized zirconia coatings [J]. Ceramics International, 2010, 36(3): 961 - 968.

[9] Yu Q, Rauf A, Wang N, Zhou C. Thermal properties of plasma-sprayed thermal barrier coating with bimodal structure [J]. Ceramics International, 2011, 37(3): 1093 - 1099.

[10] Lv B W, Fan X L, Xie H, Wang T J. Effect of neck formation on the sintering of air-plasma-sprayed thermal barrier coating system [J]. Journal of the European Ceramic Society, 2017, 37(2): 811 – 821.

[11] Lv B, Xie H, Xu R, Fan X L, Zhang W X, Wang T J. Effects of sintering and mixed oxide growth on the interface cracking of air-plasma-sprayed thermal barrier coating system at high temperature [J]. Applied Surface Science, 2016, 360: 461 – 469.

[12] Fleck N, Cocks A. A multi-scale constitutive model for the sintering of an air-plasma-sprayed thermal barrier coating and its response under hot isostatic pressing [J]. Journal of the Mechanics and Physics of Solids, 2009, 57: 689 – 705.

[13] Tarasi F. Suspension plasma sprayed alumina-yttria stabilized zirconia nano-composite thermal barrier coatings: formation and roles of the amorphous phase [D]. Concordia University, 2010.

[14] Gasik M, Zhang B. A constitutive model and FE simulation for the sintering process of powder compacts [J]. Computational Materials Science, 2000, 18(1): 93 – 101.

[15] Haynes J A, Ferber M K, Porter W D, Rigney E D. Mechanical properties and fracture behavior of interfacial alumina scales on plasma-sprayed thermal barrier coatings [J]. Materials at High Temperatures, 1999, 16(2): 49 – 69.

[16] Yang G J, Chen Z L, Li C X, Li C J. Microstructural and mechanical property evolutions of plasma-sprayed YSZ coating during high-temperature exposure: comparison study between 8YSZ and 20YSZ [J]. Journal of Thermal Spray Technology, 2013, 22(8): 1294 – 1302.

[17] Shinozaki M, Clyne T W. A methodology, based on sintering-induced stiffening, for prediction of the spallation lifetime of plasma-sprayed coatings [J]. Acta Materialia, 2013, 61(2): 579 – 588.

[18] Coble R L. Sintering crystalline solids. I. Intermediate and final state diffusion models [J]. Journal of Applied Physics, 1961, 32(5): 787 – 792.

[19] Thompson J A, Clyne T W. The effect of heat treatment on the stiffness of zirconia top coats in plasma-sprayed TBCs [J]. Acta Materialia,

2001，49(9)：1565 - 1575.

[20] Cernuschi F，Lorenzoni L，Ahmaniemi S，Vuoristo P，Mäntylä T. Studies of the sintering kinetics of thick thermal barrier coatings by thermal diffusivity measurements [J]. Journal of the European Ceramic Society，2005，25(4)：393 - 400.

[21] Krishnamurthy R，Srolovitz D J. Sintering and microstructure evolution in columnar thermal barrier coatings [J]. Acta Materialia，2009，57(4)：1035 - 1048.

[22] Mercer C，Faulhaber S，Evans A G，Darolia R. A delamination mechanism for thermal barrier coatings subject to calcium-magnesium-alumino-silicate (CMAS) infiltration [J]. Acta Materialia，2005，53(4)：1029 - 1039.

[23] Peng H，Wang L，Guo L，Miao W，Guo W，Gong S K. Degradation of EB-PVD thermal barrier coatings caused by CMAS deposits [J]. Progress in Natural Science：Materials International，2012，22(5)：461 - 467.

[24] Evans A G，Hutchinson J W. The mechanics of coating delamination in thermal gradients [J]. Surface and Coatings Technology，2007，201(18)：7905 - 7916.

[25] Chen X. Calcium-magnesium-alumina-silicate (CMAS) delamination mechanisms in EB-PVD thermal barrier coatings [J]. Surface and Coatings Technology，2006，200(11)：3418 - 3427.

[26] Su L C，Chen X，Wang T J. Numerical analysis of CMAS penetration induced interfacial delamination of transversely isotropic ceramic coat in thermal barrier coating system [J]. Surface and Coatings Technology，2015，280：100 - 109.

[27] Nakamura T，Wang T，Sampath S. Determination of properties of graded materials by inverse analysis and instrumented indentation [J]. Acta Materialia，2000，48(17)：4293 - 4306.

[28] Li L X，Wang T J. A unified approach to predict overall properties of composite materials [J]. Materials Characterization，2005，54(1)：49 - 62.

[29] Nakamura T，Wang T，Sampath S. Determination of properties of gra-

ded materials by inverse analysis and instrumented indentation [J]. Acta Materialia, 2000, 48(17): 4293 - 4306.

[30] Wu J, Guo H B, Gao Y Z, Gong S K. Microstructure and thermophysical properties of yttria stabilized zirconia coatings with CMAS deposits [J]. Journal of the European Ceramic Society, 2011, 31(10): 1881 - 1888.

[31] Wu J, Guo H, Abbas M, Gong S. Evaluation of plasma sprayed YSZ thermal barrier coatings with the CMAS deposits infiltration using impedance spectroscopy [J]. Progress in Natural Science: Materials International, 2012, 22(1): 40 - 47.

[32] Krämer S, Yang J, Levi C G. Infiltration - Inhibiting Reaction of Gadolinium Zirconate Thermal Barrier Coatings with CMAS Melts [J]. Journal of the American Ceramic Society, 2008, 91(2): 576 - 583.

[33] Krämer S, Yang J, Levi C G, Johnson C A. Thermochemical interaction of thermal barrier coatings with molten CaO-MgO-Al$_2$O$_3$-SiO$_2$ (CMAS) deposits [J]. Journal of the American Ceramic Society, 2006, 89(10): 3167 - 3175.

[34] Krause A R, Senturk B S, Garces H F, Dwivedi G, Ortiz A L, Sampath S, Padture N P. Thermal barrier coatings resistant to degradation by molten CMAS: Part I, Optical basicity considerations and processing [J]. Journal of the American Ceramic Society, 2014, 97(12): 3943 - 3949.

[35] Levi C G, Hutchinson J W, Vidal-Sétif M H, Johnson C A. Environmental degradation of thermal-barrier coatings by molten deposits [J]. MRS Bulletin, 2012, 37(10): 932 - 941.

[36] Krämer S, Faulhaber S, Chambers M, Clarke D R, Levi C G, Hutchinson J W, Evans A G. Mechanisms of cracking and delamination within thick thermal barrier systems in aero-engines subject to calcium-magnesium-alumino-silicate (CMAS) penetration [J]. Materials Science and Engineering: A, 2008, 490(1/2): 26 - 35.

[37] Busso E P, Qian Z Q. A mechanistic study of microcracking in transversely isotropic ceramic-metal systems [J]. Acta Materialia, 2006, 54(2): 325 - 338.

[38] Chen X, Hutchinson J W, Evans A G. Simulation of the high temperature impression of thermal barrier coatings with columnar microstructure [J]. Acta Materialia, 2004, 52(3): 565 - 571.

[39] Chen X, Wang R, Yao N, Evans A G, Hutchinson J W, Bruce R W. Foreign object damage in a thermal barrier system: mechanisms and simulations [J]. Materials Science and Engineering: A, 2003, 352(1): 221 - 231.

[40] Evans A G, Mumm D R, Hutchinson J W, Meier G H, Pettit F S. Mechanisms controlling the durability of thermal barrier coatings [J]. Progress in Materials Science, 2001, 46(5): 505 - 553.

[41] 杨丽, 周益春, 齐莎莎. 热障涂层的冲蚀破坏机理研究进展 [J]. 力学进展, 2012, 42(6): 704 - 721.

[42] Wellman R G, Nicholls J R. A review of the erosion of thermal barrier coatings [J]. Journal of Physics D Applied Physics, 2007, 40(16): 293 - 305.

[43] Cernuschi F, Lorenzoni L, Capelli S, Guardamagna C, Karger M, Vaßen R, Niessenc K V, Markocs N, Menueye J, Giollif C. Solid particle erosion of thermal spray and physical vapour deposition thermal barrier coatings [J]. Wear, 2011, 271: 2909 - 2918.

[44] Janos B Z, Lugscheider E, Remer P. Effect of thermal aging on the erosion resistance of air plasma sprayed zirconia thermal barrier coating [J]. Surface and Coatings Technology, 1999, 113: 278 - 285.

[45] Nicholls J R, Deakin M J, Rickerby D S. A comparison between the erosion behaviour of thermal spray and electron beam physical vapour deposition thermal barrier coatings [J]. Wear, 1999, 233 - 235(0): 352 - 361.

[46] Chen X, Wang R, Yao N, Evans A G, Hutchinson J W, Bruce R W. Foreign object damage in a thermal barrier system: mechanisms and simulations [J]. Materials Science and Engineering A, 2003, 352: 221 - 231.

[47] Vite J, Vite M, Castillo M, Laguna-Camachoc J R, Sotob J, Susarreyb O. Erosive wear on ceramic materials obtained from solid residuals and volcanic ashes [J]. Tribology International, 2010, 43(10): 1943 -

1950.

[48] Chen X, Hutchinson J W. Particle impact on metal substrates with application to foreign object damage to aircraft engines [J]. Journal of the Mechanics and Physics of Solids, 2002, 50(12): 2669 - 2690.

[49] Chen X, He M Y, Spitsberg I, Fleckd N A, Hutchinson J W, Evans A G. Mechanisms governing the high temperature erosion of thermal barrier coatings [J]. Wear, 2004, 256: 735 - 746.

[50] Fleck N A, Zisis T. The erosion of EB-PVD thermal barrier coatings: The competition between mechanisms [J]. Wear, 2010, 268(11/12): 1214 - 1224.

[51] Oka Y I, Ohnogi H, Hosokawa T, Matsumura M. The impact angle dependence of erosion damage caused by solid particle impact [J]. Wear, 1997, 203 - 204: 573 - 579.

[52] Ma Z S, Fu L H, Yang L, Zhou Y C, Lu C. Finite element simulations on erosion and crack propagation in thermal barrier coatings [J]. High Temperature Materials and Processes, 2015, 34(4): 387 - 393.

[53] Hamed A, Tabakoff W, Swar R, Shin D, Woggon N, Miller R. Combined experimental and numerical simulations of thermal barrier coated turbine blades erosion [R]. NASA/TM - 2013 - 217857, 2013.

第8章 热障涂层强度评价

对 TBC 系统材料体系的探索、微结构的调控以及失效机理的分析,目的是为了指导 TBC 系统的耐久性设计,以提高其在实际服役环境下的使用寿命。而这些工作的顺利开展则依赖于对涂层物性参数的测量。涂层的材料力学参数测量和强度评价是 TBC 系统失效分析的基础,也是理论分析和有限元模拟的重要支撑。

本章主要介绍 TBC 的基本力学参数测量及强度评价,主要包括:模量、单轴强度、双轴强度、断裂韧性及应力的实验测量与评价。

8.1 陶瓷层模量测量

模量的测量方法主要包括单轴拉伸法、三点弯曲法、四点弯曲法、压痕法等,如图 8-1 所示。

三点弯曲法主要针对纯涂层试样,弯曲模量可由下式求出:

$$E = \frac{L^3(P_2 - P_1)}{4bd^3(Y_{t2} - Y_{t1})} \times 10^{-3} = \frac{L^3}{4bd^3} \times k \times 10^{-3} \qquad (8-1)$$

其中,b 是试样宽度;d 是平行于加载方向的试样高度;L 是三点弯曲跨距;Y_{t1} 和 Y_{t2} 分别是载荷 P_1 和 P_2 所对应的跨中挠度;k 是载荷挠度曲线上线弹性段的斜率,满足下式:

$$k = (P_2 - P_1)/(Y_{t2} - Y_{t1}) \qquad (8-2)$$

四点弯曲法可以对带涂层的合金基材试样进行测试。以双面涂层为例,涂层的弹性模量可由下式得到[2]:

$$E_c = E_s R \frac{KR + 2K - R}{2R - K + 1} \qquad (8-3)$$

其中,$R = l_s/l_c$ 为基底和涂层的相对厚度;$K = -\varepsilon_s/\varepsilon_c$ 为基底和涂层的相对应变;E_s 和 E_c 分别为基底和涂层的弹性模量。

压痕法广泛应用于微机电系统中的微构件、薄膜涂层、特殊功能材料、生

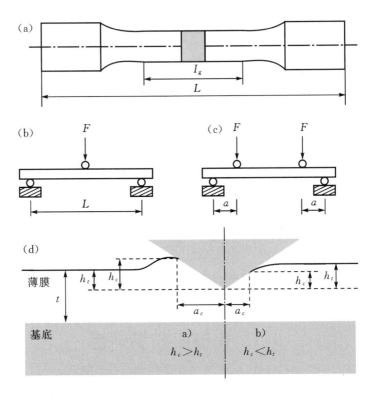

图 8-1 陶瓷层模量测量实验方法示意图：
(a)单轴拉伸法；(b)三点弯曲法；(c)四点弯曲法；(d)压痕法[1]

物组织等材料力学性能测量,可通过载荷-压入曲线获取材料的内在信息。
该方法由 Oliver 等[3]首次提出,按照经典的弹塑性变形理论中关于硬度和弹
性模量的定义,被测材料的硬度 H 和模量 E 可分别由下式得到

$$H = \frac{F_{\max}}{A} \tag{8-4}$$

$$E_r = \frac{1-\nu^2}{E} + \frac{1-\nu_i^2}{E_i} \tag{8-5}$$

$$S = \frac{\mathrm{d}P}{\mathrm{d}h} = \frac{2}{\sqrt{\pi}} E_r \sqrt{A} \tag{8-6}$$

式中,$F_{\max}$ 是最大压入载荷;A 是压痕的投影面积;S 是卸载曲线上端部的斜
率;E_r 是当量弹性模量;E 是被测材料的弹性模量;ν 是被测材料的泊松比;E_i
是压头材料的弹性模量;ν_i 是压头材料的泊松比。

8.2　陶瓷层单轴强度测量

涂层在高温环境中的层间热膨胀失配会诱发极大的失配应力,该应力将对涂层完整性带来致命的威胁,特别是对脆性的陶瓷表层(陶瓷抗拉强度较低)。因此,在涂层系统的耐久性评估中,陶瓷层强度是决定寿命的关键参数。在目前的涂层强度测试中,主要有单轴测试法和双轴测试法。单轴强度测试方法包括单轴拉伸、三点弯曲、四点弯曲等。

1. 拉伸法

拉伸法测量 TBC 系统单轴抗拉强度可分为两种。一种为拉伸方向与涂层喷涂方向垂直,基体采用圆柱形高温合金,常用尺寸如图 8-2(a)所示[4],测试区域表面喷涂陶瓷涂层。所测得的涂层强度可用于表征与厚度垂直方向陶瓷片层之间的结合性能。Shieu 等[5] 推导了圆柱形 TBC 试件在拉伸载荷下的应力状态。由于粘结层的力学性能与基材相近,在推导中常将两者视为相同材料。在极坐标下,如图 8-2(b)与图 8-2(c)所示,基底中的应力可以表达为:

$$\sigma_{rs} = \sigma_{\theta s} = \frac{2\varepsilon_z(\nu_s - \nu_c)V_c}{\nu_s/k_c + \nu_c/k_s + 1/G_c} = p \tag{8-7}$$

$$\sigma_{zs} = E_s\varepsilon_z + 2\nu_s p \tag{8-8}$$

其中,下标 r、θ 和 z 分别表示径向、周向和轴向。σ 代表应力;ε 代表应变;E 代表模量;ν 代表泊松比;V 代表体积分数;k 代表平面应变状态下的体积弹性模量,其值等于 $E/2(1+\nu)(1-2\nu)$;G 代表剪切模量;p 代表涂层/基底界面处的正应力;s 和 c 分别表示基底和涂层。

涂层内应力可以表示为:

$$\sigma_{rc} = -p\left(\frac{a^2}{b^2 - a^2}\right)\left(1 - \frac{b^2}{r^2}\right) \tag{8-9}$$

$$\sigma_{\theta c} = -p\left(\frac{a^2}{b^2 - a^2}\right)\left(1 + \frac{b^2}{r^2}\right) \tag{8-10}$$

$$\sigma_{zc} = E_c\varepsilon_c - 2\nu_c p\left(\frac{a^2}{b^2 - a^2}\right) \tag{8-11}$$

其中,字母 a 和 b 分别表示基底半径和基底涂层整体的半径;字母 r 表示圆柱中心到涂层中某厚度的距离,如图 8-2(c)所示。

另一种拉伸方向与涂层喷涂方向平行,基本原理如图 8-3 所示[6],所测得的涂层强度可用于表征涂层厚度方向涂层与基底之间或陶瓷片层之间的

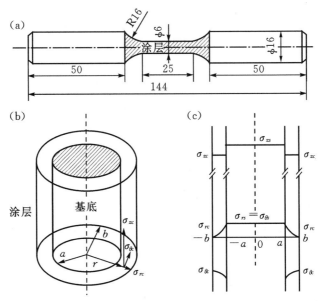

图 8-2　拉伸方向垂直于涂层喷涂方向的单轴抗拉强度实验[4]
(a)试样尺寸;(b)圆柱形热障涂层试样示意图;(c)各部分应力分布示意图

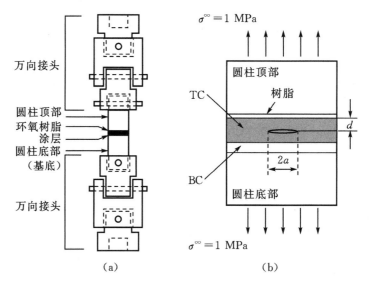

图 8-3　拉伸方向平行于涂层喷涂方向的单轴抗拉强度测量实验(a)及
陶瓷层内部预制裂纹(b)示意图[6]

结合性能。将 TBC 试样通过环氧树脂或粘合胶等介质粘结在固定端上,夹持于拉伸试验机即可进行测量[7]。为确保断裂位置位于陶瓷层内部,可以在其内部预制缺陷。传统方法一般在试件边缘开口,预制单边裂纹[8]。然而真实 TBC 结构中的缺陷往往是埋藏在内部的,Qian 等[6]提出了在陶瓷层喷涂过程中预制碳层的方法(图 8-3(b)),在陶瓷层内部引入了硬币状缺陷,得到了陶瓷层的单轴抗拉强度。根据脆性材料断裂强度的格里菲斯公式,陶瓷层的拉伸强度与其微观结构有关[9]:

$$\sigma_f = \left(\frac{2\gamma E}{\pi C}\right)^{1/2} \qquad (8-12)$$

其中,γ 为表面能;E 为杨氏模量;C 为初始缺陷特征尺寸。两种单轴拉伸法测得的强度在 $10 \sim 15$ MPa。

2. 弯曲法

三点弯曲法和四点弯曲法是测量 TBC 弯曲强度的传统方法,二者原理相似。四点弯曲法基本原理如图 8-4 所示[10]。将试件夹持在四点弯夹具中,一般在加载过程中使涂层处于拉应力状态。准静态加载过程中 TBC 内部出现裂纹时的应力值即为其弯曲强度。由于粘结层的力学性能与基材相近,在强度计算中常看作相同的材料。在四点弯曲加载的过程中,假设在涂层出现开裂前,涂层基底系统处于线弹性范围内,那么陶瓷层中的应力可以表达为[11]:

$$\sigma = \frac{E^* y}{\rho} + \sigma_r \qquad (8-13)$$

其中

$$E^* = \frac{E_c h_c + E_s h_s}{h_c + h_c} \qquad (8-14)$$

式中,E 为模量;h 为厚度;c 和 s 分别代表陶瓷层和基底;σ_r 代表涂层中的初

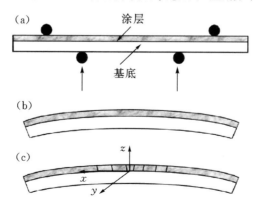

图 8-4　四点弯曲法测量热障涂层弯曲强度示意图[10]

始残余应力,来源于涂层喷涂过程中陶瓷片层在冷却阶段的快速收缩;y 为陶瓷涂层上表面到涂层基底系统中性轴的距离;ρ 为涂层基底系统中性轴的曲率半径。曲率半径可以表达为:

$$\rho = [(L/2)^2 + \delta^2]/2\delta \tag{8-15}$$

式中,L 和 δ 分别为两个下压头的跨距和陶瓷涂层的挠度。由于 y 可以表示为:

$$y = h_0 + h_c \tag{8-16}$$

其中,h_0 为从陶瓷层/粘结层界面到涂层基底系统中性轴的距离。根据静力平衡条件,这个距离可以表达为:

$$h_0 = (E_s h_s^2 - E_c h_c^2)/(2E_s h_s + 2E_c h_c) \tag{8-17}$$

由于在四点弯曲过程中,涂层受拉力,产生纯 Ⅰ 型裂纹。根据实时加载和观测可以确定涂层发生开裂时的临界挠度 δ_c,并以此计算出涂层的拉伸强度。

进一步地,还可结合得到的强度和相应的裂纹尺寸,根据下式确定涂层的应力强度因子和断裂韧性:

$$K_{\mathrm{IC}} = Y_{\mathrm{I}} \sigma_{cr} \sqrt{\pi a_0} \tag{8-18}$$

$$G_{\mathrm{IC}} = \frac{K_{\mathrm{IC}}^2}{E_c} \tag{8-19}$$

其中,Y_{I} 是形状参数,在弯曲中取值为 1[12]。

Zhang 等[10]采用四点弯曲法研究了残余应力对 TBC 弯曲强度、弹性模量、断裂韧性等力学特性的影响。Khor 等[13]借助四点弯曲实验研究了功能梯度陶瓷层中 YSZ 与 NiCoCrAlY 不同配比对涂层力学特性的影响。其结果表明,陶瓷层中 YSZ 含量增加会使涂层孔隙率提高,从而降低其弯曲强度。Shi 等[14]在四点弯曲实验中发现,片层晶粒尺寸越小,陶瓷层弯曲强度越大。四点弯曲法测得的强度在 30～40 MPa。

三点弯曲法将四点弯曲测试中的两个下压头简化为位于试件中心的单一压头,试件内部不再存在纯弯矩应力状态区域,应力状态相对复杂。三点弯曲法常用于测定剥离后的纯陶瓷涂层的弯曲模量和弯曲强度,考察涂层的抗弯性能。三点弯曲法弯曲强度的计算公式为:

$$\sigma_{cr} = \frac{3FL}{2bd^2} \tag{8-20}$$

式中,F 是载荷挠度曲线上的最大载荷;b 是试样宽度;d 是平行于加载方向的试样的高度;L 是三点弯曲跨距。

　　Thurn 等[12]的三点弯曲实验表明,由于烧结诱发片层间微裂纹的桥连及愈合,陶瓷层热处理后弯曲强度升高,且增幅随热处理温度升高而快速增大。Ren 等[15]针对独立陶瓷层试件,采用三点弯曲法得到了陶瓷材料高温相变过程中 T' 相含量与弯曲强度之间的关系。

8.3　陶瓷层双轴强度测量

　　在实际服役环境中,涂层系统内的热应力是典型的双轴状态。因此,测量双轴条件下的涂层强度具有实用价值。目前,有几种实验方法可实现脆性材料的双轴强度测量,如 Ring-on-Ring 装置、Ball-on-Ring 装置、Ball-on-Three-Balls 装置,以及 Piston-on-Ring 装置等[5,16]。除了能够模拟双轴应力状态外,这些测试装置还具有如下优点[6,7]:①试样件一般为圆片状的,易加工;②有效测试区的应力结果对试件边界处的加工缺陷等不敏感。Su 等[16,17]提出了类似于 Piston-on-Three-Ball(P3B)的涂层系统的双轴强度测量方法,本节将重点予以介绍。

1. 双轴强度实验设计

　　图 8-5 为 P3B 双轴强度测量实验装置示意图。试件是半径为 R 的圆

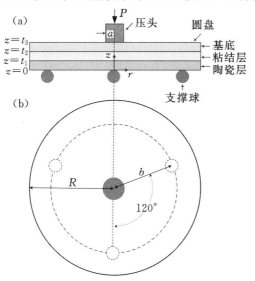

图 8-5　P3B 双轴强度测试装置示意图[16,17]
(a)装置横截面图;(b)俯视图

盘,包括陶瓷表层、粘结层和基底三层,由于初始喷涂完成的涂层系统内氧化层非常薄,测试中可以忽略不计。将三个相同的刚性小球对称地支撑在陶瓷层表面的边缘处,支撑半径为 b。将圆盘的基底表面作为加载面,用一半径为 a 的圆压头作用于该面的正中心向下施加载荷。在支撑的陶瓷表层内将出现一双轴均匀应力区域,位于试件中心附近。压头施加的载荷 P 和试件中心区的双轴应力之间的关系为[18-21]:

$$\sigma_i = \frac{E_i(Z-Z_0)M}{(1-\nu_i)(1+\nu_{\mathrm{ave}})D_0}, \quad (i=1,\cdots,n) \tag{8-21}$$

$$M = \frac{-P}{8\pi}\left\{(1+\nu_{\mathrm{ave}})\left[1+2\ln\left(\frac{b}{a}\right)\right] + (1-\nu_{\mathrm{ave}})\left[\left(1-\frac{a^2}{2b^2}\right)\frac{b^2}{R^2}\right]\right\} \tag{8-22}$$

式中,i 为各层编号,取值为 1,2,3,分别代表陶瓷表层,粘结层和基底。当 i 取值为 1 时,即可获得待测的陶瓷表层内的双轴应力。E_i 和 ν_i 分别为各层材料的杨氏模量和泊松比。Z_0、D_0 和 ν_{ave} 的表达式分别为:

$$Z_0 = \frac{\sum_{i=1}^{n}(E_i h_i/(1-\nu_i^2))(t_{i-1}+h_i/2)}{\sum_{i=1}^{n}E_i h_i/(1-\nu_i^2)} \tag{8-23}$$

$$D_0 = \sum_{i=1}^{n}\frac{E_i h_i}{1-\nu_i^2}\left[t_{i-1}^2+t_{i-1}h_i+\frac{h_i^2}{3}-\left(t_{i-1}+\frac{h_i}{2}\right)Z_0\right] \tag{8-24}$$

$$\nu_{\mathrm{ave}} = \frac{1}{t_n}\sum_{i=1}^{n}\nu_i h_i \tag{8-25}$$

式中,h_i 为各层的厚度值;$t_i = \sum_{k=1}^{i}h_k$ $(i=1\text{ to }3)$,$t_0=0$。

将实验测得的试件断裂时的临界载荷 P_{cr} 代入式(8-21)~式(8-25)即可得到涂层的双轴断裂强度。由于涂层中心区域处于等双轴应力状态,式(8-21)所预测的应力值为第一主应力值,所得数据为以第一主应力表示的涂层双轴强度值。

图 8-6 为 P3B 加载情况下,陶瓷表层第一主应力分布的有限元预测结果。从图中可以清晰看到涂层中心的等双轴应力区。在边缘的支撑区域,由于接触效应,存在应力集中现象,其影响将在后面进行分析。

图 8-7 给出了涂层中的径向应力 σ_{rr} 和周向应力 $\sigma_{\varphi\varphi}$ 分布情况。由图8-7(a)可知,在各层中心处均存在一较大的等双轴拉应力区,即 $\sigma_{rr}=\sigma_{\varphi\varphi}$,且最大拉应力出现在正中心处($r=0$)。因此,断裂区首先出现在试件正中心处,并向周围扩展。需要注意,在支撑区域附近($r/R=0.87$),存在较大的压缩应

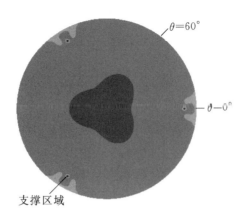

图 8-6　P3B 测试下陶瓷层表面的第一主应力分布

力,这也可能导致此区域出现断裂破坏。

图 8-7(b)为沿中心轴方向的应力分布情况。在此路径上,径向应力和周向应力相等,试件处于等双轴状态。陶瓷层和粘结层全部处于拉伸应力状态,而基底则由于加载效应的影响在靠近加载区域出现压缩应力状态。图 8-7(b)同时给出了式(8-21)～式(8-25)预测的应力值。有限元结果与理论预测吻合很好,特别是在陶瓷层内,二者基本重合。因此,可以认为 P3B 实验在测试陶瓷表层的双轴强度上具有非常好的适用性。

图 8-8 为测试装置及测试件几何参数的敏感性分析结果。对于四种可能的基底厚度 $h_s = 1.5$ mm、2 mm、2.5 mm 和 3 mm,应力相对误差 $\bar{\delta}$ 沿着整个陶瓷层厚度方向均在 4% 以内。$z=0$ 的涂层表面是实验重点关注的初始断裂处,$\bar{\delta}$ 不足 2.5%,如图 8-8(a)所示。图 8-8(b)为支撑半径与圆盘半径比值 b/R 的影响。在五组 b/R 值之下(0.53～0.93),$\bar{\delta}$ 沿整个厚度方向均不超过 3%,而在涂层表面处更是低于 1.5%。图 8-8(c)为圆盘试件自身厚度与半径比 h/R 对测试结果的影响,可见,当 $h/R < 0.6$ 时,应力相对误差值 $\bar{\delta}$ 不超过 4%;一旦 $h/R > 0.9$ 时,$\bar{\delta}$ 值将会高达 10%,误差比较明显。因此,圆盘厚度与半径比较小时能够减少测试结果的分散性。

图 8-9 为支撑区域的接触摩擦以及基底的塑性变形对应力误差的影响。结果表明,对于所研究的三种摩擦系数下,应力误差均在 2% 以内。因此,支撑区域的摩擦对双轴应力的影响可以忽略。若压头载荷过大,将导致基底内出现明显塑性变形,测试的应力值将有较大分散性,如载荷为 2P 时,误差高达 8%。

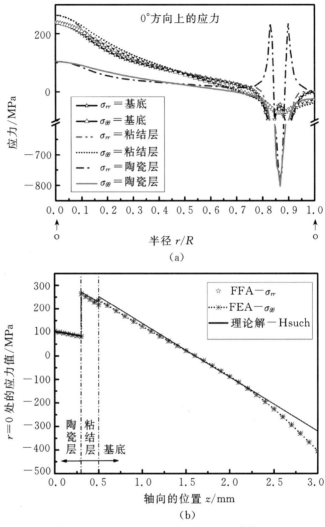

图 8-7 涂层圆盘内的应力分布[16]

(a)沿径向分布;(b)沿中心轴分布

因此,在 P3B 实验设计时,为保证测试精度,应考虑以下两方面的因素。一是测试装置和试件的几何结构,特别是圆盘试件的厚度与半径比,一般来说,厚度与半径的比值相对较小时(小于 0.6)可以将误差控制在非常低的水平,也就是说在圆盘试件的厚度保持不变时,其半径必须足够大。第二个因素是基底的塑性变形,如果基底内出现较显著的塑性变形,实验预测的双轴应力值将会有较大的分散性。因此,在实际的实验过程中,当涂层出现初始断裂时,还必须验证基底是否出现较大塑性变形。

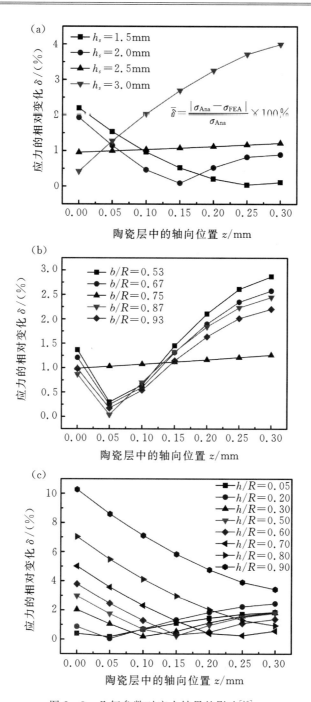

图 8-8　几何参数对应力结果的影响[16]

（a）基底厚度的影响；（b）支撑半径与圆盘半径比值的影响；（c）圆盘厚度与半径比值的影响

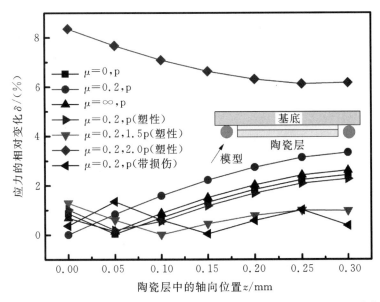

图 8-9 支撑区域的接触摩擦以及基底的塑性变形对应力误差的影响[16]

2. 实验装置及结果

P3B 双轴强度测试装置如图 8-10 所示。实验机为通用的材料试验机 Zwick/Roell Z005,加载速度为 0.5 mm/min。同时,为了实时观测陶瓷表层的开裂状况,在陶瓷表层的正下方固定一内窥镜,记录陶瓷断裂过程,以得到试件断裂时的临界载荷 P_{cr},进而求得陶瓷表层的双轴强度。

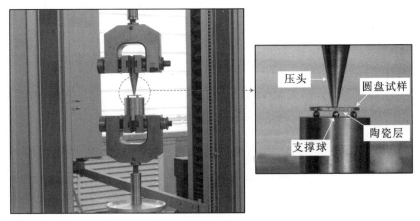

图 8-10 P3B 热障涂层双轴强度测试装置图[16,17]

试件半径 $R=21$ mm,三个支撑小球以 120°均匀对称分布,支撑半径为

$b=18$ mm。为避免小球滑动,三小球均被固定于支撑平台上的小坑内。圆形加载压头半径为 $a=2.5$ mm,压头中心与圆盘试件的正中心重合。基底材料选用 SUS304 不锈钢,测试两种不同基底厚度:$h_s=2.5$ mm 和 $h_s=1.7$ mm。APS 法制备的 NiCrAlY 粘结层和 YSZ 陶瓷层的厚度分别为 150 μm 和 660 μm。两种试件的厚度与半径比分别为 $h/R=0.16$ 和 $h/R=0.12$,支撑半径和圆盘半径的比值为 $b/R=0.86$,这均位于优化后的几何尺寸范围内。

　　图 8-11 为 P3B 实验后的涂层试件表面形貌。对于两种试件,涂层断裂均发生于靠近正中心位置的双轴应力区内。同时,支撑区域均保持完好,未见破裂和损坏。

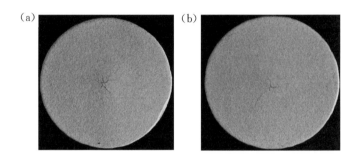

图 8-11　圆盘涂层试件在 P3B 实验后的表面形貌图[16]

(a)$h_s=1.7$ mm;(b)$h_s=2.5$ mm

　　图 8-12 为 P3B 实验载荷位移曲线。在加载初期,涂层试件处于弹性变

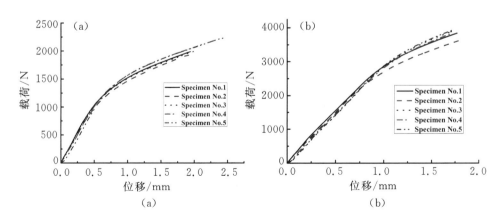

图 8-12　实验测试的载荷位移曲线[16]

(a)$h_s=1.7$ mm;(b)$h_s=2.5$ mm

形阶段,曲线呈现为线性变化,随着载荷的增加,试件出现塑性变形,曲线逐渐呈现一定程度的非线性变化。对于同一类型的试件,载荷位移曲线表现出非常好的重复性,保证了实验结果的可靠性。

从表8-1中的临界断裂载荷 P_{cr} 和图8-12中的载荷曲线可知,断裂发生时,载荷位移曲线基本处于线性阶段,无明显塑性出现,保证了实验结果的可靠性。表8-2数据为通过式(8-21)计算得到的涂层双轴强度值。基于Cheng 等[22]的统计模型,可以采用 Weibull 分布来分析强度数据

<table>
<tr><td colspan="3">表 8-1　涂层初始断裂时的加载值</td><td colspan="3">表 8-2　涂层的双轴强度值</td></tr>
<tr><td rowspan="2">Specimen No.</td><td colspan="2">P_{cr}/N</td><td rowspan="2">Specimen No.</td><td colspan="2">σ_b/MPa</td></tr>
<tr><td>$h_s=1.7$ mm</td><td>$h_s=2.5$ mm</td><td>$h_s=1.7$ mm</td><td>$h_s=2.5$ mm</td></tr>
<tr><td>1</td><td>1083</td><td>2609</td><td>1</td><td>158</td><td>198</td></tr>
<tr><td>2</td><td>1235</td><td>2729</td><td>2</td><td>180</td><td>207</td></tr>
<tr><td>3</td><td>1299</td><td>2669</td><td>3</td><td>189</td><td>202</td></tr>
<tr><td>4</td><td>1428</td><td>2334</td><td>4</td><td>208</td><td>177</td></tr>
<tr><td>5</td><td>1174</td><td>2305</td><td>5</td><td>171</td><td>175</td></tr>
<tr><td>6</td><td>1261</td><td>2419</td><td>6</td><td>184</td><td>183</td></tr>
<tr><td>7</td><td>1284</td><td>2629</td><td>7</td><td>187</td><td>199</td></tr>
<tr><td>8</td><td>1321</td><td>2354</td><td>8</td><td>193</td><td>178</td></tr>
<tr><td>9</td><td>952</td><td>2469</td><td>9</td><td>139</td><td>187</td></tr>
<tr><td>10</td><td>1072</td><td>2643</td><td>10</td><td>156</td><td>200</td></tr>
<tr><td>11</td><td>1269</td><td>2612</td><td>11</td><td>185</td><td>198</td></tr>
<tr><td>12</td><td>1150</td><td>2581</td><td>12</td><td>168</td><td>195</td></tr>
<tr><td>13</td><td>1160</td><td>2121</td><td>13</td><td>169</td><td>161</td></tr>
<tr><td>14</td><td>1097</td><td>2678</td><td>14</td><td>160</td><td>203</td></tr>
<tr><td>15</td><td>1131</td><td>2958</td><td>15</td><td>165</td><td>224</td></tr>
<tr><td>16</td><td>1340</td><td>2676</td><td>16</td><td>196</td><td>203</td></tr>
<tr><td>17</td><td>1065</td><td>2905</td><td>17</td><td>155</td><td>220</td></tr>
<tr><td>18</td><td>1102</td><td>2304</td><td>18</td><td>161</td><td>175</td></tr>
<tr><td>19</td><td>—</td><td>2870</td><td>19</td><td>—</td><td>217</td></tr>
<tr><td>20</td><td>—</td><td>2634</td><td>20</td><td>—</td><td>200</td></tr>
</table>

$$F(\sigma_b) = 1 - \exp\left[-\left(\frac{\sigma_b}{\sigma_0}\right)^m\right] \qquad (8-26)$$

式中,σ_0 和 m 为两特征参数,可以通过极大似然估计法获得,如表8-3所示。

表 8 - 3　Weibull 概率参数

试样厚度 h_s /mm	σ_0/MPa	m	平均断裂强度 /MPa
1.7	181.5(173.6,189.8)[a]	10.9(7.7,15.5)[a]	173.7
2.5	202.4(196.6,209.3)[a]	13.7(9.8,19.1)[a]	195.0

注:[a] 括号内为 95% 的置信区间。

图 8 - 13 为 Weibull 概率图,给出了在任意应力值 σ_b 下,涂层出现断裂失效的概率。对比两种不同基底厚度试件的涂层强度值可以发现,较厚基底试

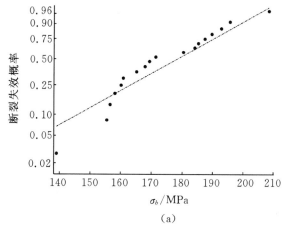

（a）

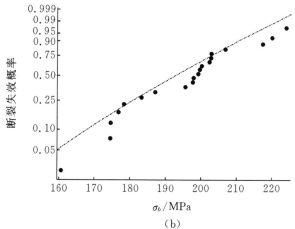

（b）

图 8 - 13　双轴强度值的线性化 Weibull 概率图[16]

（a）h_s=1.7 mm;（b）h_s=2.5 mm

件($h_s=2.5$ mm)的涂层强度高于较薄基底厚度试件强度值($h_s=1.7$ mm)。这可能是由于涂层喷涂后冷却阶段产生的残余应力造成的。涂层系统在高温喷涂后，从喷涂温度冷却到室温过程中，由于各层热膨胀系数的差异，会在系统内产生残余应力。

图 8-14 为 P3B 双轴应力状态下陶瓷表层的开裂形貌。在加载过程中，裂纹首先自涂层表面中心区域（拉应力最大处）萌生，然后沿着径向往周围区域扩展，扩展轨迹呈轻微的波浪起伏状。当这些径向裂纹扩展到一定长度时，会在近似垂直的方向上萌生出很多分支裂纹，并与径向裂纹相互汇聚和连接，导致涂层出现龟裂现象。当裂纹扩展到界面后会引起界面脱粘，涂层将沿着这些龟裂处逐步块状剥落，直至涂层全部剥离而失效。此开裂符合 channeling 型裂纹的特征。由 Hutchinson 和 Suo[23] 的工作可知，对于 channeling 型开裂，当基底厚度远大于涂层厚度时，可由涂层的双轴断裂应力 σ_b 预测涂层的断裂韧性 Γ：

$$\Gamma = g_0 \frac{\sigma_b^2 h_{TC}}{E_{TC}} \tag{8-27}$$

式中，g_0 为常数，对于无限大基底下的 channeling 型裂纹取值为 1.976。

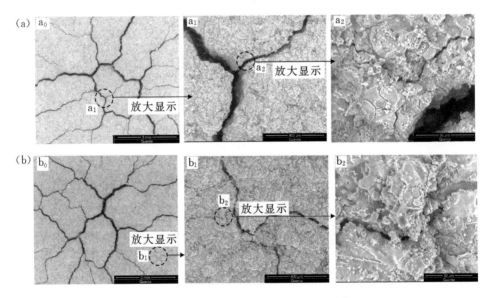

图 8-14　双轴载荷下的涂层裂纹形貌[16]

(a)$h_s=1.7$ mm；(b)$h_s=2.5$ mm

8.4 陶瓷层断裂强度测量

脆性材料的失效往往是破坏性的,当材料中裂纹扩展到临近状态,就会进入失稳状态,之后裂纹迅速扩展而失效。材料的断裂韧性可以用来衡量它抵抗裂纹扩展的能量,亦即抵抗破坏的能力。目前,常用于 TBC 材料断裂韧性的测试方法主要包括单边切口梁法(SENB)和压痕法。

单边切口梁试样通常为矩形截面的长条状陶瓷涂层,如图 8-15 所示。试样表面要经过磨平、抛光处理,对横截面垂直度有一定的要求,边棱应作倒角。利用金刚石锯片在试样中部垂直引入裂纹,宽度应小于 0.2 mm,裂纹深度与试样高度的比值应在 0.4～0.6。随后对试样进行三点弯曲加载,预制裂纹开口朝向与中心压头方位相反。断裂韧性可由下式得到[24]

$$K_{IC} = \sigma Y \sqrt{a} = \frac{PL}{BW^{3/2}} f(c/W) \tag{8-28}$$

其中,$f(c/W) = 2.9(c/W)^{1/2} - 4.6(c/W)^{3/2} - 21.8(c/W)^{5/2} - 37.6(c/W)^{7/2} - 38.7(c/W)^{9/2}$;$c$ 为裂纹深度;W 为试样高度;L 为跨距;B 为试样宽度。

Wan 等[25]利用单边切口梁法(SENB)对等离子喷涂的热障涂层试样进行了断裂韧性测试,测试结果在 1.04 MPa·m$^{1/2}$ 到 2.23 MPa·m$^{1/2}$ 之间。然而,单边切口梁法(SENB)对热障涂层试样的厚度有一定要求,不能太薄,否则预制切口比较困难。

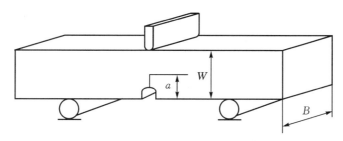

图 8-15 单边缺口梁示意图

压痕法是另一种常用的材料断裂韧性 K_{IC} 的测定方法。用 Vickers 四棱锥压头在涂层表面进行压痕并使其开裂,在开裂过程中,压痕裂纹扩展的唯一驱动力是压痕附近材料弹/塑性形变失配所导致的残余应力。处于平衡状态的压痕裂纹,其尖端残余应力场强度在数值上等于材料的断裂韧性 K_{IC},具体计算公式如下[26]

$$K_{\mathrm{IC}} = \delta \left(\frac{E}{H} \right)^{1/2} \cdot \frac{P}{c^{3/2}} \qquad\qquad (8-29)$$

其中,P 为施加载荷;c 是压痕裂纹半长;δ 是一个与硬度和压头形状有关的无量纲常数,常用值为 0.016;$\dfrac{E}{H}$ 可由式(8-4)~式(8-6)确定。Shang 等[27]对等离子喷涂的热障涂层进行了纳米压痕测试,结果表明:YSZ 的断裂韧性在 1.04 MPa·m$^{1/2}$ 到 2.23 MPa·m$^{1/2}$ 之间。

8.5　涂层内应力测量

涂层内应力的准确测量对 TBC 失效破坏的研究至关重要,也是理论分析和数值模拟的可靠支撑。目前,应力测量主要分为有损法和无损法两类。

有损法包括层削法和钻孔法等。

在层削法中,一般通过机械刮削的方式逐层剥离涂层,释放涂层中的应力,同时测量涂层的变形,进而获得应变,计算出应力水平[28-30]。

钻孔法的基本原理是在试样表面钻一个小孔,诱发孔邻近区域释放应力并产生应变,然后通过应变片测量孔邻近区域的应变,进而计算出涂层的平均残余应力。这两种测量方法势必要对被测试样产生不可恢复的破坏,无法开展原位实时测试研究应力水平在时间尺度上的演化。

无损法主要包括曲率法、X 射线衍射法和荧光光谱法。

曲率法是热障涂层残余应力测量中使用最广泛的方法之一,其基本原理是通过测量基底曲率的变化与涂层应力的关系,从而计算出应力水平。但曲率法测量精度低,空间分辨率也较低。

X 射线衍射法(XRD)是一种理论和技术都比较成熟的应力测量方法。在 XRD 法测量中,通过测定涂层材料表面附近由于应力引起的晶格形变来计算应力[31,32]。这种方法测量精度高,误差小于 20 MPa。但目前,X 射线在陶瓷涂层材料中的透射深度只能达到 20~30 μm,而涂层的厚度一般在 200 μm 以上,因此 XRD 技术无法测量涂层内部尤其是界面附近易开裂区的应力信息。

荧光光谱法是迄今为止在热障涂层内部应力测量中应用最成功的方法[33,34]。这种方法的基本原理是利用基质材料中对应力敏感的荧光激活离子的荧光发射光谱与应力的线性关系,来反馈应力的大小。当基质材料受到应力作用时,其晶格参数随应力发生变化,掺杂在基质材料中的荧光激活离子与其周围基质材料原子的距离也会发生改变。根据晶体场理论，激活离子的能级随应力发生改变，其荧光光谱也随之发生改变。Ma 和 Clarke[35] 推导了多晶材料应力与荧光光谱的关系，为以热障涂层为代表的高温涂层的应力测量奠定了理论基础。在此基础上，Clarke 等[36,37] 测定了热障涂层中热生长氧化物（TGO）内 Cr^{3+} 的荧光峰位与应力的对应关系，并表征了 TGO 氧化应力（图 8 - 16）和热循环应力。曹学强课题组[38] 发展了一种 Eu^{3+} 掺杂的氧化锆材料（YSZ:Eu），利用金刚石对顶压砧测定了 YSZ:Eu 的荧光峰位与应力

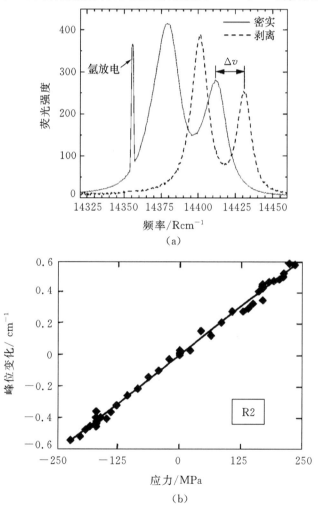

图 8 - 16　荧光光谱法表征热障涂层 TGO 残余应力[36]
(a)荧光峰频移现象；(b)荧光峰位与应力的对应关系

的关系,并将 YSZ:Eu 预置在 TGO 上方的陶瓷层处,表征了热障涂层界面附近易开裂区的残余应力水平。目前,无损法在常温下残余应力的测量中已经得到了成功的应用,但高温实时应力表征方面的研究工作仍然很少。Siddiqui 等[39]将高温环境和高能 XRD 技术结合,获得了涂层在升温、保温及降温过程中面内及面外的实时应变。将无损法与复杂多场环境相结合,测量涂层在真实服役条件下的应力状态,对于揭示涂层在真实服役环境中的失效机理具有重要的意义。

8.6　小　结

本章介绍了热障涂层模量、断裂韧性、应力及强度的测量方法,并着重介绍了 P3B 双轴强度的测试方法。同时对 P3B 双轴强度测试方法的实验设计、实验实施以及实验数据处理等进行了详细介绍。相比于传统的拉伸法和弯曲法,P3B 方法能直接模拟涂层内的双轴应力状态和裂纹形貌,为涂层系统的强度测试提供了一种有力的手段。但是,目前 P3B 方法还不能推广应用于评价涂层的界面强度,这需要后续开展进一步分析。

参考文献

[1] Chen X, Vlassak J J. Numerical study on the measurement of thin film mechanical properties by means of nanoindentation [J]. Journal of Materials Research, 2001, 16(10): 2974 - 2982.

[2] Chiu C C, Case E D. Elastic modulus determination of coating layers as applied to layered ceramic composites [J]. Materials Science and Engineering A, 1991, 132(91): 39 - 47.

[3] Oliver W C. An improved technique for determining hardness and elastic modulus using load and displacement sensing indentation experiments [J]. Journal of Materials Research Home, 2011, 7(6): 1564 - 1583.

[4] Chen Z B, Wang Z G, Zhu S J. Tensile fracture behavior of thermal barrier coatings on superalloy [J]. Surface and Coatings Technology, 2011, 205(15): 3931 - 3938.

[5] Shieu F S, Chang L H, Shiao M H, Lin S H. Effects of Ti interlayer on the microstructure of ion-plated TiN coatings on AISI 304 stainless steel

[J]. Thin Solid Films, 1997, 311(1): 138 - 145.

[6] Qian G, Nakamura T, Berndl C C, Leigh S H. Tensile toughness test and high temperature fracture analysis of thermal barrier coatings [J]. Acta Materialia, 1997, 45(4): 1767 - 1784.

[7] Wang Y, Guo H B, Gong S K. Thermal shock resistance and mechanical properties of La₂Ce₂O₇ thermal barrier coatings with segmented structure [J]. Ceramics International, 2009, 35(7): 2639 - 2644.

[8] Choi S R, Zhu D M, Miller R A. Strength, fracture toughness, fatigue, and standardization issues of free-standing thermal barrier coatings [R]. NASA/TM - 2003 - 212516, 2003.

[9] McPherson R. A review of microstructure and properties of plasma sprayed ceramic coatings [J]. Surface and Coatings Technology, 1989, 89(39/40): 173 - 181.

[10] Zhang X, Watanabe M, Kuroda S. Effects of residual stress on the mechanical properties of plasma-sprayed thermal barrier coatings [J]. Engineering Fracture Mechanics, 2013, 110(3): 314 - 327.

[11] Yang L, Zhong Z C, You J, Zhang Q M, Zhou Y C, Tang W Z. Acoustic emission evaluation of fracture characteristics in thermal barrier coatings under bending [J]. Surface and Coatings Technology, 2013, 232: 710 - 718.

[12] Thurn G, Schneider G A, Bahr H A, Aldinger F. Toughness anisotropy and damage behavior of plasma sprayed ZrO₂ thermal barrier coatings [J]. Surface and Coatings Technology, 2000, 123(2/3): 147 - 158.

[13] Khor K A, Gu Y W, Dong Z L. Mechanical behavior of plasma sprayed functionally graded YSZ/NiCoCrAlY composite coatings [J]. Surface and Coatings Technology, 2001, 139(2/3): 200 - 206.

[14] Shi K S, Qian Z Y, Zhuang M S. Microstructure and properties of sprayed ceramic coating [J]. Journal of the American Ceramic Society, 1988, 71(11): 924 - 929.

[15] Ren X, Pan W. Mechanical properties of high-temperature-degraded yttria-stabilized zirconia [J]. Acta Materialia, 2014, 69(5): 397 - 406.

[16] Su L, Zhang W, Chen X, Wang T J. Experimental investigation of the

biaxial strength of thermal barrier coating system [J]. Ceramics International, 2015, 41(7): 8945 - 8955.

[17] 苏罗川，王铁军，张伟旭，许荣，吕志超. 一种热障涂层双轴强度测试方法[P]. 中国：ZL 201310027087.7, 2014 - 12 - 10.

[18] Hsueh C H, C R Luttrell, P F Becher. Modelling of bonded multilayered disks subjected to biaxial flexure tests [J]. International Journal of Solids and Structures, 2006, 43(20): 6014 - 6025.

[19] Hsueh C H, Luttrell C R, Becher P F. Analyses of multilayered dental ceramics subjected to biaxial flexure tests [J]. Dental Materials Official Publication of the Academy of Dental Materials, 2006, 22(5): 460 - 469.

[20] Hsueh C H, Kelly J R. Simple solutions of multilayered discs subjected to biaxial moment loading [J]. Dental Materials Official Publication of the Academy of Dental Materials, 2009, 25(4): 506 - 513.

[21] Huang C W, Hsueh C H. Piston-on-three-ball versus piston-on-ring in evaluating the biaxial strength of dental ceramics [J]. Dental Materials Official Publication of the Academy of Dental Materials, 2011, 27(6): 117 - 123.

[22] Cheng M, Chen W, Sridhar K R. Biaxial flexural strength distribution of thin ceramic substrates with surface defects [J]. International Journal of Solids and Structures, 2003, 40(9): 2249 - 2266.

[23] Hutchinson J W, Suo Z. Mixed mode cracking in layered materials [J]. Advances in Applied Mechanics, 1991, 29(8): 63 - 191.

[24] Wachtman J B, Cannon W R, Matthewson M J. Mechanical properties of ceramics [M]. Wiley and Sons, 2009.

[25] Wan J, Zhou M, Yang X S, Dai C Y, Zhang Y, Mao W G, Lu C. Fracture characteristics of freestanding 8wt% Y_2O_3—ZrO_2 coatings by single edge notched beam and Vickers indentation tests [J]. Materials Science and Engineering: A, 2013, 581: 140 - 144.

[26] Marshall D B, Lawn B R. An indentation technique for measuring stresses in tempered glass surfaces [J]. Journal of the American Ceramic Society, 1977, 60(1/2): 86 - 87.

[27] Shang F L, Zhang X, Guo X C, Zhao P F, Chang Y. Determination of

high temperature mechanical properties of thermal barrier coatings by nanoindentation [J]. Surface Engineering, 2014, 30(4): 283 - 289.

[28] Matejícek J, Sampath S, Dubsky J. X-ray residual stress measurement in metallic and ceramic plasma sprayed coatings [J]. Journal of Thermal Spray Technology, 1998, 7(4): 489 - 496.

[29] McGrann R T R, Greving D J, Rybicki E F, Bodger B E, Somerville D A. The effect of residual stress in HVOF tungsten carbide coatings on the fatigue life in bending of thermal spray coated aluminum [J]. Journal of Thermal Spray Technology, 1998, 7(4): 546 - 552.

[30] Lima C R C, Nin J, Guilemany J M. Evaluation of residual stresses of thermal barrier coatings with HVOF thermally sprayed bond coats using the modified layer removal method (MLRM) [J]. Surface and Coatings Technology, 2006, 200(20): 5963 - 5972.

[31] Jordan D W, Faber K T. X-ray residual stress analysis of a ceramic thermal barrier coating undergoing thermal cycling [J]. Thin Solid Films, 1993, 235(1/2): 137 - 141.

[32] Chen Q, Mao W G, Zhou Y C, Lu C. Effect of Young's modulus evolution on residual stress measurement of thermal barrier coatings by X-ray diffraction [J]. Applied Surface Science, 2010, 256(23): 7311 - 7315.

[33] Selcuk A, Atkinson A. Analysis of the Cr^{3+} luminescence spectra from thermally grown oxide in thermal barrier coatings [J]. Materials Science and Engineering A, 2002, 335(1/2): 147 - 156.

[34] Gentleman M M, Clarke D R. Concepts for luminescence sensing of thermal barrier coatings [J]. Surface and Coatings Technology, 2004, 188(1): 93 - 100.

[35] Ma Q, Clarke D R. Stress Measurement in single-crystal and polycrystalline ceramics using their optical fluorescence [J]. Journal of the American Ceramic Society, 1993, 76(6): 1433 - 1440.

[36] Christensen R J, Lipkin D M, Clarke D R, Murphy K. Nondestructive evaluation of the oxidation stresses through thermal barrier coatings using Cr^{3+} piezospectroscopy [J]. Applied Physics Letters, 1996, 69(24): 3754 - 3756.

[37] Nychka J A, Clarke D R. Damage quantification in TBCs by photo-stimulated luminescence spectroscopy [J]. Surface and Coatings Technology, 2001, 146 - 147(1): 110 - 116.

[38] Zhao Y, Ma C, Huang F, Wang C, Zhao S, Cui Q, Cao X, Li F. Residual stress inspection by Eu^{3+} photoluminescence piezo-spectroscopy: An application in thermal barrier coatings [J]. Journal of Applied Physics, 2013, 114(7): 073502 - 073502 - 5.

[39] Siddiqui S F, Knipe K, Manero A, Meid C, Wischek J, Okasinski J, Almer J, Karlsson A M, Bartsch M, Raghavan S. Synchrotron X-ray measurement techniques for thermal barrier coated cylindrical samples under thermal gradients [J]. Review of Scientific Instruments, 2013, 84(8): 083904 - 083904.

第9章 热障涂层定量无损检测技术

本章主要介绍 TBC 无损检测技术的背景、现状和最新典型研究成果。着重介绍著者开展的基于电磁超声的 TBC 界面脱粘检测、基于涡流检测反问题的叶片热疲劳裂纹和应力腐蚀裂纹的定量检测和重构方法,以及基于多频涡流方法的 TBC 多参数同步测厚方法等相关研究。

9.1 引　言

陶瓷涂层由于热导率很低可有效降低叶片金属基底材料的工作温度,从而有利于提高燃机入口温度和效率。但陶瓷涂层局部脱落或减薄,可能导致叶片金属局部温度异常上升,诱发热疲劳和/或蠕变损伤。另外,由于热应力、离心力和喷涂方法等的影响,脆性陶瓷涂层中会存在与涂层表面垂直的纵向裂纹和可能导致涂层剥离的界面裂纹。涂层中的纵向裂纹由于热疲劳等因素一旦扩展进入基底材料,会严重影响叶片强度和寿命[1,2]。另外,叶片 TBC 老化到一定程度后,为确保完整性需对涂层进行喷涂修理。如裂纹侵入叶片基材,会导致无法修理而报废。同时,为确定可修性和再涂修理的最佳时机,有效的涂层老化诊断和余寿命评估方法非常必要。这不但有利于确保部件安全,还可降低维护成本。目前燃机先进国家都非常重视 TBC 加工、评价、检测方法的研究,如美国有多个 TBC 相关国家项目,日本也投入巨资作为 NEDO 专项研究 TBC 的先进加工、纳米涂膜评价和检测方法[3]。

9.1.1 热障涂层的检测评价现状

如图 9-1 所示,TBC 的破坏主要由于界面裂纹和纵向裂纹的产生和发展。同时表面陶瓷涂层(Top Coating,TC)的减薄也是隔热功能降低的主要威胁。界面裂纹主要是由于微裂纹的产生、增加和合体所致[4]。微裂纹的产生和热增氧化层(Thermal Growth Oxide,TGO)的生成密切相关。涂层剥离一般发生于 TGO 层附近的表层薄膜中[5]。为此,TBC 涂膜无损检测的对象除上述的界面裂纹和纵向裂纹外,老化造成的孔隙率变化、与隔热效果密切相关的陶瓷表面涂层厚度、TGO 层厚度以及薄膜粘结强度也是非常重要的TBC 检测评价对象。

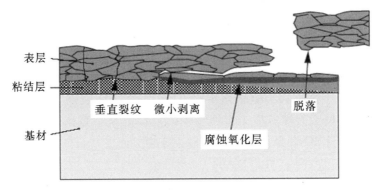

图 9-1　TBC 失效模式图

　　现状的 TBC 老化诊断方法主要有用于剥离缺陷检测的红外热成像法,用于涂层厚度检测的涡流检测法,用于孔隙率、TGO 层特性检测的超声波法、阻抗波谱法等[6]。同时,声发射方法、射线检测、渗透检测、荧光光谱法等也有一定的应用。

　　红外线热成像法有直接热成像和通过镜面的间接热成像方法,可有效检测 TBC 剥离缺陷,但其空间分辨率不足,对垂直裂纹及微小界面裂纹无效,也无法对涂层厚度和 TGO 层进行评价[7-9]。涡流检测法可检测 TC 薄膜的厚度,也可对进入 BC 层和基底材料中的裂纹进行定量评价,但对于层间剥离的检测能力不足,且容易受到中间层磁性特性变化的影响。同时,由于表层薄膜是非金属陶瓷材料,其导电率为零,涡流检测方法不能用于陶瓷涂层内的裂纹检测[10-13]。各种超声波检测方法如激光超声波方法、表面声波方法、超声声发射方法等主要是根据超声波速度的变化来检测涂膜孔隙率、结合强度等,也有利用高频超声显微镜进行涂层厚度测量的报道。由于涂膜很薄,裂纹信号通常会和界面信号相混合,尚无有效的信号分析抽取方法来判断界面裂纹的存在。同时由于 TC 层呈多孔特征,也限制了常规超声方法在界面裂纹检测中的应用[14-17],现状的超声检测法对于 TBC 裂纹的检测和定量均有不足。对于 TGO 层的评价,有研究认为阻抗频谱法较为有效。但由于该方法须施加电极于叶片上下表面,容易受内部冷却通道等的影响,其评价精度也有待提高[18-21]。另外,也有研究光致发光荧光光谱法(PLPS)对 TGO 层进行检测评价的有效性[22]。除此之外,声发射方法(AE)和激光 AE 法在涂层喷涂过程中的裂纹萌生和扩展及在涂层破坏机理研究方面有很好的应用前景,但在裂纹检测和厚度评价方面无法应用。常规的目视方法(VT)和渗透方法(PT)在涂层检测中也有应用,但仅局限于较大的表面裂纹。

由于涂膜的破坏评价和寿命评估中裂纹的检测和定量非常重要,现在国际上对这一领域的研究非常重视。总之,现阶段 TBC 无损评价技术尚不完善,开展相关无损检测方法和检测系统的研究开发非常重要。

9.1.2　无损检测方法及原理

无损检测(Nondestructive Testing,NDT)即在不损坏材料、部件或结构的前提下,检查和评价其中的缺陷及材质异常的活动。为达成无损检测目的,通常基于各种物理能量或现象(电磁波、振动、磁场、电场、热场等),通过观测入射能量后的反应(主动式:Active NDT)和单纯观察反应(被动式:Passive NDT),来识别评价缺陷和损伤的存在和状态。典型的常规无损检测方法有超声波方法、射线方法、磁性检测法、涡流检测法、浸透法(五大常规方法)。此外,声发射、目视检查(Visual Testing)、红外热成像法(Thermograph)、振动诊断法、直(交)流电位差方法、应变测量法、磁噪声法等也是重要无损检测手段。尚有各种新的无损检测方法和系统在不断涌现。各种无损检测方法具有各自不同的特点,针对特定的检测对象和需求需要选择适当的方法和检测条件进行无损检测和评价。以下就 TBC 检测相关的几种典型无损检测方法的原理和特点进行概要介绍[25,26]。

1. 射线检测方法(Radiographic Testing,RT)

基于材料对射线吸收、透过性的差异依据透过线量进行成像,以分析材料内部缺陷的检测方法。RT 采用的放射源主要有 X 射线和 γ 射线,通过底片或 X 射线管、CCD 等对检测结果进行成像。RT 的主要特点是可直观确定缺陷的二维形状、容易判断缺陷的种类和大小、对内部缺陷有效等。但也有无法检测与射线方向平行的平面缺陷,射线源和检出器件须在检查对象的两侧,检查装置复杂且须进行有放射性防护等缺点。

2. 超声检测方法(Ultrasonic Testing,UT)

UT 方法的主要原理是利用压电传感器等将具有较声波频率更高的超声波(通常 1~100 MHz)脉冲入射到检查对象,如材料内部有缺陷,在缺陷界面部分超声波会形成反射和衍射等。通过检测和分析反射超声波信号来确定缺陷的位置和大小的方法即为超声波检测方法。UT 方法具有检查性能好、使用广泛,对微小缺陷和焊接缺陷均有效,对厚度较大的对象也可适用等优点,但其缺点是需要接触媒介,对球形缺陷、粗大结晶检查能力较低等。

3. 漏磁检测方法(Magnetic Testing,MT)

强磁性被检对象如被磁化,其表面或表层缺陷处会由于材料不连续产生磁力线的扰动形成表面漏磁。通过检测漏磁场来探测材料表面或表层缺陷是漏磁检测方法的基本原理。MT 方法需利用电磁铁、空芯线圈、直流电流等进行着磁,利用磁粉、磁带、磁传感器等进行磁场信号检测。该方法的特点是对强磁性体表面缺陷最有效,可检测小到 1mm 的表面(层)缺陷,但通常无法确定缺陷深度,对弱磁性体和内部(反面)缺陷较难检出。

4. 涡流检测方法(Eddy Current Testing,ECT)

当通有交流电的线圈和金属构件相接近时,会在金属件中感生涡流。这一涡电流随材料的电导率、形状及缺陷状态发生变化。由于涡流的磁场会在线圈中感生电压,通过测量线圈的阻抗即可以确定材质的变化、缺陷的大小位置等状态,这一方法即为涡流检测法。ECT 的特点是非接触、高速、电信号输出,是检查对象数量最多的无损检测方法,适合于形状较为规则的金属检测对象,并可以通过分析对缺陷进行定量。其缺点是不可用于非导体,对内部缺陷灵敏度也不高等。

5. 浸透检测方法(Penetration Testing,PT)

通过使用浸透液将表面开口裂纹的表面形状放大和增强,以便观察和记录是 PT 方法的基本原理。PT 检测需要进行表面前处理、浸透处理和浸透液除去,然后进行显像处理和观察。PT 的特点是对金属、非金属均可方便检查其表面缺陷。但其缺点是只对表面缺陷有效,需要表面处理,检查能力和效率也不高。对于 TBC 检测,由于叶片使用后表面常会被腐蚀,通常不能使用荧光着色渗透剂。

除上述常规无损检测方法外,还有一些方法对 TBC 检测较为有效。其中声发射检测方法(AE)可用于涂层制备过程的质量控制。其基本原理是基于裂纹扩展时能量释放产生的弹性波的检测。AE 通常用于在役结构的连续监测,属于被动方法,无需入射能量。但也有无法定量、易受周边噪声的影响、无应力释放时无效等缺点。其次,红外热成像技术(Infrared Thermography)在涂层的脱粘检测中有重要应用。红外热成像的实质就是依据被测物体表面的温度场。当物体受到热激发时,热量将在其内部进行传递,物体内部的缺陷会改变物体的热传导特性,导致物体表面温度产生差异。通过使用红外热像仪检测物体表面的温度差异,可进而判定被测对象中的缺陷及状态。另外,TGO 在 TBC 失效过程中扮演非常重要的角色。对于 TGO 检测,交流阻抗谱法(AC Impedance Spectroscopy,IS)被认为是一种相对较为有效的方法。交流阻抗谱主要通过检测电极间的阻抗变化来确定内部的状态。由于交流阻抗包含电容特性,IS 可以对表面为非导电陶瓷的 TBC 进行检测。考虑到 TBC 体系在失效过程中发生一系列物理化学变化,如裂纹的萌生与扩展、TGO 的形成与增厚会影响阻抗谱,近来该方法被用于对 TBC 体系的失效过程进行研究。对于 TGO 的检测,光致发光荧光光谱法(Photostimulated Luminescence Piezospectroscopy,PLPS)也有一定有效性。PLPS 是测定 TGO 层中 Cr 离子受光激发后的荧光光谱。由于该光谱的特征峰会随着离子应力水平发生蓝移或者红移,根据特征频率的改变可以定量分析应力值。基于这个原理,PLPS 有望用于对 TBC 失效信息的检测。

9.1.3　多频涡流和电磁超声 TBC 无损检测方法

如前所述,TBC 的隔热效果取决于表面陶瓷涂层的厚度和结构。表面陶瓷涂层在使用过程中由于高温气体的冲蚀会发生减薄,进而影响其隔热效果。因而,表面陶瓷涂层厚度的无损检测和评价是保证 TBC 质量的关键之一。考虑到涂层厚度变化微小,常规的超声测厚等方法很难适用。高频涡流检测可检测微米级厚度变化,对上述厚度评价可能有效。但 TBC 在使用过程中,中间粘结层(Bonding Coating,BC)的电磁特性和厚度由于氧化等作用也可能发生变化,对涡流定量检测产生不利影响。为克服这些问题,需要更多的检测信息进行综合分析以得到可靠的 TC 厚度。

近来,有研究者提出了基于多频涡流检测和信号反演的涂层多参数同步重构方法,实现了复杂条件下表面陶瓷涂层厚度的定量评价[27-29]。由于高频涡流主要局限于导体表面,叶片内部的冷却通道不会对信号产生显著影响,因而涡流检测法也可用于进展到粘结层和基材中裂纹的检测和定量。为克服叶片表面曲面形状的影响,柔性线圈涡流阵列探头是有效手段。

为克服常规超声检测由于 TC 层多孔特性导致的问题,针对 TBC 界面裂纹或脱粘的检测,著者等提出了图 9-2 所示的电磁超声检测方法。由于电磁超声直接在 BC 和基底材料中激发超声波,可以降低 TC 层的影响。本章介

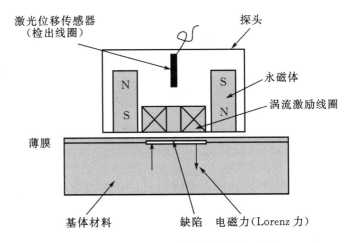

图 9-2　新型界面裂纹检测方法概念图

绍针对这一方法开发的复杂介质电磁超声检测数值模拟方法和程序有效性。

　　针对上述背景,本章主要介绍著者等就 TBC 定量无损检测相关的研究成果,具体包括:①电磁超声检测数值模拟方法和在 TBC 无损检测中的应用;②涡流检测复杂裂纹定量反演;③TBC 厚度多频涡流定量检测方法。

9.2　电磁超声数值模拟方法及其在 TBC 检测中的应用

9.2.1　电磁超声检测方法[30,31]

　　电磁超声传感器(Electro-Magnetic Acoustic Tranducer,EMAT)与传统的压电超声传感器同属超声范畴。EMAT 技术出现于 20 世纪 60 年代,它的出现将超声检测扩展到了高温、高速和在线检测领域。与传统的压电超声相比,EMAT 的本质区别在于其换能器的不同。传统压电超声换能器一般靠压电晶片的压电效应来产生和接收超身波,其能量转换在压电晶片上进行。而 EMAT 则靠电磁效应发射和接收超声波,其能量转换在被测工件表面的表层内直接进行。图 9-3 是两种超声传感器的比较示意图。

　　根据法拉第电磁感应定律,导电回路中的感应电流 I 与其内部的磁通变化相关,即

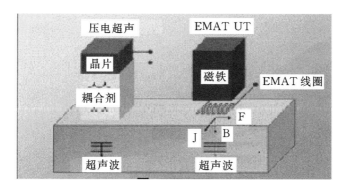

图 9 - 3　两种检测方式的比较

$$I = \frac{\varepsilon}{R} = -\frac{1}{R}\frac{\mathrm{d}\phi}{\mathrm{d}t} \qquad (9-1)$$

其中,ε 为感应电动势;R 为回路电阻;ϕ 为回路磁通。因此,当金属表面附近存在载有时变电流的线圈时,由于线圈产生的时变磁场会在金属表面感生涡流。金属表面中涡流强度的大小取决于线圈产生的磁场和金属的形状、导电率等,其方向是抵抗线圈磁场侵入导体,频率与激励电流一致。涡流在金属导体厚度方向指数衰减,在金属表面最大。在理想情况下,金属中离表面深度 z 处的涡流密度 $J_z = J_0 e^{-z/\delta}$,其中 J_0 为金属表面处的涡流密度,δ 为取决于激励频率和导体电磁特性的涡流透入深度。

导体内部的涡流与外加磁场相互作用会产生力,即洛伦兹力。同时,连续介质在高频脉冲力作用下会产生应力波,当频率在超声波范围时该应力波即为超声波。如果金属导体置于一个静态偏置磁场中,由于涡流和偏置磁场的复合作用产生的洛伦兹力会使金属表层质点产生振荡,进而形成超声波。与此相反,由于速度诱发电场作用,反射回界面的超声波会和偏置磁场相互作用在表面产生速度诱发电场和涡流,进而在接收线圈中感生电压信号。这种利用洛伦兹力激发和利用速度诱发电场接收的超声波检测方法即为EMAT 的基本原理。EMAT 中,换能器不仅是通电线圈和偏置场磁体的组合体,金属表面也是换能器的重要组成部分。涡流和超声波的转换靠金属表面来完成,因而电磁超声只对导电介质有效。

EMAT 技术较传统压电超声技术在以下方面具有优点:

(1)无需耦合剂。EMAT 的能量转换是靠电磁效应在工件表面直接进行,在超声换能器与工件之间无需耦合剂传导超声波,这对于检测高温、运动以及不能利用媒介的物体具有重要意义。

（2）可以灵活产生各类超声波形。EMAT 在检测过程中，在满足一定激发条件时，通过调整激励信号的大小可改变发射声波的强度，通过改变信号频率可以产生不同辐射角度的声束，通过改变激励线圈的结构可以产生不同种类的超声波。

（3）对被检测工件表面质量要求不高。EMAT 不需要检测探头与被检测材料接触，因此对被检测工件表面不需进行特殊处理，对较粗糙表面也可直接检测。

（4）检测速度快，可进行在线检测。由于 EMAT 无需与被检测物体接触，具有比传统压电超声更快的检测速度，可方便运用于在线检测，大大提高检测效率。

（5）强大的检测能力。对自然缺陷（如裂纹、剥落、腐蚀等）具有很高的检测灵敏度，可满足一般的工业需求。

经过几十年的发展，电磁超声技术已逐渐成为重要无损检测技术之一。目前国外 EAMT 已进入实际工业应用阶段。国内对电磁超声的研究起步较晚，但已越来越受到国内无损检测研究者的关注，已出现了一些 EMAT 装置，对理论研究也越来越深入。

目前，电磁超声研究涉及实验和数值模拟两方面。通过对电磁超声的数值模拟，不仅可以更好地理解电磁超声的产生机理，还可为探头的优化设计和缺陷定量提供理论基础。在数值模拟方面，有限元方法由于通用性好、求解精度高等特点在超声波数值模拟中应用较多。然而由于超声波的波长小，有限元计算一般需要剖分大量单元，计算量庞大、效率低，如何提高其计算效率，是一个重要课题。

9.2.2 电磁超声数值模拟方法

根据电磁超声激发和接收的机理建立理论模型是进行电磁超声信号数值模拟的前提。电磁超声涉及电磁学、力学等多个学科，是一个典型的交叉学科问题。由于超声波振动位移幅度很小，电磁超声中的电磁固体耦合效应一般不很明显，因而其涡流场、偏置磁场、电磁力和超声波的计算可以分别进行。根据这一思路，电磁超声数值模拟主要可分为四个部分：①静态偏置磁场的计算；②脉冲涡流场和洛仑兹力的计算；③洛仑兹力作用下超声波的产生和传播模拟；④基于速度诱发电场效应的检出信号计算。以下分别给出解决以上四个问题的思路和步骤。

1. 静态磁场的简化计算

电磁超声换能器产生静态偏置磁场所用的磁体通常为永磁体。众所周知,在永磁体中沿充磁方向具有基本均匀的剩磁强度。依据磁化的环电流模型,永磁体中可认为存在一定的磁化电流。由于磁化均匀,磁体内部的磁化电流一般为零,而在永磁体表面则存在集中面电流。这是永磁体对外显示宏观磁性的直观机理。依此理论,对于非磁性介质基于毕奥-萨伐尔定律即可计算出其中由永磁体所产生的静态磁场分布。对如图 9-4 所示方条型永磁体,当磁化沿 z 轴方向时,永磁体内的磁化向量为

$$\boldsymbol{M} = \frac{B_r}{\mu_0}\boldsymbol{e}_z \qquad\qquad (9-2)$$

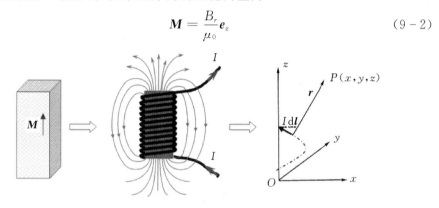

图 9-4　永磁体所产生磁场的等效计算

其中,$\boldsymbol{M}$ 为磁化强度;B_r 是永磁材料剩余磁感应强度,对于理想永磁体 B_r 为常数。当永磁体内各点磁化强度 $\boldsymbol{M}$ 相同时,磁化电流只分布在磁体的表面,其面电流面密度 $\boldsymbol{k}_m = \boldsymbol{M} \times \boldsymbol{e}_n$($\boldsymbol{e}_n$ 是磁体表面法线方向单位矢量)。将永磁体等效为 n 匝线圈的通电螺线管,则线圈的等效电流为 $I_0 = kh/n$,其中 h 为永磁体的高度。最后根据毕奥-萨伐尔定律可确定空间任意点(无磁性介质时)的磁感应强度 $\boldsymbol{B}$ 为

$$\boldsymbol{B} = \frac{\mu_0}{4\pi}\iint \frac{\boldsymbol{k}_m \times \boldsymbol{r}}{r^3}\mathrm{d}s = \frac{\mu_0}{4\pi}\sum_{i=1}^{n} I_0 \int_{l_i} \frac{\mathrm{d}\boldsymbol{l} \times \boldsymbol{r}}{r^3} \qquad\qquad (9-3)$$

2. 脉冲涡流场的分布和洛仑兹力的计算

EMAT 所使用的激励电流频率在 MHz 量级,这时位移电流可以忽略,即 EMAT 可作为准静态问题考虑。这时涡流场的控制方程为:

$$\nabla \times \frac{1}{\mu}\nabla \times \boldsymbol{A} = \boldsymbol{J}_s - \sigma\left(\frac{\partial \boldsymbol{A}}{\partial t} + \nabla\phi\right) \qquad\qquad (9-4)$$

其中,$\boldsymbol{A}$ 表示磁矢位;ϕ 是标量磁位;μ 为磁导率;σ 为电导率;$\boldsymbol{J}_s$ 为源电流

密度。

当采用棱边有限元离散时,可设定标量磁位为零作为规范条件,这时可得如下有限元离散方程:

$$[P]\{A\} + [Q]\left\{\frac{\partial A}{\partial t}\right\} = \{R\} \tag{9-5}$$

其中$[P]$、$[Q]$、$\{R\}$为系数矩阵和激励相关的向量。由于 EMAT 是脉冲暂态问题,式(9-4)需要逐步积分求解。Crank-Nicholson 是一种有效的直接积分方法,其计算格式为:

$$[(1-\theta)\Delta t[P] + [Q]]\{A\}_{t+\Delta t} = \Delta t\{R\}I(t_0 + n\Delta t) + [[Q] - \theta\Delta t[P]]\{A\}_t \tag{9-6}$$

其中,θ 为 0～1 的常数。在计算出磁矢位 $\boldsymbol{A}$ 后,导体中脉冲涡流的分布可由下式给出:

$$\{J_e\}_{t+\Delta t} = -\sigma\{\dot{A}\}_{t+\Delta t} = -\frac{\sigma}{\Delta t}(\{A\}_{t+\Delta t} - \{A\}_t) \tag{9-7}$$

在磁场和涡流相互作用下产生洛仑兹力,可由下式计算:

$$\boldsymbol{f}_v = \boldsymbol{J}_e \times \boldsymbol{B} \tag{9-8}$$

式(9-8)中磁感应强度主要考虑静态偏置磁场,涡流产生的磁场相对很小,可以不考虑。

3. 超声波的数值计算

在洛仑兹力 $\boldsymbol{f}_v$ 的作用下,导体中会产生超声波。对于均匀各向同性介质,其波动微分方程为:

$$\mu\nabla^2\boldsymbol{u} + (\lambda + \mu)\nabla(\nabla \cdot \boldsymbol{u}) - \gamma\frac{\partial\boldsymbol{u}}{\partial t} + \boldsymbol{f}_v = \rho\frac{\partial^2\boldsymbol{u}}{\partial t^2} \tag{9-9}$$

其中,λ、μ 是材料弹性常数;γ 是材料内部阻尼;ρ 是材料密度;$\boldsymbol{u}$ 是质点位移矢量。

边界条件: $\begin{cases} \sigma_{ij}n_j = \hat{t}_i & (\text{on } \Gamma_1) \\ \boldsymbol{u} = \hat{\boldsymbol{u}} & (\text{on } \Gamma_2) \end{cases}$ $i,j = 1,2,3$ $\tag{9-10}$

初始条件: $\begin{cases} \boldsymbol{u}_0 = 0 \\ \dot{\boldsymbol{u}}_0 = 0 \end{cases}$ $(\text{in } \Omega)$ $\tag{9-11}$

这里,σ_{ij} 为应力张量;n_j 表示边界面法向量;$\hat{t}_i$ 是面力载荷;$\hat{\boldsymbol{u}}$ 是施加的位移约束,它们都是已知条件;Γ_1 为应力边界;Γ_2 为位移边界;Ω 为介质所在区域。

由式(9-9),通过有限元离散可得到如下离散形式的控制方程:

$$[M]\{\ddot{U}\} + [C]\{\dot{U}\} + [K]\{U\} = \{F_s\} + \{F_v\} \tag{9-12}$$

式中，$[M]$、$[C]$、$[K]$分别为检测对象的质量、阻尼和刚度阵；$\{F_s\}$、$\{F_v\}$分别为试件所受的表面力和体积力向量，对于自由表面$\{F_s\}=0$，$\{F_v\}$对应洛仑兹力。

一般超声波数值模拟中使用的时域积分所使用的方法（如 Newmark 法、~~75 mm×75 mm×20 mm~~ 法和中心差分法等）需要求解耦联线性方程组，所需存储量和计算量很大。为此，可采用如下结合中心差分法和 Newmark 平均速度法的算法，以提高迭代计算速度。

$$\begin{cases} \{\dot{U}\}_{t+\Delta t} = \{\dot{U}\}_{t-\Delta t} - [D]_1\{\dot{U}\}_t - [D]_2\{U\}_t + 2\Delta t[M]^{-1}\{F\}_t \\ \{U\}_{t+\Delta t} = \{U\}_t + \dfrac{\{\dot{U}\}_{t+\Delta t} + \{\dot{U}\}_t}{2}\Delta t \end{cases}$$

$$(9-13)$$

在波的传播问题中，当考虑均匀材料时质量矩阵一般可采用团聚质量矩阵，即$[M]$为对角矩阵，这时上式中的$[D]_1$，$[D]_2$有

$$\begin{cases} [D]_1 = 2\Delta t[M]^{-1}[C] \\ [D]_2 = 2\Delta t[M]^{-1}[K] \end{cases}$$

$$(9-14)$$

由式(9-13)可看出位移向量的计算问题变成了矩阵与向量的乘积和向量加减运算，不需求解方程，结合一维压缩存储技术，可极大减小计算过程的存储量和计算量。此外，通过分析可知该算法具有介于二阶与三阶的计算精度。

4. 超声检测信号的计算

电磁超声的检测信号也可以通过检测线圈进行检出。其基本原理是超声波场的计算可以得到空间各点的瞬时速度v，由于运动介质和静态磁场相互作用会产生动生电场$v \times B$和相应的涡流。和普通涡流检测问题相同，动生涡流会在检出线圈区域产生附加磁位，通过对线圈导线方向的磁位进行积分，即可如下计算检出线圈的感生电压：

$$V = \int_S \boldsymbol{B} \cdot \mathrm{d}\boldsymbol{s} = \oint_\Gamma \boldsymbol{A} \cdot \mathrm{d}\boldsymbol{l}$$

$$(9-15)$$

其中，$\boldsymbol{A}$为速度诱发涡流在线圈区域产生的磁位，由下式确定：

$$\boldsymbol{A}(\boldsymbol{r}) = \frac{\sigma\mu_0}{4\pi}\int_V v(\boldsymbol{r}') \times \boldsymbol{B}_0(\boldsymbol{r}')/|(\boldsymbol{r}-\boldsymbol{r}')|\,\mathrm{d}V'$$

$$(9-16)$$

其中，积分区域V为检测对象区域；$\boldsymbol{B}_0$为偏置磁场；v为质点速度；$\boldsymbol{r}$、$\boldsymbol{r}'$为场点和源点位置向量。

9.2.3　算法有效性验证

基于以上理论,开发了电磁超声数值模拟程序,其中超声模拟中采用了上节所述积分新格式(9-13)。为验证新型积分方法和所开发电磁超声程序的有效性,以下给出一个二维算例的计算结果和分析比较。

1.二维数值计算模型

检测对象取为不锈钢板,其密度 $\rho=8.03\times10^3\ kg/m^3$,弹性模量 $E=1.97\times10^{11}\ N/m^2$,泊松比 $\nu=0.33$。对图 9-5 所示断面的无限长平板,作为二维平面应变问题进行计算分析。对于空间区域采用边长 0.5 mm 的矩形有限单元进行离散,然后分别采用中心差分格式和改进的显式积分算法进行时域积分。

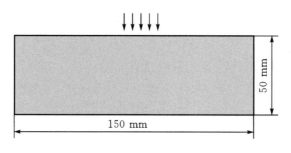

图 9-5　二维数值计算模型

2.数值模拟结果

两种积分算法所需时间如表 9-1 所示。计算用普通个人计算机进行。采用新型算法的计算时间约为传统算法的 1/20,大大提高了效率。

表 9-1　两种算法所需计算时间比较

算法	传统中心格式积分算法	改进的显示积分算法
计算时间/s	280	14

图 9-6 所示问题的声场分布计算结果如图 9-7 所示,两种算法得到的声场数值模拟结果完全相同。一个超声波脉冲激发后,通过超声波声场可以明显看出有两种传播速度不同的超声波,这与理论分析相符合,即介质中应该存在两种基本形式的波动形式:纵波和横波。纵波的传播速度较快,而横波的传播速度相对较慢。

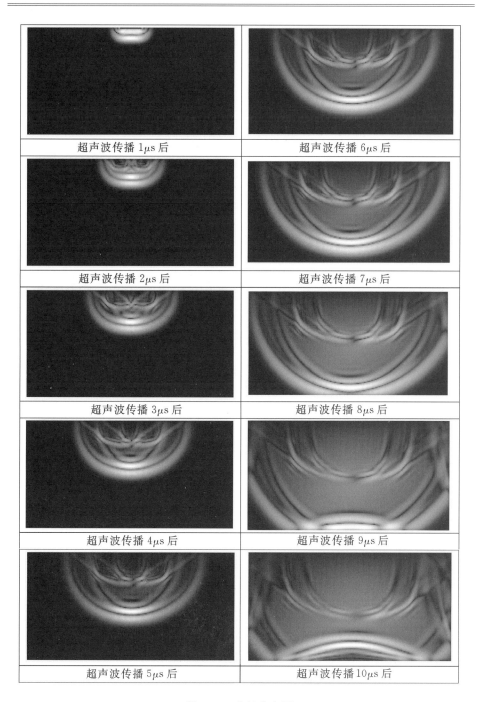

超声波传播 1μs 后　　　　超声波传播 6μs 后

超声波传播 2μs 后　　　　超声波传播 7μs 后

超声波传播 3μs 后　　　　超声波传播 8μs 后

超声波传播 4μs 后　　　　超声波传播 9μs 后

超声波传播 5μs 后　　　　超声波传播 10μs 后

图 9 - 6　声场分布图

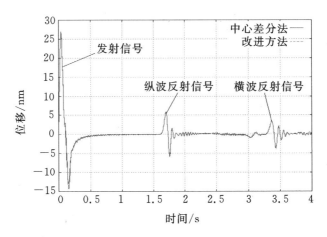

图 9-7　信号波形比较

上表面中央点的位移信号计算结果比较如图 9-8 所示。两种算法所得信号几乎完全重合,说明改进显示积分算法具有与传统中心差分格式积分算法计算精度相同。

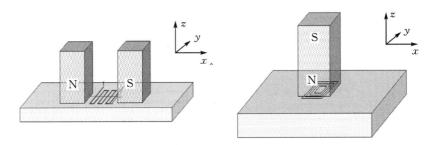

图 9-8　数值计算模型

由于板厚已知,根据图 9-7 所示波形图中的底面回波信号,可以分别算出纵波和横波波速。表 9-2 是数值计算所得波速与理论值的比较,两者相符很好,进一步说明了所用理论、算法和程序的正确性。

表 9-2　模拟信号波速与理论波速比较

	理论值	数值解	相对误差
纵波	6029 m/s	6070 m/s	0.7%
横波	3037 m/s	2985 m/s	1.7%

9.2.4　电磁超声的数值模拟及实例验证

考虑到电磁超声可以通过改变线圈结构来获得不同种类的超声波,作为计算实例,本节给出两种不同激励方式 EMAT 的数值模拟结果以进一步验证方法的有效性。

1. 数值计算模型

图 9-8 给出了所考虑的两个计算模型。模型 1 中线圈采用回折型排列并施加近似水平方向的静磁场以获得板波;模型 2 的线圈采用同心环型排列并施加近似垂直方向的静磁场以获得横波。检测对象均为非磁性不锈钢材料,其导电率为 $\sigma = 1.1 \times 10^6$ S/m,其他参数与前例相同。模型 1 的检测对象试件选为 75 mm × 75 mm × 5 mm 平板,模型 2 的试件为 75 mm × 75 mm × 20 mm 厚板;脉冲激励信号波形如图 9-9 所示,其中心频率 $f_0 = 1$ MHz,电流密度幅值 $J_s = 1.25 \times 10^7$ A/m²。

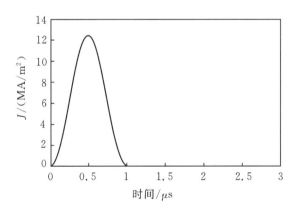

图 9-9　脉冲激励电流

2. 计算结果

由于试件为非磁性材料,偏置静态磁场可以通过等效表面磁化电流的方法进行计算。图 9-10 给出了计算所得模型 1 和 2 在 $y=0$ 中心截面上的磁力线分布,这符合理论预期。

在涡流场与洛仑兹力分布方面,计算发现模型 1 中的洛仑兹力主要集中在与板面垂直的 z 方向,而模型 2 试件中的洛仑兹力则集中在面内的 x 与 y 方向上。图 9-11(a) 与图 9-11(b) 分别给出了计算所得模型 1 试件上表面 y

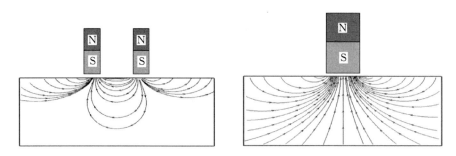

图 9-10　永磁体磁场分布

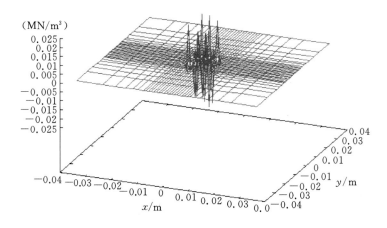

(a)

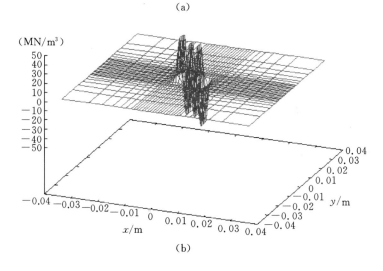

(b)

图 9-11　模型 1 上表面的洛仑兹力分布

(a)y 方向洛仑兹力分布；(b)z 方向洛仑兹力分布

和 z 方向上洛仑兹力的密度分布;图 9-12(a)与图 9-12(b)分别给出了模型
2 试件上表面 x 和 y 方向上洛仑兹力的密度分布。从图 9-11 可以看出,模
型 1 在垂直板面方向的电磁力远大于面内的电磁力,主要激发板波。图
9-12所示模型 2 在 x 和 y 方向的电磁力完全相同,且基本不存在垂直方向
电磁力,主要激发垂直入射超声波。两种工况的电磁力分布合理,说明涡流

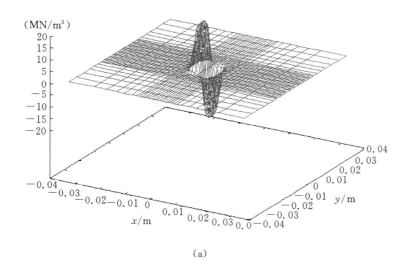

(a)

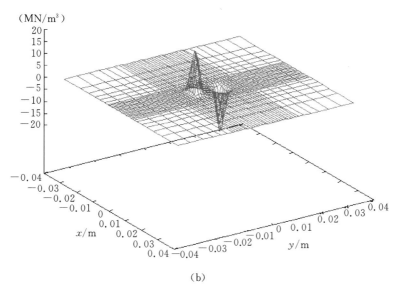

(b)

图 9-12　模型 2 上表面的洛仑兹力分布
(a)x 方向洛仑兹力分布;(b)y 方向洛仑兹力分布

和电磁力的计算也是有效可靠的。

3. 超声波的传播

为减小计算量,分别取模型 1 和模型 2 的 $y=0$ 中心截面将三维结构简化为二维平面应变模型进行超声波数值计算。当 y 方向线圈和平板的尺寸较大时,这种近似不会带来太大误差。图 9-13(a)与图 9-13(b)分别给出了模型 1 和模型 2 对应的简化二维模型。试件所采用的材料与上例相同。模型 1 试件长 75 mm、厚 5 mm,模型 2 长 75 mm,厚 20 mm。线圈和磁体置于试件中心正上方 $x=0$ 处,提离 $h=0.5$ mm,其他参数与上例相同。

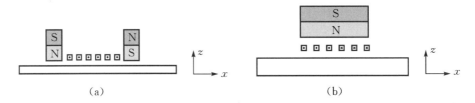

(a)   (b)

图 9-13 二维电磁超声计算模型

(a)二维模型 1-板波模型;(b)二维模型 2-板波模型

采用前述数值模拟程序的计算结果如图 9-14～图 9-17 所示。图 9-14 (a)、(b)为模型 1 中不同时刻的声场分布图,图 9-15 表示试件上表面 $x=17.5$ mm 处质点位移的时间变化。可见模型 1 试件中超声波主要以板波形式产生沿水平 x 方向传播。

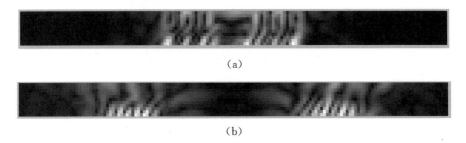

(a)

(b)

图 9-14 模型 1 声场分布图

(a)3 μs 时声场分布;(b)7 μs 时声场分布

图 9-16(a)、(b)分别给出了模型 2 中在不同时间的声场分布图。从图中可看出试件中除少量的纵波成分外,波的主要能量集中在横波部分,且主要沿 z 方向传播,与直观分析结论相同。图 9-17 表示试件上表面 $x=1.5$ mm 处质点位移的时间变化,可以明确观察到底面回波信号。

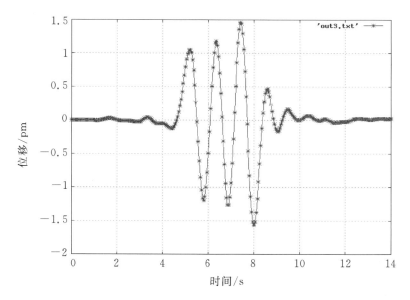

图 9-15　模型 1 试件表面 $x=17.5$ mm 点位移与时间关系

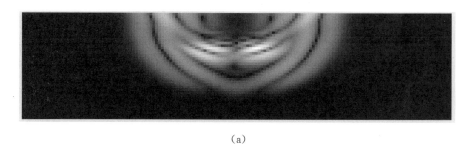

图 9-16　模型 2 声场分布图

(a)3 μs 时声场分布；(b)6 μs 时声场分布

根据图 9-17 的信号波形图中两底面反射回波信号，考虑到波的传播距离为 2 倍试件厚度，可分别计算出纵波和横波的波速。表 9-3 给出了计算结

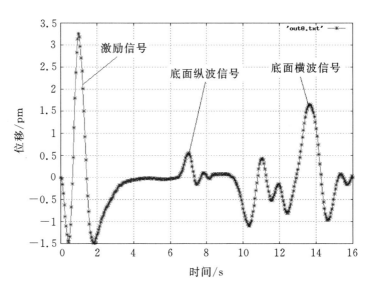

图 9-17　模型 2 试件表面 $x=1.5\,\text{mm}$ 点位移与时间关系

果与理论值的比较。可以看出计算结果与理论值基本相符,误差在允许范围内,验证了方法和程序的有效性。

表 9-3　模拟信号波速与理论波速比较

	数值计算结果/(m/s)	理论值/(m/s)	相对误差
纵波	6300	6029	4.5%
横波	3200	3037	5.4%

9.2.5　TBC 电磁超声检测的数值模拟

1. 数值计算模型

考虑陶瓷 TC 层为均匀、各向同性介质和 TGO 层厚度为零时的 TBC 电磁超声检测问题。计算参数和计算模型如表 9-4 和图 9-18 所示。各层材料分别为:陶瓷表层 Z_rO_2,中间粘结层为 NiC_rAlY,基体材料为高镍高温合金。各层的厚度采用了表 9-4 中所示常规燃机叶片 TBC 的参数。参照图 9-2,EMAT 探头采用了可产生垂直入射纵波的探头结构,即偏置磁场平行于板面且与涡流场垂直。这时电磁力主要为垂直于板面的分量,可激发产生垂直入射超声波。为考虑界面剥离缺陷,在 TC 和 BC 间设定了一个

0.01 mm厚的空气区域。同样为了提高超声波计算效率,超声部分采用了图9-18左端所示二维计算模型,其中左上为无缺陷健全模型,左下图为含剥离缺陷模型,且剥离缺陷宽度可调。

表 9-4　计算模型物理参数

	TC	BC	Substrate
h/mm	0.3	0.12	0.24
σ_e/(MS/m)	0	1.01	1.01
μ_r	1	1	1
E/GPa	17.471	182.59	180.0
υ	0.2	0.3	0.41
ρ/(kg/m^3)	2300	2700	4500

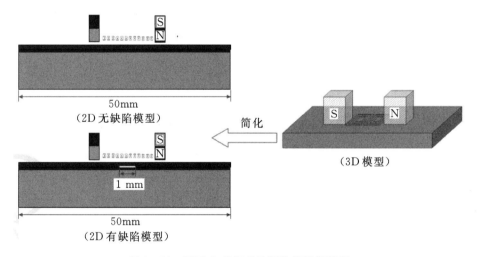

图 9-18　TBC 电磁超声检测数值计算模型

2. 数值模拟结果

1)声场分布图

针对上述计算模型和条件,采用所开发数值模拟程序对 TBC 的超声波传播过程和检测信号进行了计算。为清楚表达剥离缺陷对超声波的影响,对图 9-19 所示全局声场进行局部放大,并和无缺陷结果在表 9-5 进行了比较,可以明确看出缺陷的影响。

图 9 - 19　全局声场图

表 9 - 5　两种模型局部声场分布比较

无缺陷模型局部声场分布图	有缺陷模型局部声场分布图
$t=\Delta T$	$t=\Delta T$
$t=2\Delta T$	$t=2\Delta T$
$t=3\Delta T$	$t=3\Delta T$
$t=4\Delta T$	$t=4\Delta T$
$t=5\Delta T$	$t=5\Delta T$
$t=6\Delta T$	$t=6\Delta T$

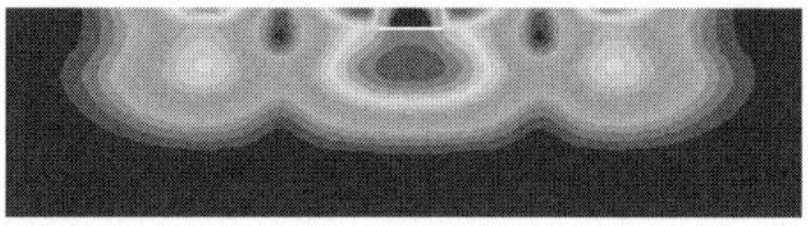

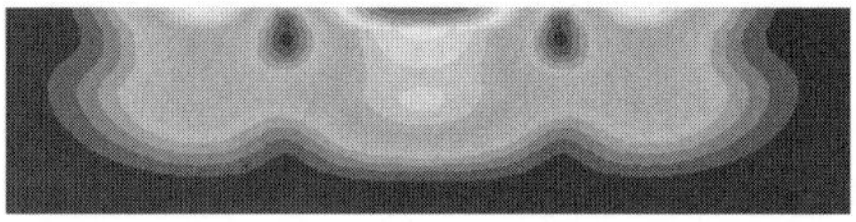

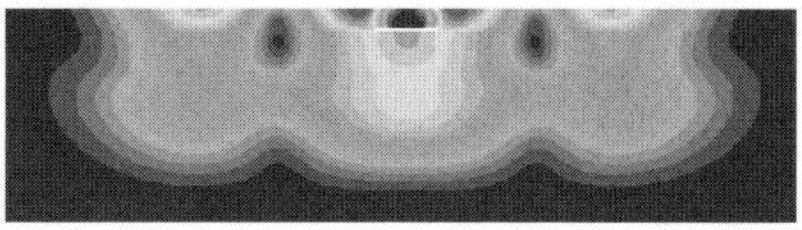

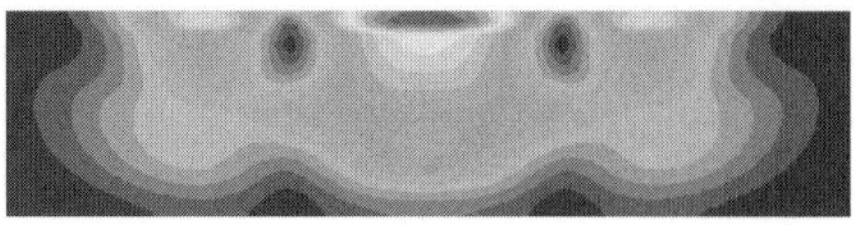

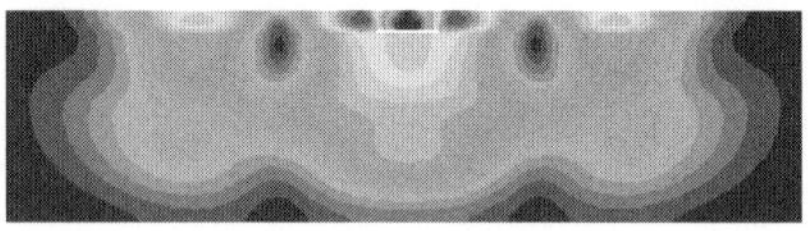

2)信号波形比较

由表 9 - 5 的声场分布图可以看出,涂层界面发生剥离会对由金属层向陶瓷层传播的超声波产生阻扰作用,表面陶瓷层的超声波受剥离缺陷影响较大。然而,由于陶瓷层不导电,不存在速度诱发涡流效应,无法采用常规

EMAT 方式利用速度诱发电场效应利用线圈进行信号接受。如图 9 - 20 所示,由于超声波表现为微小位移,可通过激光位移传感器对探头正下方的涂层表面位移进行测量,以判断涂层界面的剥离情况。当涂层界面存在一定的剥离缺陷时,与界面完好时相比表面位移信号的幅值会大幅度减小,同时还会产生明显的时间延迟效应。因此,基干相关信号对剥离缺陷进行检测具有很大可行性。

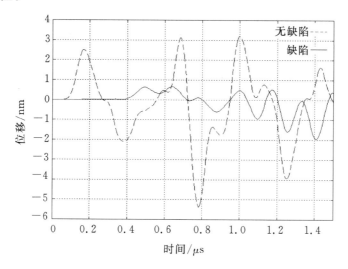

图 9 - 20　探头正下方涂层表面位移信号波形图

3. 不同剥离大小对检测信号的影响

如图 9 - 21 所示,选取两种计算模型,即图(a)所示界面完好模型和图(b)所示陶瓷层与金属过渡层界面发生了一定剥离缺陷的模型进行了计算和比较。记剥离缺陷长度为 h、陶瓷层的厚度为 d,通过改变长度 h,考察不同剥离程度(h/d)对检测信号的影响。

1)$h/d=1$ 的检测信号

由图 9 - 22 所示检测信号计算结果可以看出,当剥离长度与陶瓷层厚度相等($h/d=1$)时,检测信号与界面无剥离时得到的检测信号计算结果无明显差别。因此当界面剥离的尺寸与陶瓷层厚度相当时,采用电磁超声方法很难被检测出来。

2)$h/d=2$ 时

由图 9 - 23 可以看出,当剥离尺寸与陶瓷层厚度比为 2($h/d=2$)时,有剥离时的检测信号与界面无剥离时得到的检测信号相比,幅值已呈现明显

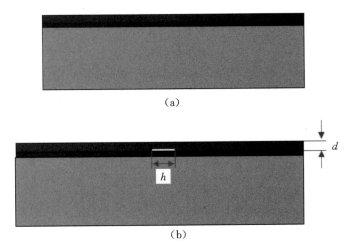

图 9 - 21　TBC 二维模型

(a)界面无剥离;(b)界面发生剥离

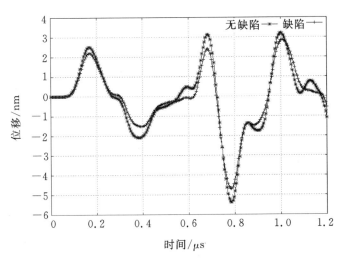

图 9 - 22　$h/d=1$ 时计算所得有无剥离时检测信号的比较

减小。

3)$h/d=3$ 的情况

由图 9 - 24 可以看出,当剥离尺寸与陶瓷层厚度比为 3($h/d=3$)时,有剥离时的检测信号较界面无剥离时的检测信号幅值大大减小,并产生明显的时间延迟效应。通过测量和分析适当时刻的超声波信号的幅值和信号波形特征可以有效检测具有足够长度的脱粘缺陷。

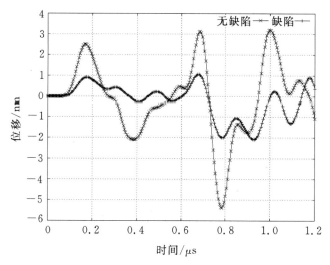

图 9-23　$h/d＝2$ 时计算所得有无剥离时的检测信号比较

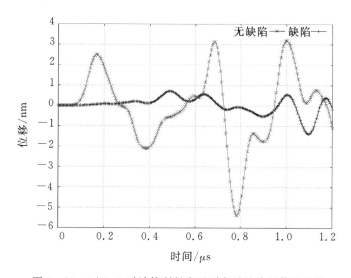

图 9-24　$h/d＝3$ 时计算所得有无剥离时的检测信号比较

　　综上所述,通过对 TBC 简化模型电磁超声信号的数值计算和结果比较,初步证实了当涂层剥离区域尺寸大于陶瓷层厚度的数倍(特别是 3 倍以上)时,电磁超声方法可充分检测到缺陷的存在,且信号扰动大小与缺陷大小相关。但当涂层剥离区域的尺寸很小(与陶瓷 TC 层厚度相当)时,电磁超声方法对剥离缺陷检测效果不明确。考虑到陶瓷层厚度一般为 $200 \sim 300\ \mu m$,这意味着电磁超声有望检测到边长不小于 1 mm 的剥离缺陷,较现状的红外热成像技术的空间分辨率会有很大改进,基于电磁超声的检测方法对实际 TBC 检测具有很好应用前景。

9.3　基于涡流检测的复杂裂纹定量评价方法

　　燃机叶片在高温、高压、腐蚀性燃气环境下高速旋转,承受静态和交变拉应力及扭转应力,加上高温腐蚀环境,可能产生机械/热疲劳裂纹,也可能在其金属基体材料中产生应力腐蚀裂纹。应力腐蚀裂纹(Stress Corrosion Crack,SCC)是一种在腐蚀介质、拉伸应力和敏感微观结构条件下发生的延迟破坏现象。应力腐蚀裂纹主要沿晶界进展,具有类似于树枝分叉的复杂微观结构,其无损定量检测相对困难,是产业界迫切需要解决的课题之一。

　　涡流检测(ECT)由于速度快、对表面和近表面缺陷检测灵敏度高、无需特殊表面处理等特点在缺陷定量检测方面被视为超声检测的一个有效补充。有学者利用 ECT 信号实现了包括疲劳裂纹在内的一些自然裂纹的定量重构[27],但对复杂形状 SCC 其定量精度还不理想。其原因主要是由于热疲劳裂纹和 SCC 的裂纹区域电磁特性的复杂性。对实际 SCC 涡流检测的有效数值模拟是进行高精度裂纹定量反演的前提,需要符合实际的计算模型和方法。同时,开发相应的高效检测信号计算方法和裂纹重构策略对裂纹反演同样重要。另外,扫描信号信息不足可能导致复杂裂纹的重构问题的病态加重,影响反演精度。二维扫描 ECT 信号包含了更多的裂纹电导率和结构信息,采用二维 ECT 检测信号有望改善裂纹重构精度。

　　针对上述问题,著者等提出了长裂纹分段重构的策略,解决了复杂形状长裂纹的定量重构问题,为改善反问题收敛效果和精度,提出了随机方法和确定论方法的组合反演算法[32,33]。以下重点介绍这些方面的相关内容。

9.3.1　裂纹二维扫描涡流检测信号高效数值计算方法

　　利用基于无缺陷场的已有涡流检测信号快速数值计算方法,可以有效计算在裂纹平面正上方的平行扫描 ECT 信号,计算中需采用基于移动对称条件的数据库平移策略[27]。由于扫描路径垂直于裂纹面时平移对称条件不再成立,常规涡流信号快速计算程序无法用来对二维平面扫描(C 扫)信号进行高效计算。

　　为实现对 C 扫 ECT 信号的高效计算,著者等开发了垂直于裂纹面的不同探头位置建立系列无缺陷数据库的方法[28,32,33]。由于与裂纹平行的扫描路径仍然可用常规平移策略和数据库快速算法,通过利用这些数据库并结合单位源无损场,可以有效实现裂纹平行/垂直不同探头位置涡流检测信号的高效计算。使用这种 C 扫信号高效计算方法获得图 9-25 所示二维扫描信号在常规计算机仅需不到 1 分钟时间,且计算精度和常规有限元方法基本相同。

当应用高效快速算法进行裂纹重构时,计算信号残差函数的梯度也是正问题的重要内容。由于垂直扫描时问题的对称性不再成立,常规信号残差的梯度计算解析表达式对于 C 扫信号不再成立[28],这时需要通过差分方法进行梯度计算。

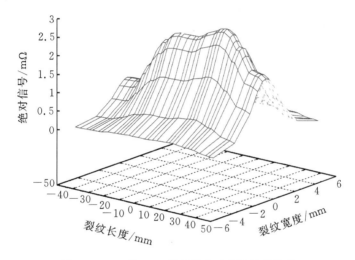

图 9-25　二维 ECT 信号的快速算法计算结果

9.3.2　基于共轭梯度和进退法的混合重构算法

由于复杂裂纹的裂纹区域一般具有导电性,为准确得到复杂裂纹尺寸信息,需要对裂纹区的导电率同时进行定量重构。通常裂纹的形状参数和电导率参数对裂纹涡流检测信号的影响程度很不相同。如重构时对形状参数和导电率参数采用相同优化算法,往往会由于收敛速度不同影响重构精度和效率。对此,著者基于确定论共轭梯度优化方法和随机进退法提出了一种交替推算裂纹形状和导电率参数的混合反演策略。其主要思路是用常规共轭梯度法修正裂纹的形状参数和用随机进退法修正裂纹电导率,通过交替执行上述两种重构方法,可以有效提高重构效率。

混合重构算法的具体步骤为:

(1)选定初始裂纹电导率 $\sigma_1 = 0$,和初始电导率步长 $h_1 = 5\% \sigma_0$。

(2)用常规共轭梯度法优化裂纹形状参数 c,并计算残差 ε_n,其中:

$$\varepsilon_n = \sum_i^M (z_i(\sigma, c) - z_i^{obs})^2 \qquad (9-17)$$

(3)若 $\varepsilon_n < \varepsilon_{n-1}$,步长 h 加倍,然后令 $\sigma_{n+1} = \sigma_n + h$,转第二步;否则,若 $n \leqslant 2$ 令 $h = -h/2$,$\sigma_{n+1} = \sigma_n + h$;若 $n > 2$,转下一步。

(4)若 $\varepsilon_{n-2} < \varepsilon_n$,令电导率范围 $S = [\sigma_{n-1}, \sigma_n]$,$\sigma_{temp} = \sigma_{n-2}$;否则 $S = [\sigma_{n-2}, \sigma_{n-1}]$,$\sigma_{temp} = \sigma_n$。

(5)找出范围 S 的中点 σ_c,计算 ε_c。

(6)若 $\varepsilon_{n-1} > \varepsilon_c$,$S$ 保持不变;否则若 $\sigma_{temp} < \sigma_c$,令 $S = [\sigma_{temp}, \sigma_c]$;若 $\sigma_{temp} \geqslant \sigma_c$,令 $S = [\sigma_c, \sigma_{temp}]$。

(7)令 S 的左边界为 σ_{n-1},右边界为 σ_n,转第(4)步,直到满足收敛条件。

9.3.3 基于二维 ECT 信号和分段反演策略的应力腐蚀裂纹重构

对于复杂实际裂纹,基于涡流检测信号的重构精度特别是裂纹深度的精度尚不理想。其原因主要是裂纹形状和电导率等参数在裂纹区域变化较大。对于长裂纹的定量重构,有研究者采用了压缩重构的方式,即将信号的空间尺度和裂纹长度同步压缩。当裂纹深度在长度方向变化不大时,这种压缩重构方法基本可行,但如裂纹内部深度和导电率变化剧烈,这种长裂纹重构方法就可能导致较大误差。针对以上问题,著者提出了基于二维信号对裂纹进行分段重构的方法,其主要思路和典型结果如下。

1. 长应力腐蚀裂纹的分段重构算法

基于二维 ECT 信号的分段重构方法,就是首先如图 9-26 所示将裂纹沿长度方向分段,然后利用和裂纹垂直的扫描信号对各内部段进行分别重构,并利用和裂纹平行的扫描信号对 2 个边界段分别进行重构。重构过程中允许各内部段互相重叠,相同部位的重构结果取为相关各段重构结果的均值。上述过程可以同时有效确定裂纹的长度(两个边界点间距)和深度。分段处理后,由于可通过一个较短裂纹区域的数据库进行裂纹分段重构,可大大降低计算机资源负担,并对深度变化复杂的裂纹给出较好重构精度。

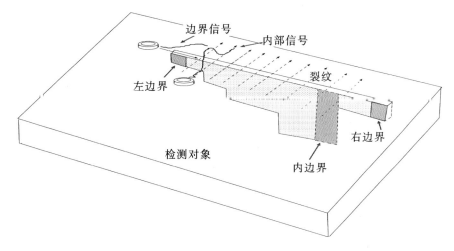

图 9 - 26 基于二维 ECT 信号的分段逆策略

具体重构过程中,对于裂纹各内部段仅利用过每段中心点的垂直扫描 ECT 信号进行重构。这时重构的裂纹被认为具有足够长度(不考虑边界影响),即每一内部段的重构都采用固定的裂纹长度,仅对裂纹的深度和电导率进行重构。通过逐段重构和叠加区域平均处理,最后可以获得裂纹的深度和导电率。

由于裂纹的边界位置未知,两个边界段的重构无法采用垂直扫描信号,为此采用与裂纹平行的扫描信号进行重构的方法。这时,对于其中的一个边界段(如左边界段)仅重构裂纹深度、电导率和(左)端点的位置,而认为此边界段的另一个端点已知。如此即可分别获得两个端点的位置,最后得到裂纹长度。

上述裂纹内部段和边界段的重构,均涉及形状和导电率参数,可以采用前述基于共轭梯度和进退法的混合算法有效获得。

2. 长裂纹重构例

为了验证上述长裂纹重构策略的有效性,以长、宽各 100 mm、厚 5 mm 的 Inconel 合金板(电导率 1 MS/m)为例进行了裂纹重构。检测探头选为标准饼式线圈,其尺寸分别为内径 1.2 mm、外径 3.2 mm、厚度 0.8 mm。采用的激励频率是 10 kHz。快速信号计算所需无缺陷数据库使用的预设裂纹区域设定为长 20 mm、深 5 mm、宽 0.2 mm 的矩形区域,并划分为 80 个(长度方向 16 个,深度方向 5 个)裂纹单元。垂直于裂纹面的 11 个不同线圈位置被选为垂直扫描点,建立了相应的无缺陷数据库。

作为有效性验证,首先对图9-25所示二维ECT信号进行了反演计算。在边界段用平行扫描信号来重构边界点位置、深度和电导率,在内部段则用垂直扫描信号来重构各段的深度和电导率。

1)边界段重构结果

首先利用沿裂纹长度方向左右各10 mm长的检测信号来重构两个端点的位置、边界段深度和电导率。计算中,裂纹信号开始出现的点被作为起始信号点。利用快速算法、混合逆策略和模拟信号起始位置的调整,得到的裂纹端部重构形状结果和对应检测信号分别如图9-27和图9-28所示。基于重构裂纹信息的检测信号和真实值相符很好,裂纹端点位置和裂纹深度均被有效求得。

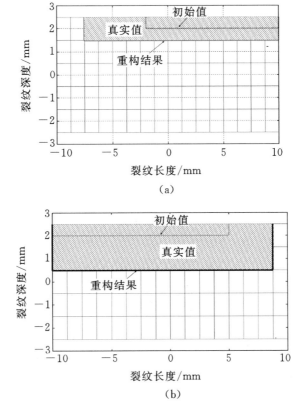

图9-27　重构边界位置比较
(a)左边界;(b)右边界

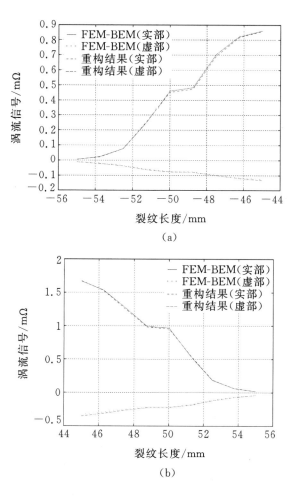

图 9 - 28　重构信号比较

(a)左边界;(b)右边界

2)内部段的重构结果

为重构内部段的信息,从图 9 - 25 所示信号中抽取了 30 个位置的垂直扫描信号作为输入检测信号,用于相应内部段的深度和电导率的重构。重构过程中,裂纹段长度被选为数据库允许的最大长度 20 mm。通过利用抽出的 30 组垂直扫描信号重构出了长度方向 30 个点的深度和电导率。加上两个边界段的重构结果,最后得到了图 9 - 29(a)所示裂纹形状。可见即使对于如此复杂的裂纹形状,也可获得很好的重构效果。图 9 - 29(b)为利用重构所得裂纹计算的检测信号和实际信号的比较,两者很好一致。

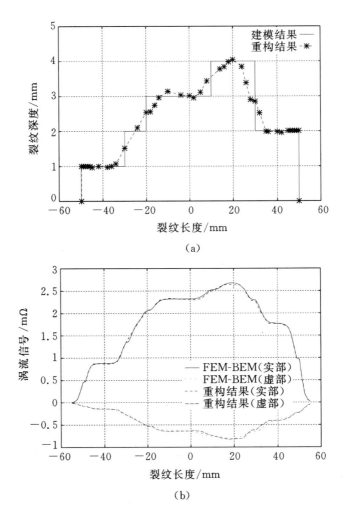

图 9-29　长裂纹整体重构结果(电导率:0)
(a)信号模拟;(b)信号形状模拟

图 9-30 给出了内部导电率为非零时复杂长裂纹的重构结果。重构过程中采用的信号叠加了 10%的人工噪声,以检验噪声的影响。可以发现,即使对于含 10%噪声的检测信号,裂纹长度和深度也可以合理重构,反映了方法的有效性。

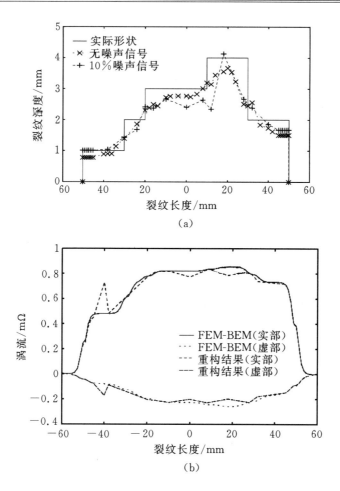

图 9-30　长应力腐蚀裂纹形状重构结果(电导率:10%)
(a)重构形状比较;(b)重构信号比较

　　为进一步说明长裂纹分段重构算法的有效性,图 9-31 给出了利用压缩重构方法和分段重构方法对中部有深度突跳裂纹的重构结果比较。可以看出,当裂纹中部的深度有剧烈变化时,压缩方法得到的裂纹长度和深度均有很大误差。而长裂纹分段重构方法则可得出合理的形状重构结果,但两者的信号均较为一致。

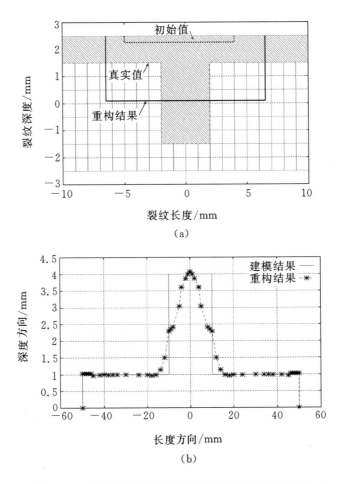

图 9-31 长裂纹的压缩重构与分段形状重构结果对比

(a)压缩重构裂纹形状重构结果;(b)分段逆策略形状重构结果

9.4 TBC厚度多频涡流定量检测评价研究

如前所述,TC层在使用过程中由于冲蚀等其厚度可能发生较大的变化,需要适时评价以确定维修时机和保证安全。高频涡流检测方法是微小厚度测量非常有效的方法,但由于BC层和基底材料的导电率、导磁率在使用过程中都可能发生一定的变化,BC层的厚度由于氧化作用等也可能发生变化,限制了高频涡流方法的直接使用。著者等提出了利用多频涡流,通过信号反演分析同时确定TC层厚度和TBC其他各参数的方法。本节主要介绍这一方法的原理、信号反演必需的涡流检测信号高效计算方法、实验验证和应用。

9.4.1 轴对称涡流问题的解析求解方法

当采用饼式涡流探头进行检测时,其检测信号可以采用有限元方法进行数值计算。由于数值计算信号精度容易受到网格分割等影响,计算时间通常也较长,如果有解析解,就可避免上述问题。由于叶片相对探头尺寸很大,叶片 TBC 涡流检测问题可简化为一个如图 9-32 所示的轴对称问题,这时存在解析求解方法获得检测信号,其基本原理和计算过程如下。

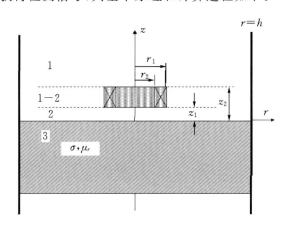

图 9-32 解析法计算模型

1. 解析法基本原理

在柱坐标下,图 9-32 所示轴对称常规涡流问题的控制方程为

$$\frac{\partial^2 A}{\partial r^2} + \frac{1}{r}\frac{\partial A}{\partial r} - \frac{A}{r^2} + \frac{\partial^2 A}{\partial z^2} = -\mu_0 I\delta(r-r_0)\delta(z-z_0) \qquad (9-18)$$

采用分离变量法,可得向量位 A(轴对称问题仅有 z 分量)的一般解

$$A(r,z) = \left[A_0 r + \frac{B_0}{r}\right][C_0 + D_0 z]$$

$$+ \sum_{i=1}^{\infty}[A_i J_1(\alpha_i r) + B_i Y_1(\alpha_i r)][C_i e^{\lambda_i z} + D_i e^{-\lambda_i z}] \qquad (9-19)$$

根据边界条件,当 z 趋于无穷大、$r=0$ 和 $r=h$ 时,系数 $A_0 = B_0 = C_0 = D_0 = 0$;由于贝塞尔函数 $Y_1(\alpha_i r)$ 在 $r=0$ 时具有发散性,因此 $B_i = 0$。根据外部边界条件,当 $r=h$ 时,$A(h,z)=0$。在保证满足上述边界条件的情况下,特

征值 α_i 为贝塞尔方程 $J_1(\alpha_i h) = 0$ 的正根，$\lambda_i = \sqrt{\alpha_i^2 + j\omega\mu_0\mu_r\sigma}$。

将求解域分成如图 9-32 所示三个部分，各部分磁位 A 解的表达式为

$$A_1(r,z) = \sum_{i=1}^{\infty} J_1(\alpha_i r) e^{-\alpha_i z} D_i^{(1)} \qquad (9-20)$$

$$A_2(r,z) = \sum_{i=1}^{\infty} J_1(\alpha_i r)(e^{\alpha_i z} C_i^{(2)} + e^{\alpha_i z} D_i^{(2)}) \qquad (9-21)$$

$$A_3(r,z) = \sum_{i=1}^{\infty} J_1(\alpha_i r) e^{\lambda_i z} C_i^{(3)} \qquad (9-22)$$

根据求解域各部分分界面边界条件，计算未知数 C_i、D_i。在两个界面 $z = z_0$ 和 $z = 0$ 上磁感应强度 B_z 和磁场强度 H_r 具有连续性，可以得到以下界面边界方程：

$$A_1(r,z_0) = A_2(r,z_0) \qquad (9-23)$$

$$\left.\frac{\partial A_1(r,z)}{\partial z}\right|_{z=z_0} - \left.\frac{\partial A_2(r,z)}{\partial z}\right|_{z=z_0} = -\mu_0 I\delta(r-r_0) \qquad (9-24)$$

$$A_2(r,0) = A_3(r,0) \qquad (9-25)$$

$$\left.\frac{\partial A_2(r,z)}{\partial z}\right|_{z=0} = \frac{1}{\mu_r} \left.\frac{\partial A_3(r,z)}{\partial z}\right|_{z=0} \qquad (9-26)$$

进而可得

$$C_i^{(2)} = \mu_0 I e^{-\alpha_i z_0} \frac{r_0 J_1(\alpha_i r_0)}{\alpha_i [h J_0(\alpha_i h)]^2} \qquad (9-27)$$

$$D_i^{(2)} = \frac{\alpha_i \mu_r - \lambda_i}{\alpha_i \mu_r + \lambda_i} \qquad (9-28)$$

$$C_i^{(3)} = \frac{2\alpha_i \mu_r}{\alpha_i \mu_r + \lambda_i} C_i^{(2)} \qquad (9-29)$$

$$D_i^{(1)} = \left(e^{2\alpha_i z_0} + \frac{\alpha_i \mu_r - \lambda_i}{\alpha_i \mu_r + \lambda_i}\right) C_i^{(2)} \qquad (9-30)$$

代入式(9-20)、式(9-21)、式(9-22)并对环电流元激励下的 A 在线圈截面上进行积分，最终可得各求解域中 A 的解析表达式为：

$$A^{(1)} = \mu_0 \iota_0 \sum_{i=1}^{\infty} J_1(\alpha_i r) e^{-\alpha_i z} \bigg[(e^{\alpha_i z_2} - e^{\alpha_i z_1})$$

$$\times (e^{-\alpha_i z_1} - e^{\alpha_i z_2}) \frac{\alpha_i \mu_r - \lambda_i}{\alpha_i \mu_r + \lambda_i} \bigg] \frac{\chi(\alpha_i r_1, \alpha_i r_1)}{\alpha_i^4 [h J_0(\alpha_i h)]^2} \qquad (9-31)$$

$$A^{(2)} = \mu_0 \iota_0 \sum_{i=1}^{\infty} J_1(\alpha_i r) e^{-\alpha_i z} \left(e^{\alpha_i z} + e^{-\alpha_i z} \frac{\alpha_i \mu_r - \lambda_i}{\alpha_i \mu_r + \lambda_i}\right)(e^{-\alpha_i z_1} - e^{-\alpha_i z_2}) \frac{\chi(\alpha_i r_1, \alpha_i r_1)}{\alpha_i^4 [h J_0(\alpha_i h)]^2}$$

$$(9-32)$$

$$A^{(3)} = 2\mu_0\mu_r\iota_0 \sum_{i=1}^{\infty} J_1(\alpha_i r)\,\mathrm{e}^{\lambda_i z}\, \frac{(\mathrm{e}^{-\alpha_i z_1} - \mathrm{e}^{-\alpha_i z_2})}{\alpha_i\mu_r + \lambda_i}\, \frac{\chi(\alpha_i r_1, \alpha_i r_1)}{\alpha_i^4 [h J_0(\alpha_i h)]^2} \quad (9-33)$$

$$A^{(1\text{-}2)} = \mu_0\iota_0 \sum_{i=1}^{\infty} J_1(\alpha_i r)\,\mathrm{e}^{-\alpha_i z}\, \frac{\chi(\alpha_i r_1, \alpha_i r_1)}{\alpha_i^4 [h J_0(\alpha_i h)]^2}$$

$$\times \left[2 - \mathrm{e}^{-\alpha_i(\tau - \tau_1)} - \mathrm{e}^{\alpha_i(\tau - \tau_1)} + (\mathrm{e}^{-\alpha_i(\tau - \tau_1)} \quad \mathrm{e}^{-\alpha_i(\tau - \tau_1)})\frac{\alpha_i\mu_r - \lambda_i}{\alpha_i\mu_r + \lambda_i} \right]$$

$$(9-34)$$

其中,$t_0 = NI(r_2 - r_1)^{-1}(z_2 - z_1)^{-1}$;$A^{(1)}$ 为线圈上部分区域,$A^{(2)}$ 为线圈与导体间区域,$A^{(3)}$ 为导体区域,$A^{(1\text{-}2)}$ 为线圈区域的向量位函数;$J_1(\alpha_i r)$、$\chi(\alpha_i r_1, \alpha_i r_1)$ 为贝塞尔函数。

2. 检测线圈阻抗

针对图 9-33 所示的数学模型,典型圆形探头在试样上的阻抗值表达式可写成:

$$Z =$$

$$\begin{cases} Z_0 = \dfrac{2\mathrm{j}\omega\pi\mu_0 N^2}{(r_2 - r_1)^2(z_2 - z_1)^2} \sum_{i=1}^{\infty} \chi^2(a_i r_1, a_i r_2)\, \dfrac{2[a_i(z_2 - z_1) - 1 + \mathrm{e}^{a_i(z_1 - z_2)}]}{[h J_0(a_i h)]^2 a_i^7} \\[4mm] Z_1 = \dfrac{2\mathrm{j}\omega\pi\mu_0 N^2}{(r_2 - r_1)^2(z_2 - z_1)^2} \sum_{i=1}^{\infty} \chi^2(a_i r_1, a_i r_2)\, \dfrac{(\mathrm{e}^{-a_i z_1} - \mathrm{e}^{-a_i z_2})^2}{[h J_0(a_i h)]^2 a_i^7} \cdot \dfrac{V_1}{U_1} \end{cases}$$

$$(9-35)$$

其中,Z_0 为真空中探头阻抗值;Z_1 为感应涡流造成探头阻抗的变化值。式中:

$$\begin{cases} \chi(x_1, x_2) = \displaystyle\int_{x_1}^{x_2} x J_1(x)\,\mathrm{d}x \\[3mm] \dfrac{V_1}{U_1} = \dfrac{(\alpha_i + \alpha_{i1})\mathrm{e}^{-2\alpha_{i1}d_1}R(\alpha_i) + (\alpha_i - \alpha_{i1})}{(\alpha_i + \alpha_{i1})\mathrm{e}^{-2\alpha_{i1}d_1}R(\alpha_i) + (\alpha_i + \alpha_{i1})} \\[3mm] R(\alpha_i) = \dfrac{(\alpha_i + \alpha_{i1})(\alpha_{i2} - \alpha_i)\mathrm{e}^{-2\alpha_{i1}(d_2 - d_1)} + (\alpha_{i1} - \alpha_{i2})(\alpha_{i2} + \alpha_i)}{(\alpha_i + \alpha_{i1})(\alpha_{i2} - \alpha_i)\mathrm{e}^{-2\alpha_{i1}(d_2 - d_1)} + (\alpha_{i1} + \alpha_{i2})(\alpha_{i2} + \alpha_i)} \\[3mm] \alpha_{in} = \sqrt{\alpha_i^2 + \mathrm{j}\omega\mu_0\mu_n\sigma_n} \quad n = 1,2 \end{cases}$$

$$(9-36)$$

其中,h 为探头中心到试样边缘的横向距离;μ_0 为真空磁导率;μ_n 和 σ_n 为各层的相对磁导率和电导率;ω 为激励频率的角频率;N 为线圈匝数。

3. 涡流和信号的计算过程

根据前面解析式可对涡流检测信号进行计算,其中贝塞尔方程 $J_1(J_i h) = 0$ 的特征值 α_i 可采用通用程序数值计算。积分公式 $\chi(x_1, x_2) = \displaystyle\int_{x_1}^{x_2} x J_1(x)\,\mathrm{d}x$ 可

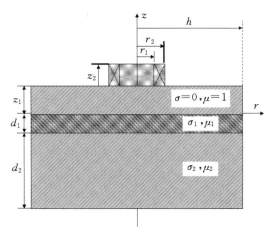

图 9 - 33　TBC 系统模型

采用以下两种方法进行计算,即:式(9 - 37)的恒等式法和式(9 - 38)的求和方法

$$\int_{x_1}^{x_2} x J_1(x)\mathrm{d}x = \frac{\pi}{2}\{x_2[J_0(x_2)H_1(x_2) - J_1(x_2)H_0(x_2)]$$
$$- x_1[J_0(x_1)H_1(x_1) - J_1(x_1)H_0(x_1)]\} \quad (9 - 37)$$

其中 H_n 为 Struve 函数,以及

$$\int_{x_1}^{x_2} x J_1(x)\mathrm{d}x = \left[x_1 J_0(x_1) - 2\sum_{k=0}^{\infty} J_{2k+1}(x_1)\right] - \left[x_2 J_0(x_2) - 2\sum_{k=0}^{\infty} J_{2k+1}(x_2)\right]$$
$$(9 - 38)$$

其中式(9 - 38)较为快速,实际编程可采用此法。其他公式求解可采用直接将贝塞尔特征值代入的方法。虽然上述计算仍需使用计算机,但由于以理论解为基础,其计算速度和精度较有限元方法好很多,且不受网格划分等的影响,具有较高计算效率。

9.4.2　热障涂层厚度涡流检测正问题

为明确 TBC 各参数与多频涡流检测信号的关联性,本节给出各参数对典型 TBC 涡流检测计算模型所得检测信号,并分析其影响规律。

1. TBC 涡流检测计算模型

典型 TBC 体系具有 TC、BC 和基材三层结构。为此,建立了图 9 - 34 所示涡流检测理论模型进行信号计算分析。由于研究对象的厚度检测的精度要求为微米级,选择了小型绝对饼式线圈作为多频涡流检测探头。探头参数和实物如图 9-35 和设计图 9-36 所示,具体参数为:外径 3.2 mm、内径 1.2 mm、厚 0.8 mm,匝数为 140 匝。模型中上层为不具导电性的陶瓷层,厚度为 200 μm～400 μm;中间层为具有一定导电性的过渡层,其厚度为 50 μm ～150 μm;基材为 Inconel 镍基合金。模型的建立采用了以下假设和条件,即:①探头外径比较小,可忽略叶片表面曲率的影响;②TC 陶瓷层的电磁特性和空气一样;③探头接触放置,提离为探头包覆层厚度(0.5 mm)。

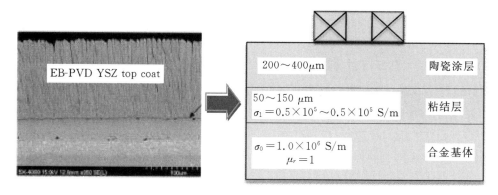

图 9-34　TBC 涡流检测简化理论模型

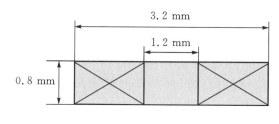

图 9-35　涡流检测探头设计图

图 9-36　探头外形照片

1)热障涂层厚度变化对涡流检测信号的影响

当粘结层厚度为 100 μm,粘结层电导率为 1.0×10^5 S/m,激励频率为 300 kHz、1 MHz 和 2 MHz 时,TBC 陶瓷涂层的厚度从 0.2 mm 增加到 0.4 mm 时相应的涡流检测信号变化规律如图 9-37 所示。图中横坐标为 TBC 陶瓷涂层厚度变化,纵坐标为涡流阻抗信号的实部及虚部,左图为检测信号的实部(电阻 R),右图为检测信号的虚部(电抗 X)。从图中可以看出,随着 TC 层厚度增加,涡流密度逐渐减小,涡流信号也相应变小。

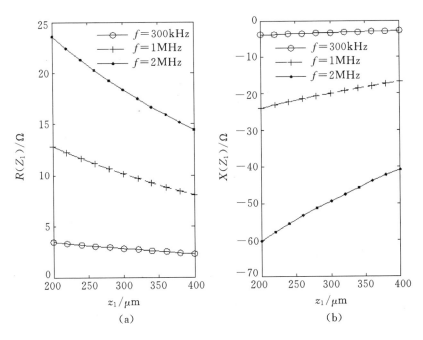

图 9 - 37　TC 陶瓷涂层厚度影响
(a)阻抗信号实部；(b)阻抗信号虚部

2)粘结层厚度变化对涡流检测信号的影响

陶瓷涂层厚度为 300 μm,粘结层电导率 1.0×10^5 S/m,激励频率设定为 300 kHz、1 MHz、2 MHz 时粘结层的厚度从 0.05 mm 增加到 0.15 mm 时信号的变化规律如图 9 - 38 所示。图中横坐标为 BC 粘结层厚度的变化,纵坐标为涡流阻抗信号的实部及虚部。通常认为,导体厚度的增加会使信号变大,但图中结果显示随着粘结层厚度的增加,阻抗信号却变小。原因可能与粘结层的电导率较基体相差很大,粘结层的涡流效应远小于基体的影响有关。

3)粘结层电导率对涡流检测信号的影响

陶瓷涂层厚度 300 μm,粘结层厚度 100 μm,激励频率选取 300 kHz、1 MHz、2 MHz 时粘结层的电导率从 0.5×10^5 S/m 增加到 1.5×10^5 S/m 时,其对信号的影响规律如图 9 - 39 所示。图中横坐标为 BC 粘结层电导率的变化,纵坐标为涡流阻抗信号的实部及虚部。从图中可以看出,随着粘结层的电导率变大,涡流效应增强,阻抗信号与粘结层电导率成正比关系,信号实部和虚部均变大。

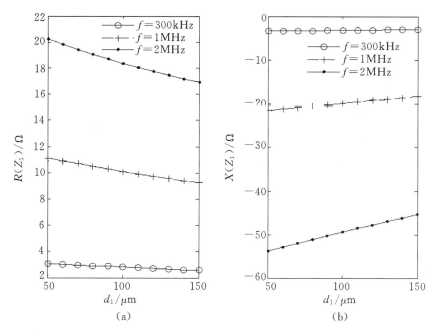

图 9 - 38　BC 粘结层厚度影响

(a)阻抗信号实部；(b)阻抗信号虚部

4)基于多频涡流信号的 TC 厚度测量

以上数值计算结果显示 TBC 各参数对信号的影响基本为线性关系。但是,由于各参数的变化会同时影响阻抗信号,从单一频率的涡流检测信号难以确定陶瓷涂层的厚度。为确定 TC 陶瓷涂层厚度,必须考虑粘结层厚度和电导率的影响,因而需要三组以上的独立的信号来识别信号。不同频率下的检测信号是非线性相关,因此可采用不同频率的信号来直接求取陶瓷涂层厚度。

由于检测信号和 TC 陶瓷涂层厚度 z、BC 厚度 d 及 BC 导电率 σ 基本成线性关系,阻抗信号与各参数的关系可近似写为

$$Z(z_0 + \Delta z, d_0 + \Delta d, \sigma_0 + \Delta \sigma) \approx Z_0(z_0, d_0, \sigma_0) + a(f)\Delta z + b(f)\Delta d + c(f)\Delta \sigma$$

$$(9 - 39)$$

其中:

$$a(f) = [Z(z_0 + \Delta z, d_0, \sigma_0) - Z_0(z_0, d_0, \sigma_0)]/\Delta z \qquad (9 - 40)$$

$$b(f) = [Z(z_0, d_0 + \Delta d, \sigma_0) - Z_0(z_0, d_0, \sigma_0)]/\Delta d \qquad (9 - 41)$$

$$c(f) = [Z(z_0, d_0, \sigma_0 + \Delta \sigma) - Z_0(z_0, d_0, \sigma_0)]/\Delta \sigma \qquad (9 - 42)$$

根据图 9 - 37、图 9 - 38、图 9 - 39,当 $z_0 = 300$ μm、粘结层厚度 $d_0 =$

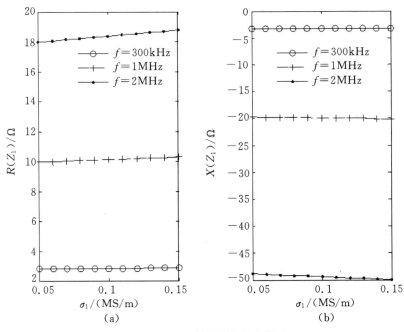

图 9 - 39　BC 粘结层电导率影响

(a)阻抗信号实部；(b)阻抗信号虚部

100 μm、粘结层电导率 $\sigma_0 = 1.0 \times 10^5$ S/m 时，频率 300 kHz、1 MHz、2 MHz 对应的系数 a、b、c 可分别得出。这时式(9 - 39)可写为如下矩阵形式

$$\begin{bmatrix} -0.005665 & -0.004871 & 0.068039 \\ -0.023234 & -0.018625 & 0.332820 \\ -0.044280 & -0.031883 & 0.769397 \end{bmatrix} \begin{bmatrix} \Delta z \\ \Delta d \\ \Delta \sigma \end{bmatrix}$$

$$= \{Z(z_0 + \Delta z, d_0 + \Delta d, \sigma_0 + \Delta \sigma)\} - \{Z_0(z_0, d_0, \sigma_0)\} \qquad (9 - 43)$$

式(9 - 43)系数矩阵的各行对应一个频率的系数。由于不同频率的三个系数线性无关，可以从 3 个不同频率的测量信号利用上式得出 TBC 系统各参数。当 $z = 0.28$ mm，$d = 0.08$ mm，导电率 0.8×10^5 S/m 时，3 个频率的测量信号为 $\{2.7722, 8.8937, 17.9265\}$。将上述信号和 $z_0 = 300$ μm、$d_0 = 100$ μm、$\sigma_w = 1.0 \times 10^5$ S/m 时的基准信号代入式(9 - 43)，可得出 TBC 各参数分别为 $z = 0.279$ mm、$d = 0.079$ mm、$\sigma = 0.79 \times 10^5$ S/m，与实际数值相近。

以上结果表明，基于多频涡流信号对 TBC 陶瓷涂层厚度进行定量评价具有可行性。但对于实际问题，由于基准参数不易选取，且 TBC 参数从基准参数值偏离较大时与信号的相关性可能呈非线性关系，加上检测噪声的影响，上述 TBC 方法尚需进一步改进。

9.4.3　多频涡流 TBC 厚度检测实验研究

为确认多频涡流对涂层厚度检测的可行性,需要开展检测实验。实际 TBC 体系为多层结构且各层厚度较难控制,分步验证是有效方法,即,首先利用模拟试件初步验证实验体系和实验方法,然后利用实际喷涂 TBC 试件验证有效性。以下介绍著者研究组的实验验证方法和结果。

1. TBC 试件制作

设计制作了参数可控的模拟试件(以下统称为:模拟试件),以及和实际叶片 TBC 系统相似的冷喷涂 TBC 平板试件(以下统称为:冷喷 TBC 平板试件)。

如图 9-40 所示,模拟试件采用紫铜板模拟高温合金基体,采用铝箔模拟中间粘结层,采用硬塑料薄片模拟陶瓷涂表层。TC 和 BC 层的厚度通过改变塑料薄片和铝箔的厚度自由调整。

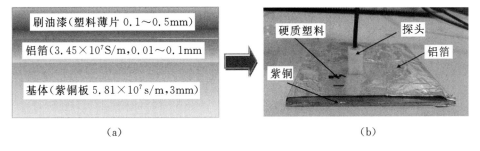

刷油漆(塑料薄片 0.1~0.5mm)

铝箔(3.45×10^7S/m,0.01~0.1mm)

基体(紫铜板 5.81×10^7s/m,3mm)

硬质塑料　　探头　　铝箔　　紫铜

(a)　　　　　　　　　　　　　　(b)

图 9-40　TBC 模拟试件

(a)模拟试件示意图;(b)模拟试件

模拟实际 TBC 的等离子喷涂平板试件如图 9-41 所示,其中 TC 陶瓷层采用 ZrO_2,粘结层采用 NiCrAlY,基体采用 304 不锈钢材料。为比较检测方法的精度,试件设计为阶梯形状,各区域分别加工了不同厚度的 TC 和 BC 层。由于实际喷涂制作过程中涂层厚度难以精确控制,实际涂层厚度可能会有最大 5 μm 的误差。为方便表述,喷涂试件各层的厚度采用如图 9-41(b) 所示的 l、h、m。

根据上图所示设计方案,采用冷气动力喷涂方法进行了涂层喷涂处理。过程中,不锈钢基体固定在支架上,通过扫描喷管逐层喷涂和控制喷涂次数和材料,得到了不同厚度的 TC 和 BC 层。制作的实验试件如图 9-42、图 9-43 所示,其中图 9-42 为粘结层试件,图 9-43 为在粘结层上喷涂了陶瓷

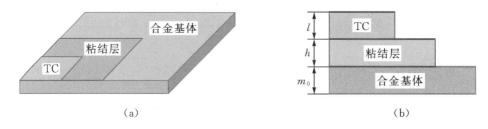

图 9-41　TBC 平板试件示意图

(a)TBC 平板试件正面示意图；(b)TBC 平板试件侧面示意图

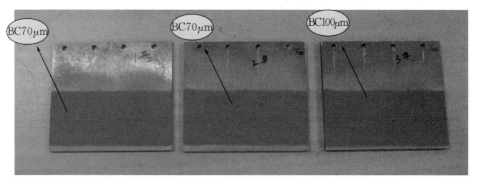

图 9-42　喷涂中间层后的冷喷 TBC 平板试件

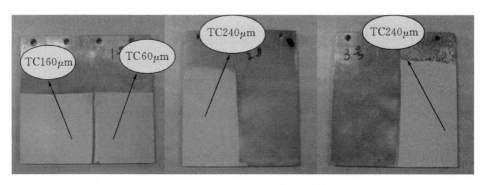

图 9-43　喷涂中间层和过渡层后的冷喷 TBC 平板试件

涂层的 TBC 试件。所喷粘结层与陶瓷层的厚度参数如表 9-6 所示，即粘结层的厚度为 70 μm 和 100 μm，陶瓷层的厚度分别为 60 μm、160 μm、240 μm。

表 9-6　试件设计参数

试件	粘结层厚度/μm	陶瓷层厚度/μm	
		左边	右边
1 号	160	160	60
2 号	210	210	0
3 号	100	0	240

2. 多频涡流实验系统和实验过程

涡流检测采用了可扫频 LCR 阻抗测量仪。该仪器频率可在 42 Hz～5 MHz 范围内自由调整，可以测试被测物的高频量程特性。LCR 阻抗测量仪通过向测量探头施加定电压并通过电流变化测量阻抗，是一种绝对式涡流检测系统。LCR 阻抗仪测量的绝对式探头的阻抗值与常规涡流检测仪测量的结果相同，但该仪器具有扫频功能，可以方便获取多频涡流检测信号，且检测精度较高。测量设备及探头如图 9-44 所示。LCR 阻抗测量系统的性能可以保证微米级厚度变化的涡流信号测量要求。

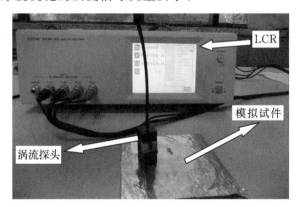

图 9-44　LCR 涡流检测系统

由于探头与试件之间的间隙，以及探头的垂直度直接影响实验结果，为了将人为引入误差降到最低，设计了探头夹具并采用三维扫描台固定涡流探头，保持探头垂直。同时试验中使探头试件表面保持接触，以最大限度减少提离的影响。实验装置如图 9-44、图 9-45 所示，通过扫描台和探头夹具，可以实现给定位置和接触状态涡流检测的重复测量。

使用 LCR 检测仪获取 TBC 试件多频涡流检测信号的具体步骤如下：

（1）置放试件，安装探头，将探头固定于夹具和三维扫描台，调整探头与

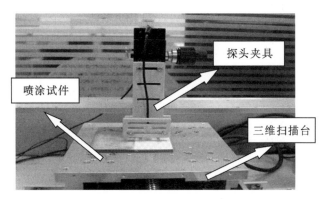

图 9-45   实际试件实验检测装置

试件表面的角度,保证探头与试件垂直,以保证检测精度和重复性。

(2)使探头紧压试件表面,利用 LCR 装置进行第一次扫频检测。

(3)抬离探头,在不改变参数条件下重复实验,最后获取平均信号。

3. 模拟试件多频涡流检测结果

利用 LCR 涡流检测系统对模拟试件分别进行了三次测量,其原始信号如图 9-46 所示。信号的实部与虚部在三次测量过程中基本一致,说明检测系统重复性较好,各种噪声影响不大。为消除探头线圈空载信号的影响,以使实验结果和数值模拟结果可比,实验中对检测信号进行了规范化处理,即:规范化电阻 $R_n = (R - R_0)/X_0$,规范化电抗:$X_n = X/X_0$,其中 R_0、X_0 分别为探头线圈在空气中的电阻和电抗分量。

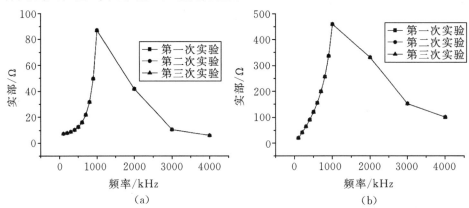

图 9-46   原始实验数据

(a)实部信号;(b)虚部信号

　　归一化后的电抗测量结果如图 9 - 47 所示。可以看出在各个频率下，随着表层厚度的增加信号呈近似线性变化。但频率相近时，相关曲线基本相互平行，不利于厚度反演。当选用频率 300 kHz、600 kHz、1 MHz 时，信号间具有明确非相关性。

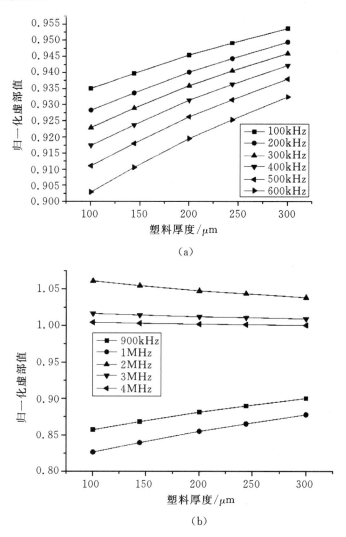

(a)

(b)

图 9 - 47　电抗测量信号与涂层厚度的相关性

(a)100～600 kHz 虚部信号变化；(b)900 kHz～4 MHz 虚部信号变化

9.4.4 基于多频涡流逆问题的 TBC 厚度检测方法

1. 多频涡流多参数反演推定原理

记多频涡流检测阻抗信号为 $Z(\sigma, l, h, f)$，其中：σ 为粘结层的电导率，l 为探头提离距离，h 为粘结层的厚度，f 为检测频率。对检测信号在涂层标准参数附近一阶泰勒展开可得

$$Z \approx Z(\sigma_0, l_0, h_0, f) + \left\langle \frac{\partial Z}{\partial \sigma}, \frac{\partial Z}{\partial l}, \frac{\partial Z}{\partial h} \right\rangle \{\Delta\sigma, \Delta l, \Delta h\}^{\mathrm{T}} \qquad (9-44)$$

记 Z_0 为常规涂层参数下的阻抗值，当选取 n 个不同检测频率时

$$Z_i \approx Z_{i0} + \left(\frac{\partial Z_i}{\partial \sigma}\Delta\sigma + \frac{\partial Z_i}{\partial l}\Delta l + \frac{\partial Z_i}{\partial h}\Delta h \right), \quad (i = 1, \cdots, n) \qquad (9-45)$$

式中，Z_i、Z_{i0} 分别为第 i 个频率的实际测量阻抗和相应的标准涂层参数下的阻抗值。

如仅考虑求解 TBC 的陶瓷涂层厚度、粘结层厚度和粘结层电导率，则只需采用三个相互相差较大的频率的信号来求解。这时相应的方程为：

$$\begin{bmatrix} \dfrac{\partial Z_1}{\partial \sigma} & \dfrac{\partial Z_1}{\partial l} & \dfrac{\partial Z_1}{\partial h} \\[2mm] \dfrac{\partial Z_2}{\partial \sigma} & \dfrac{\partial Z_2}{\partial l} & \dfrac{\partial Z_2}{\partial h} \\[2mm] \dfrac{\partial Z_3}{\partial \sigma} & \dfrac{\partial Z_3}{\partial l} & \dfrac{\partial Z_3}{\partial h} \end{bmatrix} \begin{bmatrix} \Delta\sigma \\ \Delta l \\ \Delta h \end{bmatrix} = \begin{bmatrix} Z_{10} \\ Z_{20} \\ Z_{30} \end{bmatrix} - \begin{bmatrix} Z_1 \\ Z_2 \\ Z_3 \end{bmatrix} \qquad (9-46)$$

2. 基于多频涡流信号的 TBC 厚度检测方法

利用式(9-46)求解涂层厚度的关键是梯度矩阵的获得。如果阻抗信号采用有限元数值计算，梯度矩阵的获得非常繁琐。但当多频信号具有解析表达式时，获取梯度矩阵只需对式(9-35)所示阻抗信号分别对 TBC 陶瓷涂层厚度、粘结层厚度和粘结层电导率进行微分处理。

式(9-35)中与 z_1、d_1、σ_1 相关的辅助函数为

$$Q(z_1) = (\mathrm{e}^{-\alpha_i z_1} - \mathrm{e}^{-\alpha_i z_1})^2 \qquad (9-47)$$

$$W(d_1, \sigma_1) = V_1 / U_1 \qquad (9-48)$$

分别对 z_1、d_1 和 σ_1 进行一阶求导可得：

$$\frac{\partial Q(z_1)}{\partial z_1} = -2\alpha_i(\mathrm{e}^{-\alpha_i z_1} - \mathrm{e}^{-\alpha_i z_1})^2 \qquad (9-49)$$

$$\frac{\partial W(d_1,\sigma_1)}{\partial d_1} = \frac{-2\alpha_{i1}^2\alpha_i W_1 W_2}{\left[W_2\sinh(d_1\alpha_{i1})+W_4\alpha_{i1}\cosh(d_1\alpha_{i1})\right]^2} \tag{9-50}$$

其中:

$$W_1 = \alpha_{i2}(\alpha_{i1}-\alpha_i)\cosh(d_2\alpha_{i2})+(\alpha_{i1}\alpha_i-\alpha_{i2}^2)\sinh(d_2\alpha_{i2}) \tag{9-51}$$

$$W_2 = \alpha_{i2}(\alpha_{i1}+\alpha_i)\cosh(d_2\alpha_{i2})+(\alpha_{i1}\alpha_i+\alpha_{i2}^2)\sinh(d_2\alpha_{i2}) \tag{9-52}$$

$$W_3 = \alpha_{i2}(\alpha_{i1}^2+\alpha_i^2)\cosh(d_2\alpha_{i2})+\alpha_i(\alpha_{i1}^2+\alpha_{i2}^2)\sinh(d_2\alpha_{i2}) \tag{9-53}$$

$$W_4 = 2\alpha_{i2}\alpha_i\cosh(d_2\alpha_{i2})+(\alpha_{i1}^2+\alpha_{i2}^2)\sinh(d_2\alpha_{i2}) \tag{9-54}$$

$W(d_1,\sigma_1)$ 对 σ_1 的一阶导数为

$$\frac{\partial W(d_1,\sigma_1)}{\partial\sigma_1} =$$

$$\frac{2\mathrm{j}\omega\mu_0\mu_1\alpha_i\mathrm{e}^{-2d_1\alpha_{i1}}\{4\alpha_{i1}[\alpha_{i2}+d_1(\alpha_{i2}^2-\alpha_{i1}^2)](\alpha_{i2}+\alpha_i)^2+w_1+w_2+w_3\}}{2[\mathrm{e}^{-2d_1\alpha_{i1}}w_4(\alpha_i-\alpha_{i2})+w_5(\alpha_i+\alpha_{i1})]^2\sqrt{\alpha_i^2+\mathrm{j}\omega\mu_0\mu_1\sigma_1}} \tag{9-55}$$

其中:

$$\begin{cases}
w_1 = \left[\mathrm{e}^{2-2d_1\alpha_{i1}-4d_i\alpha_{i2}}(\alpha_{i1}+\alpha_{i1})^2-\mathrm{e}^{2-2d_1\alpha_{i1}-4d_i\alpha_{i2}}(\alpha_{i1}-\alpha_{i2})^2\right](\alpha_{i2}-\alpha_i)^2\\
\qquad +2\left[\mathrm{e}^{-2(d_1\alpha_{i1}+d_2\alpha_{i2})}-\mathrm{e}^{-2(d_1\alpha_{i1}-d_2\alpha_{i2})}\right](\alpha_{i1}-\alpha_{i2})^2(\alpha_{i2}-\alpha_i)^2\\
w_2 = \left[\mathrm{e}^{-2d_1\alpha_{i1}}(\alpha_{i1}-\alpha_{i2})^2-\mathrm{e}^{-2d_1\alpha_{i1}}(\alpha_{i1}-\alpha_{i2})^2\right](\alpha_{i2}+\alpha_i)^2\\
w_3 = -4\mathrm{e}^{-4d_i\alpha_{i2}}\alpha_{i1}[\alpha_{i2}+d_1(\alpha_{i1}^2-\alpha_{i2}^2)^2(\alpha_{i2}-\alpha_i)^2]\\
\qquad -8d_1\mathrm{e}^{-2d_i\alpha_{i2}}\alpha_{i1}(\alpha_{i1}^2+\alpha_{i2}^2)^2(\alpha_{i2}-\alpha_i)^2\\
w_4 = \mathrm{e}^{-2d_i\alpha_{i2}}(\alpha_{i1}+\alpha_{i2})(\alpha_{i2}-\alpha_i)+(\alpha_{i1}-\alpha_{i2})(\alpha_{i2}+\alpha_i)\\
w_5 = \mathrm{e}^{-2d_i\alpha_{i2}}(\alpha_{i1}-\alpha_{i2})(\alpha_{i2}-\alpha_i)+(\alpha_{i1}+\alpha_{i2})(\alpha_{i2}+\alpha_i)
\end{cases} \tag{9-56}$$

因此

$$\frac{\partial F(p,f_\mathrm{m})}{\partial p} = \left\{\frac{\partial F(z_1,f_\mathrm{m})}{\partial z_1},\frac{\partial F(d_1,f_\mathrm{m})}{\partial d_1},\frac{\partial F(\sigma_1,f_\mathrm{m})}{\partial\sigma_1}\right\} =$$

$$A\mathrm{conj}\left\{\begin{array}{l}
-2\sum_{i=1}^{\infty}\chi^2(a_ir_1,a_ir_2)\dfrac{(\mathrm{e}^{-a_iz_1}-\mathrm{e}^{-a_iz_2})^2}{[RJ_0(a_iR)]^2a_i^6}\cdot\dfrac{V_1}{U_1}\\[4mm]
\sum_{i=1}^{\infty}\chi^2(a_ir_1,a_ir_2)\dfrac{(\mathrm{e}^{-a_iz_1}-\mathrm{e}^{-a_iz_2})^2}{[RJ_0(a_iR)]^2a_i^7}\cdot\dfrac{\partial W(d_1,\sigma_1)}{\partial d_1}\\[4mm]
\sum_{i=1}^{\infty}\chi^2(a_ir_1,a_ir_2)\dfrac{(\mathrm{e}^{-a_iz_1}-\mathrm{e}^{-a_iz_2})^2}{[RJ_0(a_iR)]^2a_i^7}\cdot\dfrac{\partial W(d_1,\sigma)}{\partial\sigma}
\end{array}\right\} \tag{9-57}$$

其中,$A=\dfrac{2\mathrm{j}\omega\pi\mu_0 N^2}{[(r_2-r_1)^2(z_2-z_1)^2]}$;conj 为共轭值;$J_n$ 为贝塞尔函数;h 为探头

中心到试样边缘的横向距离;特征值 a_i 为方程 $J_1(a_ih)=0$ 的正根。μ_0 为真空磁导率;μ_n 和 σ_n 为各层的相对磁导率和电导率;ω 为激励频率的角频率;N 为线圈匝数。

从式(9-57)可得标准参数和不同频率下的梯度矩阵。由于式(9-46)具有一定病态,无法直接求解,但可用牛顿迭代法进行有效求解。计算流程如图 9-48 所示,包括选定各参数初始值,用涡流检测信号解析式计算检测信号,将经过标定的实验信号与计算信号代入式(9-46)求取修正量,利用修正量修改涂层参数并进行新一轮计算,和反复迭代到满足收敛条件。

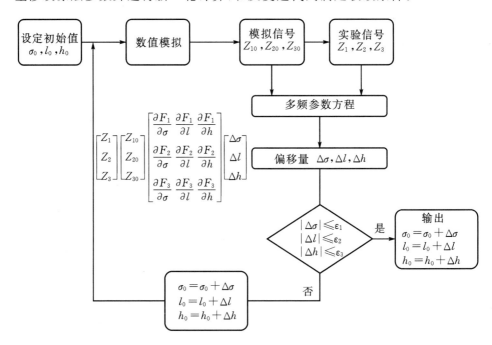

图 9-48　涂层厚度迭代求解过程

3. 多频涡流检测数值反演结果例

假设粘结层的电导率的实际值为 1×10^5 S/m,陶瓷涂层的实际厚度为 0.3 mm,粘结层的实际厚度为 0.1 mm。通过选定粘结层的电导率的初始值为 0.9×10^5 S/m,陶瓷涂层厚度初始值为 0.31 mm,粘结层厚度初始值为 0.095 mm,可得 TBC 各参数迭代求解结果如表 9-7 所示,最终迭代结果为粘结层电导率 1.00815×10^5 S/m,TC 陶瓷涂层 0.3004 mm,粘结层厚度为 0.992 mm。这时设定的的迭代终止条件为:$|\Delta\sigma|\leqslant0.05$、$|\Delta l|\leqslant0.001$ 和 $|\Delta h|\leqslant0.001$,可以达到同时满足。

表 9-7　重构结果例 1

	实际值	初始值	迭代结束	误差
BC 电导率/(MS/m)	0.10	0.08	0.10081	0.81%
TC 厚度/mm	0.30	0.31	0.3004	0.13%
BC 厚度/mm	0.10	0.11	0.0999	0.1%

假设粘结层的电导率的实际值为 2.2×10^5 S/m,陶瓷涂层的实际厚度为 0.34 mm,粘结层的实际厚度为 0.09 mm,设粘结层的电导率初始值为 1×10^5 S/m,陶瓷涂层厚度初始值为 0.3 mm,粘结层厚度初始值为 0.1 mm,迭代终止条件为 $|\Delta\sigma| \leqslant 0.05$,$|\Delta l| \leqslant 0.001$ 和 $|\Delta h| \leqslant 0.001$ 时,所求 TBC 参数结果如表 9-8 所示,粘结层电导率为 2.1514×10^5 S/m,TC 陶瓷涂层厚度 0.3408 mm,粘结层厚度为 0.0887 mm。

表 9-8　重构结果例 2

	实际值	初始值	迭代结束	误差
粘结层电导率/(MS/m)	0.22	0.1	0.21514	2.2%
陶瓷涂层厚度/mm	0.34	0.30	0.3408	0.23%
粘结层厚度/mm	0.09	0.10	0.0887	1.44%

同样,如表 9-9 所示,粘结层的电导率的实际值为 1.2×10^5 S/m,陶瓷涂层的实际厚度为 0.25 mm,粘结层的实际厚度为 0.1 mm 时的重构结果与实际值也非常接近。

表 9-9　数值逆推结果 3

	实际值	初始值	迭代结果	误差
粘结层的电导率/(MS/m)	0.12	0.10	0.125	3.8%
陶瓷涂层的初始厚度/mm	0.25	0.3	0.2572	2.9%
粘结层的初始厚度/mm	0.1	0.06	0.1009	0.9%

从表 9-7、表 9-8 和表 9-9 可以看出,经过数次迭代即可较精准地确定 TBC 加工成型时的粘结层电导率、陶瓷涂层厚度和粘结层厚度。同时对不同初始值同样可得合理重构结果,反映重构方法较为稳定。确定了粘结层的初始电导率、陶瓷涂层的初始厚度和粘结层的初始厚度,即为 TC 层厚度及其他参数的定量检测提供了基础。

4. 多频实验信号逆推 TBC 陶瓷涂层厚度

基于模拟仿真信号的多频涡流信号反演已说明 TBC 陶瓷涂层厚度的定量评价的可行性。为说明方法对检测信号的有效性,本节对实验测量信号利用前述数值模拟方法对涂层厚度等未知参数进行了反演计算。

1)模拟试件实验信号反演

首先利用模拟试件标定后的实验信号的检测信号对各层厚度进行反演。表层厚度为 144 μm 时的反演结果如图 9-49 所示。其中(a)图为迭代过程中 3 个频率下信号的演化,其横轴表示迭代步数,纵轴为阻抗信号虚部值;图(b)为各重构参数随迭代过程的演化,这时横轴为迭代步数,纵轴分别为模拟粘结层电导率、模拟 TBC 涂层厚度、粘结层厚度。上述结果显示 TC 涂层厚度为 144 μm 时,逆推结果为 143.9 μm。对于另一个厚度为 244 μm 的情形,反演结果为 241 μm,结果很好吻合,反映了方法的有效性。

2)TBC 平板试件实验信号反演

针对 TBC 平板试件,对 TC 陶瓷涂层厚度 70 μm 和 180 μm 的试件利用检测信号进行了反演。反演中信号演化如图 9-50 所示。随着迭代步数的增加,计算信号趋于实际检测信号。同时,观测 TBC 参数也可发现,重构值逐渐趋于实际值。

表 9-10 给出了这时的最终迭代重构结果。对于 70±5 μm 的真实 TC 陶瓷涂层厚度,重构值为 52 μm,对于厚度为 180±5 μm 的 TC 陶瓷涂层厚度,重构结果为 160 μm,相对误差为 6%~16%,基本实现了各参数的同时重构。

表 9-10　TBC 陶瓷涂层迭代结果

	实际值/μm	逆推值/μm	相对误差
TBC 涂层厚度(1)	70±10	52	13.3%~35%
TBC 涂层厚度(2)	180±10	160	5.9%~15.8%

由于喷涂试件无法得知各层的精确厚度,以及多频涡流测量噪声等因素,目前基于多频涡流的 TBC 定量精度尚不很高。通过提高测量精度、改进计算方法有望得到满足工程应用需求的涂层厚度定量评价系统。

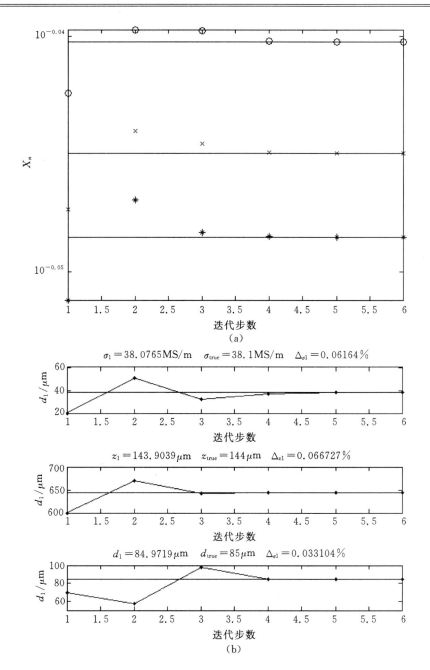

图 9-49　144 μm 时反演过程中的参数和信号演化

(a)信号变化；(b)TBC 参数

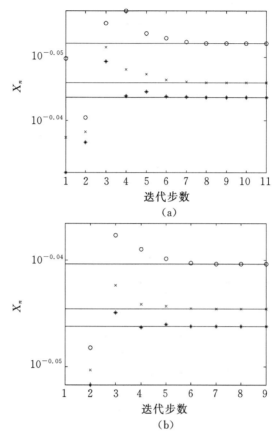

图 9 - 50 TBC 陶瓷涂层厚度信号迭代结果

(a)70 μm;(b)180 μm

9.5 小 结

本章概要介绍了热障涂层无损检测技术的背景、现状和最新典型研究成果。着重介绍了著者重点开展的基于电磁超声的热障涂层界面裂纹和脱粘检测,基于涡流检测反问题的 TBC 和叶片热疲劳裂纹和应力腐蚀裂纹的定量检测和重构方法,以及基于多频涡流方法的 TBC 厚度多参数同步检测重构方法。

参考文献

[1] Goswami B,Ray A K,Sahay S K. Thermal barrier coating syatem for

gas turbine application: a review [J]. High Temperature Materials and Processes, 2003, 23(4): 73 – 92.

[2] Andreas P. An overview of current and future sustainable gas turbine technologies [J]. Renewable and Sustainable Energy Reviews, 2005, 9: 409 – 443

[3] NEDO. Annual Report of Nano-Coating Project [R]. 2005.

[4] Taylor R. Microstructure composition and property relationship of plasma sprayed thermal barrier coatings [J]. Surf Coat Tech, 1992, 50: 141 – 149.

[5] Clark D R, Christensen R J, Tolpygo V. The evolution of oxidation stresses in zirconia thermal barrier coated superalloy leading to spalling failure [J]. Surf and Coat Tech, 1997, 9495: 89 – 93.

[6] Pitkanen J, Hakkarainen T, Jeskanen H. NDT methods for revealing anomalies and defects in gas turbine blades [J]. INSIGHT, 2001, 43 (9): 601 – 604.

[7] Kubo T, Takaki K, Kitayama K. Life diagnosis techniques for thermal barrier coatings in gas turbines [J]. Toshiba Reviews, 2003, 58(8): 60 – 63.

[8] Almond D P, Avdelidis N P. Transient thermography as a through skin imaging technique for aircraft assembly: modelling and experimental results [J]. Infrared Physics and Technology, 2004: 103 – 114.

[9] Ito Y, Saito M. Evaluation of delamination crack for thermal barrier coating using infrared thermography analysis [J]. NDT and E International, 1995, 21: 240 – 247.

[10] Sabbagh H A, Sabbagh E H, Murphy R K, Nyenhuis J. Assessing thermal barrier coatings by eddy current inversion [J]Materials Evaluation, 2001, 59(11): 1307 – 1312.

[11] Fukutomi H. Study on nondestructive evaluation of TBC by ECT and Laser UT [R]. Komae Research Lab Report T03077, 2005.

[12] Goldfine N, Schlicker D, Sheiretov Y, Washabaugh A, Zilberstein V, Lovett T. Conformable Eddy-Current Sensors and Arrays for Fleetwide Gas Turbine Component Quality Assessment [J]. Journal of Engineering for Gas Turbines and Power, ASME Trans, 2002, 124: 904 – 909.

[13] Antonelli G, Ruzzier M, Necci F. Thickness measurement of MCrAlY high-temperature coatings by frequency scanning eddy current technique [J]. ASME Trans. Journal of Engineering for Gas Turbines and Power, 1998, 120(3): 537 - 542.

[14] Crutzen H. P Lakestanit F, Nichollst J R. SAW for the nondestructive evaluation of thermal barrier coatings [J]. IEEE Ultrasonics Symposium, 1997: 657 - 660.

[15] Biagi E, Fort A, Vignoli V. Guided acoustic wave propagation for porcelain coating characterization [J]. IEEE Trans. Ultrasonics, Ferroelectrics, and Frequency Control, 1997, 44(4): 909 - 916.

[16] Schneidera D, Schultricha B, Scheibea H J, Ziegelea H, Griepentrogb M. A laser-acoustic method for testing and classifying hard surface layers [J]. Thin Solid Films, 1998, 332: 157 - 163.

[17] Gaelle R, Roland O. Towards new NDE of coating substrate adhesion by laser ultrasounds [J]. IEEE Ultrasonics Symposium, 2000: 717 - 720.

[18] Ogawa K, Minkov D, Shoji T, Sato M, Hashimoto H. NDE of degradation of thermal barrier coating by means of impedance spectroscopy [J]. NDT&E International, 1999, 32: 177 - 185.

[19] 张春霞, 宫声凯, 徐惠彬. 交流阻抗谱法在热障涂层失效研究中的应用 [J]. 航空学报, 2006, 27(3): 520 - 524.

[20] Wang X, Mei J F, Xiao P. Nondestructive evaluation of thermal barrier coatings using impedance spect roscopy [J]. J Euro Cera Soc, 2001, 21: 855 - 859.

[21] Anderson P S, Wang X, Xiao P. Impedance spectroscopy study of plasma sprayed and EBPVD thermal barrier coatings [J]. Surf and Coat Tech, 2004, 185: 106 - 119.

[22] Christensen R J, Lipkin D M, Clarke D R, Murphy K. Nondestructive evaluation of the oxidation stresses through thermal barrier coatings using Cr piezospectroscopy [J]. Applied Physics Letters, 1996, 69: 3754 - 3756.

[23] Ma X Q, Takemoto M. Quantitative acoustic emission analysis of plasma sprayed thermal barrier coatings subjected to thermal shock tests

[J]. Mater Sci and Eng，2001，A308：101 - 110.

[24] Kucuk A，Berndt C C，Senturk U，et al. Influence of plasma spray parameters on mechanical properties of yttria stabilized zirconia coatings. II. Acoustic emission response [J]. Mater Sci and Eng，2000，A284：41 - 50.

[25] 李家伟，陈积懋. 无损检测手册 [M]. 北京：机械工业出版社，2002.

[26] 日本无损检测学会. 新非破坏检查便览 [M]. 东京：日刊工业出版社，1992.

[27] Chen Z，Yusa N Miya K. Some Advances in numerical analysis techniques for quantitative electromagnetic nondestructive evaluation [J]. Nondestructive Testing and Evaluation，2009，24(1/2)：69102.

[28] Chen Z，Miya K. ECT inversion using a knowledge based forward solver [J]. Journal of Nondestructive Evaluation，1998，17：167 - 175.

[29] Wang L，Chen Z. A multi-frequency strategy for reconstruction of deep stress corrosion cracks from ECT signals of multiple liftoffs [J]. Int. J. Appl. Electromagn. Mech.，2010，33(3/4)：1017 - 1023.

[30] 裴翠祥. 电磁超声无损检测的数值模拟方法及在 TBC 检测上的应用研究 [D]. 西安交通大学硕士学位论文，2009.

[31] Pei P，Chen Z，Wu W. Development of simulation method for EMAT Signals and Applications to TBC inspection [J]. Int. J. Appl. Electromagn. Mech.，2010，33(3/4)：1077 - 1085.

[32] Wang L，Chen Z，Lu T J，Xu M，Yusa N，Miya K. Sizing of Long Stress Corrosion Crack from 2D ECT Signals by Using a Multisegment Inverse Analysis Strategy [J]. Int. J. Appl. Electromagn. Mech.，2008，28(1/2)：155 - 161.

[33] 王丽. 基于涡流检测信号的应力腐蚀裂纹重构理论与应用 [D]. 西安交通大学博士学位论文，2012.

[34] Li Y，Chen Z，Mao Y，Qi Y. Quantitative evaluation of thermal barrier coating based on eddy current technique [J]. NDT&E Int.，2012，50：29 - 35.

[35] 毛赢. 基于多频涡流方法的热障涂层厚度检测研究 [D]. 西安交通大学硕士学位论文，2011.

附录 A 计算断裂力学方法简介

A.1 断裂力学概述

传统的材料强度理论基于均匀性和连续性假设,然而实际材料中不可避免地存在缺陷。如何评价含缺陷固体的强度,必须寻求新的强度理论,这促成了断裂力学的产生与发展。

1920 年,Griffith[1] 提出了裂纹和裂尖能量释放率的概念,指出裂纹是导致玻璃理论强度和实际强度间存在数量级差异的原因,进而提出了著名的应变能释放率断裂判据 $G=\gamma_s$(其中 γ_s 为表面自由能),奠定了能量断裂理论的基础。1948 年,Irwin[2]、Orowan[3] 和 Mott[4] 在表面能中包含了塑性部分,将 Griffith 断裂判据推广到弹塑性材料。

1956 年,Irwin[5] 采用 Westergard 应力函数法求得了线弹性材料裂纹尖端应力场的渐近解,提出了应力强度因子 K 的概念,提出了应力强度因子断裂判据 $K_I=K_{IC}$(其中 K_I 和 K_{IC} 分别为 I 型裂纹的应力强度因子和断裂韧性),奠定了线弹性断裂力学的基础。

1961 年,Wells[6] 针对韧性材料的断裂问题,提出了裂尖张开位移(Crack Tip Opening Displacement,CTOD)断裂判据 $\delta=\delta_C$(其中 δ_C 为临界裂纹张开位移)。1968 年,Rice[7] 提出了 J 积分概念。同年,Hutchinson[8]、Rice 和 Rosengren[9] 求得了弹塑性材料中裂纹端部场的解,提出了 J 积分弹塑性断裂判据 $J_I=J_{IC}$(其中 J_{IC} 为 I 型裂纹断裂韧性),奠定了弹塑性断裂力学的基础。

1965 年,Rice 和 Sih[10] 求得了线弹性界面裂纹端部场。此后,人们对界面断裂力学进行了大量研究。1988 年,Rice[11] 对界面断裂力学研究进行了评述。1991 年,Hutchinson 和 Suo[12] 对界面断裂力学的发展进行了全面的综述。

由于界面断裂问题的复杂性,人们发展了许多数值方法以求解之,如虚拟裂纹闭合技术(Virtual crack closure-integral technique,VCCT)[13]、等效区域积分法[14,15]、交互作用积分[16]、内聚力单元法(Cohesive zone method,CZM)[17,18]等。热障涂层是一个多材料、多界面的复杂结构系统,实验和理论难度大,数值是一种有效的分析手段。为了便于读者理解本书中关于 TBC 系统中的裂纹问题,本附录介绍了几种求解断裂问题的数值方法。

A.2　虚拟裂纹闭合技术(VCCT)

虚拟裂纹闭合技术(VCCT)是一种简单而高效的断裂计算方法,被广泛用于含裂纹结构(如金属、复合材料结构)的断裂分析。VCCT 以裂纹自相似扩展为基本假设,采用裂尖位置处的单元结点力和裂尖后方单元的结点位移计算能量释放率,进而求解应力强度因子[13]。VCCT 可在一个有限元分析步内获得计算能量释放率所需的所有变量,并能区分不同断裂模式下的能量释放率分量,在断裂力学领域得到广泛应用,并逐步被集成到大型商业软件中(如 ABAQUS、NASTRAN 等)。VCCT 方法具有以下优点:①计算过程中只用到裂纹尖端的节点力和裂纹尖端后面的张开位移,而恰好节点力和位移都是有限元分析过程中的基本量;②在计算过程中不需要使用奇异单元或折叠单元,对有限元网格尺寸大小也不敏感;③计算公式简单明确,且精度可靠。尽管 VCCT 能够简单有效地计算得到断裂参量,但对裂纹自相似扩展及裂尖处具有规则网格划分等内在要求,极大限制了该方法在复杂断裂问题中的应用。

VCCT 方法可追溯到建立在 Irwin 关于裂纹闭合积分能量原理基础上的裂纹闭合法[19]。Irwin 认为小塑性变形时,外力做功所产生的能量全部用于形成新裂纹面,势能的改变与将裂纹闭合一个扩展量所需的功等效,即将裂纹由尺寸 a 扩展到 $a+\Delta a$ 所需的能量等于将裂纹由尺寸 $a+\Delta a$ 闭合到初始尺寸 a 所需要做的功。因此,可采用裂纹闭合积分的概念来计算应变能释放率及其分量。

假定二维含裂纹体的裂纹长度为 a,裂纹体厚度为 B。从能量平衡观点出发,产生新表面所需的能量由势能的变化给出,能量释放率 G 定义为产生面积为 ΔA 的新裂纹面时系统能量的变化,即

$$G=-\frac{\mathrm{d}\Pi}{\mathrm{d}A}=-\lim_{\Delta A\to 0}\frac{\Delta\Pi}{\Delta A}=-\lim_{\Delta a\to 0}\frac{\Delta\Pi}{B\,\Delta a} \qquad (\mathrm{A}-1)$$

式中,$\Pi=U-W$ 为势能;W 为外力功;U 为裂纹体应变能。

对于图 A-1 所描述的裂尖场,对应于模式 I 的应变能释放率分量为:

$$G_{\mathrm{I}} = \lim_{\Delta \to 0} \frac{1}{2B\Delta} \int_0^{\Delta} \sigma_{zz}(r) \delta_z (\Delta - r) \mathrm{d}r \qquad (A-2)$$

同理,模式 II 的应变能释放率分量为:

$$G_{\mathrm{II}} = \lim_{\Delta \to 0} \frac{1}{2B\Delta} \int_0^{\Delta} \sigma_{xz}(r) \delta_x (\Delta - r) \mathrm{d}r \qquad (A-3)$$

则总应变能释放率为:

$$G = G_{\mathrm{I}} + G_{\mathrm{II}} = \lim_{\Delta \to 0} \frac{1}{2B\Delta} \int_0^{\Delta} \left[\sigma_{zz}(r) \delta_z (\Delta - r) + \sigma_{xz}(r) \delta_x (\Delta - r) \right] \mathrm{d}r$$

$$(A-4)$$

式中,Δ 是裂纹扩展量;σ_{zz} 与 σ_{xz} 分别是裂尖前方 r 处的法向力和剪向力;δ_x 和 δ_z 分别是裂尖后方 r 处对应于 x 方向和 z 方向的相对位移。G 及其分量在有限元中可通过两步分析计算得到。

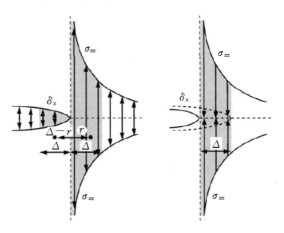

图 A-1　裂纹尖端场示意图

直接应用上述方程求解 G 涉及对应力的数值积分,积分路径沿闭合的裂纹增量,裂纹增量通常位于有限元模型单元的边缘。在有限元分析中,当把应力外推到单元结点或者当单元接近裂纹尖端时,所得到的应力不精确。为了避免使用精确度低的应力值,通常采用结点力代替对应力的积分。在图 A-2 所示的有限元模型中,将裂纹由尺寸 $a + \Delta a$ 闭合到初始尺寸 a 所需要做的功可表示为

$$\Delta E = -\frac{1}{2} [X_{1i} \Delta u_{2i} + Z_{1i} \Delta w_{2i}] \qquad (A-5)$$

其中,X_{1i}、Z_{1i} 分别为结点 i 处法向和切向结点力,由第一步有限元计算得到;

Δu_{2i}、Δw_{2i} 分别为裂纹扩展 Δa 后,裂尖后方结点 i 处 x 方向和 z 方向的结点位移增量,由第二步有限元计算得到。式(A-5)中,下标首位数字表示求解参数所在的有限元分析步,下标第二位数字表示结点编号,如 Δu_{2i} 表示在第二步有限元计算所得到的 i 结点处的位移增量。

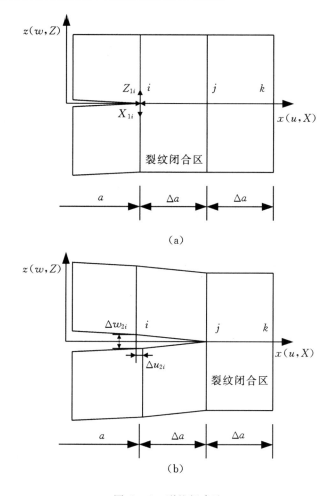

图 A-2　裂纹闭合法

(a)裂纹初始闭合状态;(b)裂纹扩展 Δa 长度

根据能量释放率定义有:

$$G = -\frac{\Delta E}{\Delta A} = \frac{1}{2\Delta a}\left[X_{1i}\Delta u_{2i} + Z_{1i}\Delta w_{2i}\right] \qquad (A-6)$$

其中,$G_{\mathrm{I}} = \dfrac{1}{2\Delta a}Z_{1i}\Delta w_{2i}$,$G_{\mathrm{II}} = \dfrac{1}{2\Delta a}X_{1i}\Delta u_{2i}$,$\Delta A = \Delta a \times 1$ 是裂纹扩展过程中所新

形成的裂纹面面积(通常假设二维模型为单位厚度,即 $B=1$)。

A.2.1　二维虚拟裂纹闭合技术

上述裂纹闭合法需要两步有限元计算才能分别求得计算能量释放率所需的结点力及结点位移。1977 年 Rybicki 和 Kanninen[13]在裂纹闭合法的基础上提出了 VCCT 的概念。VCCT 不仅假设裂纹由尺寸 a 扩展到 $a+\Delta a$ 所需要的能量与将裂纹由尺寸 $a+\Delta a$ 闭合到尺寸 a 所需要的功相等,而且认为裂纹由 $a+\Delta a$ 扩展到 $a+2\Delta a$ 过程中(如图 A-1 所示,即裂尖由结点 j 扩展到结点 k),裂纹尖端场的应力值并不发生显著变化。亦即,不仅认为将裂纹由 $a+\Delta a$ 扩展到 $a+2\Delta a$ 时(即由结点 j 扩展到结点 k)所释放的能量与将结点 j 与结点 k 之间裂纹闭合时所需要的能量相等,而且认为当裂纹尖端在结点 k 时,结点 j 的位移近似等于裂纹尖端在结点 j 时结点 i 处的位移。

对于图 A-3 所示二维四结点裂尖有限元模型,只需要计算结点 j 的结点力和结点 i 处的结点位移,就可以根据 VCCT 原理求得应变能释放率:

$$G = \frac{1}{2\Delta a}[X_j \Delta u_i + Z_j \Delta w_i] \qquad (A-7)$$

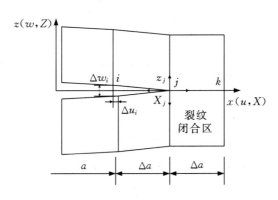

图 A-3　虚拟裂纹闭合技术

A.2.2　三维虚拟裂纹闭合技术

Rybicki 和 Kanninen[13]所提出的 VCCT 方法在断裂力学中得到了广泛的应用。为了更加真实地描述实际工程结构,Shivakumar 等[20]简单地通过增加厚度方向尺寸的方法将 VCCT 扩展到三维结构分析。在三维断裂问题中,裂纹面由两个不连续的面组成。有限元模型通常采用具有相同结点坐标但相互独立的结点来描述这两个不连续的裂纹面,而裂纹前缘则采用一组具有相同坐标,并由多点约束关系连接在一起的结点来描述。三维断裂分析可求解得到能量释放率沿裂纹前缘的分布情况(即Ⅲ型能量释放率分量,二维问题中假定为零)。

考虑图 A-4 所示三维常规 20 结点单元,使用 VCCT 计算应变能释放率的公式为[21]:

$$G_{\text{I}} = \frac{1}{2\Delta A_L}\Big[\frac{1}{2}Z_{Ki}(w_{Kl} - w_{Kl'}) + Z_{Li}(w_{Ll} - w_{Ll'}) + Z_{Lj}(w_{Lm} - w_{Lm'})$$
$$+ \frac{1}{2}Z_{Mi}(w_{Ml} - w_{Ml'})\Big] \tag{A-8}$$

$$G_{\text{II}} = \frac{1}{2\Delta A_L}\Big[\frac{1}{2}X_{Ki}(u_{Kl} - u_{Kl'}) + X_{Li}(u_{Ll} - u_{Ll'}) + X_{Lj}(u_{Lm} - u_{Lm'})$$
$$+ \frac{1}{2}X_{Mi}(u_{Ml} - u_{Ml'})\Big] \tag{A-9}$$

$$G_{\text{III}} = \frac{1}{2\Delta A_L}\Big[\frac{1}{2}Y_{Ki}(v_{Kl} - v_{Kl'}) + Y_{Li}(v_{Ll} - v_{Ll'}) + Y_{Lj}(v_{Lm} - v_{Lm'})$$
$$+ \frac{1}{2}Y_{Mi}(v_{Ml} - v_{Ml'})\Big] \tag{A-10}$$

其中,$\Delta A = \Delta a \times b$ 为虚拟裂纹闭合面积(图 A-4 阴影部分),由裂纹尖端处相邻两单元求得,X、Y、Z 表示各坐标方向上的支反力;$(u_{Ll} - u_{Ll'})$、$(v_{Ll} - v_{Ll'})$、$(w_{Ll} - w_{Ll'})$ 分别为裂纹上下表面在三个坐标轴方向上的位移差。下标表示结点编号,大写字母代表结点所在的行编号,小写字母代表结点所在的列编号,如图 A-4 所示的裂纹面在 Z 方向投影图所示。其中,Ki、Mi 结点处仅一半的结点力对虚拟裂纹闭合面积 ΔA_L 有贡献,而另一半结点力分别对虚拟裂纹闭合面积 ΔA_J 和 ΔA_N 有贡献。

针对传统三维 VCCT 方法在数值求解上的困难,Okada 等[22]对其进行了改进,使其适用于裂尖具有非对称和扭曲特征的问题的求解。

Kikuchi 等[23,24]采用基于 VCCT 技术的重合网格法[25],研究了疲劳裂纹扩展等问题。Evans 等[26]对 Al_2O_3 与 Nb 构成的陶瓷/金属结构界面开裂行为进行了研究,采用 VCCT 分析获得了能量释放率随裂纹长度演变规律,并分析了金属基底塑性及自由边对裂纹扩展驱动力的影响。Cianflone 等[27]采用纳米压痕试验以测定薄膜/基底系统的界面结合强度,采用 VCCT 分析了材料及几何参数对界面裂纹驱动力的影响,所得结论为涂层抗剥落设计提供

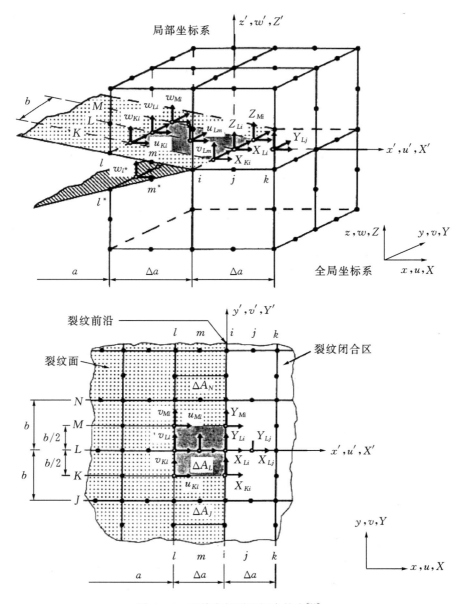

图 A-4 三维虚拟裂纹闭合技术[21]

有意义的指导。

　　Sfar 等[28]采用 VCCT 研究了靠近陶瓷层/氧化层界面的陶瓷层内裂纹扩展情况,进而分析了 TBC 的断裂失效模式。Hiroshi 等[29]提出了一种冲头试验方法用于测量涂层与基底间的界面结合强度,并采用 VCCT 确定涂层界面的临界应变能释放率,对界面剥落失效进行了有效预测。Sun 等[30]对顶撑试验(pull-off test)开展了理论分析研究,获得残余应力作用下界面裂纹能量释放率的闭合解,与 VCCT 的数值计算结果对比表明了 VCCT 方法的有效性,同时采用 VCCT 分析了残余应力对顶撑试验中断裂模式的影响[31]。另外,Guo 等[32]用 VCCT 分析了残余应力对鼓泡试验(blister test)及双悬臂梁试验(DCB)试验结果的影响。

A.3　内聚力单元法(CZM)

内聚力模型是一种唯象框架,材料的断裂特征体现在粘结表面的面力-位移关系中[17,18]。内聚力模型方法在建模时使用了特征长度的概念,不需要 K 主导型的断裂准则,可以分析得到裂纹扩展路径,现已被广泛应用于模拟韧性材料的损伤问题。

近年来,越来越多的学者使用内聚力模型来研究材料的断裂和失效。内聚力模型的基本思想认为材料内部相邻晶体(或原子)平面通过内聚力(cohesive force)结合在一起,这种内聚力实质上是物质原子或分子之间的相互作用力,在宏观上表现为单一物质内部或两种不同物质粘结面的模量、强度、韧度等材料参数。

断裂力学认为材料断裂时原本存在相互作用力的两个平面发生分离,从微观角度来看是材料内部相邻晶体的分离。这种分离在内聚力模型中是指材料内部的相邻晶体(或原子)之间的内聚力在演化减小到零的过程。内聚力的大小取决于两平面的分离量,设 σ 为平面间的内聚力,ε 为两平面间的应变。用工程的定义,$\varepsilon = (\delta - \delta_0)/\delta_0$,这里的 δ 为瞬时平面间距离,δ_0 为平衡时距离。当 ε 较小时,σ 基本随 ε 的增大而线性增加,在达到临界 σ_c 后内聚力随 ε 增加而减小,即所谓刚度软化现象。对于特定断裂模式(如 I 型裂纹断裂),内聚力与分离距离的关系为 $\sigma = \sigma_c \sin(2\pi\delta/\lambda)$。这种应力应变关系可以用定性曲线表示或用正弦函数模拟,如图 A-5 所示。

ABAQUS 中的内聚力单元(cohesive element)是基于内聚力模型的特殊单元,可以用来模拟材料内部的断裂与损伤,同时也可以用来模拟复合材料界面裂纹的产生和扩展。内聚力单元可以直接根据单元作用力与分离距离的关系来建模,不考虑单元的实际厚度,从而模拟类似于晶体或原子等微观尺度下的界面结合力。当然,这种结合力仅在内聚力单元内部发生增加或衰减,从而导致了模拟过程中材料的裂纹只会在内聚力单元内部扩展,而不能

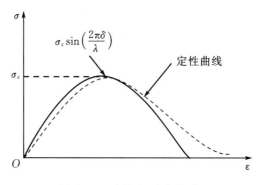

图 A-5　内聚力-应变关系

扩展到附近的非内聚力单元中去,因此在模拟时只要在裂纹扩展路径上预先布置内聚力单元,计算时裂纹就会沿着预想的扩展路径进行扩展。正是由于这个原因,使得内聚力单元在数值计算中被广泛运用于已知裂纹扩展路径的情况,尤其适合界面断裂分析。

A.3.1　Cohesive 单元与邻近部件的连接方式

　　内聚力单元常被用来模拟两个部件之间的粘结面,被粘结部件的材料属性可以相同也可不同。前者模拟的是裂纹在材料内部萌生和扩展过程,后者模拟界面裂纹的萌生和演化。在模拟两个部件的粘结面过程中不可避免地要选择内聚力单元和附近部件的连接方式,这些连接方式体现了同一材料内部或不同材料界面的粘结状态。在 ABAQUS 中主要有三种常用的连接方式:共享结点式,双边约束式,单边约束式[33]。

　　当内聚力单元与相邻部件的网格划分形式一致时,可以在模型中通过简单的共享结点的方式将内聚力单元和邻近部件连接在一起(如图 A-6 所示)。

　　当内聚力单元邻近的两个部件的网格划分形式不同或者内聚力单元和邻近部件的网格密度不同时,可以将内聚力单元的两面分别和相邻的部件进行绑定约束(如图 A-7 所示)。

　　需要用内聚力单元模拟某些特殊工况例如胶接接头的失效时,可以将内聚力单元的一面和相邻的部件进行绑定约束,将其另外一面定义其他的界面接触,这样就可以反映胶接接头的接触性能及失效过程(如图 A-8 所示)。

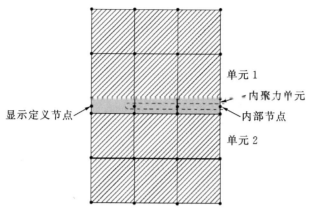

图 A-6 内聚力单元与相邻单元及结点的共享结点方式连接[33]

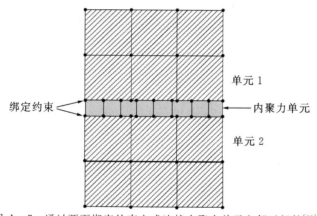

图 A-7 通过两面绑定约束方式连接内聚力单元和邻近部件[33]

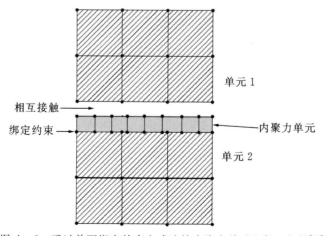

图 A-8 通过单面绑定约束方式连接内聚力单元和邻近部件[33]

A.3.2　内聚力单元参数和失效准则

在 ABAQUS 中,内聚力单元的本构关系由面力-位移关系(traction-separation)给出,目前双折线软化的面力-位移关系是应用最广泛的本构关系形式,在定义面力-位移关系时须给定合适的内聚力单元参数,通过选取不同参数实现不同材料内部或界面失效行为的数值模拟。双折线软化的本构关系共有 5 个单元参数:τ_i^0、δ^0、δ_i^f、K 和 G_C。其中 τ_i^0 和 δ_i^0 可通过单元刚度 K 进行相互转化,即 $\tau_i^0 = K\delta_i^0$。K 值的选取仅对计算收敛性有影响,当 K 足够大时对数值模拟精度影响较小;断裂韧度 G_C 等于面力-位移关系中双折线下方三角形的面积,由图 A-9 可知 G_C 为 $\tau_i^0\delta_i^f/2$。因此,在使用内聚力单元时需定义三个独立的参数:界面刚度 K、界面强度 τ_i^0 和断裂韧度 G_C。

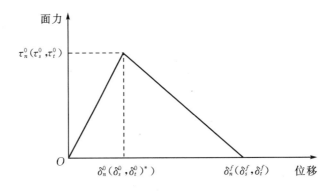

图 A-9　内聚力单元的应力位移曲线

内聚力单元的破坏过程主要有三个阶段:未损伤阶段、损伤阶段、完全断裂阶段(图 A-9)。在未损伤阶段,内聚力单元所受的面力(traction)低于界面强度 τ_i^0,此时单元面力和位移呈线性关系,粘结面的作用力随内聚力单元变形的增大而增大(图 A-9 中的 $0\sim\delta^0$ 阶段)。当内聚力单元所受的面力大于界面强度时损伤起始,单元逐渐软化,粘结面的作用力随内聚力单元变形的增大而减小(图 A-9 中的 $\delta^0\sim\delta^f$ 阶段)。当内聚力单元的变形大到一定程度时发生完全断裂,粘结面的作用力消失(图 A-9 中位移大于 δ^f 阶段)。

内聚力单元在单应力作用下的演化过程可以表示为[33]

$$\tau_i = \begin{cases} K\delta_i & (\delta_i^{\max} \leqslant \delta_i^0) \\ (1-d_i)K\delta_i & (\delta_i^0 < \delta_i^{\max} < \delta_i^f) \quad (i=n,s,t) \\ 0 & (\delta_i^{\max} \geqslant \delta_i^f) \end{cases} \quad (A-11)$$

其中

$$d_i = \frac{\delta_i^{\,f}(\delta_i^{\,\max} - \delta_i^{\,0})}{\delta_i^{\,\max}(\delta_i^{\,f} - \delta_i^{\,0})}, \quad i = n, s, t \qquad (A-12)$$

式中,τ 是面力;δ 是位移;d 是损伤因子;K 是单元在未发生损伤阶段的刚度。下标 n、s 和 t 分别代表同界面垂直、平行、剪切三个方向,即 Ⅰ 型、Ⅱ 型和 Ⅲ 型载荷,上标 0 和 f 分别代表损伤开始和结束;位移的上标 max 代表当前变形历程中的最大位移。

以上为单应力状态下的内聚力单元模型,实际应用中常出现是复合应力状态下的裂纹萌生和扩展,需要给定复合应力状态下的损伤起始准则及损伤演化准则。损伤起始准则常基于面力或应变,通过内聚力单元的面力或应变大小来判断单元是否进入损伤阶段,二次应力准则目前应用最为广泛:在三个方向的应力率之和达到 1 时单元进入损伤阶段(图 A-10)。其表达式为:

$$\left(\frac{\langle \sigma_n \rangle}{\sigma_n^0}\right)^2 + \left(\frac{\tau_s}{\tau_s^0}\right)^2 + \left(\frac{\tau_t}{\tau_t^0}\right)^2 = 1 \qquad (A-13)$$

式中,σ_n、τ_s 和 τ_t 分别为内聚力单元法向、切向一、切向二的应力;σ_n^0、τ_s^0 和 τ_t^0 分别为内聚力单元法向、切向一、切向二所能承受的最大临界应力;符号 $\langle \rangle$ 代表 Macaulay 符号,表示内聚力单元在受压应力时不会发生损伤,其力学解析式为:

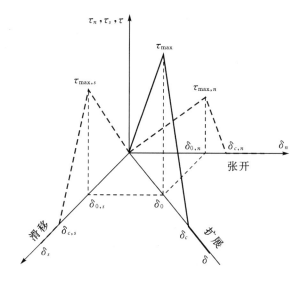

图 A-10 内聚力单元在混合模式载荷作用下载荷-位移曲线

$$\langle x \rangle = \begin{cases} 0 & (x \geqslant 0) \\ x & (x < 0) \end{cases} \qquad (A-14)$$

内聚力单元在进入损伤阶段后通过给定的损伤演化准则判断是否达到完全断裂阶段。在 ABAQUS 中提供了多种损伤演化准则,主要分为位移准则、能量准则两种,其中较常用的是以能量准则作为判断混合模式失效的标准,以 Benzeggagh 和 Kenane 提出的 B-K 准则[34] 为例,该准则根据内聚力单元在损伤过程中基于法向断裂能 G_I 和切向断裂能 G_{II}、G_{III} 以及混合模式弯曲测试实验(Mixed Mode Bending test,MMB)得到的混合指数 η 进行判断单元是否完全断裂,当内聚力单元满足 B-K 准则时单元进入完全断裂阶段,此单元处发生了断裂破坏。B-K 准则表达式为[34]:

$$\frac{G_I + G_{II} + G_{III}}{G_{Ic} + (G_{IIc} - G_{Ic}) \left(\dfrac{G_I + G_{II}}{G_I + G_{II} + G_{III}} \right)^{\eta}} = 1 \qquad (A-15)$$

Caliez[35] 和 Bialas[36] 采用内聚力单元,对 TBCs 在外载荷作用下界面破坏行为进行了有限元分析。结果表明:TGO 的增长导致了其内部应力的增长,BC/TGO 界面的力学性能随着氧化时间逐渐降低,界面微裂纹和涂层内垂直裂纹的汇聚最终导致了涂层的剥离。Nekkanty 等[37] 建立二维内聚力模型预测了涂层在拉伸载荷下的裂纹演化行为,结果表明:沿涂层厚度方向的应力分布呈现高度的非线性状态,垂直裂纹的萌生和止裂与传统的剪切-滞后模型预测结果吻合良好。Hille 等[38] 通过预埋内聚力单元的方法研究了降温过程中 TBC 界面微裂纹的形核及扩展问题,证明了粘结层塑性变形和陶瓷层的各向异性对失效模式及界面裂纹演化的重要性,计算得到的断裂形貌和实验结果吻合良好。Deng 等[39] 利用内聚力单元模拟了压痕作用下 TBC 界面的脱粘行为,并基于此分析了 TC 和 TGO 的模量及厚度的影响规律。Fan 等[40] 研究了热障涂层中周期性的表面裂纹对界面裂纹萌生和扩展的影响,结果表明:热障涂层中较密的表面垂直裂纹能够有效地降低界面裂纹萌生及扩展驱动力,进而抑制界面脱粘的出现。同时得到表面裂纹间距对界面裂纹有无显著影响的临界值约为 20 倍涂层厚度。Zhu 等[41] 基于屈曲实验和内聚力模型方法,得到 TBC 界面的断裂韧性在 $100 \sim 130 \ \text{J/m}^2$。

A.4　扩展有限元法(XFEM)

常规有限元法(CFEM)的基本思想是将无限维函数空间中真实解投影到

有限维函数空间内进行研究,即通过选定的有限个基函数对实际问题的近似解进行构造。基函数的构造通常要借助于单元及其形函数,对位移场的描述是基于单元的,所采用的形状函数(插值函数)是连续的,并且在单元内部形状函数必须连续且材料性能不能跳跃。每个单元内部的位移场 $u^e(x)$ 总是通过形函数 $N_k^e(x)$ 和单元结点位移 u_k 来表达。

$$u^e(x) = \sum_k N_k^e(x) u_k \qquad (A-16)$$

式中,x 是空间坐标;下标 k 代表单元的结点。

　　理论上而言单元可以是任意形状的,形函数也不局限于多项式插值函数。但为了有限元求解过程的规范化,目前几乎所有商业有限元软件中的单元都是规则的多边形或多面体,形函数均为低阶多项式插值函数。所产生的不利后果是,在应力变化比较大的区域,数值结果对单元的形状和大小相当敏感。同时,多项式形式的形函数决定了单元内部位移和应变的连续性。因而,在处理裂纹等位移不连续性问题时,不连续性只能存在于单元的边界,裂纹面、裂尖必须分别与单元的边及结点对应,裂尖等应力奇异区需要足够精细的网格划分。在模拟裂纹扩展时需要采用自适应网格重划等技术对裂纹体进行动态重划以体现裂尖位置的移动,计算效率很低。在处理多裂纹,尤其是多裂纹干涉问题时,网格剖分非常困难,求解规模极大。由于软、硬件的限制,通常认为极细的网格和动态网格划分对计算资源的要求过高,甚至不可实现,这就促使一些学者寻找其他途径来解决此问题。

　　1999 年,以美国西北大学 Ted Belytschko 教授为代表的研究组首先提出扩展有限元思想[42,43]。2000 年,他们正式使用扩展有限元(XFEM)这一术语。XFEM 是迄今为止求解不连续力学问题最有效的数值方法,它在标准有限元框架内研究问题,保留了 CFEM 的所有优点,但并不需要对结构的几何和物理界面进行网格划分。XFEM 与 CFEM 的最根本区别在于,XFEM 所使用的网格与结构内部的几何或物理界面无关,因而降低了在裂尖应力集中区域网格划分上的苛刻要求,同时在模拟裂纹扩展时无需网格重划分,大大降低了计算量,提高了计算效率。XFEM 的基本思想是利用有限元形函数构造出求解域上的一组单位分解函数,在形函数中加入能描述裂纹的阶跃函数(step function,用来描述不连续性)及渐近场函数(asymptotic functions,用来描述裂纹尖端的位移场),建模过程中通过水平集法(LSM)[44]来确定裂纹面位置并跟踪其变化,同时采用单位分解法(PUM)来保证该方法的收敛性[45]。

　　1996 年,Melenk 和 Babuska[46]提出了 PUM 法,其基本思想是一个单位分解可以由域内 m 个函数 $f_i(x)$ 构成,即

$$\sum_{i=1}^{m} f_i(x) = 1 \qquad (A-17)$$

那么对于任意函数 $\psi(x)$，都可以用域内一组局部函数 $f_i(x)\psi(x)$ 表示

$$\sum_{i=1}^{m} f_i(x)\psi(x) = \psi(x) \qquad (A-18)$$

CFEM 中的等参元形状函数 N_j 也满足上述单元分解思想，即

$$\sum_{j=1}^{n} N_j(x) = 1 \qquad (A-19)$$

式中，n 为每个有限单元所包含的结点数。

PUM 容许在相容的试探空间中增加用户定义的局部特性，因而可以实现普通有限元无法求解或求解代价太大的问题，如裂纹扩展。PUM 在局部逼近的选取上与具有很大的灵活性，并容许根据所考虑的问题使用特定的局部逼近函数，因而可利用 PUM 思想对有限元形状函数进行有目的的改进，从而解决 CFEM 不能很好处理的问题。

水平集法[46]是一种跟踪界面移动的数值技术，它将界面的变化表示成更高一维的水平集曲线。采用水平集法可将 N 维的描述看作是 $N+1$ 维的一个水平，任何 N 维曲面都可以表示成一个 $N+1$ 维曲面与一个 N 维超平面的交集，或称为 $N+1$ 维曲面在 N 维超平面上的投影。如一个平面上的曲线可以表示成一个二元函数 $f(x,y)$ 的零点集合（zero lever set），也就是这个二元函数 $z=f(x,y)$ 所表示的三维曲面与 xy 平面的交线。例如 R^2 中的移动界面 $\Gamma(t) \subset R^2$ 可表示成

$$\Gamma(t) = \{x \in R^2 : \phi(x,t) = 0\} \qquad (A-20)$$

式中，$\phi(x,t)$ 称为水平集函数。

水平集函数常取为符号距离函数 $\varphi(x,t) = \pm \min_{x_\Gamma \in \Gamma(t)} \| x - x_\Gamma \|$，当考察点 x 位于裂纹面 $\Gamma(t)$ 上方时符号距离函数为正，否则为负（图 A-11）。采用相同的方式可描述圆形、椭圆形、多边形等形式的夹杂和孔洞。

静态界面的几何描述可采用零水平集函数 $\phi = \phi(x,0) = 0$ 表示。借助于水平集函数 $\phi(x,t)$，首先将物理界面表示成离散的函数表达式，然后采用结点 x_i 上的几何自由度得到 ϕ，从而确定界面位置。每个有限元结点均与一个水平集函数的几何自由度相关，区域内任意点处的 ϕ 均可由有限元形状函数插值得到

$$\phi(x) = \sum_I N_I(x)\phi_I \qquad (A-21)$$

式中求和是对点 x 所在单元的所有结点进行，N_I 是标准有限元形函数，ϕ_I 为

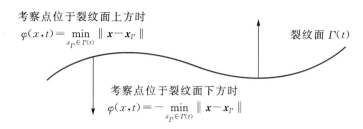

图 A-11 裂纹面及考察点处的水平集函数

水平集函数的结点值。

设二维笛卡尔坐标系用 $x=(x,y)$ 表示,考虑包含一面力为零的内部裂纹的物体 $\Omega \subset R^2$,其改进位移逼近形式可表示为

$$\boldsymbol{u}^h = \sum_{I \in K} N_I(x) \Big[\boldsymbol{u}_I + \underbrace{H(x)\boldsymbol{a}_I}_{I \in K_\Gamma} + \underbrace{\sum_{a=1}^{4} \Phi_a(\boldsymbol{x})\boldsymbol{b}_I^a}_{I \in K_\Lambda} \Big] \quad (A-22)$$

其中,$\boldsymbol{u}_I$ 是与 CFEM 相同的结点位移向量;$\boldsymbol{a}_I$ 是与 Heaviside 函数相关的扩充自由度;$\boldsymbol{b}_I^a$ 是与弹性裂尖函数有关的结点扩充自由度。K 是网格中的所有结点集合;K_Γ 是被裂纹面完全贯穿单元内结点的集合;K_Λ 是裂尖所在单元内结点的集合(图 A-12)。结点不能同时属于两个集合,否则优先属于 K_Λ。对于 K_Γ 中的某结点 n_I,形函数支集被裂纹完全分割成不相交的两块,若其中一块比另一块小得多,采用 Heaviside 函数在整个支集上几乎是常数,这将导致刚度矩阵病态,此时应将 n_I 从 K_Λ 中去掉。

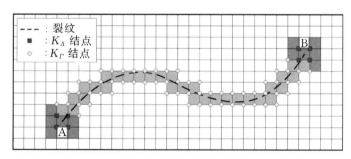

图 A-12 扩展有限元法中描述线裂纹的增强结点定义

裂纹带来的不连续性由广义 Heaviside 函数 $H(x)$ 描述

$$H(x) = \begin{cases} +1 & \text{若}(\boldsymbol{x}-\boldsymbol{x}^*) \cdot \boldsymbol{n} \geqslant 0 \\ -1 & \text{其他} \end{cases} \quad (A-23)$$

式中,x 为积分点;$\boldsymbol{x}^*$ 为积分点 $\boldsymbol{x}$ 在裂纹面上的投影点;$\boldsymbol{n}$ 是 $\boldsymbol{x}^*$ 处裂纹面外法

线方向上的单位矢量,如图 A-13 所示。$H(x)$ 在裂纹面上方取值为 1,在裂纹面下方取值为 -1。

图 A-13　任意路径裂纹裂尖处坐标定义

　　为了模拟裂纹尖端、改善断裂计算中裂尖场的精度,裂尖函数应包含二维渐近裂尖位移场的径向和环向性态。如果采用 Heaviside 函数改进裂尖单元,将不能精确描述裂纹在单元内部中止的情形。因此,考虑到裂尖性态及计算精度,有必要在裂尖位置采用特殊函数。

　　对于各向同性弹性体,扩展有限元通常采用如下裂尖增强函数

$$\Phi_a(x) = \sqrt{r}\left[\sin\frac{\theta}{2},\cos\frac{\theta}{2},\sin\theta\sin\frac{\theta}{2},\sin\theta\cos\frac{\theta}{2}\right] \qquad (A-24)$$

式中,r 和 θ 为局部裂尖场坐标系统中的极坐标。

　　对于双材料裂纹问题,裂尖增强函数为

$$\Phi_a(x) = r^{1-\lambda}\left[\sin\lambda\theta,\cos\lambda\theta,\sin(\lambda-2)\theta,\cos(\lambda-2)\theta\right] \qquad (A-25)$$

其中,$\lambda(0<\lambda<1)$ 是应力奇异性指数,可由 Dundurs 参数构成的超越方程的根给出

$$\cos(\lambda\pi) = \frac{2(\beta-\alpha)}{1+\beta}(1-\lambda)^2 + \frac{\alpha+\beta^2}{1-\beta^2} \qquad (A-26)$$

α 和 β 为表示材料间弹性不匹配的 Dundurs 参数,可由两种材料的模量和泊松比得到。

　　对上面 XFEM 平衡方程进行离散,可得

$$\boldsymbol{K}\boldsymbol{u} = \boldsymbol{f} \qquad (A-27)$$

式中,$\boldsymbol{K}$ 为刚度矩阵;$\boldsymbol{u}=\{\boldsymbol{u}_I,\boldsymbol{a}_I,\boldsymbol{b}_I^a\}$ 为结点位移矢量;$\boldsymbol{f}$ 是外力矢量。

　　对于以有限单元为基础的有限元法而言,整体刚度矩阵可以通过单元刚度矩阵组装得到。对于有限单元 e、$\boldsymbol{K}$ 和 $\boldsymbol{f}$ 可定义为

$$\boldsymbol{K}_{ij}^e = \begin{bmatrix} \boldsymbol{K}_{ij}^{uu} & \boldsymbol{K}_{ij}^{ua} & \boldsymbol{K}_{ij}^{ub} \\ \boldsymbol{K}_{ij}^{au} & \boldsymbol{K}_{ij}^{aa} & \boldsymbol{K}_{ij}^{ab} \\ \boldsymbol{K}_{ij}^{bu} & \boldsymbol{K}_{ij}^{ba} & \boldsymbol{K}_{ij}^{bb} \end{bmatrix} \qquad (A-28)$$

$$f^r = \int_{\Omega_e} (\boldsymbol{B}^r)^{\mathrm{T}} \sigma^i \mathrm{d}\Omega \qquad (\mathrm{A}-29)$$

其中

$$\boldsymbol{K}_{ij}^{rs} = \int_{\Omega_e} (\boldsymbol{B}_i^r)^{\mathrm{T}} \boldsymbol{D}(\boldsymbol{B}_j^s) \mathrm{d}\Omega \quad (r,s = \mathbf{u}, \mathbf{a}, \mathbf{b}) \qquad (\mathrm{A}-30)$$

式中，r 和 s 是单元结点数；Ω_e 单元 e 所在区域；$\boldsymbol{B}^r$ 和 $\boldsymbol{B}^s$ 为应变矩阵。并且有

$$\boldsymbol{B}_i^{\mathbf{u}} = \begin{bmatrix} N_{i,x} & 0 \\ 0 & N_{i,y} \\ N_{i,y} & N_{ix} \end{bmatrix} \qquad (\mathrm{A}-31)$$

$$\boldsymbol{B}_i^{\mathbf{a}} = \begin{bmatrix} (N_i H)_{,x} & 0 \\ 0 & (N_i H)_{,y} \\ (N_i H)_{,y} & (N_i H)_{,x} \end{bmatrix} \qquad (\mathrm{A}-32)$$

$$\boldsymbol{B}_i^{\mathbf{b}} = \begin{bmatrix} \boldsymbol{B}_i^{b1}, \boldsymbol{B}_i^{b2}, \boldsymbol{B}_i^{b3}, \boldsymbol{B}_i^{b4} \end{bmatrix} \qquad (\mathrm{A}-33)$$

$$\boldsymbol{B}_i^{b\alpha} = \begin{bmatrix} (N_i \Phi_\alpha)_{,x} & 0 \\ 0 & (N_i \Phi_\alpha)_{,y} \\ (N_i \Phi_\alpha)_{,y} & (N_i \Phi_\alpha)_{,x} \end{bmatrix} \quad (\alpha = 1,2,3,4) \qquad (\mathrm{A}-34)$$

至此，建立了扩展有限元法求解裂纹问题的方程组。

　　XFEM 在薄膜断裂力学中应用逐渐广泛，Huang 等[47] 和 Liang 等[48] 采用 XFEM 研究了含表面裂纹薄膜/基底结构中，基底蠕变所导致的约束效应弱化对表面裂纹裂尖场及扩展驱动力所产生的影响。结果表明，当基底发生蠕变时，表面裂纹裂尖应力强度因子随着时间增加而增大。Liang 等[49] 研究了粘结在弹性基底上脆性薄膜内多裂纹扩展问题，模拟了泥巴开裂的现象，证明了扩展有限元法在多裂纹问题的适用性。Huang 等[50] 采用扩展有限元法分析了材料失配、裂纹间距及薄膜/基底厚度比对表面裂纹扩展驱动力的影响，重点验证了该方法在裂尖奇异性严重情况下的适应性。Michlik 和 Berndt[51] 将扩展有限元法集成到用于微观分析的有限元软件中，分析了陶瓷层内微观裂纹对 TBC 等效弹性模量、热导率及涂层断裂行为的影响。当计及陶瓷层内多个微观裂纹影响时，主表面裂纹裂尖应力强度因子可降低 26%，同时在分析表面裂纹断裂行为时，尽管热膨胀失配导致的残余应力占主导，但淬火应力的影响不可忽略。研究还表明，陶瓷层内片层间微裂纹会显著降低 YSZ 的热导率。

A.5 等效积分区域法

1968 年，Rice[7] 提出 J 积分的概念。J 积分是任意一个围绕裂纹尖端的逆时针回路 Γ 上的能量积分。J 积分在弹塑性断裂力学发展过程中起到了重要作用。该方法不用直接计算裂纹尖端的弹塑性应力、应变场，而采用 J 积分表示裂纹尖端应变集中特征的平均参量。J 积分具有场强的性质，不仅适用于线弹性断裂力学，也适用于弹塑性断裂力学。如图 A-14 所示，J 积分的数学表达式为

$$J = \int_{\Gamma} \left(w \mathrm{d}x_2 - \boldsymbol{T}_i \frac{\partial u_i}{\partial x_1} \right) \mathrm{d}s \tag{A-35}$$

式中，u_i 为位移矢量的分量；$\mathrm{d}s$ 为积分路径 Γ 上的微小增量；w 为应变能密度因子，定义为

$$w = \int_0^{\varepsilon_{ij}} \sigma_{ij} \, \mathrm{d}\varepsilon_{ij} \tag{A-36}$$

其中，σ_{ij} 和 ε_{ij} 分别为应力张量和应变张量。$\boldsymbol{T}_i$ 为回路 Γ 上的法向应力分量，其大小为

$$\boldsymbol{T}_i = \sigma_{ij} \boldsymbol{n}_j \tag{A-37}$$

其中 $\boldsymbol{n}_j$ 为回路 Γ 单位法线向量。

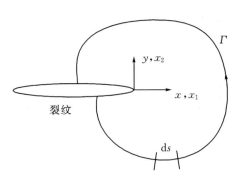

图 A-14 围绕裂纹尖端的逆时针积分回路

在实际中，尽管 J 积分是一个定义明确、理论严密的应力应变参量，但是 J 积分表达式并不适合数值计算。并且当积分路径 Γ 非常靠近裂纹尖端时，J 积分的结果误差较大。为此 Shivakumar 和 Raju 等[14-16] 提出一种 J 积分的等效积分区域法，如图 A-15 所示。为了计算方便，引入一种平滑的权函数 q，权函数 q 是从在内轮廓 Γ_0 上 $q=1$ 到外轮廓 Γ 上 $q=0$ 平滑变化的函数，如

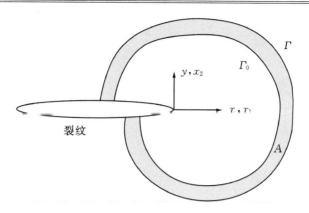

图 A - 15　围绕裂纹尖端的封闭积分区域

图 A - 16 所示。其中,单元内部任意点处的 q 值通过节点插值得到:

$$q = \sum_{i=1}^{4} N_i q_i \qquad (A - 38)$$

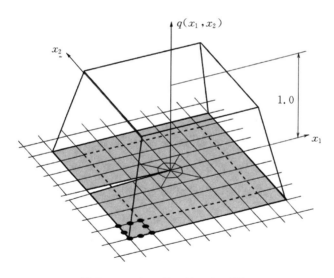

图 A - 16　权函数 q 的示意图[52]

于是通过散度定理,可将裂纹尖端附近的积分回路转化为有限区域内的面积分,即

$$J = \int_A \left(\sigma_{ij} \frac{\partial u_j}{\partial x_1} - w \delta_{1i} \right) \frac{\partial q}{\partial x_i} \mathrm{d}s \qquad (A - 39)$$

针对二维问题,可展开为

$$J = \int_A \left[\left(\sigma_{xx} \frac{\partial u}{\partial x} + \tau_{xy} \frac{\partial v}{\partial x} - w \right) \frac{\partial q}{\partial x} + \left(\tau_{xy} \frac{\partial u}{\partial x} + \sigma_{yy} \frac{\partial v}{\partial x} \right) \frac{\partial q}{\partial y} \right] \mathrm{d}A$$

$$(A-40)$$

式(A-40)即为等效积分区域法公式。

下面以平面应力问题为例,给出等效积分区域法的计算细节。图 A-17 是二维平面问题的四节点等参元。

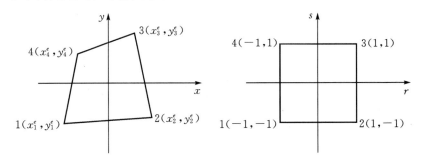

图 A-17　四节点等参元的单元定义

单元中的变量可用节点函数插值近似描述,考虑其中任意一点,其坐标可用节点坐标和形函数表示

$$x = N_1 x_1^e + N_2 x_2^e + N_3 x_3^e + N_4 x_4^e = \boldsymbol{N} \boldsymbol{x}^e$$
$$y = N_1 y_1^e + N_2 y_2^e + N_3 y_3^e + N_4 y_4^e = \boldsymbol{N} \boldsymbol{y}^e \qquad (A-41)$$

则其位移可用节点位移和形函数表示

$$u = N_1 u_1^e + N_2 u_2^e + N_3 u_3^e + N_4 u_4^e = \boldsymbol{N} \boldsymbol{u}^e$$
$$v = N_1 v_1^e + N_2 v_2^e + N_3 v_3^e + N_4 v_4^e = \boldsymbol{N} \boldsymbol{v}^e \qquad (A-42)$$

函数 q 的插值为

$$q = N_1 q_1^e + N_2 q_2^e + N_3 q_3^e + N_4 q_4^e = \boldsymbol{N} \boldsymbol{q}^e \qquad (A-43)$$

式中,坐标、位移和函数 q 的节点矢量表达式为

$$\boldsymbol{x}^e = \begin{Bmatrix} x_1^e \\ x_2^e \\ x_3^e \\ x_4^e \end{Bmatrix}, \quad \boldsymbol{y}^e = \begin{Bmatrix} y_1^e \\ y_2^e \\ y_3^e \\ y_4^e \end{Bmatrix}, \quad \boldsymbol{u}^e = \begin{Bmatrix} u_1^e \\ u_2^e \\ u_3^e \\ u_4^e \end{Bmatrix}, \quad \boldsymbol{v}^e = \begin{Bmatrix} v_1^e \\ v_2^e \\ v_3^e \\ v_4^e \end{Bmatrix}, \quad \boldsymbol{q}^e = \begin{Bmatrix} q_1^e \\ q_2^e \\ q_3^e \\ q_4^e \end{Bmatrix}$$

$$(A-44)$$

形函数 $\boldsymbol{N}$ 为

$$N_1(r,s) = \frac{1}{4}(1-r)(1-s)$$

$$N_2(r,s) = \frac{1}{4}(1+r)(1-s)$$

$$N_3(r,s) = \frac{1}{4}(1+r)(1+s)$$ (A-45)

$$N_4(r,s) = \frac{1}{4}(1-r)(1+s)$$

其导数为

$$N_{1,r} = -\frac{1}{4}(1-s), \quad N_{1,s} = -\frac{1}{4}(1-r)$$

$$N_{2,r} = \frac{1}{4}(1-s), \quad N_{2,s} = -\frac{1}{4}(1+r)$$

$$N_{3,r} = \frac{1}{4}(1+s), \quad N_{3,s} = \frac{1}{4}(1+r)$$ (A-46)

$$N_{4,r} = -\frac{1}{4}(1+s), \quad N_{4,s} = \frac{1}{4}(1-r)$$

则有

$$x_r = \mathbf{N}_r \mathbf{x}^e, \quad x_s = \mathbf{N}_s \mathbf{x}^e$$
$$y_r = \mathbf{N}_r \mathbf{y}^e, \quad y_s = \mathbf{N}_s \mathbf{y}^e$$ (A-47)

Jacobi 矩阵为

$$\mathbf{J}^e = \begin{bmatrix} x_r & x_s \\ y_r & y_s \end{bmatrix}$$ (A-48)

形函数对坐标的导数为

$$\mathbf{N}_x = \frac{y_s \mathbf{N}_r - y_r \mathbf{N}_s}{\det(\mathbf{J}^e)}, \quad \mathbf{N}_y = \frac{-x_s \mathbf{N}_r + x_r \mathbf{N}_s}{\det(\mathbf{J}^e)}$$ (A-49)

则可得到应变为

$$\varepsilon_{xx} = \frac{\partial u}{\partial x} = \mathbf{N}_x \mathbf{u}^e$$

$$\varepsilon_{yy} = \frac{\partial v}{\partial y} = \mathbf{N}_y \mathbf{v}^e$$ (A-50)

$$\gamma_{xy} = \frac{\partial v}{\partial x} + \frac{\partial u}{\partial y} = \mathbf{N}_x \mathbf{v}^e + \mathbf{N}_y \mathbf{u}^e$$

则权函数 q 的微分为

$$\frac{\partial q}{\partial x} = \boldsymbol{N}_x \boldsymbol{q}^e$$

$$\frac{\partial q}{\partial y} = \boldsymbol{N}_y \boldsymbol{q}^e \tag{A-51}$$

则可通过本构关系求得应力

$$\boldsymbol{\sigma} = \boldsymbol{C\varepsilon} \tag{A-52}$$

其中

$$\boldsymbol{\sigma} = \left\{ \begin{matrix} \sigma_{xx} \\ \sigma_{yy} \\ \tau_{xy} \end{matrix} \right\}, \quad \boldsymbol{\varepsilon} = \left\{ \begin{matrix} \varepsilon_{xx} \\ \varepsilon_{yy} \\ \gamma_{xy} \end{matrix} \right\} \tag{A-53}$$

对于线弹性平面问题,有

$$\boldsymbol{C} = \frac{E}{1-\nu^2} \begin{bmatrix} 1 & \nu & 0 \\ \nu & 1 & 0 \\ 0 & 0 & \dfrac{1-\nu}{2} \end{bmatrix} \tag{A-54}$$

则可求得应变能密度因子

$$w = \frac{1}{2} \boldsymbol{\sigma \varepsilon}^{\mathrm{T}} \tag{A-55}$$

则在某一单元内的 J 积分计算结果为

$$\overline{J} = \int_{-1}^{1} \int_{-1}^{1} I(r,s) \mathrm{d}r \mathrm{d}s \tag{A-56}$$

其中

$$I(r,s) = \left[\left(\sigma_{xx} \frac{\partial u}{\partial x} + \tau_{xy} \frac{\partial v}{\partial x} - w \right) \frac{\partial q}{\partial x} + \left(\tau_{xy} \frac{\partial u}{\partial x} + \sigma_{yy} \frac{\partial v}{\partial x} \right) \frac{\partial q}{\partial y} \right] \det(\boldsymbol{J}^e) \tag{A-57}$$

利用高斯积分法,公式(A-56)的积分近似等于单元积分点上的积分之和:

$$\overline{J} \approx I(r_1,s_1) + I(r_2,s_2) + I(r_3,s_3) + I(r_4,s_4) \tag{A-58}$$

式中

$$r = \left\{ -\frac{1}{\sqrt{3}} \quad \frac{1}{\sqrt{3}} \quad \frac{1}{\sqrt{3}} \quad -\frac{1}{\sqrt{3}} \right\}, \quad s = \left\{ -\frac{1}{\sqrt{3}} \quad -\frac{1}{\sqrt{3}} \quad \frac{1}{\sqrt{3}} \quad \frac{1}{\sqrt{3}} \right\} \tag{A-59}$$

通过计算,可以得到每一个单元 J 积分的值 $\overline{J}$。然后对积分域内所有单元进行求解,就可以得到对应于积分路径下的 J 积分的值。

A.6　交互作用积分法

基于传统 J 积分的理论基础，Stern 等[53] 提出了一种交互作用积分法，对于混合型裂纹问题，该方法可以很好地分离 I、II 型应力强度因子。交互作用积分法是一种很实用、很方便地用于计算均质材料、功能梯度材料以及含界面的非均质材料的应力强度因子的方法。该方法需要在 J 积分中额外引入一个辅助场，并假定辅助场和真实场共同作用于弹性体。根据叠加原理，J 积分表达式可分离为三项，分别对应于真实场相关的 J 积分、辅助场相关的 J 积分以及真实场和辅助场的交叉项。这个交叉项即为交互作用积分。交互作用积分是一个包含裂纹尖端的回路 Γ 的能量积分，具有路径无关性。交互作用积分的定义如下：

传统 J 积分的形式为

$$J = \lim_{\Gamma \to 0} \int_{\Gamma} (W\delta_{1i} - \sigma_{ij}u_{j,1})n_i \mathrm{d}\Gamma \tag{A-60}$$

式中，Γ 是积分路径；n_i 是该路径上弧元素外法线的方向余弦，如图 A-18 所示。

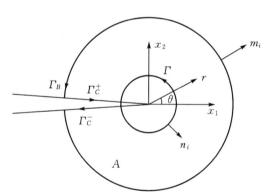

图 A-18　裂尖处轮廓积分和相关平衡域积分的示意图

域 A 由轮廓 Γ_0 包围，并且 $\Gamma_0 = \Gamma_C^+ + \Gamma^- + \Gamma_C^- + \Gamma_B$

叠加辅助场到 J 积分表达式(A-60)后，可得

$$J^s = \lim_{\Gamma \to 0} \int_{\Gamma} \left[\frac{1}{2}(\sigma_{jk} + \sigma_{jk}^{aux})(\varepsilon_{jk} + \varepsilon_{jk}^{aux})\delta_{1i} - (\sigma_{ij} + \sigma_{ij}^{aux})(u_{j,1} + u_{j,1}^{aux}) \right]n_i \mathrm{d}\Gamma$$

$$= J + J^{aux} + I \tag{A-61}$$

则有

$$I = \lim_{\Gamma \to 0} \int_\Gamma (\sigma_{jk}^{aux} \varepsilon_{jk} \delta_{1i} - \sigma_{ij} u_{j,1}^{aux} - \sigma_{ij}^{aux} u_{j,1}) n_i \mathrm{d}\Gamma \qquad (A-62)$$

为了方便,在计算中同样引入一个平滑的权函数 q,使交互作用积分转化为一个面积分。因此,对于均质各项同性材料,交互作用积分可以转化为

$$I = \int_A (\sigma_{ij} u_{j,1}^{aux} + \sigma_{ij}^{aux} u_{j,1} - \sigma_{jk}^{aux} \varepsilon_{jk} \delta_{1i}) q_{,i} \mathrm{d}A \qquad (A-63)$$

对于非均质材料,如图 A-19 所示,材料界面 $\Gamma_{\mathrm{interface}}$ 穿过积分域 A,域 A 被分割为两部分 A_1 和 A_2,A_1 和 A_2 分别被轮廓 Γ_{01} 和 Γ_{02} 包围。其中域 $A = A_1 + A_2$,轮廓 $\Gamma_{01} = \Gamma_{11} + \Gamma_{\mathrm{interface}} + \Gamma_{13} + \Gamma_C^+ + \Gamma^- + \Gamma_C^-$,轮廓 $\Gamma_{02} = \Gamma_{\mathrm{interface}}^- + \Gamma_{12}$,以及轮廓 $\Gamma_0 = \Gamma_{11} + \Gamma_{12} + \Gamma_{13} + \Gamma_C^+ + \Gamma^- + \Gamma_C^-$。对于含夹杂界面的材料,其交互作用积分可以描述为

$$I = \int_A (\sigma_{ij} u_{j,1}^{aux} + \sigma_{ij}^{aux} u_{j,1} - \sigma_{jk}^{aux} \varepsilon_{jk} \delta_{1i}) q_{,i} \mathrm{d}A + \int_A \sigma_{ij} [S_{ijkl}^{tip} - S_{ijkl}(x)] \sigma_{kl,1}^{aux} q \mathrm{d}A$$
$$+ I_{\mathrm{interface}}^* \qquad (A-64)$$

其中,$I_{\mathrm{interface}}^*$ 是沿着材料界面 $\Gamma_{\mathrm{interface}}$ 的线积分,经过严格推导,可以证明在材料界面上的积分值为零[54],即

$$I_{\mathrm{interface}}^* = 0 \qquad (A-65)$$

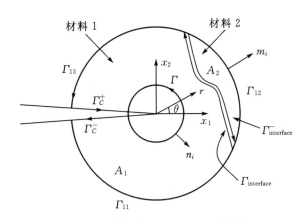

图 A-19　裂纹界面 $\Gamma_{\mathrm{interface}}$ 穿过积分域 A

当 $\Gamma \to 0$ 时,域 A、A_1 和 A_2 分别由轮廓 Γ_0、Γ_{01} 和 Γ_{02} 包围。其中 $A = A_1 + A_2$,$\Gamma_0 = \Gamma_{11} + \Gamma_{12} + \Gamma_{13} + \Gamma_C^+ + \Gamma^- + \Gamma_C^-$,$\Gamma_{01} = \Gamma_{11} + \Gamma_{\mathrm{interface}} + \Gamma_{13} + \Gamma_C^+ + \Gamma^- + \Gamma_C^-$,$\Gamma_{02} = \Gamma_{\mathrm{interface}}^- + \Gamma_{12}$

当回路 Γ 接近裂纹尖端时,交互作用积分与应力强度因子之间的关系如下

$$I = \frac{2}{E'_{\mathrm{tip}}} (K_{\mathrm{I}} K_{\mathrm{I}}^{aux} + K_{\mathrm{II}} K_{\mathrm{II}}^{aux}) \qquad (A-66)$$

其中

$$E'_{\text{tip}} = \begin{cases} E_{\text{tip}} & \text{平面应力} \\ E_{\text{tip}}/(1 - \nu_{\text{tip}}^2) & \text{平面应变} \end{cases} \qquad (A-67)$$

E_{tip} 和 ν_{tip} 分别是裂纹尖端处的杨氏模量和泊松比。Ⅰ型和Ⅱ型的应力强度因子是耦合在一起的,可以通过下式(A-68)进行分解

$$K_{\text{I}} = \frac{E'_{\text{tip}}}{2} I \quad (K_{\text{I}}^{aux} = 1, K_{\text{II}}^{aux} = 0)$$

$$K_{\text{II}} = \frac{E'_{\text{tip}}}{2} I \quad (K_{\text{I}}^{aux} = 0, K_{\text{II}}^{aux} = 1) \qquad (A-68)$$

交互作用积分的应用相当广泛。Dolbow 和 Gosz[55]改进了交互作用积分方法,使其能应用于含内部裂纹的二维功能梯度材料。Kim 和 Paulino[52,56-58]对交互作用积分发展也做出了很大的贡献,他们设计了不同类型的辅助场用来计算求解二维各向同性功能梯度材料、正交各向异性功能梯度材料的应力强度因子等断裂力学参量。Amit 和 Kim 等[59,60]推广了交互作用积分,使其应用于热载荷下功能梯度材料的热断裂问题。Banks-Sills 和 Dolev[61]利用交互作用积分方法来研究含界面裂纹的双材料的热弹性断裂问题。Gosz 和 Moran 等[62]成功将交互作用积分推广到三维裂纹问题。Amit 和 Kim 等[63]引入针对三维问题的辅助场,求解了热载荷下三维功能梯度材料裂纹尖端的应力强度因子。对于含界面的非均质材料,于红军等[54,64]提出一种新形式的交互作用积分法,该方法不包含材料属性的导数项,因而特别适用于积分域内材料属性是不可导的情况,并且该方法具有非常高的精度。这使得交互作用积分法求解复杂环境下非均匀材料的裂纹问题具有很大的优势,极大地拓展了交互作用积分的使用范围。

参考文献

[1] Griffith A A. The phenomena of rupture and flow in solids [J]. Philosophical Transactions of the Royal Society of London, 1920, 221: 163-198.

[2] Irwin G R. Fracture dynamics [J]. Cleveland: The American Society for Metals, 1948: 147-166.

[3] Orowan E. Fracture and strength of solids [J]. Reports on Progress in Physics, XII, 1948: 185-232.

[4] Mott N F. Fracture of metals: theoretical considerations [J]. Engineering, 1948, 165: 16 – 18.

[5] Irwin G R. Analysis of stesses and strains near the end of a crack traversing a plate [J]. ASME Journal of Applied Mechanics, 1956, 24: 361 – 364.

[6] Wells A A. Unstable crack propagation in metals: cleavage and fast fracture [C]. Proceedings of the Crack Propagation Symposium, 1961, 1 (84): 210 – 230.

[7] Rice J R. A path independent integral and the approximate analysis of strain concentrations by notches and cracks [J]. Journal of Applied Mechanics-Transactions of the ASME, 1968, 35: 379 – 386.

[8] Hutchinson J W. Singular behaviour at the end of a tensile crack in a hardening material [J]. Journal of the Mechanics and Physics of Solids, 1968, 16(1): 13 – 31.

[9] Rice J R, Rosegren G F. Plain strain deformation near a crack tip in a power law hardening material [J]. Journal of the Mechanics and Physics of Solids, 1968, 16: 1 – 12.

[10] Rice J R, Sih G C. Plane problems of cracks in dissimilar media [J]. Journal of Applied Mechanics, 1965, 32(2): 418 – 423.

[11] Rice J R. Elastic fracture mechanics concepts for interfacial cracks [J]. Journal of Applied Mechanics-Transactions of the ASME, 1988, 55: 98 – 103.

[12] Hutchinson J W, Suo Z G. Mixed mode cracking in layered materials [J]. Advances in Applied Mechanics, 1991, 29: 163 – 191.

[13] Rybicki E F, Kanninen M F. A finite element calculation of stress intensity factors by a modified crack closure integral [J]. Engineering Fracture Mechanics, 1977, 9(4): 931 – 938.

[14] Shivakumar K N, Raju I S. An equivalent domain integral method for three-dimensional mixed-mode fracture problems [J]. Engineering Fracture Mechanics, 1992, 42(6):935 – 959.

[15] Moran B, Shih C F. A general treatment of crack tip contour integrals [J]. International Journal of Fracture, 1987, 35(4): 295 – 310.

[16] Moran B, Shih C F. Crack tip and associated domain integrals from mo-

mentum and energy balance [J]. Engineering Fracture Mechanics, 1987, 27(6): 615 – 642.

[17] Needleman A. A continuum model for void nucleation by inclusion debonding [J]. Journal of Applied Mechanics-Transactions of the ASME, 1987, 54(3): 525 – 531.

[18] Xu X P, Needleman A. Numerical simulations of fast crack growth in brittle solids [J]. Journal of the Mechanics and Physics of Solids, 1994, 42(9): 1397 – 1434.

[19] Irwin G R. Fracture I, Handbuch der Physik VI [M]. Flugge (ed), Springer Verlag, Berlin, Germany, 1958, 551 – 590.

[20] Shivakumar K N, Tan P W, Newman J C. A virtual crack-closure technique for calculating stress intensity factors for cracked three dimensional bodies [J]. International Journal of Fracture, 1988, 36(3): 43 – 50.

[21] Krueger R. Virtual crack closure technique: history, approach, and applications [J]. Applied Mechanics Reviews, 2004, 57(2): 109 – 143.

[22] Okada H, Higashi M, Kikuchi M, Fukui Y, Kumazawa N. Three dimensional virtual crack closure-integral method (VCCM) with skewed and non-symmetric mesh arrangement at the crack front [J]. Engineering Fracture Mechanics, 2005, 72(11): 1717 – 1737.

[23] Kikuchi M, Wada Y, Takahashi M, Li Y L. Fatigue crack growth simulation using S-version FEM [C]. Advanced Materials Research. Trans Tech Publications, 2008, 33: 133 – 138.

[24] Kikuchi M, Wada Y, Shintaku Y, Suga K, Li Y L. Fatigue crack growth simulation in heterogeneous material using s-version FEM [J]. International Journal of Fatigue, 2014, 58: 47 – 55.

[25] Fish J. The s-version of the finite element method [J]. Computers and Structures, 1992, 43(3): 539 – 547.

[26] Evans A G, Lu M C, Schmauder S, Rühle M. Some aspects of the mechanical strength of ceramic/metal bonded systems [J]. Acta Metallurgica, 1986, 34(8): 1643 – 1655.

[27] Cianflone G, Furgiuele F M, Sciumé G. Analysis of the adhesion toughness of a CVD diamond coating [J]. Engineering Fracture Me-

chanics, 2004, 71(4/5/6): 669 – 679.

[28] Sfar K, Aktaa J, Munz D. Numerical investigation of residual stress fields and crack behavior in TBC systems [J]. Materials Science and Engineering: A, 2002, 333(1/2): 351 – 360.

[29] Hiroshi H, Yoshifumi N, Yasuo K. Bonding strength of SiC coating on the surfaces of C/C composites [J]. Advanced Composite Materials, 2004, 13(2): 141 – 156.

[30] Sun Z, Wan K T, Dillard D A. A theoretical and numerical study of thin film delamination using the pull-off test [J]. International Journal of Solids and Structures, 2004, 41(3/4): 717 – 730.

[31] Sun Z, Dillard D A. Three-dimensional finite element analysis of fracture modes for the pull-off test of a thin film from a stiff substrate [J]. Thin Solid Films, 2010, 518(14): 3837 – 3843.

[32] Guo S, Dillard D A, Nairn J A. Effect of residual stress on the energy release rate of wedge and DCB test specimens [J]. International Journal of Adhesion and Adhesives, 2006, 26(4): 285 – 294.

[33] Hibbett, Karlsson, Sorensen. ABAQUS/standard: User's Manual [M]. Hibbitt, Karlsson and Sorensen, 1998.

[34] Benzeggagh M L, Kenane M. Measurement of mixed-mode delamination fracture toughness of unidirectional glass/epoxy composites with mixed-mode bending apparatus [J]. Composites Science and Technology, 1996, 56(4): 439 – 449.

[35] Caliez M, Chaboche J L, Feyel F, Kruch S. Numerical simulation of EBPVD thermal barrier coatings spallation [J]. Acta Materialia, 2003, 51(4): 1133 – 1141.

[36] Białas M. Finite element analysis of stress distribution in thermal barrier coatings [J]. Surface and Coatings Technology, 2008, 202(24): 6002 – 6010.

[37] Nekkanty S, Walter M, Shivpuri R. A cohesive zone finite element approach to model tensile cracks in thin film coatings [J]. Journal of Mechanics of Materials and Structures, 2007, 2(7): 1231 – 1247.

[38] Hille T, Suiker A, Turteltaub S. Microcrack nucleation in thermal barrier coating systems [J]. Engineering Fracture Mechanics, 2009, 76

(6): 813 - 825.

[39] Deng H X, Shi H J, Yu H C, Zhong B. Effect of heat treatment at 900 C on microstructural and mechanical properties of thermal barrier coatings [J]. Surface and Coatings Technology, 2011, 205(12): 3621 - 3630.

[40] Fan X L, Xu R, Zhang W X, Wang T J. Effect of periodic surface cracks on the interfacial fracture of thermal barrier coating system [J]. Applied Surface Science, 2012, 258(24): 9816 - 9823.

[41] Zhu W, Yang L, Guo J W, Zhou Y C, Lu C. Determination of interfacial adhesion energies of thermal barrier coatings by compression test combined with a cohesive zone finite element model [J]. International Journal of Plasticity, 2015, 64: 76 - 87.

[42] Belytschko T, Black T. Elastic crack growth in finite elements with minimal remeshing [J]. International Journal for Numerical Methods in Engineering, 1999, 45(5): 601 - 620.

[43] Moes N, Dolbow J, Belytschko T. A finite element method for crack growth without remeshing [J]. International Journal for Numerical Methods in Engineering, 1999, 46(1): 131 - 150.

[44] Osher S, Sethian J A. Fronts propagating with curvature-dependent speed: Algorithms based on Hamilton-Jacobi formulations [J]. Journal of Computational Physics, 1988, 79(1): 12 - 49.

[45] 李录贤, 王铁军. 扩展有限元法(XFEM)及其应用 [J]. 力学进展, 2005, 35(1): 5 - 20.

[46] Melenk J M, Babuška I. The partition of unity finite element method: Basic theory and applications [J]. Computer Methods in Applied Mechanics and Engineering, 1996. 139(1 - 4): 289 - 314.

[47] Huang R, Prévost J H, Suo Z. Loss of constraint on fracture in thin film structures due to creep [J]. Acta Materialia, 2002, 50(16): 4137 - 4148.

[48] Liang J, Huang R, Prévost J H, Suo Z. Thin film cracking modulated by underlayer creep [J]. Experimental Mechanics, 2003, 43(3): 269 - 279.

[49] Liang J, Huang R, Prévost J H, Suo Z. Evolving crack patterns in thin

films with the extended finite element method. International [J]. Journal of Solids and Structures, 2003, 40(10): 2343 - 2354.

[50] Huang R, Prévost J H, Huang Z Y, Suo Z. Channel-cracking of thin films with the extended finite element method [J]. Engineering Fracture Mechanics, 2003, 70(18): 2513 - 2526.

[51] Michlik P, Berndt C. Image-based extended finite element modeling of thermal barrier coatings [J]. Surface and Coatings Technology, 2006, 201(6): 2369 - 2380.

[52] Kim J H, Paulino G H. T-stress, mixed-mode stress intensity factors, and crack initiation angles in functionally graded materials: a unified approach using the interaction integral method [J]. Computer Methods in Applied Mechanics & Engineering, 2003, 192(11/12):1463 - 1494.

[53] Stern M, Becker E B, Dunham R S. A contour integral computation of mixed-mode stress intensity factors [J]. International Journal of Fracture, 1976, 12(3):359 - 368.

[54] Yu H, Wu L, Guo L, Du S, He Q. Investigation of mixed-mode stress intensity factors for nonhomogeneous materials using an interaction integral method [J]. International Journal of Solids and Structures, 2009, 46(20):3710 - 3724.

[55] Dolbow J E, Gosz M. On the computation of mixed-mode stress intensity factors in functionally graded materials [J]. International Journal of Solids and Structures, 2002, 39(9):2557 - 2574.

[56] Paulino G H, Kim J H. A new approach to compute T-stress in functionally graded materials by means of the interaction integral method [J]. Engineering Fracture Mechanics, 2004, 71(13):1907 - 1950.

[57] Kim J, Paulino G H. An accurate scheme for mixed-mode fracture analysis of functionally graded materials using the interaction integral and micromechanics models [J]. International Journal for Numerical Methods in Engineering, 2003, 58(10):1457 - 1497.

[58] Kim J H, Paulino G H. Consistent formulations of the interaction integral method for fracture of functionally graded materials [J]. Journal of Applied Mechanics, 2005, 72(3):351 - 364.

[59] Amit K C, Kim J H. Interaction integrals for thermal fracture of func-

tionally graded materials [J]. Engineering Fracture Mechanics, 2008, 75(8):2542 - 2565.

[60] Kim J H, Amit K C. A generalized interaction integral method for the evaluation of the t-stress in orthotropic functionally graded materials under thermal loading [J]. Journal of Applied Mechanics, 2008, 75 (5):883 - 890.

[61] Banks-Sills L, Dolev O. The conservative M-integral for thermal-elastic problems [J]. International Journal of Fracture, 2004, 125(1):149 - 170.

[62] Gosz M, Moran B. An interaction energy integral method for computation of mixed-mode stress intensity factors along non-planar crack fronts in three dimensions [J]. Engineering Fracture Mechanics, 2002, 69(3):299 - 319.

[63] Amit K C, Kim J H. Interaction integrals for thermal fracture of functionally graded materials [J]. Engineering Fracture Mechanics, 2008, 75(8):2542 - 2565.

[64] Yu H, Wu L, Guo L, He Q, Du S. Interaction integral method for the interfacial fracture problems of two nonhomogeneous materials [J]. Mechanics of Materials, 2010, 42(4):435 - 450.

索　引